高职高专教育材料工程技术专业“十三五”创新规划教材

水泥熟料煅烧中控操作

主　编　田文富

副主编　焦晓飞　杨玉波　张红丽

参　编　林　甄　张向红　李庆阳

　　　　吴　聪　韩文静　曹　俊

主　审　王廷举　隋良志

中国建材工业出版社

图书在版编目（CIP）数据

水泥熟料煅烧中控操作/田文富主编．—北京：中国建材工业出版社，2017.9

高职高专教育材料工程技术专业“十三五”创新规划教材

ISBN 978-7-5160-1925-2

Ⅰ.①水…　Ⅱ.①田…　Ⅲ.①水泥—熟料烧结—高等职业教育—教材　Ⅳ.①TQ172.6

中国版本图书馆 CIP 数据核字（2017）第 165888 号

内容简介

本书根据高职高专教育的特点与要求，结合水泥工艺专业方向的人才培养目标，针对先进的新型干法水泥生产技术，以“专业服务行业、课程服从岗位、内容符合要求、教学切合实际”的专业教学改革理念，在新型干法水泥生产专家、技术人员指导下，按照“项目教学”的模式编写而成。

本书对水泥预分解窑煅烧技术与操作进行了比较全面、系统的介绍，内容包括预分解窑水泥熟料煅烧过程、水泥熟料煅烧系统主机设备结构及工作原理、水泥熟料煅烧系统操作控制原则及主要工作参数、水泥熟料煅烧系统技术标定、水泥熟料煅烧中控仿真系统及中央控制室仿真操作等 3 个项目及 14 个工作任务。本书在结构上采用“项目简介”、“学习目标”、“任务简介”“知识目标”、“能力目标”“任务小结”“思考题”的模式，便于学生更好地掌握核心内容。

本书既可以作为高职高专院校、中等职业院校硅酸盐工程专业、材料工程技术专业、无机非金属材料专业的教材，也可以作为新型干法水泥企业员工的培训教材，还可以作为高等院校材料科学与工程、机械工程及自动化专业的学生下厂实习及毕业设计的参考用书。

水泥熟料煅烧中控操作

主　　编　田文富

出版发行：中国建材工业出版社

地　　址：北京市海淀区三里河路 1 号

邮　　编：100044

经　　销：全国各地新华书店

印　　刷：北京雁林吉兆印刷有限公司

开　　本：787mm×1092mm　1/16

印　　张：17.75

字　　数：450 千字

版　　次：2017 年 9 月第 1 版

印　　次：2017 年 9 月第 1 次

定　　价：49.80 元

本社网址：www.jccbs.com　　微信公众号：zgjcgycbs

本书如出现印装质量问题，由我社市场营销部负责调换。联系电话：（010）88386906

前 言

随着新型干法水泥生产新工艺、新技术、新装备的更新换代，水泥中控操作技术也得到了快速发展，原有的教材已不能满足职业教育（高、中职）和特有工种（水泥中控操作员）职业培训的要求。为满足职业院校材料工程技术、硅酸盐工程、无机非金属材料等专业的职业技术教育教学以及建材行业特有工种职业技能培训的要求，适应新型干法水泥企业的用人需求，尤其是对中控操作员的需求，根据全国建材职业教育教学指导委员会的要求，作者组织编写了本书。

本书以博努力（北京）仿真技术有限公司开发的“水泥中控仿真教学系统”为依托，从水泥中控操作员的实际工作过程入手，以职业岗位工作内容为基础，以职业技能培养为核心，以工学结合为原则，遵循职业能力培养的基本规律，重新整合、序化教学内容，构建了以职业能力为核心、以工作任务为框架的课程内容体系。

本书充分利用现代信息技术，将水泥熟料煅烧过程所涉及的主要设备、模拟仿真操作等图片、动画和视频等资料融入教材，通过扫描二维码的形式呈现出来，增加读者的感性认识和学习兴趣。

全书由预分解窑水泥熟料煅烧过程、水泥熟料煅烧系统主机设备结构及工作原理、水泥熟料煅烧系统操作控制原则及主要工作参数、水泥熟料煅烧系统技术标定、水泥熟料煅烧中控仿真系统及中央控制室仿真操作等3个项目及14个工作任务组成，比较详细地介绍了新型干法水泥熟料煅烧系统工艺流程、主要设备及水泥熟料煅烧中控操作员岗位职责。本书的重点是预热器系统、分解炉系统、回转窑系统及篦式冷却机系统中控室操作，介绍考评系统及测试等方面的知识技能。本书既可以作为高职高专院校、中等职业院校硅酸盐工程专业、材料工程技术专业、无机非金属材料专业的教材，也可以作为新型干法水泥企业员工的培训教材。

在编写过程中，编者力求突出以下五方面的特色：

（1）编写时由行业企业专家指导，采用行动导向的任务驱动模式，使教学内容和企业实际更加吻合，体现了工学结合的特色，具有很好的真实性。

（2）对传统教材的体系内容进行优化组合，内容新颖，重点突出，具有很好的适用性。

（3）根据新型干法水泥企业中控操作员岗位所必备的专业知识和技能来设置教材内容，具有很好的实用性。

（4）大量选取新型干法水泥企业的典型生产个案，突出职业技能核心，具有很好的针对性。

(5) 课程主要由生产准备、正常煅烧操作、煅烧过程异常情况与故障处理等组成，形成了3个项目、14个任务的课程内容体系，具有很好的可操作性。

本书由黑龙江建筑职业技术学院的田文富担任主编，山西职业技术学院的焦晓飞、北京金隅科技学校的杨玉波、黑龙江建筑职业技术学院的张红丽担任副主编，黑龙江建筑职业技术学院的林甄、河北建材职业技术学院的张向红、绵阳职业技术学院韩文静、安徽职业技术学院吴聪、内蒙古化工职业学院李庆阳和江西现代职业技术学院曹俊担任参编。具体分工为：田文富编写项目一的任务1、项目三的任务2、附录及全书统稿；焦晓飞编写项目一的任务4、项目二；杨玉波编写项目一的任务3、项目三的任务1；张红丽编写项目一的2.4、2.5；林甄编写项目三的任务3、任务4；张向红编写项目一的2.2和2.3；韩文静编写项目一的2.1；李庆阳编写项目三的任务5；吴聪编写项目三的任务6；曹俊编写项目三的任务7。

本书由博努力（北京）仿真技术有限公司王廷举总经理和黑龙江建筑职业技术学院隋良志教授主审。

在本书的编写过程中，编者得到了哈尔滨北方水泥有限公司、伊春北方水泥有限公司、佳木斯北方水泥有限公司等企业工程技术人员的大力支持和帮助，参考了行业专家及兄弟院校同仁的著作和论文，在此特向他们表示诚挚的感谢！

由于编者水平有限，加之编写时间仓促，书中难免有疏漏和错误之处，希望广大读者、水泥业界的专家及同仁提出宝贵意见。

编者

2017年8月

目　　录

项目一　基础理论知识

项目简介　本项目主要介绍了水泥熟料煅烧过程、预分解窑煅烧技术、烧成系统主机设备的结构及工作原理、烧成系统操作控制原则及主要工作参数、烧成系统的技术标定等。

学习目标　熟悉熟料煅烧工艺流程、烧成系统主机设备的结构及工作原理和烧成系统的技术标定；掌握预分解窑生产工艺流程及特点；掌握烧成系统操作控制原则及主要工作参数。

任务1　水泥熟料煅烧过程

任务简介　本任务主要介绍了新型干法水泥生产技术的含义、新型干法水泥生产工艺流程、新型干法水泥生产技术的主要经济指标、预分解窑生产工艺流程及煅烧技术特点等。

知识目标　了解新型干法水泥生产技术的含义；熟悉新型干法水泥生产工艺流程；掌握预分解窑生产工艺流程及煅烧技术特点。

能力目标　能熟练表述新型干法水泥生产技术的含义；能正确论述新型干法水泥生产工艺流程；能正确表达预分解窑生产工艺流程及煅烧技术特点。

1.1　新型干法水泥生产技术含义

新型干法水泥生产，就是以悬浮预热和预分解技术为核心，把现代科学技术和工业生产最新成就（例如原料矿山计算机控制网络化开采，原料预均化，生料均化，挤压粉磨，新型耐热、耐磨、耐火、隔热材料技术等）广泛应用于水泥干法生产全过程，使水泥生产成为具有高效、优质、节约资源、清洁生产、符合环境保护要求和大型化、自动化、科学管理特征的现代化水泥生产方法。

1.2　新型干法水泥生产工艺流程

新型干法水泥生产工艺流程如图1-1-1所示。

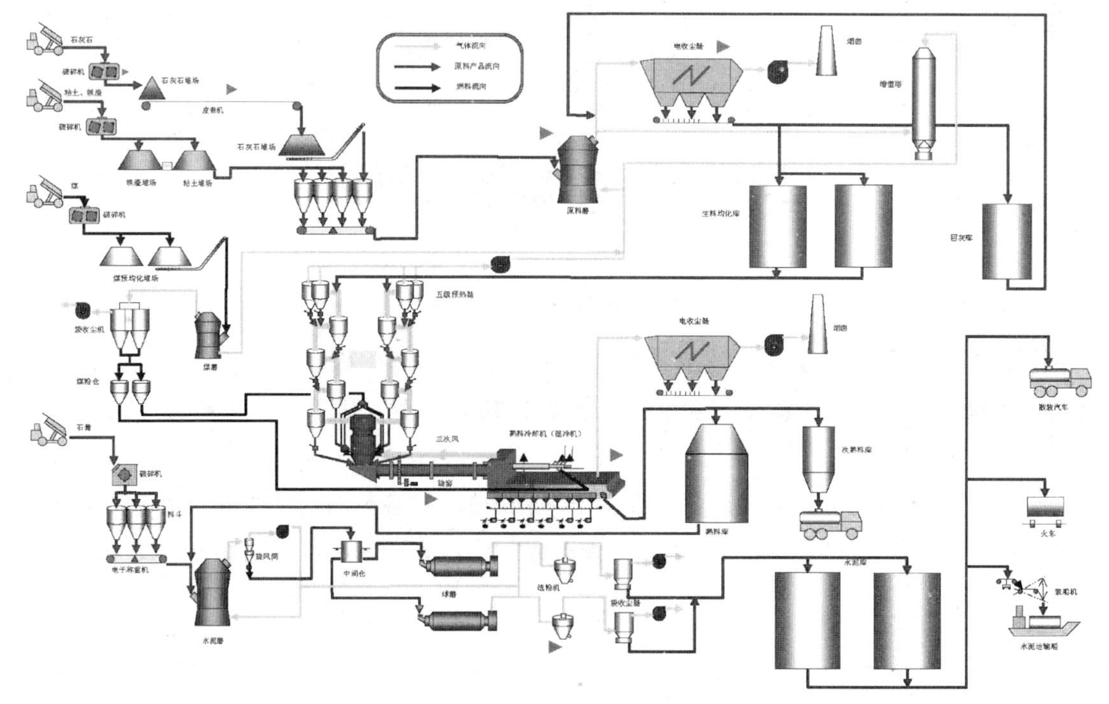

图 1-1-1　新型干法水泥生产工艺流程图

新型干法水泥生产工艺流程框图如图 1-1-2 所示。

1. 破碎及预均化

（1）破碎。水泥生产过程中，大部分原料要进行破碎，如石灰石、黏土、铁矿石及煤等。石灰石是生产水泥用量最大的原料，开采后的粒度较大，硬度较高，因此石灰石的破碎在水泥厂的物料破碎中占有比较重要的地位。

（2）原料预均化。预均化技术就是在原料的存、取过程中，运用科学的堆取料技术，实现原料的初步均化，使原料堆场同时具备贮存与均化的功能。

2. 生料制备

水泥生产过程中，每生产 1t 硅酸盐水泥至少要粉磨 3t 物料（包括各种原料、燃料、熟料、混合料、石膏）。据统计，干法水泥生产线粉磨作业需要消耗的动力约占全厂动力的 60%以上，其中生料粉磨占 30%以上，煤磨约占 3%，水泥粉磨约占 40%。因此，合理选择粉磨设备和工艺流程，优化工艺参数，正确操作，控制作业制度，对保证产品质量、降低能耗具有重大意义。

3. 生料均化

新型干法水泥生产过程中，稳定入窑生料成分是稳定熟料烧成热工制度的前提，生料均化系统起着稳定入窑生料成分的最后一道把关作用。

4. 预热和部分分解

把生料的预热和部分分解由预热器来完成，代替回转窑部分功能，缩短回转窑长度，同时使窑内以堆积状态进行气料换热过程，移到预热器内在悬浮状态下进行，使生料能够同窑内排出的炽热气体充分混合，增大了气料接触面积，传热速度快，热交换效率高，达到提高窑系统生产效率、降低熟料烧成热耗的目的。

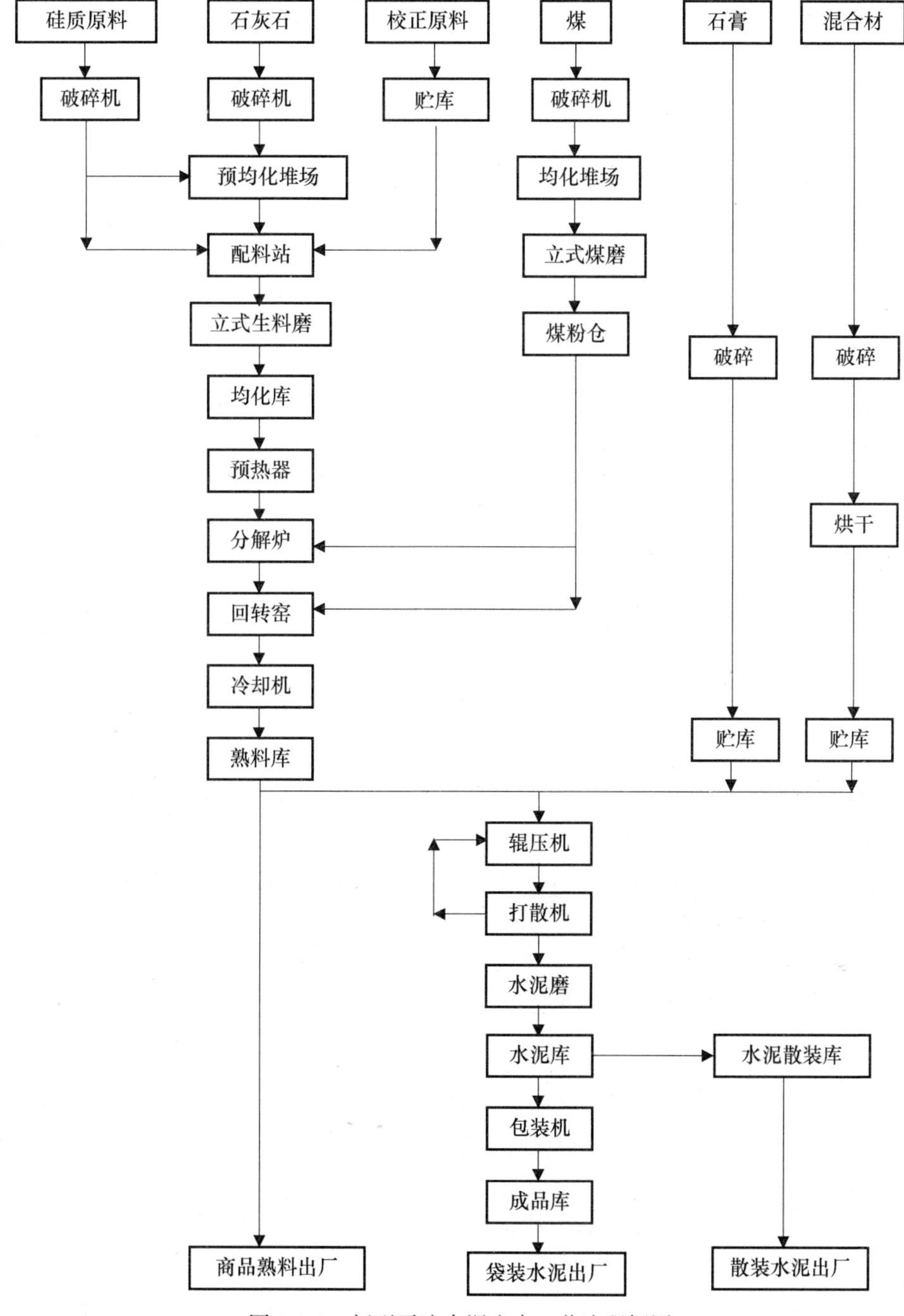

图 1-1-2　新型干法水泥生产工艺流程框图

5. 预分解

预分解技术的出现是水泥煅烧工艺的一次技术飞跃。它是在预热器和回转窑之间增设分解炉和利用窑尾上升烟道，设燃料喷入装置，使燃料燃烧的放热过程与生料的碳酸盐分解的吸热过程，在分解炉内以悬浮状态迅速进行，使入窑生料的分解率提高到 90%以上。将原来在回转窑内进行的碳酸盐分解任务，移到分解炉内进行；燃料大部分从分解炉内加入，少部分由窑头加入，减轻了窑内煅烧带的热负荷，延长了衬料寿命，提高了回转窑的运转率，且有利于生产大型化；由于燃料与生料混合均匀，燃料燃烧热及时传递给物料，使燃烧、换热及碳酸盐分解过程得到优化。因而具有优质、高效、节能、环保等一系列优良性能及特点。

6. 水泥熟料的烧成

生料在旋风预热器和分解炉中完成预热和预分解后，进入回转窑中进行熟料的烧成。

在回转窑中极少数碳酸钙进一步迅速分解并发生一系列的固相反应，生成水泥熟料中的C_3A、C_4AF、C_2S等矿物。随着物料温度升高近1300℃时，C_3A、C_4AF等矿物会变成液相，溶解于液相中的C_2S和CaO进行反应生成大量C_3S（熟料）。熟料烧成后，温度开始降低。最后由水泥熟料篦式冷却机将回转窑卸出的高温熟料冷却到下游输送、熟料贮存库和水泥磨所能承受的温度，同时回收高温熟料的显热，提高系统的热效率和熟料质量。

水泥生产过程

水泥生产工艺流程

7. 水泥粉磨

水泥粉磨是水泥制造的最后工序，也是耗电最多的工序。其主要功能在于将水泥熟料、混合材及石膏等粉磨至适宜细度，形成一定的颗粒级配，增大其水化面积，加速水化速度，满足水泥浆体凝结、硬化要求。

8. 水泥包装和散装

水泥出厂有袋装和散装两种发运方式。

1.3 新型干法水泥生产技术主要经济指标

熟料烧成热耗降至2884kJ/kg，熟料单位容积产量为160～270kg/（m^3·h）；吨水泥单位电耗90kWh，并继续下降；运转率可达92%，年运转周期达到320～330d；人均劳动生产率达5000t/a，可利用窑尾和篦冷机320～420℃废气进行余热发电。新型干法水泥厂主要技术经济指标如表1-1-1所示。

表1-1-1 新型干法水泥厂主要技术经济指标

生产规模（t/d）	5000	
	一线	二线
年产熟料（万t）	177.3	197.8
年产水泥（万t）	232.2	259
装机容量（kW）	10460	12210
计算负荷（kW）	8368	9768
年耗电量（kWh）	62055000	66263000
劳动定员（人）	39	39
人均劳动生产率［t/（人·d）］	133.3	148.7
熟料热耗（kJ/kg）	3111	3091
熟料单位容积产量［kg/（m^3·h）］	201.7	225
标煤耗（kg/kg）	0.1062	0.1055
熟料电耗（kWh/t）	35	33.5
水泥电耗（kWh/t）	33.5	33.5
回转窑运转率（%）	91.78	91.78

1.4　预分解窑生产工艺流程

预分解窑系统由旋风预热器、分解炉、回转窑和冷却机系统组成，其基本流程如图 1-1-3 所示。

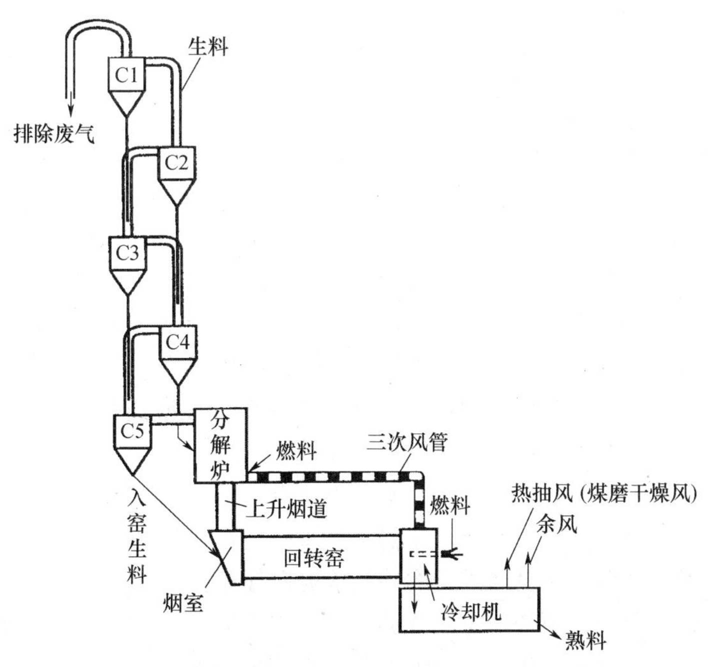

图 1-1-3　新型干法水泥预分解窑系统简单流程图

以带五级旋风预热器的预分解窑系统为例。从物料的走向来看，生料粉经高效提升机提升，喂入到连接 C1 和 C2 旋风筒的气体管道（距 C2 筒出口比较近），被 C2 上升的热烟气分散，悬浮于热烟气中，同时进行热交换，然后被热烟气带进 C1 旋风筒，在 C1 旋风筒内旋转产生离心力，生料粉在离心力和重力的作用下与烟气分离，沉降到 C1 锥体而后落入连接 C2、C3 旋风筒之间的气流管道内（距 C3 筒出口比较近），又被 C3 上升的热烟气分散并悬浮于热烟气中进行第二次热交换，被热烟气带进 C2 旋风筒，与烟气分离后生料进入 C3、C4 旋风筒之间的烟气管道（距 C4 筒出口比较近），又被 C4 上升的热烟气分散并悬浮于热烟气中进行第三次热交换，被热烟气带入 C3 筒，与烟气分离后进入 C4、C5 旋风筒之间的烟气管道（距 C5 筒出口比较近），又被 C5 上升的热烟气分散并悬浮于热烟气中进行第四次热交换，被热烟气带入 C4 筒，生料在 C4 筒与烟气分离后进入分解炉，在分解炉内吸收燃料燃烧放出的热量，碳酸盐开始受热分解，并随气流进入 C5 筒，已完成大部分碳酸盐分解的生料与气流在 C5 筒分离后经下料管喂入回转窑，在回转窑内煅烧成熟料经冷却机冷却后卸出。

气流的流向与物料走向正好相反，在冷却机中被熟料预热的空气，一部分从窑头入窑作为窑的二次风供窑内燃料燃烧，一部分经三次风管引入分解炉供分解炉内燃料燃烧。出窑的高温废气通过窑尾上升烟道进入分解炉，分解炉排出的气体携带生料粉进入 C5 筒，与料粉分离后顺次再进入 C4、C3、C2、C1 旋风筒预热生料，在 C1 旋风筒与生料分离，排出预热器。

1.5 预分解技术特点

传统水泥熟料煅烧方法是生料的预热、分解和烧成过程均在窑内完成。回转窑作为烧成设备，由于它能够提供断面温度分布均匀的温度场，并能保证物料在高温下有足够的停留时间，尚能满足要求。但作为传热、传质设备则不理想，对需要热量较大的预热、分解过程很不适应。这主要是由于窑内物料堆积在窑底部，气流从物料的表面流过，气流与物料的接触面积很小，传热效率很低。同时窑内分解带的物料处于堆积状态，料层内分解的CO_2向气流扩散的面积很小，阻力大、速度慢，并且料层内部颗粒被CO_2气膜包裹，CO_2的分压大，分解要求温度高，这就增加了石灰石分解的困难，降低了分解的速度。

悬浮预热、窑外分解技术的突破，从根本上改变了物料的预热、分解过程的传热状态，将窑内的物料堆积状态的预热和分解过程，分别移到悬浮预热器和分解炉内进行。由于物料悬浮在气流中，与气流的接触面积大幅度增加，因此传热极快、效率高，同时物料在悬浮态下均匀混合，燃料燃烧热及时传给物料，使之迅速分解。因此传热、传质均很迅速，大幅度提高了生产效率和热效率。

与其他类型水泥窑相比，窑外分解窑有以下特点：

在结构方面，预分解窑是在悬浮预热器窑的基础上，在悬浮预热器与回转窑之间增设一个分解炉，承担了原来在回转窑内进行的碳酸盐分解任务。

在热工方面，分解炉是预分解窑系统的“第二热源”，将传统回转窑从窑头加入全部燃料的做法，改变为少部分从窑头加入，大部分从分解炉加入，从而改善了窑系统内的热工布局，大大地减轻了回转窑内耐火衬料的热负荷，延长了回转窑的寿命。

在工艺方面，将熟料煅烧工艺过程中耗热最多的碳酸盐分解的吸热过程移至分解炉内进行，由于燃料与生料粉混合均匀，燃料燃烧的放热过程与生料的碳酸盐分解过程在悬浮状态或流态化状态下极其迅速地进行，使燃烧、换热及碳酸盐分解过程都得到优化，更加适应熟料煅烧的工艺特点。

预分解窑是继悬浮预热器窑发明后的又一次重大技术创新，具备一系列优异性能，成为水泥生产的主导技术和发展方向。预分解窑的优点主要表现在以下几个方面：

（1）单机生产能力大，窑的单位容积产量高。一般预分解窑单位容积产量为悬浮预热器窑的2～2.5倍，为湿法窑的6.2～7.2倍。

（2）窑衬寿命长，运转率高。由于回转窑内热负荷减轻，延长了窑衬寿命和运转周期，耐火材料单位耗量减少。

（3）单位熟料热耗较低。由于它利用了先进的传热原理，热效率高，而且它的余热利用充分，使得预分解窑的单位熟料热耗大幅降低。

（4）有利于低质燃料的利用。由于分解炉内分解反应对温度要求较低，可利用低质燃料或可燃废弃物作燃料。

（5）对含碱、氯、硫等有害成分的原料和燃料适应性强。因大部分碱、氯、硫在窑内较高温度下挥发，通过窑内的气体比悬浮预热器窑约减少一半，烟气中有害成分富集浓度大，当采用旁路放风时，对碱、氯、硫等有害成分的原料和燃料适应性强，可生产低碱水泥。

(6) NO_x 生成量减少，对环境污染小。由于 50%～60%的燃料从窑内移至温度较低的分解炉内燃烧，许多类型的分解炉还设有脱 NO_x 喷嘴，可减少 NO_x 生成量，减少对环境的污染。

(7) 生产规模大，在相同生产能力下，窑的规格减小，因而占地少，设备制造安装容易，单位产品设备投资、基建费用低。

(8) 自动化程度高，操作稳定。

预分解窑具有突出优点，但也存在以下缺点：

(1) 预分解窑虽然对含碱、氯、硫等有害成分的原料和燃料适应性较强，但当原料中碱、氯、硫等有害成分含量高而未采取相应措施，或当窑尾烟气及炉气温度控制不当时，也易产生结皮，严重时可能出现堵塞现象。如果采用旁路放风，则将使热耗增加，并需增加排风、收尘等设备，同时收下的高碱粉尘较难处理。

(2) 由于自动化程度高，整个系统的控制参数较多，各参数间要求紧密准确的配合，因此，对技术管理水平要求较高。

(3) 与其他窑型相比，分解炉、预热器系统的流体阻力较大，电耗较高。

任务小结

本任务主要讲述了新型干法水泥生产技术的含义、新型干法水泥生产工艺流程、新型干法水泥生产技术的主要经济指标、预分解窑生产工艺流程及煅烧技术特点等。

思考题

1. 我国新型干法水泥生产情况如何?
2. 日产 5000t 水泥熟料的新型干法水泥生产技术的主要经济指标如何?
3. 简述日产 5000t 水泥熟料的预分解窑生产工艺流程。
4. 简述预分解窑煅烧工艺的优缺点。
5. 为什么要在旋风预热器和回转窑之间加设一个分解炉?

任务 2　烧成系统主机设备结构及工作原理

任务简介　本任务主要介绍预热器、分解炉、回转窑、第四代篦式冷却机和四风道燃烧器的结构和工作原理。

知识目标　熟悉预热器、分解炉、回转窑、第四代篦式冷却机和四风道燃烧器的结构；掌握预热器、分解炉、回转窑、第四代篦式冷却机和四风道燃烧器的工作原理。

能力目标　能描述预热器、分解炉、回转窑、第四代篦式冷却机和四风道燃烧器的结构；能准确表达预热器、分解炉、回转窑、第四代篦式冷却机和四风道燃烧器的工作原理。

2.1 预热器结构及工作原理

2.1.1 预热器发展

从干法中空回转窑排放出去的废气，温度一般在900℃左右，也就是说每生产1kg熟料大约要被废气带走2093kJ的热量，比生产1kg熟料的理论热量1675kJ还要多。因此，如何有效利用这些被废气带走的热量，成为当时各国研究的热点。

1932年，丹麦工程师M·沃格尔·约根生向捷克斯洛伐克共和国提交了“用细分散物料喂入回转窑的方法和装置”的专利申请书，就是现在新型干法生产采用的预热器。

1951年，德国洪堡公司制造并投产了世界上第1台洪堡型旋风预热器，如图1-2-1所示。

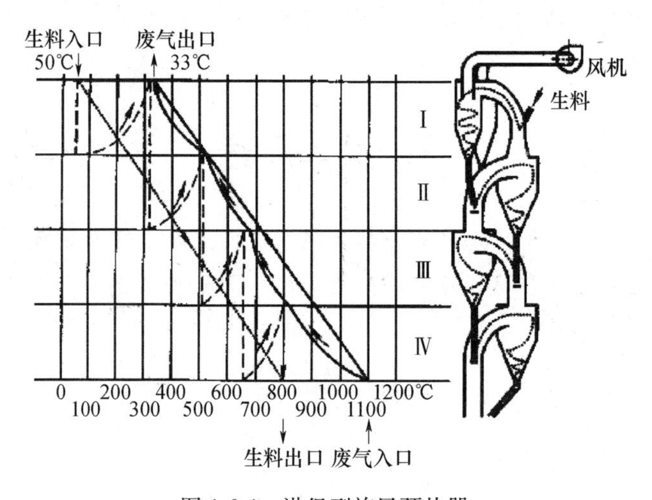

图1-2-1 洪堡型旋风预热器

如图1-2-1所示，生料粉喂入连接Ⅰ和Ⅱ旋风筒的气体管道，悬浮于热烟气中，同时进行热交换，然后被热烟气带进Ⅰ级双旋风筒，在旋风筒内旋转，产生离心力，生料粉在离心力和重力的作用下与烟气分离，沉降到锥体而后落入连接Ⅱ、Ⅲ级筒之间的气流管道内，又悬浮于烟气中进行第二次热交换，以后顺次进入Ⅲ、Ⅳ级筒之间的通气管道，最后进入窑尾废气上升管道，进行最后一次热交换，被烟气带进Ⅳ级旋风筒，物料在Ⅳ级旋风筒内与热废气分离，沉降到筒锥体部分，最后由锥体下部斜管喂入回转窑内，继续碳酸钙的分解并煅烧成熟料。出窑的高温废气通过窑尾与Ⅳ级旋风筒相连的管道进入Ⅳ级筒，顺次再进入Ⅲ级、Ⅱ级、Ⅰ级旋风筒，在Ⅰ级旋风筒与生料分离，排出预热器。

后来又相继开发了大产量双系列旋风预热器、多波尔型预热器、维达格型预热器、米亚格型旋风预热器等。

2.1.2 预热器分类

预热器的种类较多，大致有三种分类方法，各种预热器分类如表1-2-1所示。从预热器组成看，构成悬浮预热器的单元主要是旋风筒和立筒两种，所有悬浮预热器都是由这两种换热交换单元设备中的一种单独组成或混合组成。我国基本上是旋风型悬浮预热器，还有一些在 20 世纪 70、80 年代设计的立筒型悬浮预热器。

表 1-2-1　预热器分类

按制造商命名分类	按热交换方式分类	按预热器组成分类
洪堡型 史密斯型 EVS/SVS 型 维达格型	以同流热交换为主	数级旋风筒组合
盖波尔型 ZAB 型 普列洛夫型	以逆流热交换为主	以立筒为主组合
多波尔型 米亚格型	以混流热交换为主	旋风筒与立筒混合组合

立筒预热器的优点在于：结构简单，气体通风阻力小，适合含碱、氯、硫高的生料，不容易堵塞，不用旁路；不存在涨缩连接问题，漏风量少；立筒是自承重结构，因此土建投资费用较小。但立筒预热器在热工方面存在很大的缺点：在立筒预热器中，物料与气流主要进行逆流热交换，物料在立筒中的每一个钵体内既有分散又有聚合，如此反复循环，以满足热交换和逆流运动，由于立筒本身分离效率低，故一般还在上部串联装设旋风筒，而且立筒预热器由于物料分散不好，因此热效率远低于旋风预热器。故后来在国际市场上，立筒预热器逐渐被淘汰。

我国以立筒为主的预热器窑大多为 20 世纪 70、80 年代所建，由于当时技术水平低下，致使窑的产质量不高。在窑外分解技术相当发达的今天，通过技术改造可使立筒预热器窑提高产量，降低能耗，增加企业效益。由于旋风预热器同各种预分解系统相结合所表现出的优越性能，使立筒预热器同预分解技术相结合的预热分解系统难以与之抗衡，因而技术改造的方案基本上都是弱化或淘汰立筒，强化或更换为带分解炉的旋风预热器系统，因此本书只讨论旋风型悬浮预热器。

2.1.3　旋风预热器作用及特点

预热器的主要功能是充分利用回转窑和分解炉排出的废气余热加热生料，使生料预热及部分碳酸盐分解。

1. 稀相气固系统直接悬浮换热

因为干法窑尾废气温度一般在 1000℃上下，气固（粉体）之间换热方式应以对流为主（经测算对流换热占总换热的 70%～90%），根据传热学定律，物料与气体之间的换热速率可以用下式表达：

$$Q=k\Delta tF \qquad (1\text{-}2\text{-}1)$$

式中　Q——气固间的换热速率，W；

k——气固间的综合传热系数，W/（m^2·℃）；

Δt——气固间的平均温差，℃；

F——气固间的传热接触表面积，m^2。

由于受工艺条件的限制，k 值与 Δt 值允许波动幅度都不大：在预热器内，气固间的综合传热系数在 0.8～1.4W/（m^2·℃）之间，气固间的平均温差 Δt 开始时在 200℃～300℃，平衡时趋于 20～30℃，因此，影响换热速率的主要因素是接触面积 F。生料粉的比表面积很大（250～350m^2/kg），其在气流中分散程度不同，使暴露的表面积有极大差异。当料粉充分分散于气流中时，其换热面积比处于结团或堆积状态时将增大上千倍。由此可见，气固悬浮换热效果在很大程度上与生料在气流中分散状况有关。

2. 预热过程要求多次串联进行

图 1-2-2 为旋风预热器单级换热极限。若将 T_{m0} =40℃的 0.5kg 物料喂入预热器，与 T_{g0} =1000℃的 1kg 气体进行热交换，物料与气体的热容比热之比为 0.95，出预热器物料温度为 T_m，气体温度为 T_g。根据热力学定律，则有 0.95×0.5×（T_m－40）＝1×（1000－T_g）。

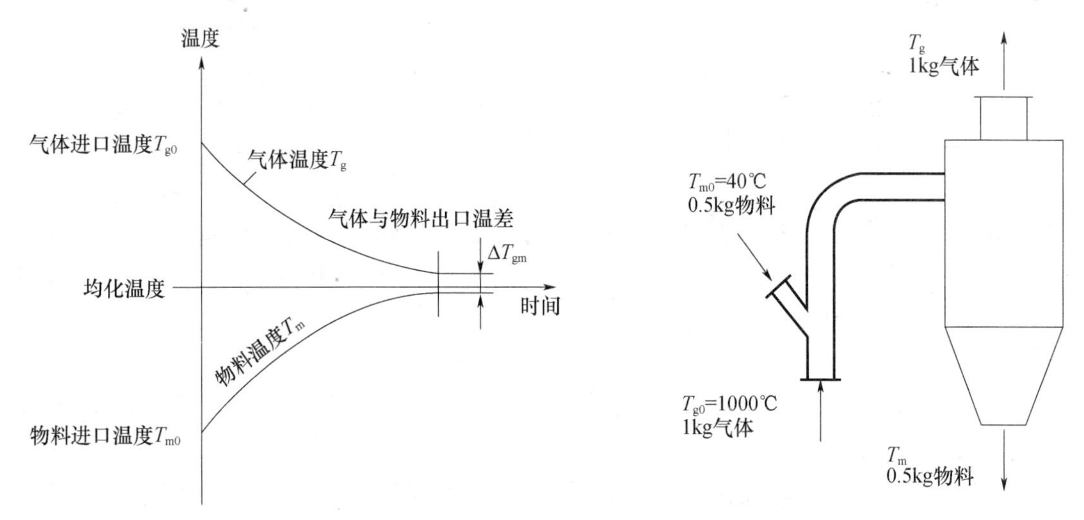

图 1-2-2　预热器单级换热极限

假定物料与气体之间进行最大限度热交换后，均达到极限温度，即 $T_m = T_g$，计算可得 $T_m = T_g$ =690℃，此时相应回收的热量为 337kJ/kg 气体，仅占废气总热焓的 31%。可见，一次换热达不到充分回收废气余热的目的，必须进行多次换热，即预热器需要多级串联。级数越多，回收余热越多。但每级所回收的热量将随级数增加而递减，如图 1-2-1 所示。因此，对给定的条件，有最佳预热级数，一般情况实用换热级数在 4～6 级之间。

2.1.4　旋风预热器工作原理

旋风预热器是由旋风筒和连接管道所构成。对于旋风预热器中单个旋风筒本体来讲，它的功能及结构如图 1-2-3 所示。它由圆柱体、圆锥体、进口管道、出口管道、内筒及下料管等部分组成。连接管道（又称换热管道）上部与上级旋风筒进口管道连接，下部与下级旋风筒出口管道相连接；中间适当部位有上级旋风筒的下料管与之连接；在上级旋风筒下料管内的适当部位装设有锁风阀；在上级旋风筒下料管最下部与换热管道的连接部位还设有撒料装置。

旋风预热器工作原理

工作过程：喂入预热器换热管道中的生料，在高速上升气流的冲击下，折转向上随气流运动，同时被分散在热气流中；分散后的生料与热气体进行同流热交换；当气流携带料粉进入旋风筒后，被迫在旋风筒筒体与内筒（排气管）之间的环状空间内做旋转流动，并且一边旋转一边向下运动，由于生料密度大于气体密度，受离心力作用，物料向边部移动的速度远大于气体，致使靠近边壁处浓度增大；同时，由于黏滞阻力作用，边壁处流体速度降低，使得悬浮阻力大大减小，物料下沉而与气体分离；气流运动到锥体部分，转而向上旋转上升，由排气管排出。

为了最大限度提高气固间的换热效率，实现整个煅烧系统的优质、高产、低消耗，预热器必须具备气固分散均匀、换热迅速和高效分离三个功能。

1. 管道内的生料分散

如图 1-2-4 所示，喂入预热器管道中的生料，在高速上升气流的冲击下，折转向上随气流运动，同时被分散。物料下落点到转向处的距离、悬浮距离及生料被分散的程度取决于气流速度、物料性质、气固比、设备结构等。因此，为使物料在上升管道内均匀迅速地分散、悬浮，应注意下列问题：

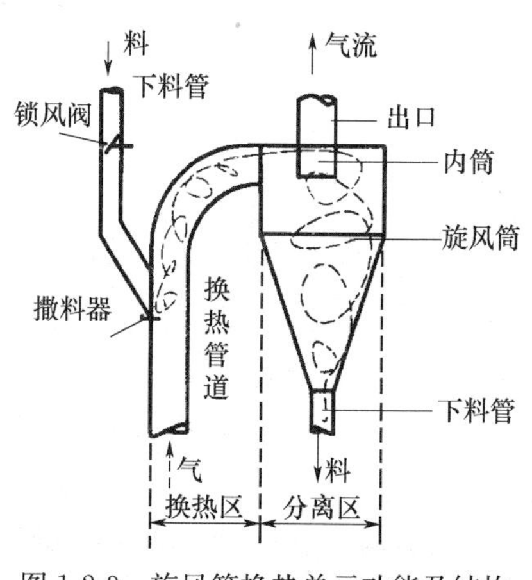

图 1-2-3　旋风筒换热单元功能及结构

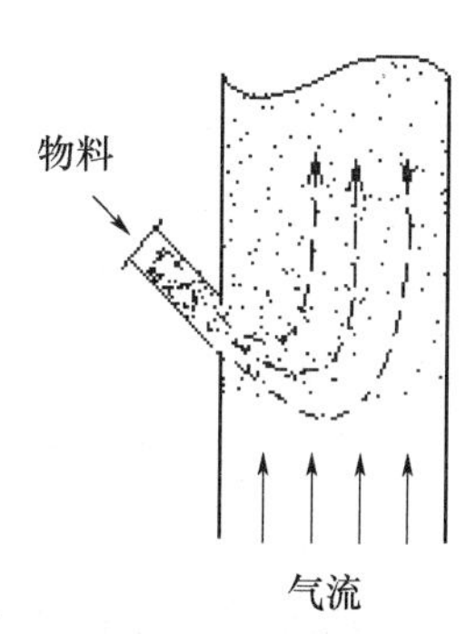

图 1-2-4　物料落入旋风筒上升管道后的运动轨迹

(1) 选择合理的喂料位置。为了充分利用上升管道的长度，延长物料与气体的热交换时间，喂料点应选择靠近进风管的起始端，即下一级旋风筒出风内筒的起始端。但必须以加入的物料能够充分悬浮、不直接落入下一级预热器为前提。一般情况下，喂料点距进风管起始端应有 1m 以上的距离，它与来料落差、来料均匀性、物料性质、管道内气流速度、设备结构等有关。

(2) 选择适当的管道风速。要保证物料能够悬浮于气流中，必须有足够的风速，一般要求料粉悬浮区的风速为 16～22m/s。为加强气流的冲击悬浮能力，可在悬浮区局部缩小管径或加插扬料板，使气体局部加速，增大气体动能。

(3) 合理控制生料细度。试验研究发现，悬浮在气流中的生料粉，大部分以凝聚态的“灰花”粒径在 300～600μm，个别达 1000μm 游浮运动着，灰花在气流中的分散是一个由外及里逐步剪切剥离的过程。生料越细，颗粒间吸附力越大，凝聚倾向越明显，灰花数量越多；生料越粗，灰花数量减少，但传热速率减小。

(4) 喂料的均匀性。要保证喂料均匀，要求来料管的翻板阀一般采用灵活、严密的重锤阀，来料多时，它能起到一定的阻滞缓冲作用；来料少时，它能起到密封作用，防止系统内部漏风。

(5) 旋风筒的结构。旋风筒的结构对物料的分散程度也有很大影响，如旋风筒的锥体角度、布置高度等对来料落差及来料均匀性有很大影响。

(6) 在喂料口加装撒料装置。早期设计的预热器下料管无撒料装置，物料分散差，热效率低，经常发生物料短路，热损失增加，热耗高。

为了提高物料分散效果，在预热器下料管口下部的适当位置设置撒料板，如图 1-2-5 所示。当物料喂入上升管道下冲时，首先撞击在撒料板上被冲散并折向，再由气流进一步冲散悬浮。

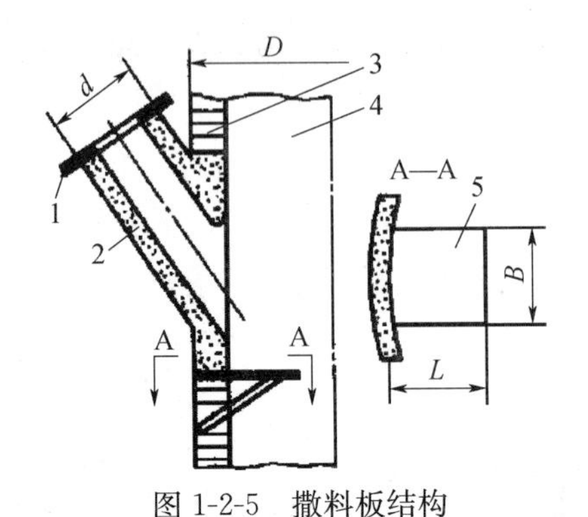

图 1-2-5 撒料板结构

1—料管接管；2—浇注料衬；3—衬砌；4—管道；5—撒料板

撒料板有的水平安装，有的倾斜 30°或 45°，板宽约等于料管直径。板插入管道内的长度约等于料管直径或管道有效内径的 1/4。生产实践证明，各种撒料板都有分散物料的作用，热效率有所提高。但是，由于撒料板伸入管道内，减小了管道有效面积，增加了管道阻力而引起系统阻力加大，据实际测定增加 490～980Pa；同时撒料板长时间承受高温气流作用，容易磨损、热变形和热腐蚀，使用寿命较短。

为了进一步提高物料分散效果，降低阻力，延长撒料装置的使用寿命，又开发了撒料箱。由于撒料箱安装在管道外部，不减小管道面积，不增加系统阻力，底板不直接受热气流的腐蚀，材料耐热性能要求不高，热变形和磨损不大，使用寿命长，同时撒料箱底面宽度不受管道直径的限制，可适当放宽，扩大物料分散面，与热气流接触面积加大，换热效果好。图 1-2-6 是丹麦史密斯公司的撒料箱结构图。在撒料箱底面安装一块凸弧形底板，并且与水平成 20°角，底板与箱体用两组铰链螺栓固定。撒料箱圆形进料口轴线与水平成 60°角，出料口为方形。

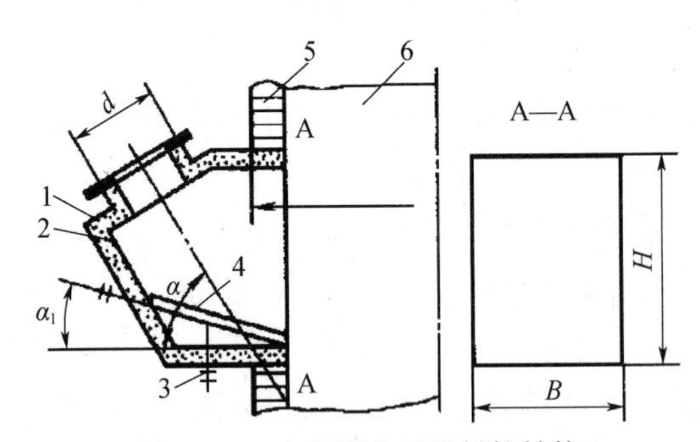

图 1-2-6 史密斯公司撒料箱结构

1—撒料箱；2—浇注料衬；3—铰链螺栓组；4—凸弧形底板；5—衬砌；6—管道

2. 管道内的气固间换热

在悬浮预热器内，生料粉充分悬浮分散在热气流中，根据式（1-2-1），物料与气体之间换热速率的主要影响因素是接触面积 F，而生料粉的比表面积很大（250～350m^2/g），故物料与气流间的热交换迅速进行。试验数据及实践应用均表明，气固间的热交换 80%以上是在入口管道内进行的，热交换方式以对流换热为主。当物料粒径为 100μm 时，换热时间也只需 0.02～0.04s 即完成，相应换热距离仅 0.2～0.4m。因此，气固之间的换热主要在进口管道内瞬间完成，即粉料在转向被加速的起始区段内完成换热。在预热器内，气固间的平均温差 Δt 开始时在 200～300℃，经过多级换热，平衡时趋于 20～30℃。

3. 旋风筒内的气固分离

旋风筒的主要作用是气固分离。旋风筒本体也具有一定的换热能力，只是因为入口处气固温差已很小，旋风筒没有发挥换热能力的机会，因此在设计时只要考虑其分离效果即可。提高旋风筒的分离效率是减少生料粉内外循环、降低热损失和加强气固热交换的重要条件。影响旋风筒分离效率的主要因素有：

（1）旋风筒的直径及高度。在其他条件相同时，筒体直径小，分离效率高；增加筒体高度，分离效率提高。

（2）旋风筒进风口的型式及尺寸。气流应以切向进入旋风筒，减少涡流干扰；进风口宜采用矩形，进风口尺寸应使进口风速在 16～22m/s 之间，最好在 18～20m/s 之间。

（3）内筒尺寸及插入深度。内筒直径小、插入深，分离效率高。

（4）系统漏风。旋风筒下料管锁风阀漏风，将引起分离出的物料二次飞扬，漏风越大，扬尘越严重，分离效率越低。漏风量≤1.85%时，分离效率降低得比较缓慢；漏风量≥1.85%时，分离效率下降得比较快。当漏风量>8%时，分离效率降为零。

（5）物料颗粒大小、气固比含尘浓度及操作的稳定性等，都会影响分离效率。

关于旋风筒的结构及主要参数在后面将会有详细论述，下面简单介绍一下锁风阀。

锁风阀（又称翻板阀）既能保持下料均匀畅通，又起密封作用。它装在上级旋风筒下料管与下级旋风筒出口的换热管道入料口之间的适当部位。锁风阀必须结构合理，轻便灵活。

常用的锁风阀一般有单板式、双板式和瓣式三种。

图 1-2-7 是单板阀结构图，图 1-2-8 为双板阀结构图。对于板式锁风阀的选用，一般来说，在倾斜式或料流量较小的下料管上，多采用单板阀；垂直的或料流量较大的下料管上，多装设双板阀。

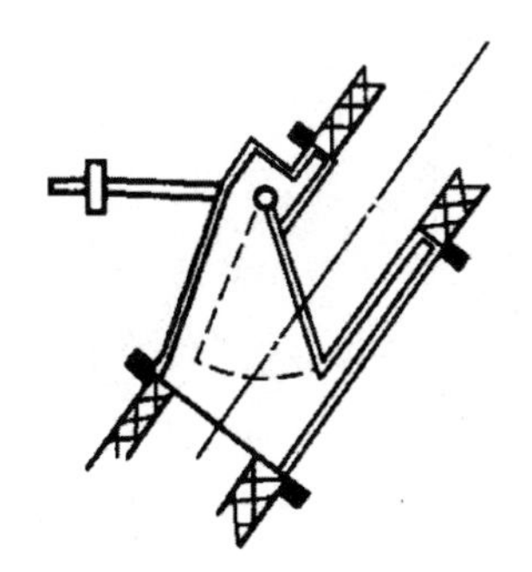

图 1-2-7　单板式锁风阀结构图

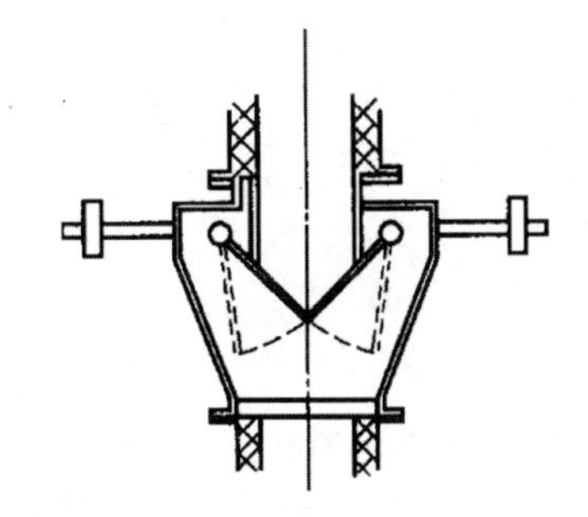

图 1-2-8　双板式锁风阀结构图

对锁风阀的结构要求主要有：

（1）阀体及内部零件坚固、耐热，避免过热引起变形损坏。

（2）阀板摆动轻巧灵活，重锤易于调整，既要避免阀板开、闭动作过大，又要防止料流发生脉冲，做到下料均匀。一般阀板前端部开有圆形或弧形孔洞使部分物料由此流下。

（3）阀体具有良好的气密性，阀板形状规整，与管内壁接触严密，同时要杜绝任何连接法兰或轴承间隙的漏风。

(4) 支撑阀板转轴的轴承包括滚动、滑动轴承等要密封良好，防止灰尘渗入。

(5) 阀体便于检查、拆装，零件要易于更换。

2.1.5 旋风筒结构与参数

旋风筒的设计应主要考虑如何获得较高的分离效率和较低的压力损失。旋风筒的压损主要由四部分组成：①进、出口局部阻力损失；②进口气流与旋转气流冲撞产生的能量损失；③旋转向下的气流在锥部折返向上的局部阻力损失；④沿筒内壁的摩擦阻力损失。

旋风预热器结构

各级旋风筒分离效率的要求不同，最上一级C1旋风筒作为控制整个窑尾系统的收尘效率关键级，要求分离效率达到 $\eta_1>95\%$。最下一级旋风筒作为提高热效率及主要承担将已分解的高温物料及时分离并送入窑内，以减少高温物料的再循环，因此，对C5旋风筒的分离效率要求较高。理论和实践表明，高温级分离效率越高，C1出口温度越低，系统热效率越高。中间级在保证一定分离效率的同时，可以采取一些降阻措施，实现系统的高效低阻。各级旋风筒分离效率配置应为 $\eta_1>\eta_5>\eta_{2,3,4}$。

随着对旋风筒深入研究，低压损旋风筒压力降不断降低，有可能将断面风速提高到5～7m/s，从而使旋风筒内径缩小13%～20%，使得旋风筒外形缩小，重量降低，整个预热器塔降低，建筑面积缩小，降低投资费用。

影响旋风筒流体阻力及分离效率的主要因素有两个，一个是旋风筒的几何结构，另一个是流体本身的物理性能。旋风筒结构与尺寸如图1-2-9所示。

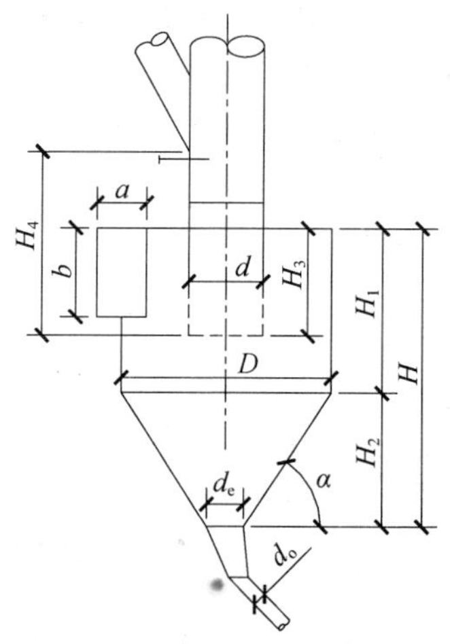

图1-2-9 旋风筒结构与尺寸示意图

D—旋风筒内径；H—旋风筒总高度；H_1—圆筒部分高度；H_2—圆锥部分高度；H_3—内筒高度；H_4—喂料位置喂料口下部至内管下端；a—进风口宽度；b—进风口高度；d—内筒直径；α—锥体倾斜角；d_e—排料口直径；d_o—下料管直径

1. 旋风筒直径

旋风筒的结构以圆柱体内径最为重要，在旋风筒各部尺寸的设计中，又大多以圆柱体部分的直径 D 为基础，因此要首先确定它的尺寸。圆柱体直径有多种计算方式，一般根据旋风筒假想截面风速计算，即：

$$D=2\times\sqrt{\frac{Q}{\pi V_A}} \tag{1-2-2}$$

式中　D——旋风筒圆柱体直径；

　　　Q——旋风筒内气体流量；

　　　V_A——假想截面风速。

假想截面风速，即假定气流沿旋风筒全截面通过时的平均风速（m/s）。对于假想截面风速，各制造厂有不同的取值，早期旋风筒一般选取3～5m/s，现在有提高的趋势，一般为6～7m/s，这对降低系统阻力不利。

2. 进气方式、尺寸、进口形式

旋风筒进风口结构一般为矩形，长宽比（b/a）在2左右，最上级（C1）圆筒部分较长，一般在（2～2.5）D，其他级在（1.5～1.8）D之内。新型低压损旋风筒的进风口有菱形和五边形，其目的主要是引导入筒的气流向下偏斜运动，减少阻力。

新型旋风筒进口一般采用斜坡面形式，以免造成粉尘堆积而引起“塌料”。旋风筒进口风速（V_i）一般在18～20m/s之间。在一定范围内提高进口风速会提高分离效率，但过高会引起二次飞扬加剧，分离效率降低。试验表明，在实际生产中，进口风速对压损的影响远大于对分离效率的影响，因此在影响分离效率和进口不致产生过多物料沉积的前提下，适当降低进口风速，可作为有效的降阻措施之一。

旋风筒气流进口方式有蜗壳式和直入式两种，气流内缘与圆柱体相切称为蜗壳式，进口气流外缘与圆柱体相切称为直入式。

蜗壳式由于气流进入旋风筒之后，通道逐渐变窄，有利于减小颗粒向筒壁移动的距离，增加气流通向排气管的距离，避免短路，提高分离效率。同时具有处理风量大、压损小等优点，采用较多。根据蜗壳进口的角度，蜗壳式进口可分为90°、180°、270°三种，如图1-2-10所示。蜗壳展开角越大，对提高分离效率越有利，但外形尺寸与积料平面也随之加大，这也是一个应该考虑的因素。目前一般都采用270°大蜗壳结构形式，特别是大中型窑需要高效低阻，以降低热耗、电耗。

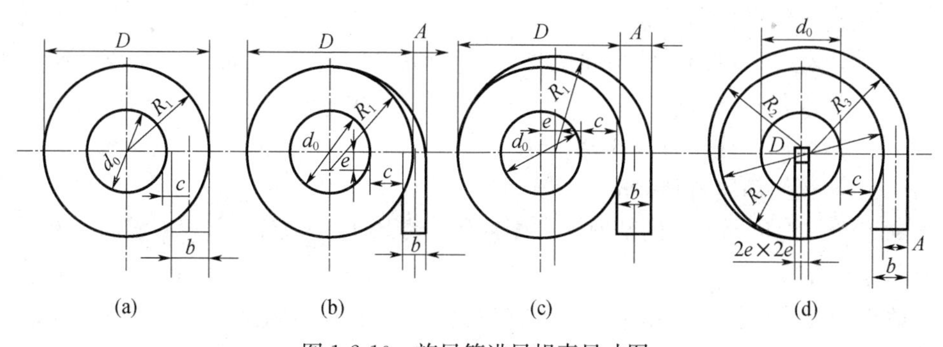

图1-2-10　旋风筒进风蜗壳尺寸图

(a) 直入式（0°）；(b) 蜗壳式（90°）；(c) 蜗壳式（180°）；(d) 蜗壳式（270°）

3. 排气管尺寸与插入深度

排气管的结构尺寸对旋风筒的流体阻力及分离效率至关重要，设计不当，在排气管的下端会使已沉降下来的料粒带走而降低分离效率。一般认为排气管的管径减小，带走的粉料减少，分离效率提高，但阻力增大。排气管尺寸是按气流出口速度计算的，而气流出口速度取自经验数据。一般来说$V_{出}>10$m/s，在有良好的撒料装置时，不会发生短路。近年来，在新型旋风筒中为了降低阻力，内筒直径有扩大趋势，因此出口风速亦有下降趋势。但有一点应注意，不能因风速取值过低而致使物料发生短路。

内筒插入深度对分离效率和阻力有很大影响，降低内筒插入深度，可降低阻力，但插入过浅会明显影响收尘效率。内筒插入越深，阻力越大，分离效率越高。一般内筒插入深度分为以下三种情况：第一种情况是插入深度达到进气管中心附近；第二种是与排气管径相等；第三种是达到进气管外缘以下。

为了降低旋风筒阻力，有效措施是增大内筒直径，降低内筒插入深度，国外公司预热器内筒与筒径之比 d/D 已提高到 0.6～0.7。试验表明，当 $d/D>0.6$ 时，分离效率显著下降。因此国内一般取 0.45～0.6，以保证适当的出口风速。与此同时，要对上级旋风筒的下料位置和撒料装置做适当调整，防止物料短路。

至于内筒的结构及材料，早期各级预热器都采用不锈钢整体内筒，但下级筒容易受到高温气流及多种有害成分的腐蚀、磨损，寿命较短，且更换困难。为此，美国富勒（Fuller）公司研制开发了分块浇铸组合式内筒，上排构件用螺栓固定在旋风筒出口风管上，上下两排构件接缝相互错开，避免装配后出现的纵向连接缝，最下面一排的浇铸构件用联锁构件加固，这样可保持整个内筒的刚度和尺寸稳定。我国水泥企业的下级旋风筒基本上都是这种结构。

4. 旋风筒高度

旋风筒高度 H 是指包括圆柱体高度 H_1 和圆锥体高度 H_2 的总高度。旋风筒高度增加，分离效率提高。

（1）圆柱体高度

圆柱体高度 H_1 是旋风筒的重要参数，它的高低关系到生料粉是否有足够的沉降时间。一般理论计算是根据尘粒从旋风筒环状空间位移到筒壁所需的时间和气流在环状空间的轴向速度求得：

$$H_1=\frac{4Qt}{\pi(D^2-d^2)} \tag{1-2-3}$$

式中 H_1——旋风筒圆柱体的高度，m；

t——尘粒从旋风筒环状空间位移到筒壁所需的时间，可根据尘粒粒径通过理论计算求得；

D——旋风筒圆柱体有效内径，m；

d——旋风筒内筒直径，m。

一般来说，其他尺寸不变的情况下，圆柱体高度增加，气固分离效率提高。

（2）圆锥体高度

圆锥体结构在旋风筒中的作用有：①有效地将靠外向下的旋转气流转变为靠轴心的向上旋转的核心流，它可使圆柱体长度大为减少；②圆锥体也是含尘气流气固相最后分离的地方，它的结构直接影响已沉降的粉尘是否会被上升旋转气流再次带走，从而降低分离效率；③圆锥体的倾斜度有利于中心排灰。

试验表明，当旋风筒的直径不变时，增大圆锥体高度 H_2，能提高分离效率。不同类型的旋风筒圆锥体高度，可根据不同需要，通过它与旋风筒的直径相对比例关系来确定。一般旋风筒圆锥体高度均高于本身的圆柱体，但 LP 型低压损旋风筒，其 H_1 均大于 H_2。

圆锥体结构尺寸，由旋风筒直径 D 和排灰口直径 d_e 及锥边仰角 α 决定，其关系为：

$$\tan\alpha=\frac{2H_2}{D-d_e} \tag{1-2-4}$$

如果排灰口直径和锥边仰角太大，排灰口及下料管中物料填充率低，易产生漏风，引起二次飞扬；反之，引起排灰不畅，甚至发生粘结堵塞。α 值一般在 65°～75°之间，d_e/D 可在 0.1～0.15 之间，H_2/D 在 0.9～1.2 之间选用。

实际上，一般是根据一些规律性的数据来指导设计。不同型式旋风筒的 H/D 与 H_1/H_2 比值如表 1-2-2 所示。

表 1-2-2　不同型式预热器旋风筒 H/D 及 H_1/H_2 值

预热器型式		洪堡、石川岛	多波尔、三菱重工	维达格、川崎重工	神户制钢、天津院	史密斯
C1 筒	H/D	2.87	2.49	2.40	2.59	2.45
	H_1/H_2	1.91	0.42	0.76	0.63	0.50
C2 筒	H/D	1.82	1.73	1.89	1.81	1.78
	H_1/H_2	0.66	0.60	0.55	0.56	0.83

旋风筒的种类根据$\frac{H}{D}$可分为：$\frac{H}{D}>2$，高型旋风筒；$\frac{H}{D}<2$，低型旋风筒；$\frac{H}{D}=2$，过渡型旋风筒。根据$\frac{H_1}{H_2}$可分为：圆柱形旋风筒，$\frac{H_1}{H_2}>1$；圆锥形旋风筒，$\frac{H_1}{H_2}<1$；过渡型旋风筒，$\frac{H_1}{H_2}=1$。

一般来讲，高型旋风筒直径较小，含尘气流停留时间长，可沉降粒度较细的尘粒，分离效率高，尤其是高型旋风筒中圆锥体较高的圆锥形旋风筒的分离效率较高。

旋风预热器最上一级的旋风筒，主要用于收尘，为了提高分离效率，减少出预热器系统废气中带出的粉尘量，一般选用高型旋风筒中的圆锥形旋风筒，并且大多采用双筒，若缩小筒径，更有利于分离作业；而其他各级旋风筒，则从降低整个系统阻力的角度，综合权衡，其分离效率可较最上一级旋风筒稍低，故一般选用低型旋风筒，并大多为单筒。在与大型窑配套时，为不致使风筒规格太大，旋风预热器一般选用双列或多列。

以上仅就预热器旋风筒的几个主要参数进行了初步分析。另外，在旋风筒结构上比较重要的装置还有入口的导流板，它可防止入口气流与筒内循环气流碰撞，压缩入口气流贴壁，增大阻力，同时可以降低气流循环量，在保持旋风筒分离效率的前提下，降低阻力。其形式有整体式及组合式，通常上级用整体式，下级由于温度高、碱硫侵蚀、使用寿命短，且更换困难，因而采用组合式结构。旋风筒下部增大锥体倾角，底部增设膨胀仓，使下料畅通，防止物料堵塞和防止物料二次飞扬，减少物料内循环角度，提高旋风筒分离效率；为防止预热器积灰而造成堵塞，筒体上还装有压缩空气环管或空气炮吹堵系统，喷嘴在内侧向下倾斜，做旋转方向伸入锥体，定时开启，吹扫锥体及下料管积灰。

2.1.6　新型旋风筒结构

川崎重工采用螺旋形进口，增加进口螺旋角及进口断面积，降低进口阻力。对于卧式旋风筒，降低旋风筒高度，以降低整个预热塔架的高度，降低系统投资，如图 1-2-11 所示。

宇部公司将进风口断面加大，进风管螺旋角加大到 270°，将出风内筒做成靴形，扩大内筒面积，减少旋风筒内旋流风通过筒内壁与内筒之间的面积，减少与进风的撞击，并设置弯曲导向装置，如图 1-2-12 所示。

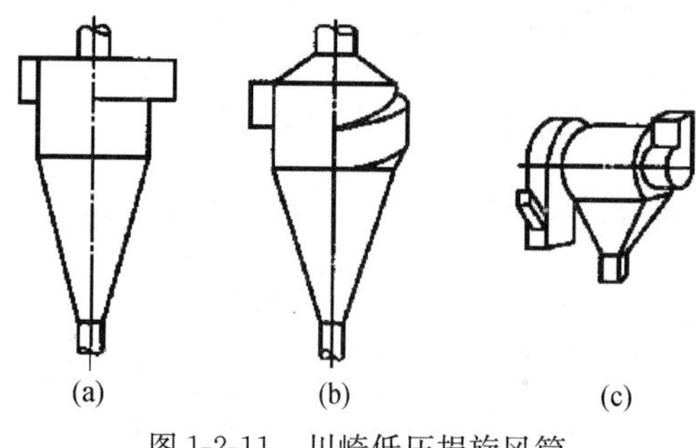

图 1-2-11 川崎低压损旋风筒

（a）传统旋风筒；（b）螺旋形进口旋风筒；（c）水平旋风筒

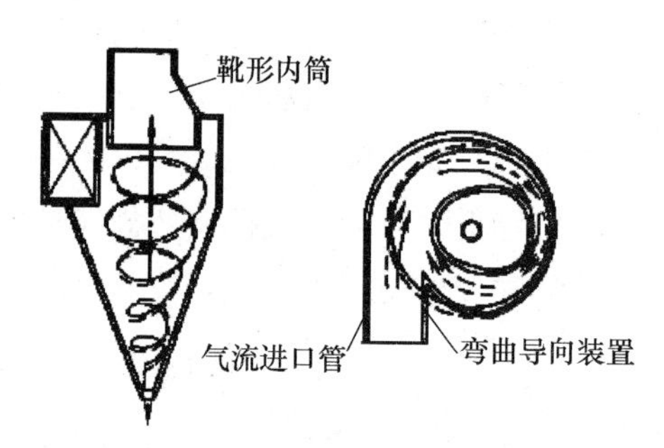

图 1-2-12 宇部低压损旋风筒

伯力休斯公司采用将旋风筒进口及顶盖倾斜，内筒偏心布置，缩短内筒的插入深度，使气流平缓进入筒内，减少回流，减少了同进口气流相撞形成的局部涡流，使 6 级预热器压力损失仅 3000Pa，如图 1-2-13 所示。

洪堡公司的低压损旋风筒（图 1-2-14），顶部 C1 旋风筒的筒体是细而高双旋风筒，目的是为了提高分离效率。而 C2～C5 是矮胖型旋风筒，是为了达到更低压力损失，旋风筒的改进主要有如下几个方面：

（1）进口风管螺旋角加大至 270°，使含尘气流平稳地导入旋风筒，气流沿筒壁高速旋转，提高了分离效率。

（2）加大进口风管截面积，并且处于内筒外侧，使气体不会冲向内筒造成阻力增大。

（3）由于旋风筒壁是蜗壳状，逐渐向内筒靠近，气流不会受到阻碍。

（4）内筒的高度是进口风管高度的 1/2，同时进风螺旋下部设计成锥形，与内筒下端平齐，使含尘气流不会直接进入内筒，分离效率不受影响。

（5）旋风筒的锥体部分设计成为内筒直径的 2 倍，斜度为 70°。增大旋风筒出口尺寸，使卸料通畅，防止堵塞。

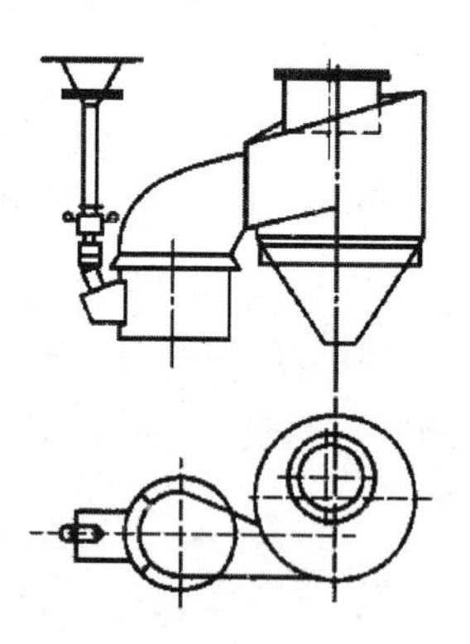

图 1-2-13 伯力休斯低压损旋风筒

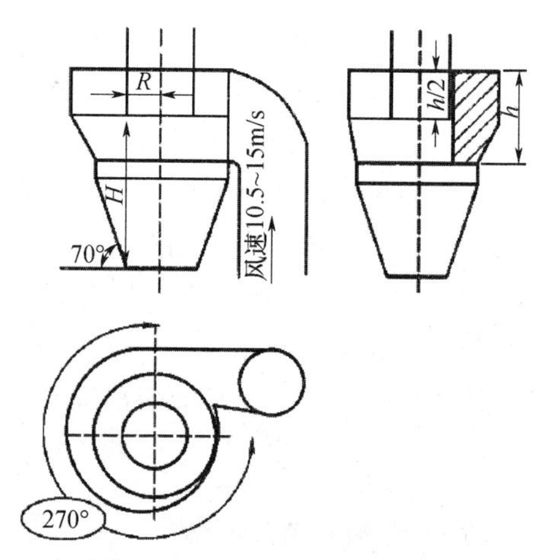

图 1-2-14 洪堡低压损旋风筒

FLS 的低压损、高分离效率的旋风筒如图 1-2-15 所示。消除内部平面，防止内部积灰，也消除了物料对内壁的冲刷。新旋风筒直径降低了 25%，使整个预热器系统投资降到最低。

NC 型高效低压损旋风筒如图 1-2-16 所示。采用多心大蜗壳、短柱体、等角变高过渡连接、偏锥防堵结构、内加挂片式内筒、导流板、整流器、尾涡隔离等技术等。使旋风筒单体具有低阻耗（550～650Pa）、高分离效率（C2～C5：86%～92%；C1：95%以上）、低返混度、良好的防结拱堵塞性能和空间布置性能。

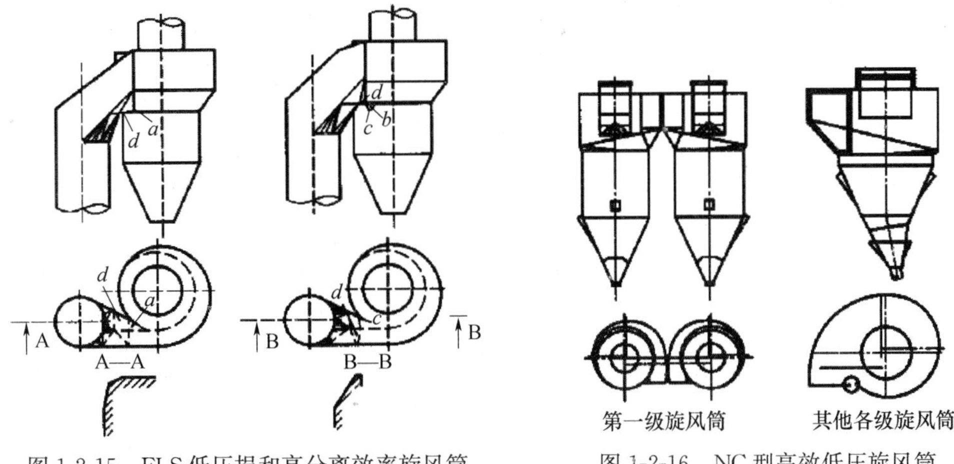

图 1-2-15　FLS 低压损和高分离效率旋风筒

图 1-2-16　NC 型高效低压旋风筒

2.1.7　影响预热器热效率的因素

（1）预热器分离效率 η 对换热效率的影响

分离效率的大小对预热器的换热效率有显著影响。研究表明：预热器的分离效率与换热效率呈一次线性关系。

（2）各级旋风筒分离效率对换热效率的影响

对于多级串联的预热器，各级旋风筒分离效率对换热效率的影响程度是不同的：提高上一级预热器的分离效率对提高换热效率的作用比提高下一级预热器的分离效率要大，因此，保持最上级预热器有较高的分离效率是合理的。

（3）固气比对换热效率的影响

随着固气比的增大，一方面气固之间换热量增加，另一方面又会使由预热器入窑的物料温度降低，增加窑内热负荷，因此存在一个最佳固气比。实际生产过程中，预分解窑的固气比一般在 1.0 左右，因此提高固气比有利于提高热效率。在一般情况下，尽量减少设备散热，严格密封堵漏，降低热耗，均有利于提高固气比，从而提高热效率。

（4）预热器级数对换热效率的影响

预热器级数越多，其热效率越高。相同条件下，两级预热器比一级的热效率可以提高约 26%。但随着级数的增多，其热效率提高的幅度逐渐降低，如预热器由四级增加到五级，单位熟料热耗下降 126～167kJ/kg，由五级增加到六级，单位熟料热耗仅下降 42～84kJ/kg。预热器级数增加，系统阻力增大，从经济效益角度考虑，预热器级数不宜超过六级。

2.2　分解炉结构及工作原理

2.2.1　预分解技术原理

预分解技术的出现是水泥煅烧工艺的一次技术飞跃。它是在预热器和回转窑之间增设分解炉或利用窑尾上升烟道，设燃料喷入装置，使燃料燃烧的放热过程与生料的碳酸盐分解的吸热过程，在分解炉内以悬浮态或流化状态迅速进行，使入窑生料的分解率提高到90%以上。将原来在回转窑内进行的碳酸盐分解任务移到分解炉内进行；燃料大部分从分解炉内加入，少部分由窑头加入，减轻了窑内煅烧带的热负荷，延长了衬料寿命，有利于生产大型化；由于燃料与生料粉混合均匀，燃料燃烧热及时传递给物料，使燃烧、换热及碳酸盐分解过程都得到优化。因而具有优质、高效、低耗等一系列优良性能及特点。

预分解窑系统由旋风预热器、分解炉、回转窑和冷却机系统组成，其基本流程如图1-1-3所示。

以带五级旋风预热器的预分解窑系统为例。生料由高效提升机喂入系统，经过第一次、第二次、第三次和第四次热交换（在任务1的1.4中已详细叙述）后进入分解炉，在分解炉内碳酸盐受热分解，并随气流进入C5筒进行气料分离，已完成绝大多数碳酸盐分解的物料喂入回转窑，在回转窑内煅烧成熟料，卸到篦冷机内，经其快速冷却后卸出。

气流的流向顺序是分解炉、C5筒、C4筒、C3筒、C2筒、C1筒，排出预热器。

其中，分解炉是预分解窑系统的核心设备，它承担着烧成所需的60%的燃料燃烧和90%以上的碳酸盐分解任务，其性能的好坏直接影响着烧成系统的产量、质量及热耗、电耗。

2.2.2 分解炉分类

由于分解炉是预分解窑的核心设备，因此分解炉的分类也成为预分解窑的分类和命名方法。自1971年石川岛研制开发分解炉以来，分解炉技术发展很快，日本的水泥设备制造公司以及水泥公司各自开发了自己的分解炉。由于预分解窑在水泥熟料生产的节能、产量、质量等方面具有一系列的突出优点，成为当前建新厂、改造旧厂首选的煅烧方法。目前，世界各国水泥工作者都在开发自己的分解炉，各种各样的分解炉专利有几十种。同时，由于燃料价格不断上涨，各个厂家纷纷开发适合烧劣质燃料的分解炉，例如，烧无烟煤、石油焦、汽车轮胎、可燃垃圾等的分解炉。另外，分解炉已经有40多年的发展史，各厂家对自己的分解炉进行了不断改进，吸收了其他厂家分解炉的优点。因此，要精确地对分解炉分类比较困难，一般采用按制造厂名分类为主，还有按分解炉内气流及物料的运动特征组合分类，按全窑系统气流运动方式分类，按分解炉与窑、预热器及主风机匹配方式分类等，下面分别简述之。

1. 按制造厂名分类

该分类法简洁明了，不存在混淆，但由于设计单位多、形式多，不便记忆，也不便于归纳分析。我国常见的有以下几种：

SF型（改进型N-SF、C-SF），日本石川岛公司与秩父公司研制；

MFC型（改进型N-MFC），日本三菱公司研制；

RSP型，日本小野田公司研制；

KSV型（N-KSV），日本川琦公司研制；

FLS型，丹麦史密斯公司研制；

DD型，日本神户制铁公司研制；

普列波尔型，德国伯力休斯公司研制；

派洛克隆型，德国洪堡公司研制；

TDF 型，天津水泥工业设计研究院研制；

CDC 型，成都建材工业设计研究院研制。

此外，还有法国的 FCB 型、日本宇部兴产的 UNSP 型以及在窑尾上升烟道或预热器下部增设燃料喷入装置的盖波尔、ZAB、米亚格等。

2. 按炉内气流、物料的运动特征分类

（1）旋流式分解炉（NSF 型）。这种分解炉的特点是气体沿切线入炉，气体与物料做旋转上升运动，形成旋流，有利于传热和生料碳酸盐的分解。

（2）喷腾式分解炉（DD 型、FLS 型、SLC 型）。这种分解炉内物料的悬浮和运动，是靠气体的喷吹而形成的，造成许多翻滚的漩涡，有利于炉内的燃料燃烧、传热和生料碳酸盐的分解。

（3）悬浮式分解炉（普列波尔、派朗克隆型）。这种分解炉的特点是将窑尾烟室适当加高、延长、弯曲，物料及燃料悬浮于预分解装置内。气流在其中改变流向时，产生一定的旋流效应或喷腾效应，以延长燃料燃烧及物料分解时间。

（4）沸腾式分解炉（MFC 型、N-MFC 型）。这种炉的特点是物料在流化床上处于沸腾状态。

（5）旋流一喷腾式分解炉（RSP 型、KSV 型、N-SF 型、C-SF 型）。气体携带物料、煤粉在分解炉内形成旋流及喷腾两种运动形式，在这种状态下进行燃料的燃烧、传热和生料碳酸盐的分解。

3. 按全窑系统气体流动方式分类

按全窑系统气体流动方式，预分解窑可分为三种类型：

预分解窑组合分类

第一类如图 1-2-17（a）所示。利用窑尾与最下一级旋风筒之间的上升烟道作为分解炉，不设三次风管。分解炉用助燃空气全部从窑内通过，与窑尾烟气一起入炉。其特点是设备简单，不需增设风管，投资少，但由于分解炉燃料燃烧空气全由窑尾出口废气供给，使窑内过剩空气增加，导致窑内火焰温度降低，火焰传给物料的热量减少，热效率降低。

第二类如图 1-2-17（b）所示。设有三次风管，来自冷却机的热风在炉前或炉内与窑气混合。由于分解炉助燃空气单独用三次风管送入，回转窑内传热不受分解炉用气限制，因此其传热量大，窑体尺寸可进一步缩小。

第三类如图 1-2-17（c）所示。设有三次风管，分解炉内燃料燃烧所需的空气全部从冷却机抽取，窑气不进分解炉。由于分解炉助燃空气全是来自冷却机新鲜的空气，气体中氧的浓度未被降低，因此有利于燃料的完全燃烧。

4. 按分解炉与窑、预热器及主风机匹配方式分类

（1）同线型。分解炉设在窑尾烟室之上，窑尾烟气经烟室进入分解炉后与炉气会合进预热器，窑尾烟气与炉气共用一台主排风机，如图 1-2-18（a）所示，如 NSF 炉、DD 炉等。

（2）离线型。分解炉设在窑尾烟室一侧，窑尾烟气与炉气各走一列预热器，并各用一台主排风机，如图 1-2-18（b）所示，如 SLC 炉等。

（3）半离线型。分解炉设置在窑尾上升烟道一侧，但窑尾烟气与炉气在上升烟道会合后一起进入最下级旋风筒，两者共用一列预热器和一台排风机，如图 1-2-18（c）所示，如 SLC-S 型炉等。

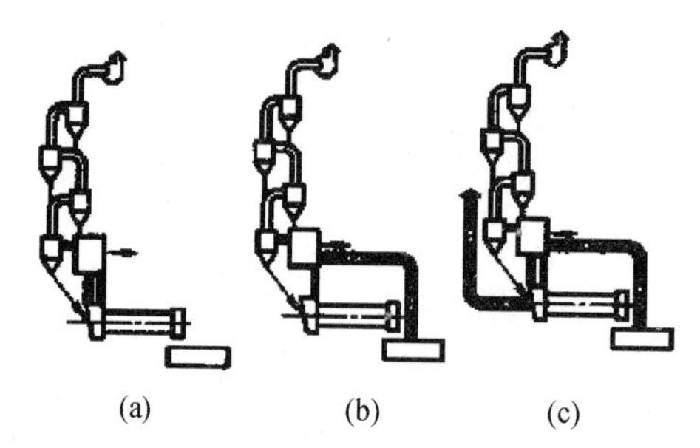

图 1-2-17　预分解窑按全窑系统气体流动方式分类

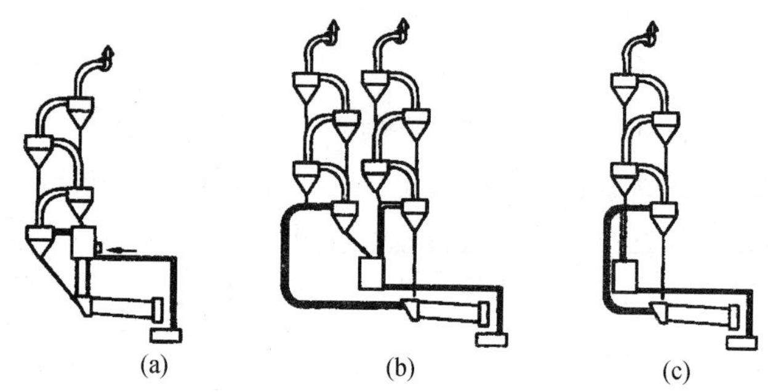

图 1-2-18　预分解窑按分解炉与窑、预热器及主风机匹配方式分类

（a）同线型；（b）离线型；（c）半离线型

预分解窑虽然种类很多，从微观方面分析，各具特色，各不相同，这些差异是由于不同学者及设备制造厂商基于对加强燃料燃烧、物料分解、气固混合及气流运动的机理，在认识上的部分差异和专利法的限制而造成的。但从宏观方面观察，各种预分解窑的技术原理都是相同的，并且随着预分解技术的日趋成熟和技术上的相互渗透，各种分解窑在工艺装备、工艺流程和分解炉结构形式方面又都大同小异。

2.2.3　分解炉工作原理

分解炉属于高温气固多相反应器，基本具有悬浮床的特点，在其中要完成燃烧、分解以及气固两相的分散、换热、传质、输送等一系列过程，并且伴随物料浓度、颗粒粒径的变化。对分解炉来说，物料分散是前提，燃料燃烧是关键，碳酸盐分解是目的。

1. 分解炉内的气体运动

分解炉内的气流具有供氧燃烧、浮送物料及作传热介质的多重作用。为了获得良好的燃烧条件及传热效果，对分解炉气体的运动有如下要求：

（1）适当的速度分布。保持炉内有适当的气体流量，以供燃料燃烧所需的氧气，保持分解炉的发热能力，使燃烧稳定、安全。

（2）适当的回流及紊流。为使在一定炉体容积内物料滞留时间长些，则要求气流在炉内呈旋流或喷腾流，使喷入炉内的燃料与气流良好混合，以延长燃料燃烧及物料分解的时间，使燃烧、传热及分解反应达到一定要求。

（3）较大的物料浮送能力。为提高传热效率及生产效率，要求气流有适当高的料粉浮送能力，使加入炉中的物料能很快分散，均匀悬浮于气流中，在加热分解同样的物料量时，以减少气体流量，缩小分解炉的容积，并提高热的有效利用率。

（4）较小的流体阻力。在满足上述工艺热工要求的条件下，要求分解炉有较小的流体阻力，以降低系统的动力消耗。

分解炉要求有一定的气体流速，保持炉内有适当的气体流量，以供燃料燃烧所需的氧气，保持分解炉的发热能力；合理的气体流速使喷入炉内的燃料与气流良好混合，使燃烧稳定、完全；利用旋风、喷腾等效应，使加入炉中的物料能很快分散，均匀悬浮于气流中，并使气流有较大的浮送物料的能力；使气流产生回旋运动，使其中的料粉及燃料在炉内滞留一定时间，使燃烧、传热及分解反应达到一定要求。

2. 物料在气流中的分散

粉料被充分分散和均布是分解炉有效工作的前提。在分解炉内，对气固分散的要求是充分、迅速、均匀。目前采取的有效分散措施大多以流体力学方法为主，利用旋流效应（有利于横向均布，且有效地延长物料的停留时间）、喷腾效应（有利于纵向分散，且阻力小）、流态化效应（气流均布，气固接触时间长，且可控制）、湍流效应（稀相输送、高速同流）等来达到分散的目的。

旋风效应是旋风型分解炉及预热器内气流做旋回运动，使物料滞后于气流的效应。图 1-2-19为旋风效应示意图。气流经下部涡流室形成旋回运动，再以切线方向入炉，在炉内旋回前进。悬浮于气流中的物料，由于旋转运动，受离心力的作用，逐渐被甩向炉壁，与炉壁摩擦碰撞后，运动动能大大降低，速度锐减，甚至失速坠落，降至缩口时再被气流带起。运动速度锐减的料粉，如果是在旋风预热器内，便沿筒壁逐渐下降至锥体并从气流中分离出来。而在旋风型分解炉中的料粉却不沉降下来，因为前面的气流将料粉滞留下，而后面的气流又将料粉继续推向前进。所以物料总的运动趋势还是顺着气流，旋回前进而出炉。但料粉前进的速度，却远远落后于气流的速度，造成料粉在炉内滞留的现象，使炉内气流中的料粉浓度大大高于进口或出口浓度。颗粒越粗，滞留越长；料粉越细，滞留越短。

喷腾效应是分解炉或预热器内气流做喷腾运动，使物料滞后于气流的效应。图 1-2-20为喷腾效应示意图。这种炉的结构是炉筒直径较大，上下部为锥体，底部为喉管。入炉气流以 20～40m/s 的流速通过喉管，在一定高度内形成一股上升流，将炉下部锥体四周的气体及料粉、煤粉不断卷吸进来，向上喷射，造成许多由中心向边缘的旋涡，形成喷腾运动。料粉和煤粉在旋涡作用下甩向炉壁，沿炉壁下落，降到喉口再被吹起，炉内气流的平均含尘浓度大大增加，使料粉、煤粉在炉内的停留时间大幅度延长。

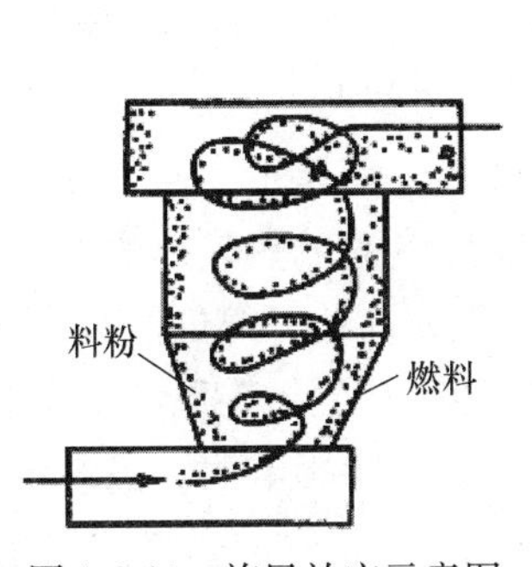

图 1-2-19　旋风效应示意图

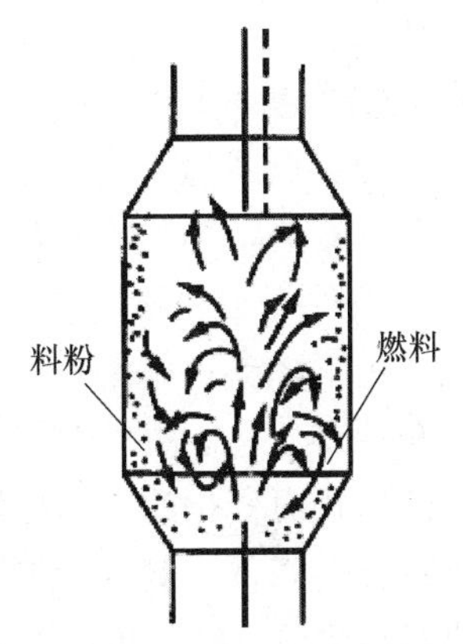

图 1-2-20　喷腾效应示意图

在旋风型分解炉如 SF 炉内以旋风效应为主，在喷腾型分解炉如 FLS 炉中以喷腾效应为主，在 KSV 型分解炉中则存在先喷腾效应、后旋风效应，而 RSP 型分解炉则存在先旋风效应、后喷腾效应。合理的气体流型对分解炉功能的发挥有模型的影响。单纯旋流虽能增加物料在炉内的停留时间，但旋流强度过大易造成物料的贴壁运动，对物料不利；单纯的喷腾有利于分散和纵向均布，但会造成疏密两区；单纯的流态化由于气固参数一致，降低了传热和传质推动力；单纯的强烈湍流则使设备的高度过高。随着预分解技术的发展，原来不同类型和结构的分解炉有日益接近的趋势，采用喷腾-旋流、湍流-旋流等叠加的方式，达到物料均匀分散的目的。

悬浮在气流中的料粉及煤粉，如果在分解炉中与气体没有相对运动而随气流同时进出，则在炉内只有1～2.5s的停留时间，这对 $CaCO_3$ 分解反应以及煤粉的燃烧来说是远远不够的，因此必须大大延长物料和煤粉在炉内的停留时间。单靠降低风速或增大炉容是难以解决的，主要的方法是使炉内气流做适当的旋转运动或喷腾运动，或是两者的结合，以造成旋风效应或喷腾效应，使料粉滞留，延长其在炉内的停留时间，达到预期的分解效果。

合理的气体流型对分解炉功能的发挥有模型的影响。单纯旋流虽能增加物料在炉内的停留时间，但旋流强度过大易造成物料的贴壁运动，对物料不利；单纯的喷腾有利于分散和纵向均布，但会造成疏密两区；单纯的流态化由于气固参数一致，降低了传热和传质推动力；单纯的强烈湍流则使设备的高度过高。随着预分解技术的发展，原来不同类型和结构的分解炉有日益接近的趋势，采用喷腾-旋流、湍流-旋流等叠加的方式，达到物料均匀分散的目的。但仍需深入研究不同流型的最佳配合和适宜的加料混合方式以谋求理想的综合效果。

3. 燃料的燃烧

（1）辉焰燃烧（无焰燃烧）

当煤粉进入分解炉后，悬游于热气流中，经预热、分解、燃烧发出光和热，形成一个个小火星，无数的煤粉颗粒便形成无数的迅速燃烧的小火焰。这些小火焰浮游布满炉内，从整体看，看不见一定轮廓的有形火焰。另外，均匀分散于高温气流中的粉料颗粒受热达一定温度后也发出光、热辐射而呈辉焰。所以分解炉中煤粉的燃烧并非一般意义的无焰燃烧，而是充满全炉的无数小火焰组成的燃烧反应，有人把分解炉内的燃烧称为辉焰燃烧。

分解炉内无焰燃烧的优点是燃料均匀分散，能充分利用燃烧空间，不易形成局部高温；其次是物料均匀分散于小火焰中，有利于向物料传热，又能防止气流温度过高；燃烧速度较快，发热能力较强，能很好地满足物料中碳酸盐分解的工艺与热工条件。

（2）煤粉的着火

着火就是煤的燃烧速率大于系统散热速率时的状态，而煤的着火点也就是导致燃烧速率大于散热速率时的分界点的温度值。因而煤的着火点并不是一个固有的物理性质常数，它与具体系统的散热条件有关，不同的散热特性方程将有不同的着火点。

在无 $CaCO_3$ 的条件下，一般燃烧炉中气流温度非恒温，而是随燃烧而变化。在这种条件下，煤的着火点可下降。这是因为分解炉炉体向周围环境的散热较燃烧的放热可忽略不计，而 $CaCO_3$ 分解吸热很大，往往超过煤的放热速率。正如前述，煤的着火点不是固定的，而是随燃烧环境的变化而变化的。当环境的散热速率较大时，着火点提高；当环境的散热较少时，煤的着火点就会降低，甚至可自燃。当不考虑 $CaCO_3$ 的影响时，系统的相对吸热将减少，煤的燃烧可使周围气流温度升高，气流温度的升高又促进煤的燃烧。如此，煤的燃烧将始终保持放热大于散热状态，系统温度持续升高，直到分解炉与周围环境的散热及煤粒热辐射散热与煤的放热达到平衡为止。

由此可见，分解炉中 $CaCO_3$ 含量减少，对煤的着火有利。因而在喂生料前先将煤喂入

纯空气或仅有部分 $CaCO_3$ 或生料的气流中进行预燃，有利于煤在分解炉中的着火与燃烧。若分解炉的设计没有充分考虑预燃，煤的着火点按计算约为 870℃。

由于分解炉内的煤粉为“无焰燃烧”，不会形成高温集中的“火焰”，因而煤只能靠迅速分散与炉内气流密切接触，得到所需的氧气和着火的温度，才能较好地着火和燃烧。因此，煤粉分散性不好或在炉内分布不均是导致煤不能着火或仅部分着火的主要因素。

着火时间主要指煤粉升温和挥发分逸出所需的时间。通常煤着火的时间仅需零点几秒。然而若煤粉未充分分散，则升温时间可能较长，挥发分的挥发速率也会下降，从而使着火时间延长。另外，许多分解炉结构在设计时未充分考虑到煤的预燃或预燃装置没有发挥功能，煤粉入炉就与大量的生料接触。若煤质稍差就可能导致不着火，影响煤的燃烧效率。

随煤的活性的提高或挥发分含量高，着火点下降。挥发分由于自身着火温度低，燃烧速率高，可带动固定碳的着火和燃烧，故高活性的煤对着火有利。

（3）煤粉的燃烧状况

煤粉在分解炉内的燃烧状况，除受煤粉自身的燃烧性能影响外，还受炉内操作温度、氧气浓度、空气和煤粉混合状况、生料与煤粉比例及煤粉在炉内的停留时间等因素的影响。

① 分解炉操作温度。煤粉的燃烧大体分为挥发分的析出和着火燃烧、固定碳的燃烧两个过程，这两个过程都与燃烧环境的温度有关。研究表明，当煤中挥发分从 25%降到 5%时，挥发分初析温度将从约 350℃升高到约 500℃，其着火温度也将升高约 200℃。固定碳的燃烧速度 r 与温度 T 的关系遵循阿累尼乌斯公式 $r=ke^{-\frac{E}{RT}}$。当温度升高约 70℃时，固定碳燃烧速度将提高约 1 倍。因此，在设计分解炉时，要在保证炉内不发生烧结的情况下，尽量提高炉内煤粉着火区的温度，以利于入炉煤的着火燃烧。

② 分解炉中氧气浓度。煤粉燃烧是高温下碳与氧的放热化学反应，且是可逆反应，反应产物及其中间产物均为 CO 及 CO_2。根据化学反应浓度积规则，要加快炉内煤粉的燃烧反应速度，必须增加氧浓度。分解炉采用离线布置方式，通过三次风管抽吸高温新鲜空气作分解炉助燃空气，这样可保持炉内特别是炉下部氧分压较高，而 CO、CO_2 分压较低的状况，有助于煤的燃烧。

③ 空气和煤粉的均匀混合。煤的燃烧反应首先发生在煤粒表面并形成产物层，其后的燃烧速度既取决于炭粒的化学反应速度，也取决于气体氧气通过产物层的扩散速度。研究表明：窑头煤粉的燃烧速度主要受气体的扩散速度控制；而分解炉内煤粉的燃烧速度主要受碳的化学反应速度和气体扩散速度控制。因此，在设计分解炉时应尽量考虑使气体和煤粉间保持较高的相对运动速度，促进气体扩散，加速空气和煤粉的均匀混合，以加快煤粉燃烧。

④ 煤粉在炉内的停留时间。燃料必须在分解炉内充分燃尽才能产生足够的热量，满足生料分解的要求，保证预热器系统的正常运行。煤粉颗粒的点燃→燃烧→燃尽过程需要一定时间。无烟煤的燃烧反应速度较慢，其需要的燃尽时间也较长。研究表明，在相同细度条件 88μm 筛余 10%下，煤挥发分从 26%降低到 5%时，达到炉内燃尽的煤粉停留时间要延长 1 倍以上。因此，在设计分解炉时，必须考虑延长煤粉在炉内停留时间的相关技术措施。

⑤ 分解炉内生料与煤粉的比例。生料与煤粉比例越高，生料分解吸热越大，越不利于煤的燃烧。因此，在分解炉设计时，可采取相关的技术措施，降低炉内生料的浓度，以利于炉内煤的燃烧，确保入窑生料分解率。

（4）分解炉内的燃烧速度

分解炉内的燃烧速度，影响着分解炉的发热能力和炉内的温度，从而影响物料的分解率。燃烧速度快，放热多，炉内温度就高，分解速度将加快。反之，分解率将降低。因此加快燃料燃烧的速度，是提高分解炉效能的一个重要问题。

分解炉内的燃烧温度通常在860～950℃，燃烧过程的性质处于低温化学动力学控制范围与高温扩散控制范围的交界，因此，这两种过程的影响因素均对分解炉内的燃烧速度有重要影响。其中影响燃烧速度的化学动力学因素有燃料的种类、性质、温度、压力及反应物浓度等，影响扩散燃烧速度的主要因素有炉气的紊流程度、燃料与气流的相对速度、燃料的分散度等。

为适当加快燃烧速度，控制好炉温，一般应注意以下几个方面：

① 选择适当的燃料加入点并分成几点加入；

② 适当控制燃料的雾化粒度或煤粉细度；

③ 选择适当的燃料品种，例如煤粉中含有适当的挥发物，使挥发物与焦炭先后配合燃烧，以达到好的热效应；

④ 选择适当的一、二次风速以及合适的加料点的位置；

⑤ 调节燃料加入量以改变燃烧的空气过剩系数。

(5) 分解炉内的温度分布

煤粉喷燃温度可达1500～1800℃，分解炉内气流温度之所以能保持在800～900℃，主要是因为燃料与物料混合悬浮在一起，燃料燃烧放出的热量，立即被料粉分解所吸收，当燃烧快，放热快时，分解也快；相反燃烧慢，分解也慢。所以分解反应抑制了燃烧温度的提高，而将炉内温度限制在略高于$CaCO_3$平衡分解温度20～50℃的范围。

图1-2-21为SF型分解炉内的等温曲线。由图可见：

① 分解炉的轴向及平面温度都比较均匀。

② 炉内纵向温度由下而上逐渐升高，但变化幅度不大。

③ 炉的中心温度较高，边缘温度较低。除炉壁热损外，因炉内气流为旋回，故粉粒因离心力在四周浓度较大，吸热较多，因而形成炉壁温度较低。

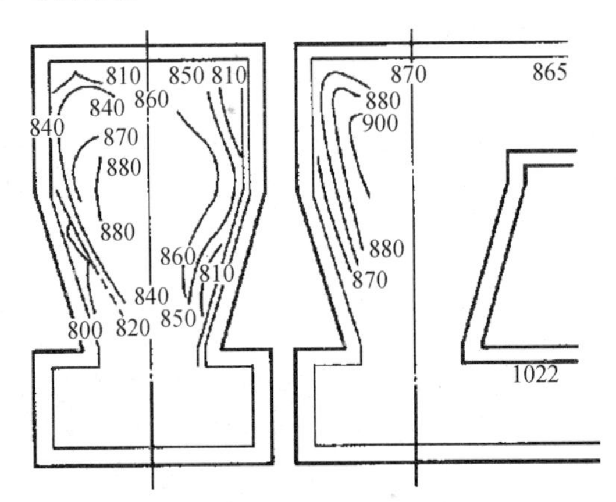

图1-2-21　分解炉内的等温曲线（℃）

4. 分解炉内的传热

在分解炉内，燃料燃烧速度很快，发热能力很高。由于料粉分散在气流中，在悬浮状态下，具有极高的传热效率，燃料燃烧放出的大量热量在很短的时间内被料粉所吸收，既达到高的分解率，又防止了局部的过热现象。

分解炉的传热方式主要为对流传热，其次是辐射传热。炉内燃料与料粉悬浮于气流中，燃料燃烧将燃料中的潜热把气体加热至高温，高温气流同时以对流方式传热给物料。由于气固相充分接触，传热速率高。分解炉中燃烧气体的温度在900℃左右，其辐射放热性能没有回转窑中燃烧带的辐射能力大。然而由于炉气中含有很多固体颗粒，CO_2含量也较多，增大了分解炉中气流的辐射传热能力，这种辐射传热对促进全炉温度的均匀极为有利。

分解炉内传热公式如式（1-2-1）所示，传热系数k与颗粒直径、流体的导热系数、流体的运动速度有关，并与流体的黏度、密度等因素有关。有人提出分解炉中的热交换系数与气流速度的1.3次方成正比（流速在3.5～6.5m/s之间）。有人提出一般悬浮层中的传热系数约在0.8～1.4W/（m^2·℃）之间。

与旋风预热器类似，分解炉内传热快最主要的因素是传热面积大大增加，粉料悬浮于气流中，与气流充分接触，其传热面积即为粉料的比表面积。一般生料粉的比表面积约为250m^2/kg，设有一半与气流充分接触，则1kg生料粉的传热面积有125m^2。分解炉内的传热速率之所以远高于回转窑分解带，主要原因是其传热面积大大增加。正因为这样，粉料的升温可在瞬间完成。而燃料放出的大量热量，能迅速地被碳酸盐分解吸收而限制了气体温度的提高。这种极高的悬浮态传热传质速率与边燃烧放热、边分解吸热共同形成了分解炉的热工特点。

5. 物料的吸热分解

分解炉所担任的工艺过程主要是碳酸盐的分解过程，碳酸盐的分解是一个强吸热反应，在实际生产过程中，影响生料碳酸盐分解的因素很多，情况也很复杂。但主要因素是炉内的温度、物料在炉内均匀分布程度和停留时间以及生料的物理性能。

研究表明：普通回转窑内碳酸钙分解过程为传热传质控制过程，而分解炉内碳酸钙中分解过程为化学动力学控制过程。这是因为生料粉粒径很小，颗粒的比表面积很大，悬浮于气流时与气流的传热、传质面积很大，向颗粒内部传热、传质非常快，化学反应过程自然成为整个分解过程的决定性环节。值得提出的是，回转窑分解带内的料粉颗粒虽细，但它处于堆积状态，与气流的传热面积小，料层内部颗粒四周被CO_2包裹，对气流传质面积小，且平衡分解温度提高，所以回转窑内碳酸钙分解过程仍为传热传质控制过程。只有将分解过程移向悬浮态或流化态的分解炉，才使分解过程由物理控制过程转化为化学动力学控制过程。

由于炉内分解过程为化学动力学控制过程，因此，影响分解速度的主要因素有：

① 分解温度：温度愈高，分解愈快。

② 炉气中CO_2浓度：浓度愈低，分解愈快。

③ 料粉的物理、化学性质：结构致密、结晶粗大的石灰石分解速度较慢。

④ 料粉粒径：粒径愈大，时间愈长。

⑤ 生料的悬浮分散程度：悬浮分散性差，相当于加大了颗粒尺寸，改变了分解过程性质，降低了分解速度。

一般生产中对入窑生料的分解率要求以85%～95%为宜。分解率要求过高，在炉内停留时间就要求延长，炉的容积要求就大。分解率高时，分解速度就慢，吸热减少，容易引起物料过热，炉温升高，从而会导致结皮、堵塞等故障。如果对分解率要求过低，如低于80%也是不合适的，因为分解率低的生料入窑，在窑内吸热分解耗热较大，使窑的热负荷增大，窑外分解的优越性得不到充分发挥。

实践表明：分解炉内所能达到的分解率，关键在于炉温和气体流型。温度对分解率和完全分解所需时间的影响最为显著，其分解时间与温度呈指数关系，温度可极大缩短分解反应的时间。炉温低，要达到同样分解率，必须明显地延长物料在炉内的时间（改变流型或增大炉子容积）或采取大于100%循环量的再循环流程来给以补偿。

粉料是随气流运动的，气体和物料在炉内停留的时间比是随气体流型的不同而变化的，试验测得波动在1～10之间。因此优化选择气流的运动特征，也是优化分解炉设计的一个方面。

综上所述，分解炉的主要热工特性在于燃料燃烧放热、悬浮态传热和物料吸热分解这三个过程紧密结合在一起进行，燃烧放热的速率与物料分解吸热速率相适应。分解炉生产工艺对热工条件的要求是：①炉内气流温度不宜超过1000℃，以防系统产生结皮、堵塞；②燃烧速度要快，以保证供给碳酸盐分解所需要的大量热量；③保持窑炉系统较高的热效率和生产效率。

2.2.4 常见分解炉特征简介

对于分解炉，需要针对燃料的燃烧特性和生料的分解特性来确定分解炉的进风、进煤和进料方式、内部旋流度、结构形式，确保在结构和操作参数合理的情况下，有足够的物料停留时间，满足燃料的燃烧、物料的均匀分散和碳酸钙的分解要求。

国外各大公司都有各具特色的炉型，目前投产使用的分解炉类型达30种以上。对于烟煤等易于燃烧的燃料，国内各大设计研究院都有阻力低、易于操作控制的分解炉，对其认识及相关技术已经十分成熟。分解炉技术的改进主要集中在适应不同燃料燃烧的需要和降低NO_x排放上。为适应无烟煤的燃烧，出现了多种在主炉外增加预燃炉或后燃烧装置的组合型分解炉。为减少NO_x排放，在分解炉煤粉燃烧的初始段形成还原气氛是其通用的做法。现主要介绍燃无烟煤的分解炉和低NO_x分解炉。

1. SF系列分解炉

SF分解炉是全世界最早出现的分解炉，由日本石川岛公司开发研制，于1971年11月问世。它当时的燃料是重油，由于1973年世界石油危机，SF炉改为烧煤，但SF炉不适宜烧煤，其缺点和不足得以充分暴露，鉴于此，日本石川岛公司将SF炉改造成N-SF炉。第一台全部烧煤的N-SF炉于1979年4月建成，我国1983年引进安装在冀东水泥厂的分解炉即为N-SF炉。

（1）SF分解炉

SF分解炉由下部涡流室和上部分解室组成［图1-2-22（a）］，最早是由上部加入生料与燃料，经试验发现燃料燃烧时间太短，然后将喷油嘴移到锥体下部，生料入口仍留在顶部。窑尾废气（1000～1050℃）和冷却机抽来的热气体（750～800℃），经涡流室混合后，自下而上回旋着进入分解室。混合气体中氧浓度较低，油滴悬浮在混合气体的湍流中，进行无焰燃烧。从旋风筒来的预热生料由顶部加入，生料在气流中处于悬浮状态，整个气流是边燃烧边传热，同时进行分解反应。燃烧后的废气又将大部分已分解的生料带入末级旋风筒，分离后进入回转窑继续煅烧成熟料。

SF分解炉炉内温度分布较均匀［图1-2-22（b）］，在830～910℃之间，有利于生料分解。窑尾废气温度为1000～1050℃，使窑废气中碱、氯、硫凝聚在生料颗粒上再回到窑内，避免了分解炉结皮。

SF窑的主要缺点是：由于废气全部入分解炉，因此分解炉尺寸较大，涡流室缩口风速要求15m/s以上，物料在炉内停留时间太短，若燃料采用煤粉困难就大些，因此主要用重油。另外，在涡流室两侧易于结皮，尤其当原料中碱含量较高时，使用此系统就要同时考虑排碱措施，否则对生产影响较大。

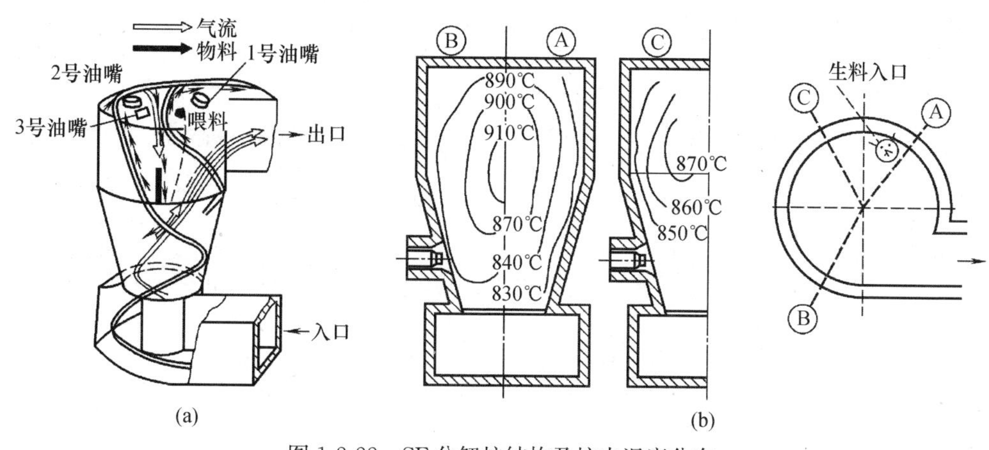

图 1-2-22　SF 分解炉结构及炉内温度分布

（a）SF 分解炉结构；（b）SF 分解炉炉内温度分布

（2）N-SF 分解炉

针对烧煤的需求，日本石川岛公司将 SF 炉改造成 N-SF 炉，如图 1-2-23 所示。N-SF 炉由上部的圆柱体、下部的圆锥体及底部的蜗壳组成，属旋（流）—喷（腾）复合型分解炉。

工作过程：由 C3 级旋风筒出来的生料，全部或大部由上升烟道喂入，少部分喂入反应室锥体下部，生料在窑尾上升烟道中被烟气分散，并悬浮在气流之中。通过涡流室底部的中心开口被抽入涡流室，并喷入上面的反应室，在反应室内窑烟气被分散在燃烧气流之中，并与其混合；三次风以切线方向进入涡流室；燃料由均布在涡流室顶部的几个燃烧器倾斜向下对炉中喷射。由于三次风含氧浓度高，且不含悬浮的生料颗粒，因而对燃烧有利，煤粉从燃烧器喷出后即与三次风接触稳定起火。虽然大量的燃烧是在反应室进行的，但带有均匀悬浮生料的窑废气已被分散，而且与燃烧气体混合，所以产生的热量立即被生料吸收。

与 SF 炉相比，N-SF 炉所做的技术改进主要如下：

① 将燃料喷入点由原来喷入反应室锥体下部改为喷入涡流室顶部，燃料燃烧条件改善，延长了在炉内的停留时间，提高了燃烧效率。

② 改变窑气与三次风混合入炉的流程，三次风仍以切线方向进入涡流室，窑气则单独通过上升管道向上流动，使三次风与窑气在涡旋室形成叠加湍流运动，强化了料粉的分散混合。

③ 将 C3 筒来料由 SF 炉顶部喂入改为大部分从上升烟道喂入，而窑尾废气温度较高（一般在 1000℃左右），使得部分碳酸盐开始分解，而碳酸盐分解为吸热反应，因而降低了废气温度，从而缓解了烟道结皮的危险。另外，也延长了生料和气体的热交换时间，使分解炉内传热效率高，有利于物料分解反应的进行。

④ 无需在烟道设置缩口，降低了通风阻力，增大了分解炉的有效容积，更有利煤粉充分燃烧和气固换热，提高了分解炉效率。

（3）C-SF 分解炉

改进后的 N-SF 炉也有不足之处，它的出口在侧面，出口高度占分解炉的 1/3 左右，炉气易产生偏流、短路和稀薄生料区。日本秩父水泥公司研制出了 C-SF 分解炉，其结构如

图 1-2-24所示。其在炉上部设置了一个涡流室，将 N-SF 炉侧面出口改为顶部涡流室出口，使炉气呈螺旋形出炉；在涡流室下设置缩口，产生喷腾效果，克服气流偏流和短路；在分解炉和末级旋风筒之间增设连接管道，使生料停留时间达到 15s 以上，入窑生料分解率提高到 90%以上。

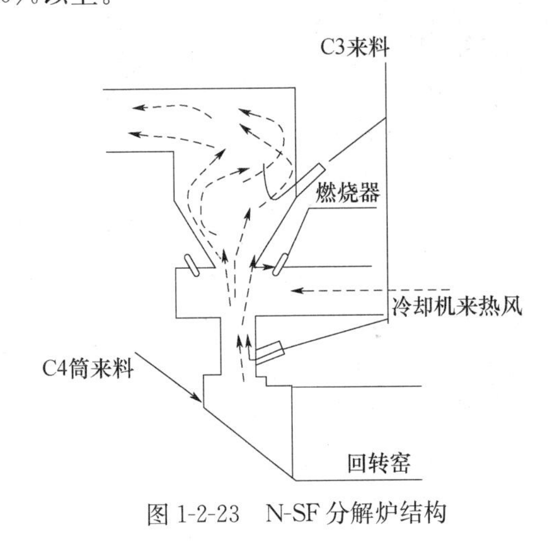

图 1-2-23 N-SF 分解炉结构

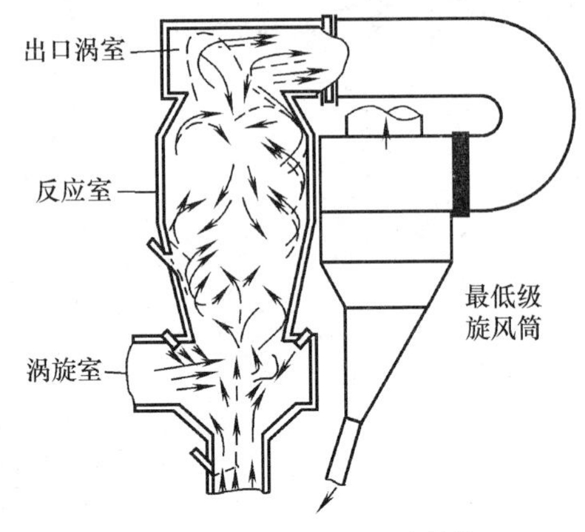

图 1-2-24 C-SF 分解炉结构

（4）CDC 分解炉

CDC 分解炉是成都水泥设计院在分析研究 N-SF 炉和 C-SF 炉的基础上研发的适合烧劣质煤的旋流-喷腾叠加式分解炉，如图 1-2-25 所示。成都院分析了 C-SF 炉出口与下一级旋风筒采用延长水平管道连接，认为虽然延长了炉内气固滞留时间，但水平管道易于积灰结皮堵塞。因此，CDC 炉将 C-SF 炉出涡室加高，采用了类似 DD 炉出口的径向出口方法，这样做增加了气料流在炉体顶部回流和返混，改善了炉体顶部流场，延长了气料停留时间。另外保留了炉体中部的缩口，使气料进入顶部炉体产生喷腾效果，使气料混合均匀和停留时间加长。

CDC 分解炉工作过程

CDC 分解炉的工作过程是：煤粉从分解炉涡流燃烧室顶部通过三只带有旋流叶片的燃烧器（喷枪）喷入分解炉涡流燃烧室，来自窑头的高温三次风以切向水平进入涡流燃烧室，来自旋风筒的物料经分料阀分成两股，一股进入涡流燃烧室上面的锥部，直接进入分解炉，另一股进入涡流燃烧室下面的竖烟道，被烟道内的气流带入分解炉涡流燃烧室，与三次风及煤粉混合，再与直接进入分解炉内的那部分物料混合，两部分物料在分解炉内快速预热和分解，分解后的料粉在气流作用下由炉上部长热管道经侧向排出，带入最后一级旋风筒分离入窑。此时物料温度达 850℃左右，入窑生料的分解率达 85%～95%。

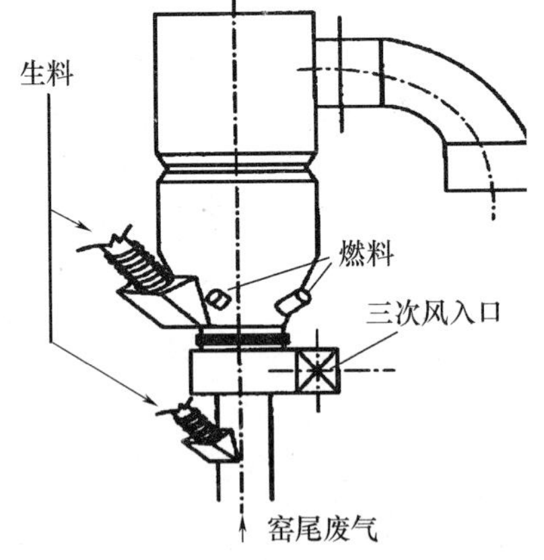

图 1-2-25 CDC 分解炉结构

其技术特点如下：

① CDC 分解炉上部为反应室，炉底部采用蜗壳型三次风入口，坐落在窑尾短型上升烟道之上，并在炉中部设有“缩口”形成二次喷腾。CDC 炉采用旋流（三次风）与喷腾流（窑气）形成的复合流，兼具纯旋流与纯喷腾流的特点，两者合理的配合强化了物料的分散。

② 炉体的结构特征为“径出戴帽加缩口”，即径向出风结构，柱体设缩口，出风口与炉顶间留出物料返混的空间，料气停留时间比大，并具有低阻特性。

③ 分解炉流场合理，炉容大，物料停留时间长，煤粉燃烧完全，可燃烧劣质煤，因而对燃料适应性强。

④ 旋风筒收下的物料从分解炉锥部和窑尾上升烟道两处加入，降低了上升烟道处的温度，减少了此处结皮堵塞的危险。

⑤ 分解炉出口与C4旋风筒进口间设置较长的连接风管，扩大了分解区域，延长了物料的停留时间。炉出口向下布置的连接风管，从结构上降低了框架高度。

2. RSP分解炉

RSP（Reinforced Suspension Preheater）即强化悬浮预热器，是由日本太平洋（原为小野田）公司与川崎重工共同开发的带预燃室半离线分解炉，属于“喷腾-旋流”型，于1972年投入使用，最初烧油，1978年第二次世界石油危机后改为烧煤。20世纪80年代，我国建材研究院购买了制造RSP窑的专利权，并进行消化吸收，根据RSP分解炉有利于燃料燃烧的特点，在邳县水泥厂开始了国内RSP分解炉烧煤试验，并获得成功，后来又解决了烧无烟煤以及高海拔地区采用RSP分解炉的问题。后来天津院在此基础上设计了江西2000t/d和川沙700t/d两条RSP分解炉，合肥院在关东水泥厂设计了700t/d和800t/d两条RSP分解炉，均获得成功。总体来说，RSP分解炉是一个比较好的炉型，具有很强的竞争力。

RSP分解炉工作过程

RSP窑的工艺流程图及结构分别如图1-2-26（a）、（b）所示，RSP分解炉由涡流燃烧室（SB室）、涡流分解室（SC室）、混合室（MC室）三部分组成。窑尾烟室与MC室之间设有缩口以平衡窑炉之间的压力。

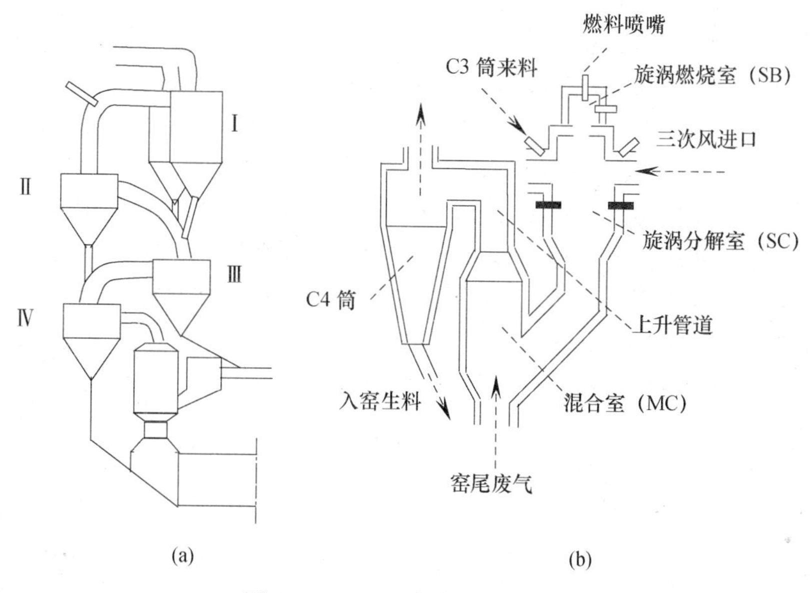

图1-2-26 RSP窑及RSP分解炉

（1）涡流燃烧室（SB室）

SB室的主要功能是加速燃料的起火预燃。室内主燃料喷管旁设有辅助燃烧喷管作点火之用。由于 SB 室很小，温度易于升高。燃烧时，在三次风下部，沿 SC 室周围有 4 个烧油喷管。

烧煤时，仅有一个燃烧器从 SB 室顶部伸入，喷管插入深度与 SC 室平齐，燃烧器用耐热钢管制成，喷煤粉用的一次风占分解炉三次风总量的 10%～15%，在燃烧器内设置风翅，使煤粉以 30m/s 的速度从顶部向下呈旋涡状喷入，使煤粉易于分散，有利于燃烧。煤风旋转方向同 SC 室三次风气流方向相反，有利于煤粉与三次风混合。否则，如果两者方向相同，会造成 SC 室旋流过大，影响 SC 室燃烧功能发挥，造成大部分煤粉跑到 MC 室燃烧。而 MC 室 CO_2 分压较大，燃烧环境不好，致使部分煤粉跑到 C5 筒燃烧。

从冷却机抽来的三次风（占分解炉总风量的 85%～90%）以 30m/s 的速度从 SC 室上部对称地以切线方向吹入炉内。生料喂入到该气流中，此处设有撒料棒，把生料打散后同三次风一起吹入 SC 室内。

（2）涡流分解室（SC 室）

SC 室的主要功能为燃料在三次风中迅速裂解，加速燃烧进程。在 SC 室内，煤粉与新鲜三次风混合燃烧，燃烧速度快，是主燃烧区，使 50%以上的煤粉完成燃烧。而随切向三次风进来的生料会在 SC 炉内壁形成一层料幕，对炉壁耐火砖起到保护作用。同时吸收火焰热量，大约有 40%生料分解。SC 室内截面风速为 10～12m/s。

（3）混合室（MC 室）

MC 室的主要功能是最后完成燃料燃烧和大部分生料的分解任务。由 SC 室下来的热气流、生料粉及未燃烧完的燃料进入 MC 室后，与呈喷腾状态进入的高温窑烟气相混合，使燃料继续燃烧，生料进一步分解。由回转窑出来的高温窑气通过缩口产生喷腾运动，故缩口大小很关键，根据一些厂经验，喷腾速度要求达到 38m/s，才有良好的喷腾效果。另外，MC 室截面要大，截面风速为 8～12m/s，风速低有利于延长生料和燃料在炉内滞留时间，使未燃尽的煤粉完全燃烧，生料继续分解。

综上所述，RSP 分解炉具有以下特点：

（1）RSP 分解炉的三次风先以切线方向进入涡流分解室，造成炉内的旋风运动，形成旋风效应，有利于炉内燃烧、传热和分解的进行。

（2）RSP 分解炉由于窑气不入燃烧分解室 SC，室内氧气浓度高，燃烧速度较快，反应温度较高，所以分解室的容积热负荷较高，容积可相对缩小（约为其他炉的 1/5）。炉内温度易于调节，由于发热能力大，所以气流含尘率较高，生产效率较高。

（3）RSP 型分解炉的混合室 MC 是炉气、物料、窑气相混的地方。高速上升的窑气至混合室造成喷腾效应，物料在高温气流中停留时间延长，有利于物料的继续分解。

（4）RSP 型分解炉内既有较强的旋风运动，又有喷腾运动，燃料与物料在炉内的运动路程及停留时间均较长，有利于烧煤粉或低质燃料。

（5）RSP 分解炉设有涡流燃烧室 SB，又称预燃室。SB 容积小，燃烧气流中没有物料，不存在吸热的分解反应，所以 SB 内燃烧温度较高且稳定。SB 的一般作用是在开窑时给 SC 点火用。

RSP 分解炉的不足主要表现在：

（1）结构复杂。炉体由 SB、SC、MC 三部分组成，炉的三次风由 SB、SC 多处入炉，所以炉及管道系统均较复杂。

（2）全系统通风调节困难，流体阻力损失大。

(3) SC 室内料粉与煤粉均由上而下，与重力方向一致，当旋风效应控制不好时，料粉或煤粉在室内停留时间过短，造成物料的分解率降低，出口气温过高。

3. DD 型分解炉

DD 型分解炉是日本水泥公司与神户制钢公司在总结了其他分解炉，特别是 N-KSV 炉经验的基础上共同研制开发的。它通过在炉的下部增设还原区段，使窑废气中的 NO_x 有效脱除；又通过在炉内主燃烧区后设立后燃烧区，使燃料进行双重燃烧，从而获得良好的生产效果。DD 炉的 DD 即为双重燃烧和脱硝过程（Dual Comlustion Denitratior Process）的英文缩写。

图 1-2-27 是 DD 分解炉原理与系统图。按内部作用原理，DD 炉可分 4 个区，分别为还原区（Ⅰ区）、燃料分解和燃烧区（Ⅱ区）、主燃烧区（Ⅲ区）和完全燃烧区（Ⅳ区）。

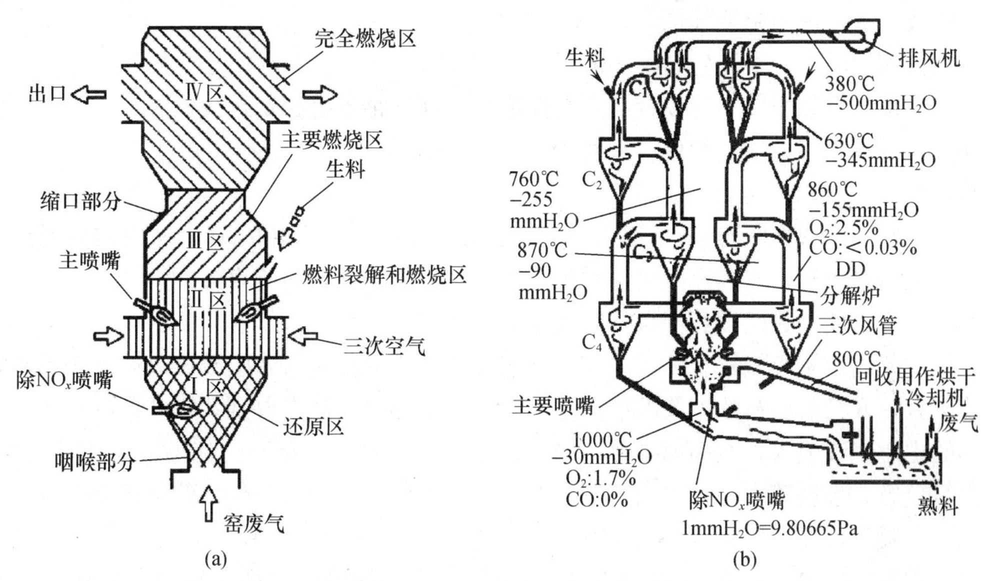

图 1-2-27 DD 型分解炉原理及系统图

(a) 原理图；(b) 系统图（熟料产量 3960t/d）

(1) 还原区（Ⅰ区）包括咽喉部分和最下部锥体部分。咽喉部分是 DD 炉的底部，直接座在窑尾烟室之上，窑尾烟气以 30～40m/s 的速度通过咽喉直吹向上，使生料喷腾进入炉内。一方面在咽喉处形成一定负压以调整窑内和炉内用风（三次风）比例，另一方面阻止生料直接沉落到窑内，因而 DD 炉下部气体中的生料浓度很高，而碳酸盐分解又吸收大量的热，致使进入炉内的窑尾废气温度急剧下降，防止炉底形成结皮。上述这种设计，因取消了窑尾上升烟道，也不会出现上升烟道结皮堵塞现象，有利于窑系统的稳定运行。

窑炉燃料比为 40：60，炉内燃料在较低温度下 900℃以下燃烧，故 C4 废气中 NO_x 较低。为进一步除去 NO_x，在Ⅰ区锥体侧面装几个除 NO_x 的喷嘴，大约总燃料量的 10%由这几个喷嘴喷出。此处燃料在缺氧的窑气中燃烧，产生高浓度还原气体 CO、H_2 和 CH_4，同窑废气中 NO_x 发生下列反应：

$$2CH_4+4NO_2 \longrightarrow 2N_2+2CO_2+4H_2O$$

$$4H_2+2NO_2 \longrightarrow N_2+4H_2O$$

$$4CO+2NO_2 \longrightarrow N_2+4CO_2$$

在这些化学反应中，生料中 Fe_2O_3 和 Al_2O_3 起着脱硝催化剂作用，降低了 NO_x。故装上除 NO_x 喷嘴后，使筒废气中 NO_x 降至 110ppm。

该区主要作用是把有害的 NO_x 还原为无害的 N_2，故把它称为还原区。

（2）燃料裂解和燃烧区（Ⅱ区）：中部偏下区。从冷却机来的高温三次风，由 2 个对称风管喷入炉内Ⅱ区，每根风管的风量由装在风管上的流量控制阀控制，总风量根据 DD 炉系统操作情况由主控阀控制。2 个主要燃料喷嘴装在三次风进口的顶部。燃料喷入Ⅱ区富氧区立即在炉内湍流中裂解和燃烧。产生的热量迅速传给生料，气料进行高效热交换，生料迅速分解。

（3）主要燃烧区（Ⅲ区）：在中部偏上到缩口。主要作用是燃烧燃料和把产生的热量传给生料，生料吸热分解，使炉温保持在 850～900℃，生料和燃料混合、分布均匀，没有明亮火焰的过热点，区内温度较低，且分布均匀。

在炉的侧壁附近，由于生料幕不断下降，其温度在 800～860℃之间，因此生料不会在壁上结皮，也就不会因结皮造成分解炉断面减小，保证窑系统稳定运行。

据有关资料介绍，用气相色谱仪对气体分析，发现 90％的燃料在Ⅲ区中燃烧，因此称为主燃烧区。

（4）全燃烧区（Ⅳ区）：炉顶部圆筒体。主要作用是使未燃烧的 10％左右的燃料继续燃烧，并促进生料分解。气体和生料通过Ⅲ区和Ⅳ区间缩口向上喷腾直接冲击到炉顶棚，翻转向下后到出口，使气料搅拌和混合，达到完全燃烧和热交换。

工作过程：窑尾废气垂直喷入Ⅰ区，并与径向引入的三次风及上级旋风筒下来的物料混合，使Ⅰ区、Ⅱ区的物料浓度及温度分布趋于均匀。燃料由两个分别装在Ⅱ区的三次风管入口上部的主燃烧嘴喷入，在高温富氧区内立即燃烧，并将热量迅速传递给混合相中的生料，加速生料分解。生料落入Ⅱ区并向下下落时，由于Ⅰ区咽喉的喷腾作用使下落至该区的生料迅速悬浮、喷腾。在Ⅳ区，生料与较粗的燃料粒子在二次喷腾作用下，得到充分燃烧和分解，而后物料流出分解炉进入 C4 旋风筒，分离入窑。炉内设置两个缩口，以形成二次喷腾，加强燃料、生料在炉内的返混程度，延长物料的停留时间，使得燃料燃烧更加充分，提高生料分解率。

4. FLS 系列分解炉

FLS 型（又称史密斯型）分解炉是丹麦史密斯公司研制，第一台 FLS 窑于 1974 年初在丹麦投入生产。FLS 炉问世以来，为了适应客观需要，做了不少改进和发展，以求降低系统阻力，降低热耗，提高效率，努力适应用户的各种不同需要。FLS 型分解炉规格比较齐全，它包括 SLC 型、ILC 型、SLC-S 型、ILC-E 型及整体型等，可以适应大、中、小不同规模生产的需要。

喷腾式分解炉工作过程

（1）FLS 原型分解炉

FLS 原型炉结构如图 1-2-28（a）所示。炉体分为上、中、下三个部分。上、下部分各为一个倒锥型和正锥型筒体，中间部分为一个圆柱形筒体，直径较大。下部锥体连接有喉管，其直径较筒体小得多。

工艺过程：经过预热的生料由分解炉底部附近喂入分解炉，燃料由底部送入料流中，从冷却机来的高温气体以 25～30m/s 的速度从喉管上喷，由于惯性，这股高速气流入炉后在炉中央一定高度内形成上升的流股，把生料和煤粉不断地裹胁进来，造成许多喷腾涡流而产生喷腾效应。由于喷腾层的作用，使燃料、物料能与气流充分混合、悬浮，并造成物料与煤粉滞后于气流运动速度，有利于燃烧、传热及分解的进行，分解后的料粉随气流从上部出口排出，进入最低级旋风筒分离入窑。

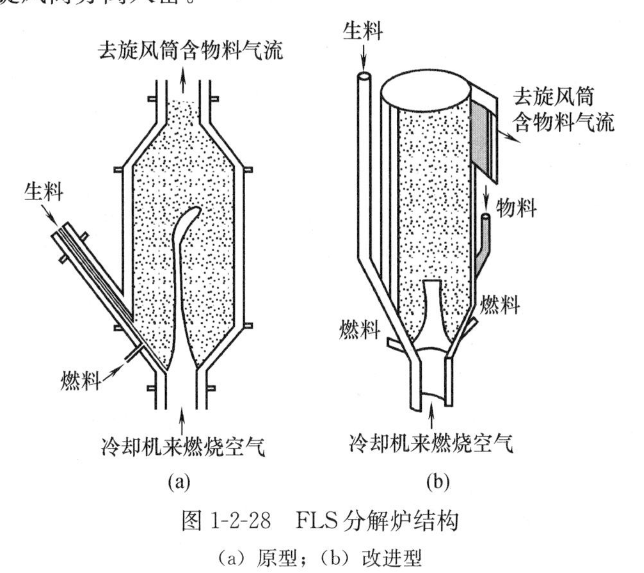

图 1-2-28 FLS 分解炉结构

(a) 原型；(b) 改进型

(2) FLS 改进型分解炉

为了进一步降低 FLS 型分解炉气流阻力，加强混合和降低连接管道高度，便于布置，将原型 FLS 分解炉锥形顶部改为平顶及切线出口。同时，根据窑、分解炉、预热器及燃烧空气供应方式的不同，而产生窑系列布置上的变化，生料喂入分解炉的方式亦做相应变化。例如，生料可全部喂入分解炉的下锥体的上部，亦可部分或全部喂入上升烟道等。改进型 FLS 炉结构如图 2-28 (b) 所示。

由于将炉顶锥体改为平顶及切线出口后，炉内会产生偏流、短路和特稀浓度区，因此部分炉型又改为原来的顶部倒锥体，同时将出口连接管改成鹅颈管，以延长物料的停留时间。

(3) FLS 预分解窑分类及其特性

① 离线分解炉 (SLC) 窑

SLC 型分解炉是为大型规格、双系列预分解窑所设计，它是最常见的类型，其工艺流程如图 1-2-29 所示。其特点是：

a. 窑尾烟室及分解炉烟气各走一个旋风筒系列，两个系列亦拥有单独的排风机。调节简单，操作方便。并且分解炉内燃料燃烧使用净三次风，有利于稳定燃烧。

b. 分解炉燃料的加入量，一般为总燃料量的 60%左右，入窑物料温度约 840℃，分解率达 90%，生产稳定，单位容积产量高。

c. 从篦冷机抽吸来 700～800℃的燃烧空气以 30m/s 的速度进入分解炉，炉内截面风速约为 5.5m/s。

d. 操作适应性强，窑尾废气中的大量有害成分不进入分解炉，故炉中不易黏结，同时窑系统可在满负荷产量的 25%的情况下生产。

e. 点火开窑快。可以像普通悬浮预热器窑那样开窑，此时，分解炉系列预热器使用由篦冷机来的热风预热；当窑列产量达到全窑额定产量的 35%时，即可点燃分解炉，并把相当于全窑额定产量的40%的生料喂入分解炉列预热器；当分解炉温度达到大约850℃时，即可增加分解炉到预热器的喂料量，使窑系统在额定产量下运转。

f. 容易装设放风旁路，以适应碱、氯、硫等有害成分的排除，并且放风损失较小。

② 在线分解炉（ILC）窑

ILC型分解炉是为单系列并设有三次风管的窑设计的分解炉，其工艺流程如图1-2-30所示。其特点是：

a. 设有单独的三次风管道，从篦冷机抽吸来的三次风同窑尾烟气一起以30m/s速度进入分解炉，炉内截面风速约5.5m/s。

b. 分解炉燃料加入量，一般占总燃烧量的60%，入窑物料温度约880℃，分解率可达90%。

c. 适用于旁路放风量大及放风量经常变动的情况，窑尾烟气可全部放风。

d. 操作适应性强，可在额定产量40%的情况下生产，点火开窑快，可同悬浮预热器窑一样点火开窑，当产量达到额定产量40%时，点着分解炉燃料喷嘴，约1h后即可达到额定产量。

e. 各种低质燃料不适宜在窑内使用，但可在分解炉内使用。

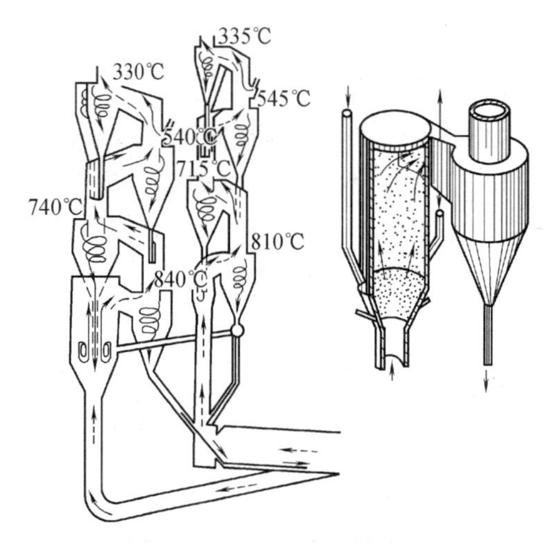

图1-2-29 SLC窑工艺流程

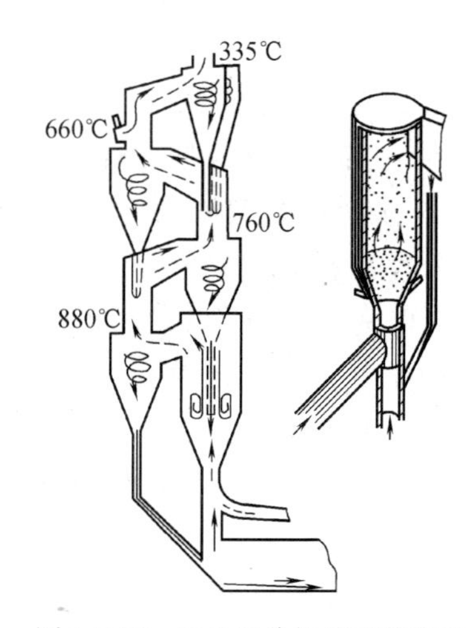

图1-2-30 ILC型分解炉工艺流程

③ 半离线型分解炉（SLC-S）窑

SLC-S型炉是史密斯公司20世纪80年代后期研制开发适用于中小型窑的炉型，工艺流程如图1-2-31所示。其特点是：

a. 分解炉采用第一代上、下带锥体的炉型，炉气出口的鹅颈管道与最下级旋风筒相连。炉气在上升烟道顶部与窑尾废气会合，共用一列预热器和一台主风机。

b. 下料及下煤点设置与SLC炉相似，燃料系在纯净的三次风中起火燃烧，三次风进炉风速约为30m/s，炉内截面风速较其他炉型提高6～7m/s。

c. 由于炉内只走炉气，因此与同规模的ILC炉相比，容积较小。

d. 由于主排风机需要抽吸窑尾烟气与炉气，因此两者需要平衡调节，相对来讲对生产操作要求较高，在生料中挥发性成分含量较高时，由于窑尾烟气中挥发性成分浓度较高。当温度较高时，上升烟道与在线分解炉相比，容易发生结皮故障。

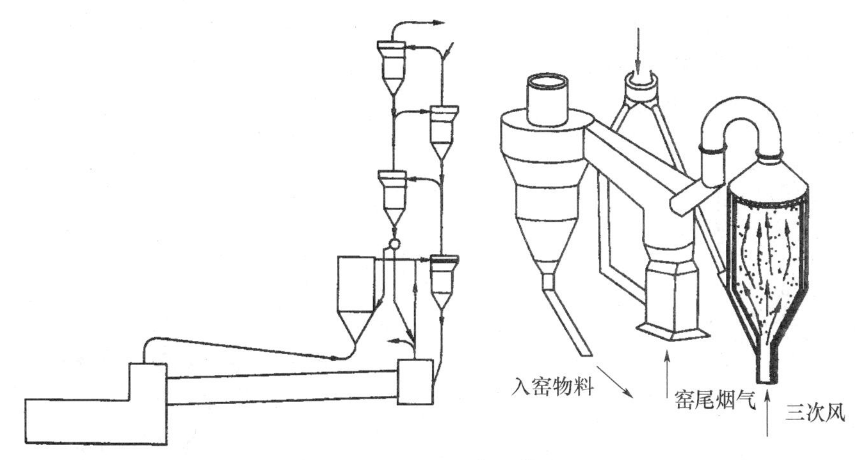

图 1-2-31　SLC-S 窑工艺流程

④ 使用窑内过剩空气的同线分解炉（ILC-E）窑

ILC-E 分解炉使用窑内过剩空气，ILC-E 窑工艺流程如图 1-2-32 所示。其特点是：

a. 该窑系统是将窑与最低一级旋风筒之间的上升烟道扩大成为分解炉的预分解系统，分解炉用的燃烧空气全部通过窑内供应，无三次风管。

b. 窑内供应的过剩空气合理量取决于燃料的品种、质量及生料的易烧性，分解炉内燃料加入量一般只占总燃料量的 1/4～1/3，入窑物料温度约为 820℃，分解率为 50%～70%。

c. 含有过剩空气的混合气体以 25m/s 左右的速度进入分解炉，将从炉下锥体的上部或炉下的上升烟道喂入的生料分散、悬浮及将炉下锥体部喂入的燃料加热、分解、燃烧，与悬浮的生料迅速换热，最后进入最下一级旋风筒分离入窑。

d. 操作适应性强，可在额定产量 40%的情况下作业，并且窑内燃烧经常保持较高的过剩空气系数及挥发成分的蒸发条件稳定，可减少分解炉及上升烟道的侵蚀，黏结堵塞的可能性亦很小。

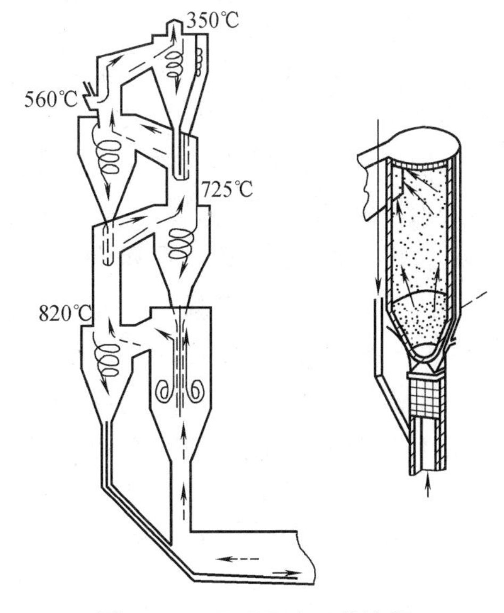

图 1-2-32　ILC-E 窑工艺流程

⑤ 整体分解炉

为了进一步降低窑的长度，简化生产过程，降低基建投资，史密斯公司又设计了一种整体分解炉，它是在悬浮预热窑的基础上，将上升烟道扩大成为分解炉，并在窑尾出口后部的筒体上装置了专门用于扬撒物料的挖料勺装置，其工艺流程如图 1-2-33 所示。其特点是：

a. 窑尾烟气温度一般为 1600℃，入窑物料分解率可达 60%，如果需要可在分解炉内加入总燃料量 15%～20%的燃料，以降低窑内热负荷，最低一级旋风筒出口气体温度及入窑物料温度约为 800℃。

b. 不设供分解炉燃料燃烧使用的三次空气管道，分解炉所用的燃烧空气全部由窑内通风供应。

c. 从第三级旋风筒下来的预热生料直接喂入窑尾专门设置的挖料装置中，生料被挖料匀扬散后，悬浮于气流之中被携带经上升烟道分解炉，进入最下一级旋风筒分离，最后从窑尾挖料装置之前的窑尾烟气出口喂入窑内。

d. 由于窑尾专门设置的挖料装置结构复杂，气体温度又高，故设备制造及维修均较困难。

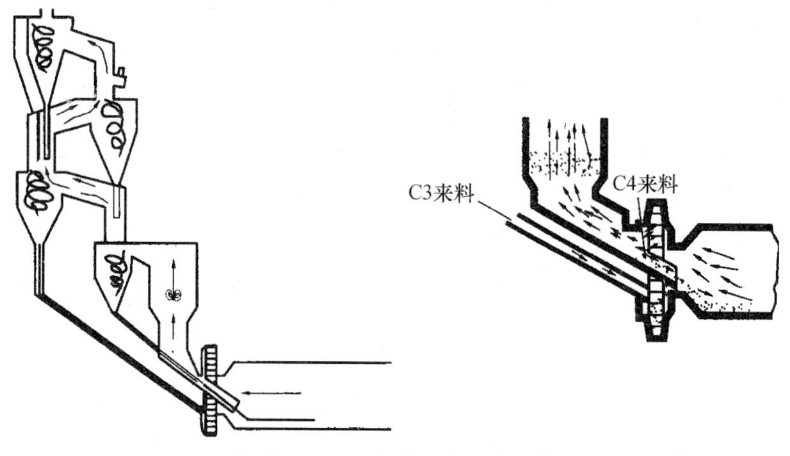

图 1-2-33　整体分解窑工艺流程

总体来讲，FLS系列炉型阻力较小，结构简单，布置方便，同时其燃料喷嘴设于炉下锥体部位，入炉燃料直喷炽热的三次风之中，燃料起燃条件亦好。但该系列炉型单纯的喷腾作用使中心喷柱部分气流贯穿，容易使粉体物料短路，致使物料均布情况不十分理想，物料在炉内停留时间较短。另外，对原燃料性能波动的适应性不理想，也容易导致不完全燃烧。总体来讲可以认为，FLS系列炉型是一种较好的炉型，在原燃材料条件较好时，适宜采用。

5. KSV 系列分解炉

(1) KSV 分解炉

KSV 炉由日本川崎重工业公司研制，第一台 KSV 窑于 1973 年投入生产，为了进一步提高 KSV 炉的性能，JIIN 公司随后对 KSV 炉做了改进，发展成为 N-KSV 炉。我国于 1978 年由建材科学研究院与本溪水泥厂合作研制建成的烧煤分解炉与 KSV 炉相类似。KSV 窑工艺流程及分解炉结构如图 1-2-34 所示。

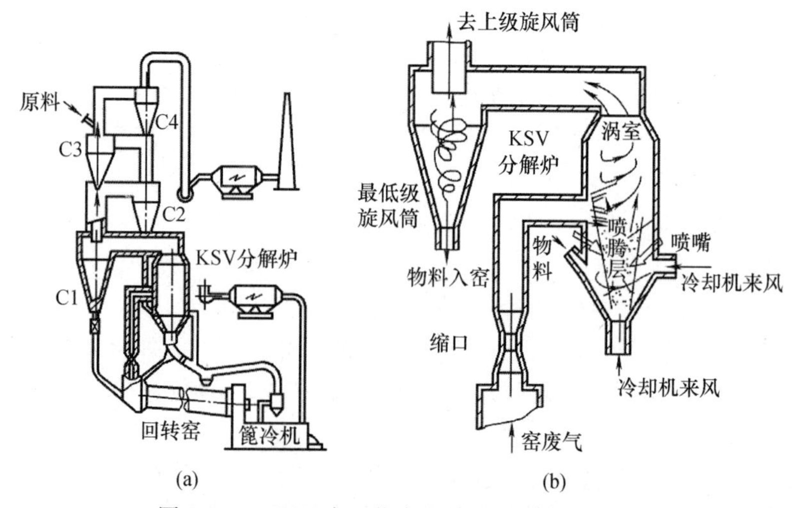

图 1-2-34　KSV 窑工艺流程及 KSV 分解炉结构

(a) KSV 窑工艺流程；(b) KSV 分解炉结构

由图 1-2-34（b）可见，KSV 分解炉由下部喷腾层和上部涡流室组成，喷腾层包括下部倒锥、入口喉管及下部圆筒，而涡流室是喷腾层上部的圆筒部分。

工作过程：从冷却机来的三次风分两路入炉，一路（60%～70%）由底部喷管吹入，形成上升喷腾气流，另一路从圆筒底部切向吹入，形成旋流，加强气料混合。窑尾废气由圆筒中部偏下切向吹入。燃料由设在圆筒不同高度的喷嘴喷入。预热后的生料分成两股入炉，一股约75%的生料由圆筒部分与三次风切线进口处进入，使生料和气流充分混合，在上升气流作用下形成喷腾层，然后进入涡流室，通过炉顶排出口进入下级旋风筒。另一股约 25%生料喂入窑出口烟道中，降低窑废气温度，防止烟道结皮和堵塞。炉内的燃料燃烧及生料加热分解在喷腾床的喷腾效应及涡流室的旋风效应的综合作用下完成，入窑生料分解率可达 85%～90%。

（2）N-KSV 分解炉

通过生产实践，特别是由烧油改为烧煤，人们发现 KSV 炉存在一些问题，随后对其进行改进，改进后的炉型定名为 N-KSV 炉，其结构及工艺流程如图 1-2-35 所示。改进情况如下：

① 在涡流室增加了缩口，使分解炉由四部分组成，即喷腾层、涡流室、缩口和辅助喷腾涡流室。增加缩口后，产生两次喷腾运动，延长了燃料和生料在炉内停留时间，有利于燃料燃烧及气料间热交换。

② 同 KSV 炉相反，窑尾烟气从 N-KSV 炉底以 35～40m/s 的速度喷入，三次风由炉的涡流室下部对称切向吹入，风速为 18～20m/s。窑废气从炉底喷入，一方面可以取消窑废气到圆筒中部的连接管道，简化了系统流程，另一方面可以省掉烟道内的缩口，减少系统阻力，有利于窑炉调节通风。

③ 在炉底喷腾层中部，增加了燃料喷嘴，使燃料在低氧状态下燃烧，可还原窑烟气中的 NO_x，减少环境污染。

④ 从上一级旋风筒下来的生料仍然分两股入炉，一股从三次风入口上部喂入，另一股由涡流室上部喂入，产生喷腾效应及涡流室旋涡效应，使生料能够与气流均匀混合和热交换。出炉气体温度为 860～880℃，入窑生料分解率为 85%～90%。

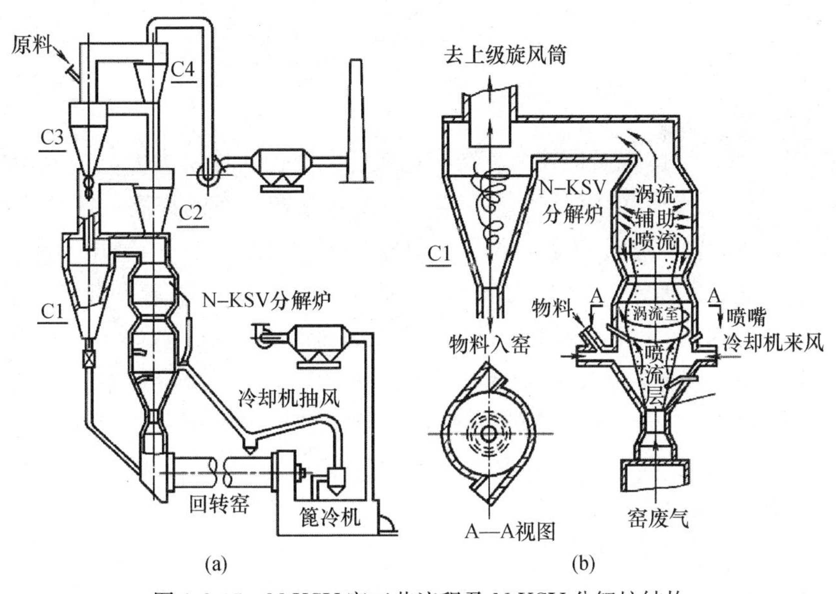

图 1-2-35　N-KSV 窑工艺流程及 N-KSV 分解炉结构

（a）N-KSV 窑工艺流程；（b）N-KSV 分解炉结构

6. MFC 系列分解炉

(1) MFC 型

MFC 炉系国际上较早研制开发的分解炉之一，它将化学工业的流化床生产原理用于水泥工业。MFC 炉是日本三菱水泥矿业公司和三菱重工业公司研制的，第一台带 MFC 炉的分解窑于 1971 年 12 月投产。为了降低能耗，减少基建投资和适应各种低热值及颗粒燃料的需要，MFC 炉也经过多次改造，而得以广泛运用。

MFC 炉结构如图 1-2-36（a）所示。由图可见：MFC 炉由流化床空气室、流化床及上部燃料室等构成。把 MFC 炉分为流化带、涡旋带和悬浮带三部分。

工作过程：经过预热器的生料由流化床上部喂入，来自冷却机经过调温净化的热风由高压鼓风机从炉底鼓入，经流化床上均匀密布的喷孔喷入炉内，使加入的生料粉在炉床上充气，形成流态化沸腾层。同时燃料通过 3～4 个喷嘴喷入沸腾层内进行燃烧。物料受到沸腾层的激烈搅拌与加热、分解，继而被上升气流带起，进入 C4 筒。在沸腾层中未完全燃烧的燃料，离开沸腾床后，与窑尾废气会合后继续燃烧加热物料，然后进入 C4 筒。

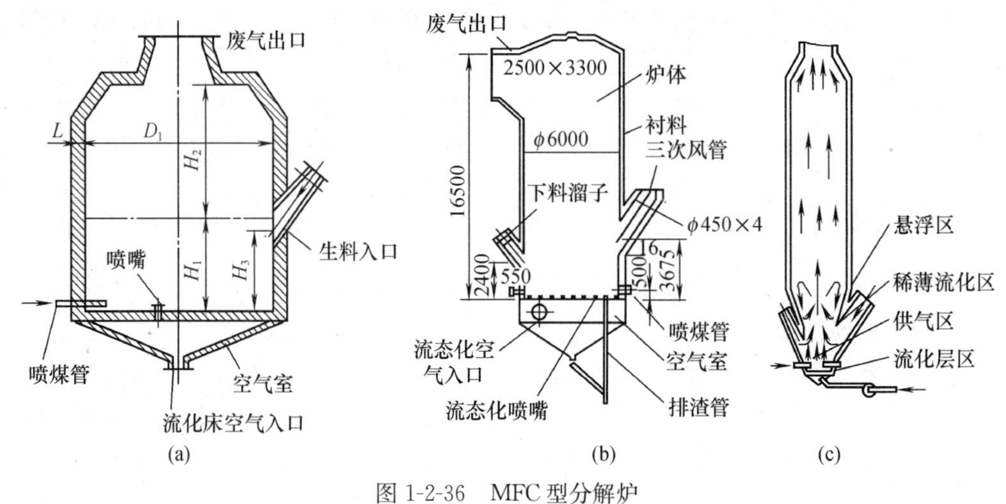

图 1-2-36　MFC 型分解炉

（a）原始型；（b）改进型；（c）N-MFC

(2) N-MFC 型

早期的 MFC 炉，炉体截面积较大，结构比较复杂，流化床阻力大，炉内参数温度分布不均匀，使用的是温度较低的流化风，不利于系统热交换效率的提高。针对这些不足，对 MFC 炉进行了改进，第二代改进型的 MFC 炉增加了高径比，在炉内利用了高温的三次风，其原理如图 1-2-36（b）所示。后来，为进一步降低能耗，降低基建投资，在第二代 MFC 炉的基础上再次改进，开发出 N-MFC 炉，其原理如图 1-2-36（c）所示。

N-MFC 炉的具体措施有：进一步增大了炉的高径比；尽量减少流态化空气量，把流化层断面减少到最小限度；将全部生料喂入炉内，形成稳定的流化层，取消了利用控制空气室压力来稳定流化层面高度的方法。使 N-MFC 炉不但可以燃烧煤粉，也可以燃烧煤颗粒。

由图 1-2-36（c）可见，N-MFC 炉由四个区域组成。

① 流化区：炉底装有喷嘴，煤粒可通过溜子喂入或与生料一起喂入，可使最大粒径 1mm 的煤粒停留时间达 1min 以上，以充分燃烧；流化空气量为理论空气量的 10%～15%，流化空气压力为 3～5kPa。由于流化层的作用，燃料很快在层中扩散，整个层面温度分布

均匀。

② 供气区：从篦冷机抽吸来的700～800℃的三次风，通过收尘后进入该区，区内风速为10m/s。

③ 稀薄流化区：该区位于供气区之上，为倒锥结构。在该区间，气流速度由下面的10m/s进一步降低至4m/s左右，煤中的粗粒在此区内继续有上下的循环运动，形成稀薄的流化区，当煤粒进一步减小时，才被气流带至上部直筒部分。

④ 悬浮区：该区为圆筒形结构，气流速度约为4m/s。小颗粒燃料和生料在此呈层流悬浮状态，燃料继续燃烧，生料进一步分解，该区高径比较大。

N-MFC炉的工艺过程：被预热的生料从C3筒下料管进入分解炉内，由冷却机抽吸的热空气，部分经净化后又被降温到350℃以下，经高压鼓风机鼓入流态化喷嘴到流化床底部起流化作用，大部分高温三次风则进入炉内流化床的上部；燃料喂入炉内流化床中，在此与热生料混合并进行热解，随后进入流化床上部的自由空间，在三次风作用下继续燃烧。由炉内出来的尚未完全燃烧的可燃成分，经斜烟道同窑尾出来的含有过剩空气的烟气混合，在上升烟道内继续燃烧，并用于物料分解，从而完成整个燃烧、换热、分解过程。后由炉上部从烟道进入C4筒，进行分离入窑。

对流态化（沸腾）式分解炉的分析如下：

（1）燃料燃烧、传热及物料分解处于密相流态化状态，与稀相悬浮态相比，流态化层中物料颗粒之间的距离要小得多，可获得很高的生产效率与热效率。

（2）流态化分解炉是无焰燃烧，很容易使整个分解炉的温度保持均匀。煅烧情况稳定，分解炉内壁和排气管不会发生结皮。

（3）将C3筒来料由炉顶部喂入改为大部分从上升烟道喂入，延长生料在炉内的停留时间，少部分从反应室锥体下部喂入，用以调节气流量的比例，从而不需在烟道上设置缩口，降低通风阻力，同时也减少了这一部位结皮堵塞的可能。

（4）增大了分解炉的有效容积，更有利于煤粉充分燃烧和气固换热，提高了分解炉效率。

（5）其缺点是刚入炉的燃料与物料，与床层迅速混合，降低了燃烧过程及分解过程的平均推动力；流化层的形成使流体阻力较大，需在炉用风管上连接高温高压风机，由于高温风机的限制，入炉空气温度不能过高；由于炉气侧向排出，且出口高度大，易产生偏流、短路和稀薄生料区。

总体来讲，MFC系列炉是一种较好炉型，尤其在使用中低质燃料时优越性十分突出，这是其他炉型无法相比的。因此，结合我国水泥工业使用中低质煤为主的具体情况，MFC系列炉型十分值得借鉴。

7. TDF分解炉

TDF分解炉是天津水泥院在引进日本DD炉技术的基础上，针对我国燃料特点，研制开发的一种双喷腾分解炉（Dual Spout Furnace）。TDF分解炉已成功用于国内几十条生产线，其中最大的为海螺5000t/d生产线。

TDF分解炉结构如图2-37所示。窑尾废气从炉底部锥体进入炉内产生第一次喷腾；从冷却机抽取的高温三次风从侧面两个进口以切向进入，产生旋涡流，由在三次风入口上方的喷嘴喷入煤粉，在高温富氧的环境下迅速燃烧，并将热量迅速传递给悬浮的生料。在后燃烧区，两股气流叠加经中部缩口产生二次喷腾，并伴随较大的回流，上升的气流撞顶后，从设在分解炉上部的出风口进入末级旋风筒，生料分离入窑。

TDF 分解炉具有以下特点：

（1）分解炉坐落在窑尾烟室之上，炉与烟室之间缩口在尺寸优化后可不设调节阀板，结构简单。

（2）炉中部设有缩口，保证炉内气固流产生第二次“喷腾效应”。

（3）三次风切线入口设于炉下锥体的上部，使三次风涡旋入炉。炉的 2 个两通道燃烧器分别设于三次风入口上部或侧部，便于入炉燃料斜喷入三次风气流之中迅速起火燃烧。

（4）在炉的下部圆筒体内不同的高度设置四个喂料管入口，以利于物料分散均布及炉温控制。

（5）炉的下锥体部位的适当位置设置有脱氮燃料喷嘴，还原窑气，满足环保要求。

（6）炉的顶部设有气固流反弹室，使气固流产生碰顶反弹效应，延长物料在炉内滞留时间。

（7）气固流出口设置在炉上锥体顶部的反弹室下部。

（8）炉容较 DD 炉增大，气流、物料在炉内滞留时间增加，有利于燃料完全燃烧和碳酸盐分解。

8. NC 分解炉

南京水泥院开发的 NC 型燃无烟煤分解炉主要采用喷旋结合管道式分解炉，并带分料装置，如图 1-2-38 所示。三次风从其下锥体切线入炉，产生旋流，窑气从炉底喷入，产生喷腾效应，三次风与窑尾高温气流混合，旋喷结合；煤粉从三次风入炉口两侧喷入后，与高温气体相遇，被迅速分散并燃烧；生料从炉侧多点加入，遇高温气流，迅速吸热分解，并被带到炉出口，经鹅颈管，至最下级旋风筒，气固分离后入窑。

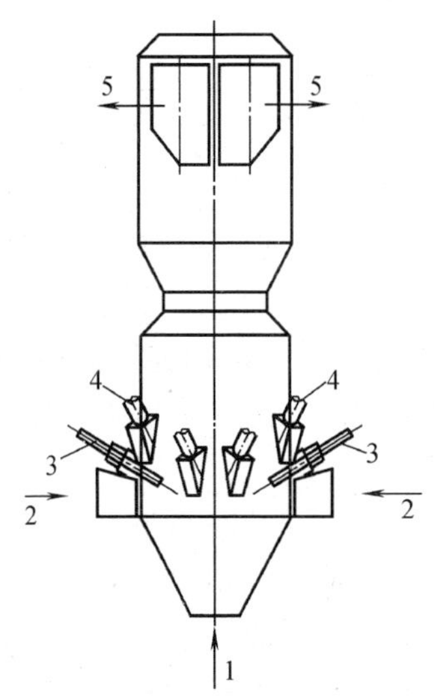

图 1-2-37　TDF 分解炉结构

1—窑气；2—三次风；3—燃料；4—生料；5—出风口

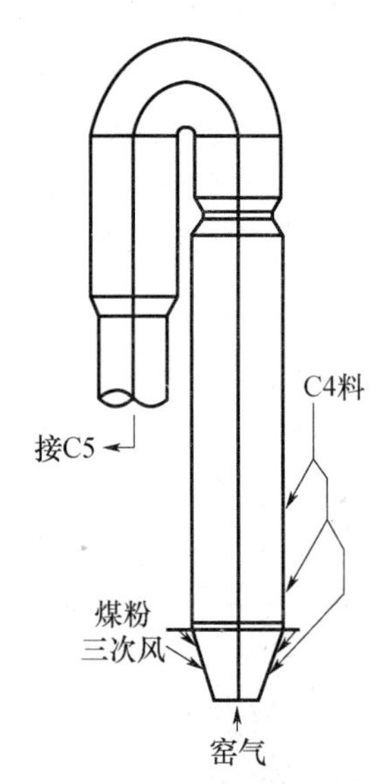

图 1-2-38　NC 型燃无烟煤分解炉结构

该分解炉具有以下特点：

（1）该分解炉在结构设计上采用了旋喷混合结构和分散燃烧技术，具有物料和燃料在分解炉内的分散性好，料气停留时间比大，炉内三场流场、浓度场、温度场均匀，对原料、燃料的适应能力强等特征。

炉内的湍流度场的湍流度表征了流体的湍动程度。湍流度越大，流体脉动程度越高，越有利于燃烧过程中的混合、扩散和分解反应的进行。而一般的工业管道的湍流度值仅为 5%～

7%。喷旋管道式分解炉，混合燃烧区为25%左右，稳定管流区为10%左右。

（2）采取分步加料的办法来控制和抑制生料分解的吸热反应，为燃料的持续燃烧创造条件。根据所用无烟煤燃烧性能的差异，采用2～3点分料。通过分料既可以提高炉底温度，利于无烟煤的燃烧，同时可限制及防止炉锥部温度过高而结皮。

（3）分解炉出口设鹅颈管，可以在不加高、加宽窑尾框架的情况下，增加分解炉的容积，延长了物料在炉内的停留时间；后期的拐弯、变径等，也强化了气流和物料之间的混合和相对速差，从而强化了煤粉燃烧和碳酸盐分解，拓宽了分解炉对原料、燃料的适应性。

（4）煤粉采用多烧嘴旋喷引入至三次风中，确保了煤粉在炉内的分布和燃烧的均匀性；煤在三次风中的均匀分布和旋流、滑差效应使得分解炉燃烧器可不使用强化燃烧的冷风，并保证煤粉正常燃烧。多组喷嘴可在煤质发生较大变化时调整。

（5）压力损失小，炉体结构简单，易于操作控制。

从国内外来看，分解炉的型式还有很多。值得一提的是，我国广大水泥工作者，发挥了自己的聪明才智，在引进消化吸收国外预分解新技术后，结合我国实际情况，研制开发了一系列的分解炉型，广泛应用于我国水泥生产企业，取得了一定的效果。总体来讲，各种分解炉都可以视作悬浮预热器与回转窑之间的改造了的上升烟道，有的是上升烟道的延长，有的是上升烟道的扩展和改造。这样从微观与宏观结合起来分析，就会使人们对各种预分解窑的认识更加清晰。

2.3　回转窑结构及工作原理

2.3.1　回转窑结构

回转窑是熟料煅烧系统的主要设备，其基本结构如图1-2-39所示，由筒体、支撑装置、传动装置、密封装置等组成。

1. 筒体

筒体是回转窑的主体，它是一个钢质的圆筒，由不同厚度钢板预先做成一节一节的圆筒，安装时再把各段铆接或焊接而成。为了保护筒体，筒体内镶砌有100～230mm厚的耐火材料。筒体外有若干道轮带，安放在相对应的托轮上，为使物料能由窑尾逐渐向窑前运动，筒体一般有3%～5%的斜度。

回转窑结构

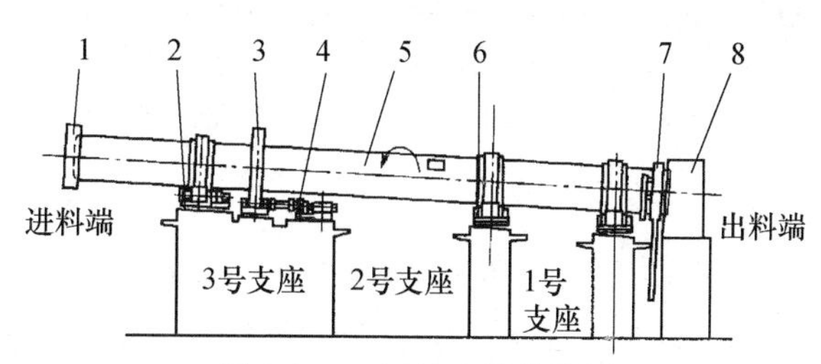

图1-2-39　回转窑结构简图

1—窑尾密封装置；2—带挡轮支承装置；3—大齿圈装置；4—传动装置；5—窑筒体部分；6—支承装置；7—窑头密封装置；8—窑头罩

筒体钢板的厚度一般为十几毫米到几十毫米，随着窑的直径增大而加厚。由于烧成带筒体表面温度可达300℃左右，筒体在该带的刚度和强度有所降低，因此烧成带筒体较其他各带要厚 2～6mm。

物料入窑后会发生物理化学变化形成熟料，为了使筒体适应各带物料反应的不同要求，往往将筒体做成各种形状，常见的有以下几种：直筒形、一端扩大、两端扩大。以上几种筒体形状，各有优缺点，生产中应根据具体情况进行分析选用。但各种扩大型窑体结构复杂，所用耐火材料尺寸规格及品种多，比直筒形制造、维修、管理麻烦。新型干法回转窑大多用直筒形。

回转窑的长度是从前窑口到后窑口的总长，常用符号“L”表示。回转窑的直径是指窑筒体的内径，通常用符号“D”来表示。如直径为 2.5m，长为 78m，则以 2.5m×78m 来表示其规格。筒体尺寸的增加可以提高回转窑的单机产量，随着生产技术的发展，回转窑向着大型化发展。窑长度增加，有利于窑尾废气温度降低，提高窑的预烧能力。但直径过大，长度过长，则耗钢材过多，设备投资增加，运输困难，动力容量增加。因此窑的长度和直径应有适当的比例。新型干法回转窑由于在窑尾增加了热交换装置，相同产量时，回转窑的规格可大大减小。目前，新型干法回转窑熟料的单机产量越来越高，窑规格也在增大。

随着回转窑直径的增加，筒体自重增加，加上耐火材料和窑内物料的重量，在两道托轮之间的筒体会产生轴向弯曲，轮带处产生横截面的径向变形。过去一直把筒体的轴向弯曲看成是影响回转窑长期安全运转的重要原因之一，随着窑直径的不断增加，实践证明，筒体的径向变形也是影响窑衬寿命的重要原因。因此，要求筒体在运转中能保持“直而圆”的几何形状是非常必要的，为此筒体必须具有一定的强度和刚度。

2. 支承装置

支承装置是回转窑的重要组成部分，它承受着窑的全部重量，对窑体还起定位作用，使回转窑能安全平稳地运转。支承装置由轮带、托轮、轴承和挡轮组成，如图 1-2-40 所示。

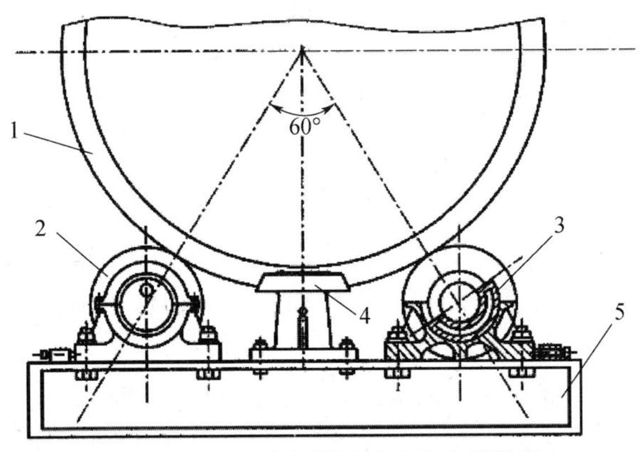

图 1-2-40　干法水泥回转窑的支承装置

1—轮带；2—托轮；3—托轮轴承；4—挡轮；5—底座

（1）轮带

如图 1-2-41 所示，轮带是一个坚固的大圆钢圈，套装在窑筒体上，随窑一起转动。整个回转窑包括窑砖和物料的全部重量，通过轮带传给托轮，由托轮支承，轮带随筒体在托轮上滚动，其本身还起着增加筒体刚性的作用。

由于轮带附近筒体变形最大，因此轮带不应安装在筒体的接缝处。

轮带在运转中受到接触应力和弯曲应力的作用，使表面呈片状剥落、龟裂，有时径向断面上还出现断裂，所以要求轮带要有足够抵抗接触应力和弯曲应力的能力，要有较长的使用寿命。

轮带可用铸钢，也可用锻钢制造，锻钢的轮带截面为实心结构，质量好，热应力小，使用寿命长，但散热慢，刚性小，制造工艺复杂，成本较高。截面尺寸较大的轮带，一般采用铸造，其截面有实心矩形和空心箱形两种。目前要锻造大型的轮带还有一定困难，所以现在多采用铸造的轮带。

图 1-2-41 轮带实物图

实心矩形轮带如图 1-2-42 所示。其断面是实心矩形，形状简单，由于断面是整体，铸造缺陷相对来说不显突出，裂缝少。矩形轮带加固筒体的作用较好，既可以铸造，也可以锻造，是目前国内外大型窑应用较多的一种。

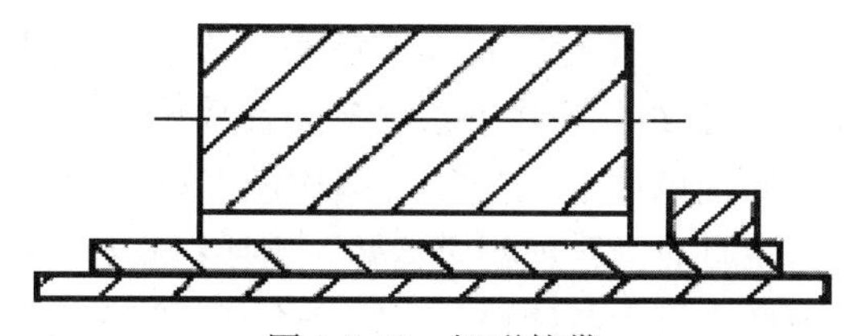

图 1-2-42 矩形轮带

箱形轮带如图 1-2-43 所示。其特点是刚性大，有利于增强筒体的刚度，散热较好。与矩形轮带相比可节约钢材，但由于截面形状复杂，铸造时，在冷缩过程中易产生裂缝等缺陷，这些缺陷有时导致横截面断裂。

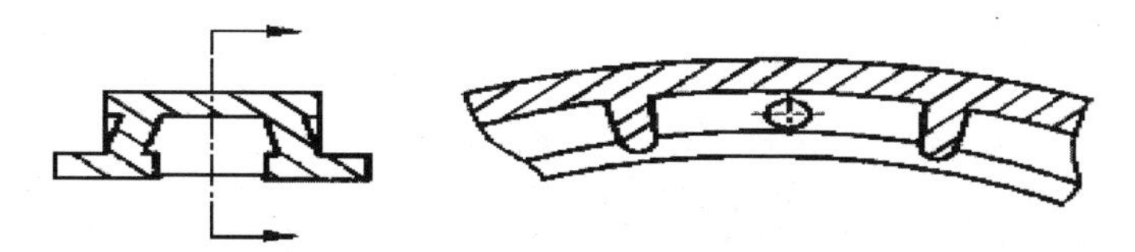

图 1-2-43 箱形轮带

轮带在筒体上的安装有两种：一种是固定式，将轮带通过垫板直接铆接在筒体上，使轮带与筒体构成一体。这种安装方式限制了筒体的自由膨胀，轮带与筒体的热应力较大，目前很少使用；另一种是活套式，将轮带活套在筒体上，在筒体上焊有垫板（厚度 20～50mm），为适应筒体的热膨胀，轮带内径与垫板外径留有适当的间隙，如图 1-2-44 所示。合适的间隙应使窑在正常生产中，轮带刚好箍住筒体垫板，既无过盈又无缝隙，这样既可控制热应力，又可充分利用轮带的刚性，

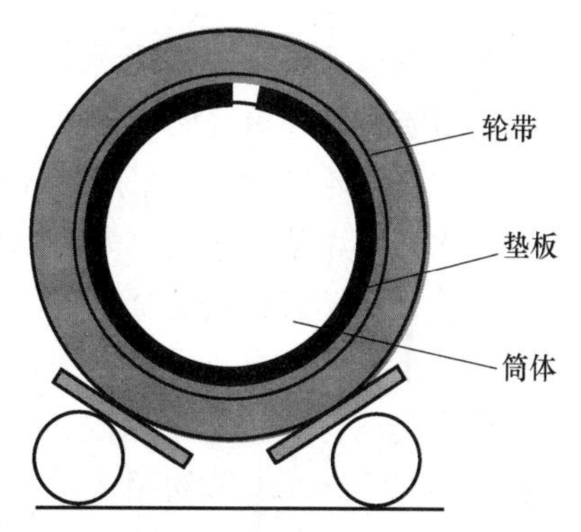

图 1-2-44 轮带与回转窑筒体间隙示意图

使之对筒体起加固作用，是目前应用最广泛的安装方法。

轮带润滑

轮带内径与垫板外径之间间隙取值如表 1-2-3 所示。轮带在长期运转中由于磨损使间隙变大，导致筒体径向变形加大，为此可将垫板做成可更换的结构，定期更换，也可用耐磨材料做垫板，在轮带内表面加润滑脂润滑，以减少磨损。

表 1-2-3　轮带与垫板之间的间隙

窑直径（m）	靠出料端面挡间隙（mm）	其他各挡间隙（mm）
＜2.0	5	3
2.0～2.5	6	4
2.5～3.0	7	5
3.0～3.3	8	6
＞3.3～3.75	9	6

（2）托轮与托轮轴承

托轮与轮带工作

如图 1-2-45 所示，托轮安装在每道轮带的下方两侧，支承着回转窑的筒体。回转窑筒体按一定斜度由多组（一般是三组）托轮支撑，每组托轮包括一对托轮、四个轴承和一个底座。托轮的直径一般为轮带直径的 1/4，其宽度一般比轮带宽 50～100mm，各组托轮中心线必须与筒体中心线平行。托轮安装时，托轮的中心与筒体断面的中心的连线必须构成等边三角形，以便两个托轮受力均匀，保证筒体“直而圆”地稳定运转。为使托轮承受压力均匀，每对托轮的间距可由活动顶丝来做小范围调节，当两个托轮间距发生变化时，用装在底座上的活动顶丝来调节每对托轮的间距。

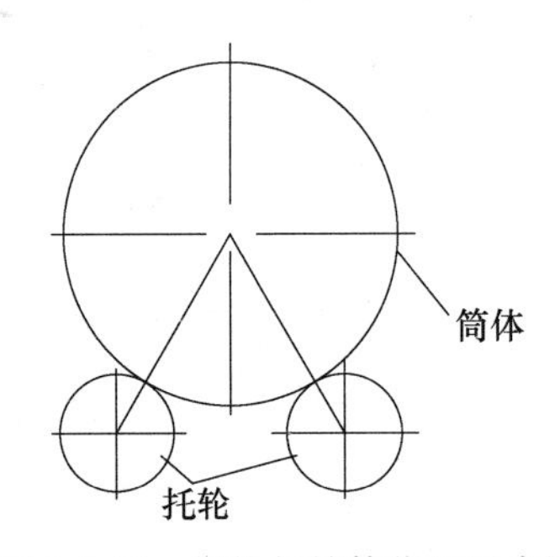

图 1-2-45　托轮与筒体位置示意图

如图 1-2-46 和图 1-2-47 所示，托轮是一个坚固的钢质鼓轮，通过轴承支撑在窑的基础上。为了节省材料和减轻质量，轮中设有带孔的辐板，托轮的中心贯穿一轴，两轴颈安装于两轴承之中。托轮轴承一般采用带球面瓦的滑动轴承，由油勺提油的方式润滑，并在球面内通过冷却水冷却，从球面瓦出来的冷却水流入底座上的水槽中再冷却托轮。滑动轴承运行可靠，能够保证回转窑长期安全运转，但存在摩擦力大、润滑油消耗量大、较易烧瓦及平时维护保养工作量大的缺点。目前有些大型回转窑水泥厂已将托轮上的滑动轴承改为滚动轴承，其主要优点是运行较快，摩擦阻力小，节约电能，运行稳定，维护工作量少，耐高温性能好，可以不用冷却水，节约用水，简化了工厂设计。缺点是价格要高一些，维护和对窑体轴向窜动的调整难度较大。

图 1-2-46　托轮与托轮轴承实物图

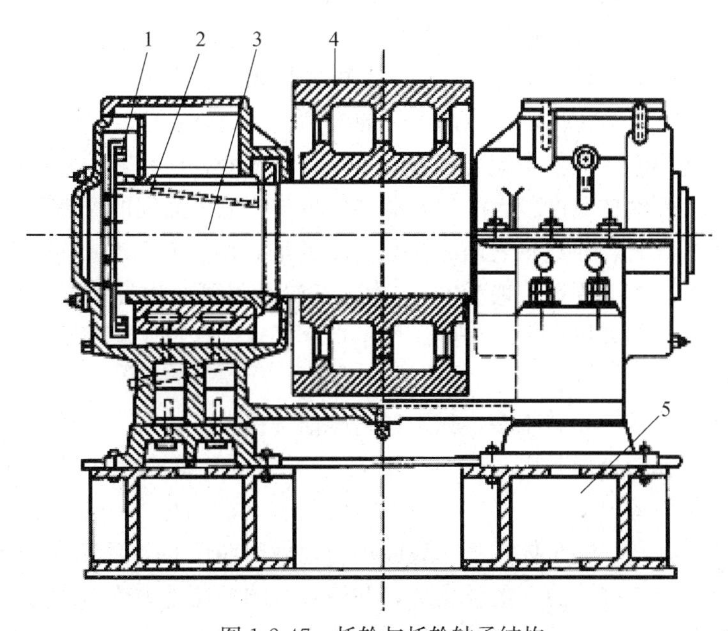

图 1-2-47　托轮与托轮轴承结构

1—油勺；2—分配器；3—托轮轴颈；4—托轮；5—机架

(3) 挡轮

回转窑筒体是以3%～5%的斜度支承在托轮上。如果托轮的中心线都平行于筒体的中心线，筒体转动时，根据受力分析可知，筒体会向下滑动，其向下滑动的速度按下列公式计算：

$$V=kv\frac{\tan\alpha}{f} \tag{1-2-5}$$

式中　V——筒体的理论弹性下滑速度，m/min；

v——轮带的圆周速度，m/min；

α——窑的斜度，(°)；

f——轮带与托轮的摩擦系数；

k——比例系数，其值由轮带与托轮的材质而定。

由上述公式可知：由于α、k为固定值，v必须由生产决定。要改变V，只有通过改变f来解决。而f与筒体转速，温度升降，表面有无油、水、灰尘以及本身的磨损程度有关。这些因素在生产中是在不断变化的，所以即使调整好的窑，在运转中也会上下蹿动。如果筒体在运动中有限的范围内时而上、时而下地蹿动，保持相对稳定，属于正常现象，可以防止轮带与托轮的局部磨损。但是如果只在一个方向上做较长时间蹿动，则属于不正常现象，必须加以调整，或者用强制的办法使筒体做上下均匀的蹿动。

为了及时观察或控制窑的蹿动，在某一道轮带两侧设有挡轮，当轮带压到挡轮上时，挡轮便开始回转，此时，窑体在挡轮回转的这个方向上出现过度蹿动。为了使挡轮在控制窑体蹿动中发挥更大功能，人们在实践中对挡轮的结构不断摸索、创新，先后出现了信号挡轮、吃力挡轮、液压挡轮和自控推力挡轮。下面就这几种挡轮在控制窑体蹿动中的技术性能进行比较。

1）不吃力挡轮

也称信号挡轮，大多数老窑上安装的挡轮都是这种挡轮。这种挡轮成对安装在大牙轮邻近的轮带两侧。当窑体蹿动超出允许范围时，轮带的侧面就与挡轮接触，使其转动。但它不能承受窑体蹿动的力量，只是发出蹿动已超过了允许范围的信号，这时就要及时采取措施，控制窑的蹿动。控制方法主要是通过调整托轮的歪斜角来解决，即人为将托轮的轴线与窑体轴线偏离平行位置，增大托轮与窑体和轮带之间的摩擦力，并形成一定旋角，从而使托轮在支承窑体旋转中产生一个沿窑体轴线方向的轴向推力。同时，在运转中还要根据上下行的要求在托轮表面采取变换摩擦系数来配合窑体上下蹿动。改变摩擦系数的方法有加油法，当筒体上蹿时，在托轮表面涂抹黏度较大的油，减小轮带与托轮表面间的摩擦系数，以控制筒体向上蹿动；当筒体下蹿时，在托轮表面涂抹黏度小的油，增加轮带与托轮之间的摩擦系数，以控制筒体向下蹿动，蹿动周期一般为 8h 一次。托轮歪斜可产生许多不良后果，例如：轮带与托轮接触不良；滑动摩擦增大；表面润滑不良；托轮调整过于频繁等。

2）吃力挡轮

这种挡轮结构与信号挡轮差不多，只不过它比信号挡轮坚固得多，可以承受筒体上下蹿动的力，而不必调整托轮。但是由于这种挡轮会使轮带与托轮的接触位置不变，往往在其接触表面由于长期磨损而形成台肩，影响窑体的正常运转。因而也要采取如信号挡轮的措施，调整托轮或改变摩擦系数，使窑体在托轮表面均匀地做周期性的上下蹿动。由于窑体是多支点支承，往往需要调整二挡或更多的托轮组，并使各挡的托轮受力均匀，使其产生一个公共合力来推动窑体。这样一来，操作经验就显得特别重要。因而大中型窑上较少采用这种挡轮而常采用液压挡轮。

3）液压挡轮

大型回转窑一般采用液压挡轮，如图 1-2-48 所示。挡轮通过空心轴支撑在两根平行的支撑轴上，支撑轴则由底座固定在基础上。空心轴可以在活塞、活塞杆的推动下沿支撑轴平行滑移。这种挡轮安装在轮带下侧，为减少筒体高温辐射热对挡轮轴承、液压缸元件、行程开关等寿命影响，预分解窑一般安装在尾挡。设有这种挡轮的窑，托轮与轮带完全可以平行安装，窑体在弹性滑动作用下向下滑动，到达一定位置后，经下限位开关启动液压油泵，油液再推动挡轮和窑体向上窜动，上窜到一定位置后，触动上限位开关，油泵停止工作，筒体又靠弹性滑动作用向下滑动。如此往返，使轮带以每 8～12h 上下移动 1～2 次的速

液压挡轮工作

度游动在托轮上。如果移动速度过快，会使托轮与轮带以及大小齿轮表面产生轴向刻痕。

为防止由于上限位开关失灵，窑体继续上窜而发生事故，在挡轮上方设有保安装置，在挡轮碰到保安装置的限位开关时，使油泵电动机和窑的主传动电动机同时停车，窑体会停止转动，以免窑体从托轮支撑装置上掉下来，造成重大事故。为防止下限位开关失灵，要在挡轮和下底座间加挡铁，以限制窑体下滑的位置。

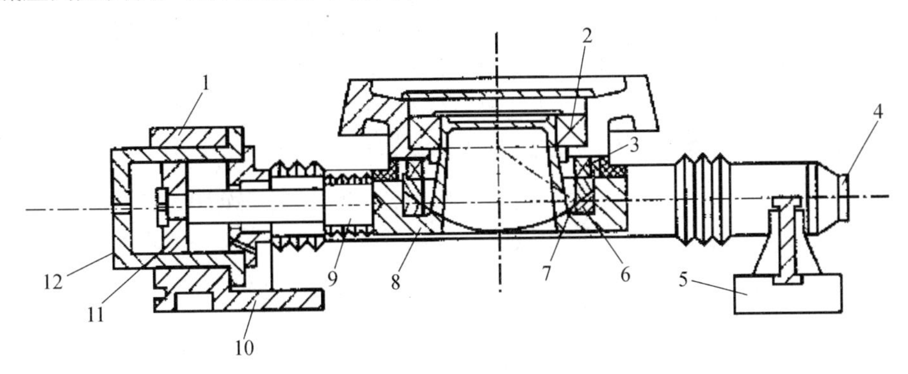

图 1-2-48 液压挡轮结构

1—挡轮；2—径向轴承；3—止推轴承；4—导向轴；5—右底座；6—下球面座；7—上球面座；8—空心轴；9—活塞杆；10—左底座；11—活塞；12—油缸

这种传统式液压挡轮的缺点是油缸活塞进给速度与窑转速无同步关系（虽然能通过计算机设定，但暂时还没开发）；当窑速下降到与进给速度不适应时，势必在托轮表面与轮带之间产生附加滑移力，即增大了托轮的磨损。另外，液压挡轮结构复杂、投资大，且要一定占地面积，中小型窑上采用显得有点浪费。

4）自控式推力挡轮

这种挡轮结构如图 1-2-49 所示，利用旋转窑体的下滑驱动挡轮旋转，通过挡轮内部设置的传动部件推动柱塞向油缸供油产生活塞推力，使挡轮在导向轴上来回移动，从而达到推动窑体上下蹿动的目的。

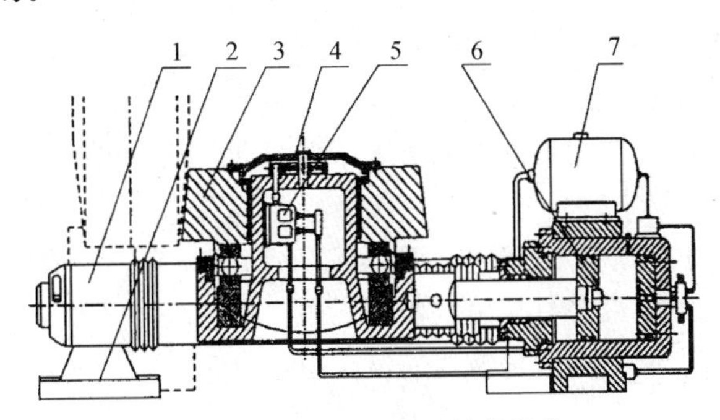

图 1-2-49 自控式推力挡轮结构

1—导向轴；2—支座；3—挡轮；4—传动件；5—柱塞泵；6—油缸活塞；7—管路件

倾斜安装的窑体回转时会旋转下滑，当固定在窑体上的轮带下滑至挡轮，接触时产生摩擦力矩，驱动挡轮做90°方向旋转。挡轮旋转时通过内部传动件 4、驱动柱塞泵 5 向油缸内供压力油，油缸活塞 6 在油压作用下推动挡轮在导向轴上来回移动，最终完成窑体上下蹿动的目的。当窑体被推至设定距离接触终点行程挡块后，推动换向阀将进油关闭，柱塞泵出油变换成低压后输入进油管道，形成一个低压回路。活塞在窑体负载推动下缓慢回程，油缸内的高压油在节流阀的背压作用下，慢慢流向充气油箱。当窑体下行至起始行程开关后，又重复上述循环。活塞的上行速度由油管道上的节流溢流阀调定，活塞的下行速度由回油管上的压差与节流阀共同控制。这种装置的最大特点是无需油站，机液一体化，还具有一些其他的扩展功能。

3. 传动装置

水泥回转窑是慢速转动的煅烧设备，窑型、安装斜度和煅烧要求的不同，回转窑的转速也有区别，窑速一般控制在 0.5～3.0r/min 之间，新型干法回转窑的窑速可达 3.8r/min。慢速转动的目的在于使煅烧物料翻滚、混合、换热和移动，控制煅烧时间，保证物料在窑内充分地进行物理和化学反应。

传动装置的作用就是把原动力传递给筒体并减小到所要求的转速。回转窑的传动主要分为两大类：机械传动和液压传动。最常用的是机械传动。回转窑的机械传动装置主要由主、辅电动机，主、辅减速机，大小齿轮和供油站等组成。

（1）主电动机

电动机是依据回转窑荷载的特点来选择的，回转窑荷载的特点如下：

① 启动力矩大。特别是当托轮采用滑动轴承时，一般达到正常电流的 3 倍左右。

② 恒力矩。也就是窑一旦转动进入运行状态后，力矩比较恒定。

③ 载荷重。特别是当窑的热工状态不正常时，入窑内物料过多或窑皮脱落、异形，都会显著增大窑体的偏心，造成电动机负载幅度增加。

④ 温度高。由于窑体表面的温度较高，最高达 400℃，靠近窑体的电动机、减速机等传动设备受热辐射的影响，环境温度较高，除了采取必要的隔热、通风措施和采用带滤尘器的强迫通风结构的电动机之外，还必须加大功率以补偿高温环境对电动机温升的影响，以保证其运行的可靠性。

由此可见，电动机必须有较大的储备功率，而且要求均匀地进行无级调速和较宽的调速范围。大中型回转窑主要还是采用直流电动机，个别厂的国外进口窑也有采用液压传动的。

（2）辅助电机

辅助电机与辅助减速机相连，组成辅助传动系统，辅助电动机提供动力。辅助传动系统与主传动系统分别用不同的电源或其他能源，它的主要作用是：①防止突然断电，筒体在高温下停转时间过长，在高温重载的情况下发生变形弯曲，需定时转窑；②在砌砖或检修时要用辅助电机来带动，开窑时也要用辅助电动机来帮助启动，这样可以减少开窑启动时的能耗。

（3）减速机

电动机的转速都比较高，窑的转速一般都在 3r/min 左右。两者间需要有减速机进行减速传动。有的窑利用三角皮带进行减速，由于三角皮带在高温环境下工作很容易老化，传动比也不是很恒定，目前广泛使用的是普通的齿轮减速机。

（4）小齿轮

小齿轮用 50 锻钢制成，为了适应窑体的窜动，小齿轮要与大齿轮之间留有一定的间隙，两者间隙小，很容易造成咬合、磨损加快等现象。小齿轮可以安装在大齿轮的正下方，也可以在大齿轮的斜下方。前者会使小齿轮的地脚螺栓完全受水平力作用，比较容易损坏。后者会使小齿轮受水平与垂直两个方向上的力，减小了对小齿轮轴承地脚螺栓水平推力，还不受拉力，也便于检修和改善传动装置的工作条件。

（5）大齿轮

大齿轮用 ZG45 铸钢制成，由于尺寸比较大，通常制成两半或四块经螺栓连接组成。其一般安装在窑体中部，套在窑体上的大齿轮的中心线应与窑的中心线重合。大齿轮与筒体的连接一般采用柔性连接。柔性连接是将大齿轮的内轮缘与筒体通过弹簧板连接。这样具有一定的弹性，可以减少因开、停窑时对大小齿轮的冲击。有的厂家也有利用固定式的螺栓与窑壳进行连接，这种连接方式不具有缓冲的作用，齿轮也容易受窑壳热膨胀的影响。

为保持齿轮的清洁，大齿轮一般全部罩在齿轮罩内，连接螺栓及定位销等零部件是否松动断裂很难被发现，需停窑检查，因此有的企业采用了半罩式大齿轮罩，可完全避免上述缺点，但有待推广。

（6）润滑冷却系统

在大小齿轮间设有自动喷油装置，对齿轮进行润滑。每班的现场人员要检查齿轮零件及润滑情况、齿轮的润滑情况。齿轮处的冷却是靠润滑油来冷却。

回转窑的机械传动又分为单传动和双传动。中小型窑一般选用单传动，大型窑可用单传动，也可用双传动。

传动装置润滑

单传动是指传动系统由一台主传动电动机带动。主传动系统由主电动机、主减速机、小齿轮等组成，同时采用了组合弹性联轴器来提高传动的平稳性。主电动机尾部带有测速发电机，为显示窑速的仪表提供电源。为保证主电源中断时仍能盘窑操作，以防止窑筒体弯曲变形，也便于检修时盘窑，设有辅助传动装置。它由电动机、减速机等组成。辅助电动机上配有制动器，防止窑在电动机停转后在物料、窑皮的偏重作用下产生反转。

双传动是指传动系统分别由两台主传动电机带动。两套传动系统的同步是通过调整电气设备来实现的，从而保证两系统受力均匀。从机械上采用两个小齿轮与大齿轮啮合瞬时错开1/2周节的配置。这样的传力点较多，运转平稳，齿的受力减小一半，齿轮的模数与宽度都可以大为减小，有利于设备的布置。双边传动也会造成零部件过多，安装与维修工作量增加。两边齿面都有自动喷油嘴进行喷油润滑。

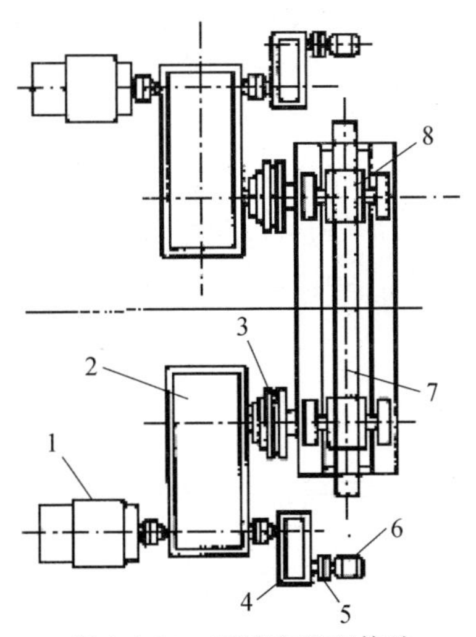

图 1-2-50　回转窑的双传动

1—主电动机；2—主减速器；3—低速联轴器；4—辅助减速器；
5—制动器；6—辅助电动机；7—齿圈；8—齿轮

确定回转窑单传动或双传动的主要依据是电动机功率的大小，目前电动机功率在150kW以下，均为单传动；250kW以上一般为双传动；而150～250kW之间，单、双传动都有。双边传动便于布置，也节省投资，比较适合于较大型的回转窑。

4. 密封装置

回转窑是负压操作的热工设备，在进、出料端与静止装置烟室或窑头罩连接处，难免要吸入冷空气，为此必须装设密封装置，以减少漏风。

窑头或窑尾如果密封效果不佳，将会影响窑内物料的正常燃烧，导致熟料质量下降。如窑头漏入过量的冷空气，则会减少由熟料冷却设备入窑的二次空气量，并降低二次空气的温度，对熟料冷却不利，而且窑内火焰温度也会降低，从而影响燃料的燃烧速度，增大热损失。如果窑尾漏风，由于负压较大，极易吸入大量的冷空气，使窑内大量废气不能排出，燃料不能完全燃烧，导致热工制度被破坏，增加燃料的消耗和排风机负荷，并增加电耗，降低窑的产、质量并影响到电收尘的安全和效率。特别是带各种预热器的窑，会降低进入预热器的废气温度，从而影响预热器的热效率。

因此，密封装置性能的好坏，对窑系统的正常运转和窑产质量及能耗等均具有重大意义。对密封装置有如下要求：

① 密封性要好。窑头处负压较小，处于零压附近，密封要求可以低些。但是窑尾处负压较高，干法预热器窑可选 150～1000Pa，湿法长窑可达 300～1500Pa，因此要求密封装置能适应这样的负压。

② 在保证密封可靠的前提下，在结构上应很好地适应筒体正常运转和正常的窑体上下窜动，径向跳动，筒体中心线弯曲及制造误差，窑体温度变化时热胀冷缩，悬臂端轻微弯曲变形等要求。

③ 零件磨损应小，使用周期要长，因为在窑的密封处气流温度高，粉尘多，并且润滑比较困难，容易磨损。在进行形状设计时，要避免有积灰的地方。在材质上要求能耐高温、耐磨，防止润滑油漏失。

④ 在结构上要简单，易于制造，能长期可靠地工作，维护方便。

目前水泥厂密封装置的主要类型有接触式密封和非接触式密封两大类。其中非接触式密封包括迷宫式密封和气封式密封，接触式密封主要有端面摩擦式密封和径向摩擦式密封。

(1) 迷宫式密封

由静止密封环和活动密封环构成，前者固定在不动的构筑物上（如窑头或窑尾），后者固定在筒体上。两组挡风圈相互啮合，主要是利用空气多次通过曲折通道增大流动阻力来防止漏风。根据气流通道方向不同，可分为轴向迷宫式密封和径向迷宫式密封两种，如图 1-2-51 所示。

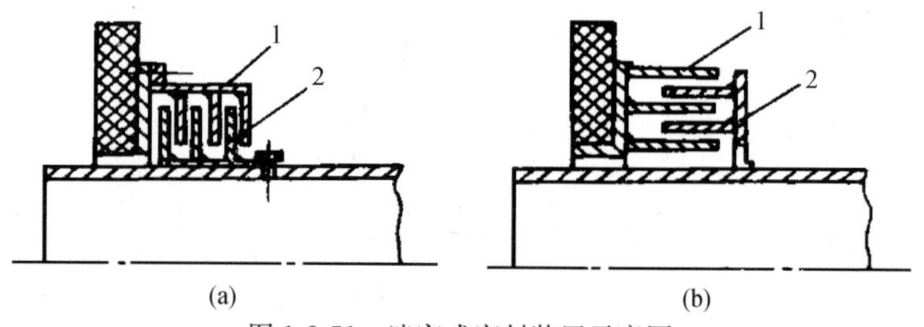

图 1-2-51　迷宫式密封装置示意图

(a) 径向式；(b) 轴向式

1—静止密封环；2—活动密封环

迷宫式密封结构简单，没有接触面，不存在磨损问题，同时不受筒体窜动的影响。为了避免动、静密封圈在运动中发生接触，考虑到筒体与迷宫密封圈本身存在的制造误差及筒体的热膨冷缩、窜动、弯曲、径向跳动等因素，相邻的迷宫圈间的间隙不能太小，一般不小于20～40mm。间隙越大，迷宫数量越少，密封效果也就越差。迷宫式密封适用于气体压力小的地方或与其他密封结合使用。

（2）气封式密封

气封式密封的特点是运动件与静止件完全脱离接触，全靠气体密封，即在密封处形成正压或负压氛围。负压密封，因抽出的气体含有尘粒，需经净化后排入大气，增加投资，系统复杂，故没有得到推广。

图 1-2-52 为两种典型的正压式窑头密封。在风罩两侧紧靠窑筒体和风冷套处，装有扇形密封板，外面设专用鼓风机，通过若干个空气喷嘴，对着风冷套将空气吹向窑口护板，进行冷却，延长其使用寿命。同时，空气被护板和筒体预热后，在风罩内的正压作用下，通过两侧密封板缝隙，部分进入窑头罩，部分排入大气。由于窑头罩内处于 0～50Pa 的微负压，窑头筒体悬臂较短（一般约为窑尾的 1/3），扇形密封板预留的偏摆间隙较小，所以漏入窑内的气体量不多，且预热后有一定温度，对窑内燃烧状态影响不大。正压气封适用于窑头，不适用于负压较大的窑尾。风罩下设灰斗和锁风阀，以便卸出可能出现的漏料，有助于保证密封。

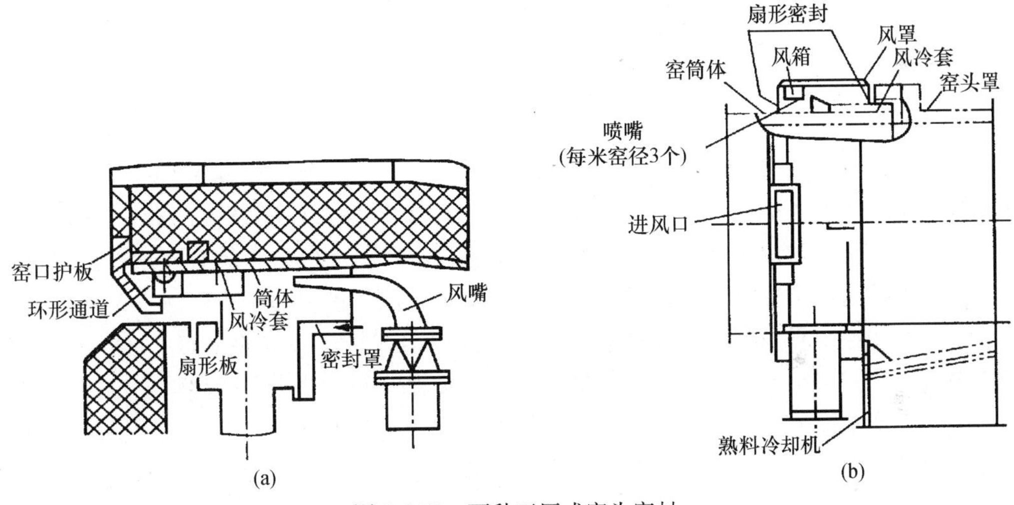

图 1-2-52　两种正压式窑头密封

（a）史密斯式；（b）富乐式

这种密封的最大优点是没有磨损件，维修量小，结构简单。不足之处是不可避免地漏入部分较低温度的二次空气，对窑系统热效率产生一定的负面影响。

（3）端面摩擦式密封

1）气缸式密封

这种密封主要靠两个大直径的摩擦环（一动一静）断面保持接触来实现。为了使静止密封环能做微小的浮动，以适应筒体的轴向位移，还用缠绕一周的石棉绳进行填料式密封。这种密封在半个世纪以前就已广泛用于窑尾，只是结构上有所改进而已。图 1-2-53（a）为气缸式窑尾密封，图 1-2-53（b）为气缸式窑头密封，它们相比以前的结构，主要改进有以下三点：

① 保证两个摩擦环的严密贴合，采用一周均布的若干个气缸加压，取代过去只在水平两侧靠重锤作用于杠杆机构或小车的方式。

② 浮动密封环的支撑由承托式改为悬吊式。

③ 将填料函由固定改为浮动，并尽量缩小浮动环的尺寸和质量。

通过上述改进，浮动环变得更加轻巧灵活，气缸压力在一周作用均衡，便于按需调整，使两个摩擦环的接触面在任何情况下都能接触良好、贴合严密，避免过早或不均磨损，从而提高密封的可靠性和耐久性。

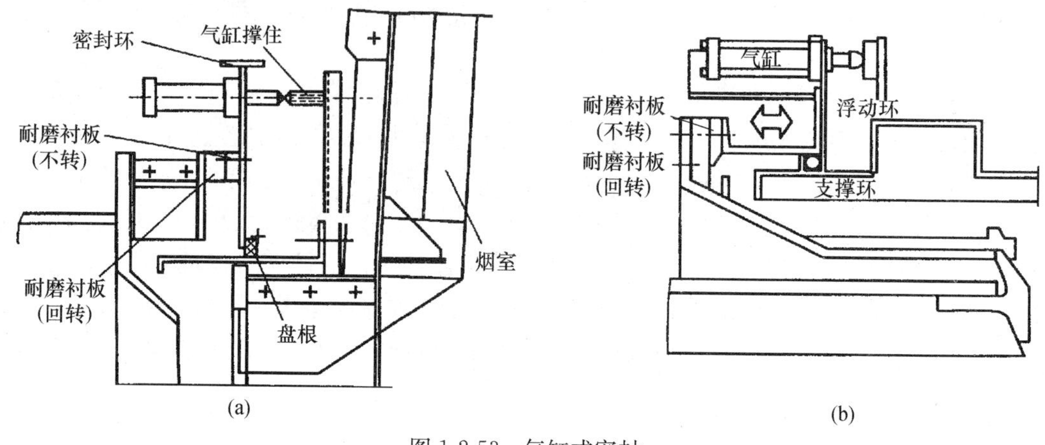

图 1-2-53　气缸式密封

(a) 窑尾；(b) 窑头

气缸式端面摩擦窑尾密封，浮动密封板悬吊在小车上，在一周均布的 10 个气缸的作用下，压紧在随窑转动的密封环上。为了减少衬板磨损，用石墨润滑接触表面，石墨塞装在转动环衬板的固定螺栓头上，而在浮动密封板上则装有几个受弹簧压紧的石墨棒，它们穿过静止的衬板压在回转的衬板面上，取代了过去的油脂润滑。每个气缸都装有隔热罩，以防窑温辐射。随窑回转的深勺形舀灰器，及时舀起窑尾漏料，洒入进料溜子重新回窑。一圈具有钢丝芯的石棉绳装在填料压盖内，通过箍绳和重锤的作用缠紧在烟室的颈部上，既允许浮动，又保证密封。下部两个气缸与其他气缸反向安装，旨在躲开可能出现的漏料。正因为这两个气缸是固定在烟室而不是浮动在密封板上，为了平衡接触环面在一周上的压力，采用两套压缩空气管路分别向上、下两部分气缸供气，由各自的调节器控制气缸压力，使操作者可用稍高的压力作用于下半部气缸。

这种密封技术成熟，效果良好。缺点是气动装置系统复杂，而且需要安装专用的小型空压机，单独供气，造价较高，维护工作量大。

2）弹簧杠杆式密封

弹簧杠杆式窑尾密封如图 1-2-54 所示。端面摩擦密封主要由烟室上的固定环和一周若干块随窑回转的活动扇形板来实现。后者由铰链支承于窑筒体末端延伸的部分，借助于拉力弹簧和杠杆机构，把扇形板压向烟室的固定环上，保持紧密接触。扇形板外圆与环形内表面之间的间隙可通过高度调整机构控制。由于扇形板是随窑转动的，不受筒体偏摆的影响，所以间隙可以调到小至 0.5mm，既允许扇形板的轴向浮动，又能实现较好的迷宫密封。这种密封的优点是运动件比较轻巧灵活，便于调整，密封效果不错。但零件必须加工精确，安装调整仔细。

3）带有石棉绳端面摩擦密封

石棉绳端面摩擦由一系列的金属圈组成，固定圈沿窑的中心线固定在烟室壁上，压圈固

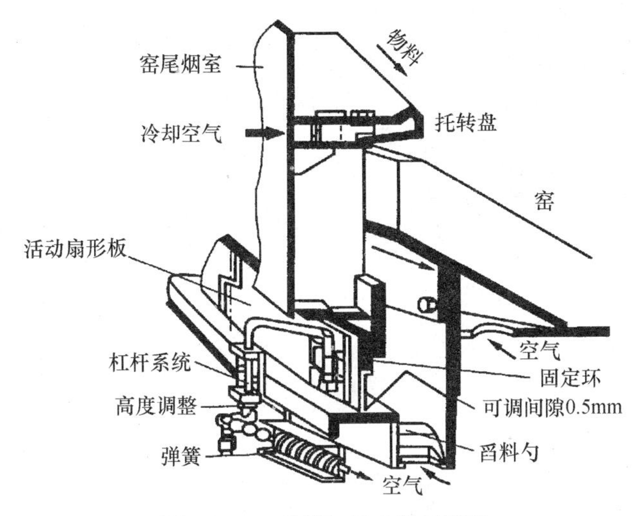

图 1-2-54　弹簧杠杆式窑尾密封

定在固定圈上，圈壁之间填充石棉绳，把滑圈包围起来，滑圈借助于支架固定在烟室壁上。由于重锤的作用，滚轮在支架轨道上滚动，使滑圈上下移动，转动圈固定在窑体上，摩擦圈固定在滑圈上。当窑运转时，滑圈上的摩擦圈经常压紧窑体上的转动圈，把能够透过空气的间隙密封起来。固定圈和压圈之间的缝隙被石棉绳所密封，石棉绳的一端是固定的，另一端绕过滑圈被重锤拉紧。当窑向上移动时，滑圈由于转动圈的作用向烟室移动，重锤抬起。当窑体向下移动时，滑圈在重锤压力下，随之往下移动，始终与转动圈紧密接触，因此，它能适应窑体的上下窜动或窑温变化时长度的伸缩。

这种密封装置，滑圈没有与窑体连接在一起，能够适应窑体轴向窜动和端部弯曲，密封效果好，构造简单，制造容易，安装方便，使用较普遍。缺点是转动圈和摩擦圈之间磨损比较严重，在使用过程中对易损石棉绳要经常检查，防止磨损严重，造成密封失灵。

（4）径向摩擦式密封

1）石墨块密封

石墨块密封装置如图 1-2-55 所示。石墨块在钢丝绳及钢带的压力下可以沿固定槽自由活动并紧贴筒体周围。紧贴筒外壁的石墨块相互配合可以阻止空气从缝隙处漏入窑内。石墨块之外套有一圈钢丝绳，此钢丝绳绕过滑轮后，两端各悬挂重锤，使石墨块始终受径向压力，由于筒体与石墨块之间的紧密接触，冷空气几乎完全被阻止漏入窑内，密封效果好。实践表明，石墨有自润滑性，摩擦功率消耗少，筒体不易磨损；石墨能耐高温、抗氧化、不变形，使用寿命长。使用中出现的缺点是下部石墨块有时会被小颗粒卡住，不能复位。用于窑头的密封弹簧易受热失效，石墨块磨损较快。

2）叠片式弹簧板密封

叠片式弹簧板密封结构组成如图 1-2-56 所示。为了确保弹性钢板与进料管外壳摩擦面有效地接触，在弹性钢板外缠一圈钢丝绳，这种弹簧钢板密封设计可以适应较大的筒体径向摆动。

当这种装置用于窑尾［图 1-2-56（a）］时，弹性钢板的一端安装在凹型粉尘提料器的圆锥形法兰盘上随窑体一起转动，弹性钢板的另一端挤压在进料管外壳上，粉尘提料器环上有一系列刮板可以防止粉尘在弹性钢板上聚集，刮板将粉尘推入提料器后由提料器将粉尘返回到加料槽上。

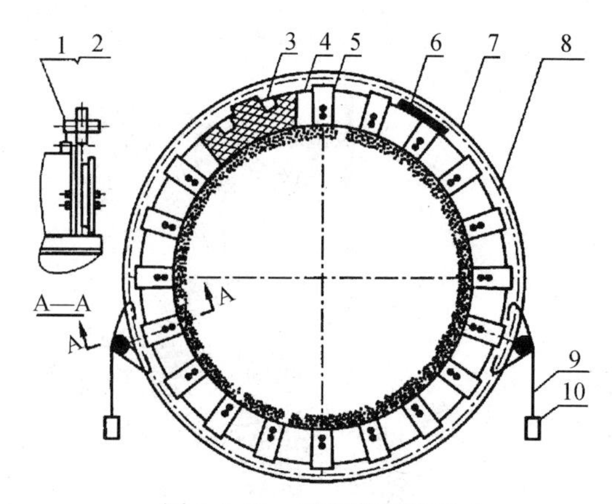

图 1-2-55　石墨密封装置

1—滑轮；2—滑轮架；3—楔块；4—石墨块；5—压板；6—弹簧；
7—钢带；8—固定圈；9—钢丝绳；10—重锤

当这种装置用于窑头［图 1-2-56（b）］时，则必须在窑头罩与弹簧板之间加装热导流板，以防止弹性片过热而失效。导流板能有效地阻挡窑头罩内高温对弹簧板的热辐射，并能将从窑头罩飞溢出来的粉尘挡落入灰斗内，不直接洒落在弹性钢板上。

这种装置无机械加工零件，安装要求不很严格，需要更换的易损件为弹性钢板。

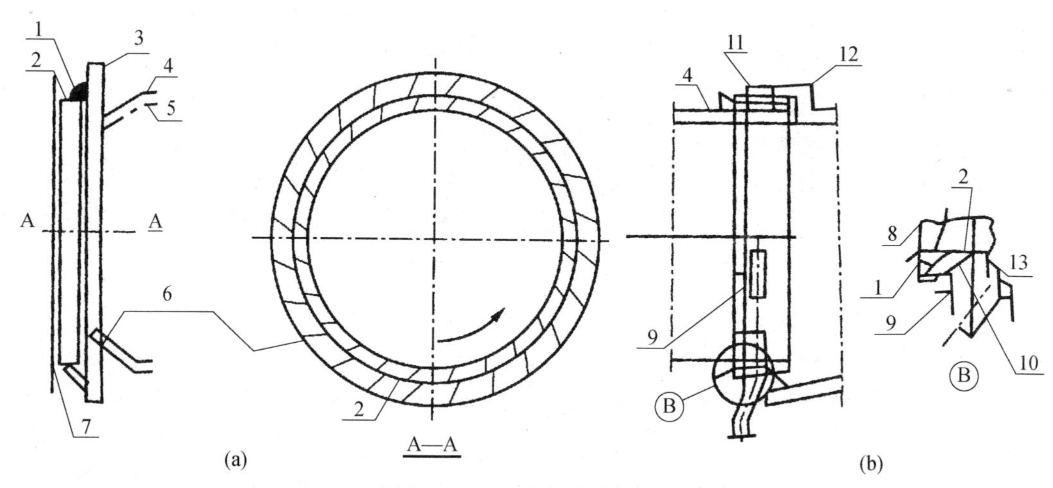

图 1-2-56　叠片式弹簧板密封

（a）用于窑尾；（b）用于窑头

1—密封板；2—钢丝绳；3—粉尘提料器；4—筒体；5—窑衬；6—刮板；7—固定壳体；8—空气罩；
9—人孔门；10—钢丝绳支架；11—沉降室；12—窑头罩；13—热导流板

（5）复合式密封

复合柔性密封装置（图 1-2-57）是由一种特殊的新型耐高温、耐磨损的半柔性材料，做成密闭的整体形锥体，能很好地适应回转窑端部的复杂运动，使用时其一端密闭地固定在窑尾烟室及窑头罩上，另一端用张紧装置柔性地张紧在回转窑的筒体上，有效地消除了回转窑轴向、径向和环向间隙，实现了无间隙密封，且内部辅助设置了自动回灰和反射板装置，因而其结构科学，密封效果好。该密封装置实现了柔性合围方法，集迷宫式、摩擦式和鱼鳞式密封为一体，博采所长，充分发挥材料特性优势，突出刚性密封挡料、柔性密封隔风的特点，使得动、静密封体在设备有限的活动区域内，发挥出良好的稳定效果。

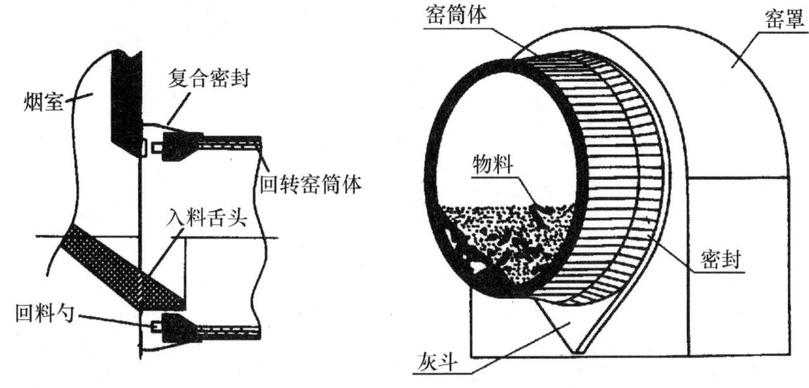

图 1-2-57　复合柔性密封示意图

该装置的主要优点是：刚性体安装准确牢固，柔性体结构紧凑耐用；法兰制作安装强度和精度要求高、贴合严；密封采用固液混合方式，效果好；柔性密封体材料抗高温老化和力学性能高，隔热效果好，弹性强；摩擦片具有自润滑特点，耐磨性强；张紧装置结构简便可靠，方便调整与维修。

窑头密封

使用复合柔性密封的要求如下：

① 窑头、尾罩的固定法兰和骨架密封环制作加工精细，圆度要求较高，支撑强度足；安装时，在动态下准确找正，固定牢靠。

② 迷宫式密封装置加工安装准确，间隙留足。

③ 反射板和柔性体与固定座安装找正时，测量、计算要准确，保证在其应有的弹性变形范围内，与动摩擦环贴实，并不被压坏。

④ 静摩擦环为铆焊件，制作时要保证其圆度要求；安装找正以后，动态纠偏达到 10mm 以内；材料要求耐高温、耐磨损性能好，使用寿命长。

⑤ 柔性密封体是复合材料，不仅起到有效的隔热、柔韧、阻风和挡料作用，而且要方便检修，经久耐用。

⑥ 返灰斗和下料管要留足设计过流余量和卸灰角度余量，以防不畅。

⑦ 合理改进摩擦片结构，提高材料使用性能。

⑧ 要求在每次停窑、开窑前，对装置内外的积料、磨损等情况进行详细检查，以防意外。

密封装置的结构形式很多，但还没有一种万能的结构。没有任何一种密封结构能够适应所有类型窑的各种情况，对于具体使用条件应做具体分析，从而寻找在具体情形下最经济、最可靠的密封方案，设计出密封性能好、对筒体的各种运动适应性强、结构简单、磨损少、隔热好的密封装置。

5. 喂料装置

新型干法回转窑生料通常采用双管螺旋喂料机喂料，经冲板流量计计量入窑，工艺布置如图 1-2-58 所示。

生料经空气连续式均化库均化，由空气输送斜槽进入提升机，再入空气辅送斜槽送入生料小仓，由双管螺旋喂料机喂料，经冲板流量计计量入窑。

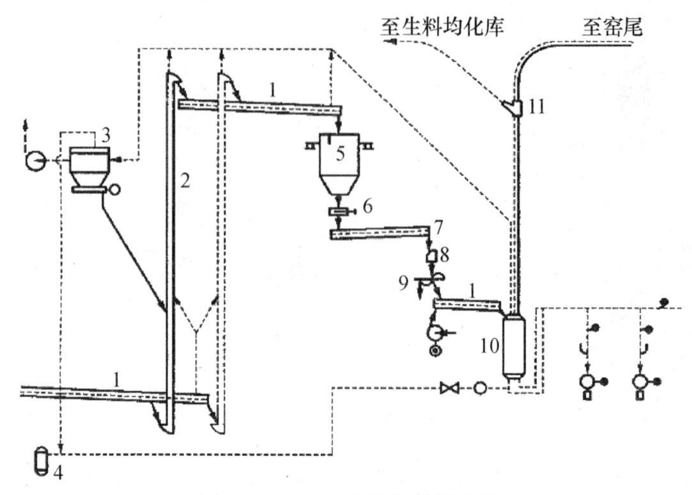

图 1-2-58　新型干法喂料系统

1—空气输送斜槽；2—提升机；3—布袋收尘器；4—压缩空气储气罐；5—生料小仓；6—密封闸门；7—双臂螺旋喂料机；8—冲板流量计；9—取样器；10—空气提升泵；11—电动两路阀

生料小仓是起稳定料压和缓冲的作用，保证计量喂料设备来料稳定，减少被动，喂料计量通过冲板流量计实现。

由于气力提升泵送料时带入预热器的部分空气量，增加了系统排出的废气量，也增加了烧成系统的热耗，同时还增加了熟料热耗。现大多采用提升机输送喂料，减少了维护费用。

2.3.2　回转窑功能

回转窑生产水泥熟料，可以分为湿法、半干法、干法、新型干法等几种回转窑。但是水泥熟料煅烧的基本过程是一样的，即水泥熟料形成的过程中发生物理、化学反应所需的条件是相同的，只不过所采用的生产方式不同。回转窑作为水泥熟料矿物最终形成的煅烧设备，一直单独承担着水泥生产过程中的熟料煅烧任务。回转窑具有以下五大功能：

（1）回转窑是输送设备。回转窑是一个倾斜的回转圆筒，斜度一般在3%～5%，生料由圆筒的高端加入即窑尾，在窑的不断回转运动中，物料从高端向低端即窑头逐渐运动，所以，回转窑是一个输送设备。

（2）回转窑又是一个燃烧设备。磨细的煤粉由窑头鼓风机向窑内喷入，燃烧产生的热量通过辐射、对流和传导三种基本传热方式，将热量传给物料。作为燃料燃烧装备，回转窑具有广阔的空间和热力场，可以提供足够的空气，装设优良的燃烧装置，保证燃料充分燃烧，为熟料煅烧提供必要的热量。

（3）回转窑具有热交换的功能。回转窑内具有比较均匀的温度场，可以满足水泥熟料形成过程各个阶段的换热要求，特别是阿利特矿物生成的要求。

（4）回转窑具有化学反应功能。熟料在形成过程中，发生了一系列的物理、化学反应，回转窑可分阶段地满足不同矿物形成对热量、温度的要求，同时可满足它们对时间的要求，是理想的化学反应器。

（5）降解利用废物的功能。由于回转窑具有较高的温度场和气流滞流时间长的热力场，可降解化工、医药等行业排出的有毒、有害废弃物。同时，可将其中的绝大部分重金属元素固化在熟料中，生成稳定的盐类，避免了“垃圾焚烧炉”容易产生的二次污染。

2.3.3　回转窑工作原理

生料由喂料装置从窑尾加入，在窑内与热烟气进行热交换，物料受热后，发生一系列的物理、化学变化，逐渐变成熟料。由于窑的筒体有一定斜度，并且不断地回转，使熟料逐渐向前移动，最后从窑头卸出，进入冷却机。燃料由煤粉燃烧装置从窑头喷入，在窑内进行燃烧，发出的热量加热生料，使生料烧成为熟料。废烟气由排风机抽出，经过收尘器后，由烟囱排入大气。

1. 物料运动

物料在窑内运动的情况影响到物料受热的均匀性，物料运动的速度影响到物料在窑内停留时间和物料在窑内的填充系数，影响到物料与气体之间的传热，为了提高产、质量，降低热耗，必须了解物料在窑内的运动。

物料喂入回转窑内，由于窑回转并具有一定的倾斜度，因此物料由窑尾向窑头运动。物料在窑内的运动过程比较复杂，为简化起见，假设一个物料颗粒的运动情况。假设物料与窑壁之间，以及物料内部没有滑动，当窑回转时，物料靠着摩擦力随窑带一起运动，如图 1-2-59 所示。

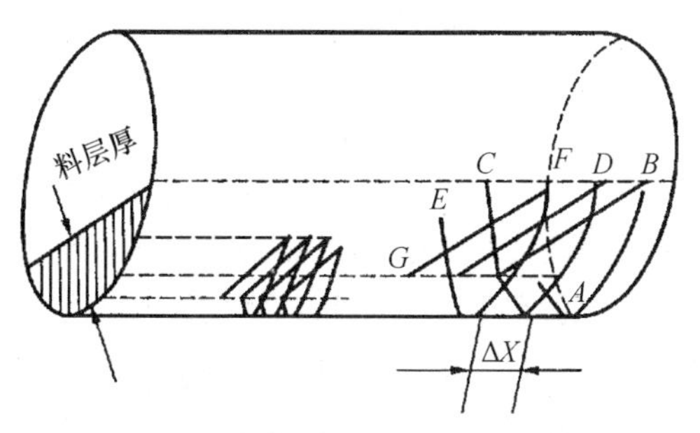

图 1-2-59　物料在窑内运动示意图

物料在回转窑内由窑尾向窑头运动，当窑转动时，物料由 A 点被带到一定高度，即达到物料自然休止角图 1-2-59 中 B 点时，由于物料颗粒本身的重力，使其沿着料层表面滑落下来，因窑体有斜度，所以物料不会落到原来的 A 点，而是向窑的低端移动了 ΔX 的距离，落到 C 点。在 C 点又重新被带到 D 点再落到 E 点，如此重复不断前进。可以设想，物料颗粒运动所经历的路程像一根半圆形的弹簧。

在实际生产中物料是多层堆积在窑内，故其运动比较复杂，影响因素也比较多，很难用一个简明的公式计算物料在窑内的运动速度。式（1-2-6）为常用计算公式，对物料在窑内运动速度的因素分析是做参考。

$$w=\frac{L}{60T}=\frac{SD_in}{60\times1.77\sqrt{\beta}} \tag{1-2-6}$$

式中：ω 为物料在窑内运动的速度，m/s；L 为窑的长度，m；T 为物料在窑内停留时间，min；n 为窑的转速，r/min；β 为物料休止角，(°)；S 为窑的斜度，(°)；D_i 为回转窑的有效直径，m。

$$T=\frac{1.77L\sqrt{\beta}}{SD_in} \tag{1-2-7}$$

由式（1-2-6）可知：

（1）物料在窑内运动速度与窑的斜度 S、窑的有效内径 D_i 和窑速 n 成正比，与物料休止角 β 的平方根成反比。物料的休止角随物料温度和物理性质而异，窑内物料的 β 一般在 30°～60°，烧成带 β 为 50°～60°，冷却带 β 为 45°～50°。

（2）当窑直径一定时，ω 与 S、n 的乘积成正比，当物料运动速度要保持不变时，S 与 n 成反比，即窑的斜度 S 大，窑的转速可以小些。

（3）在正常生产中，D_i、S、β 基本是定值，因此要改变流速 ω，只能通过改变窑速 n。湿法窑的窑速 n 波动在 0.5～1.5r/min，新型干法窑的转速较快，一般可选 3.6～3.8r/min。当喂料量不变时，窑速愈慢，料层愈厚，物料被带起的高度也愈高，贴在窑壁上的时间愈长，在单位时间内的翻滚次数愈少，物料前进速度亦愈慢。窑速愈快，料层愈薄，物料被带起的高度愈低，单位时间内翻滚次数愈多，物料前进速度愈快。窑内料层厚，物料受热不均匀，产量虽高，质量不易稳定。在生产操作中经常用调整窑的转速来控制物料的运动速度，新型干法窑常用较快的窑速，采用“薄料快烧”的方法。

当回转窑的喂料量一定，物料运动速度还影响物料在回转窑内的填充率或称物料的负荷率，即窑内物料的容积占整个窑筒体容积的百分比，可用下式表示：

$$\varphi=\frac{G}{3600w\,\frac{\pi}{4}D_i^2r}\times 100\% \tag{1-2-8}$$

从式（1-2-8）中可以看出：当喂料量 G 保持不变时，物料运动速度加快，窑内的物料负荷率必然减少；反之，就要加大。在熟料生产过程中，要求窑内的物料填充系数最好保持不变，以稳定窑的热工制度。当预烧和煅烧不良需要降低窑速时，要相应地减少喂料量，以保持窑内物料厚度，即物料填充系数不变。因此，窑的传动电机的转速应与喂料机电动机转速同步，使窑的转速与生料喂料量有一定的比例，这在实际操作中很重要。

由于回转窑内的物料运动伴随着热化学过程同时进行，虽然窑的斜度及转速一定，窑内物料平均运动速度大体上固定，但由于窑内各带物料煅烧进程不同，导致物料的性质变化，从而使窑内各带物料的实际运动速度是不同的。物料在窑内的运动速度，与物料的物理性质粒度、松散程度、黏度等有关，物料粒度愈小，物料运动速度愈快，烧成带由于部分熔融物料黏度大，所以物料运动速度慢。此外，物料流速还与排风、窑内是否结圈、结大块等因素有关。一般在风大、窑内结圈、窑速慢等情况下，物料运动速度慢；反之，运动速度快。物料在预分解窑内停留时间大致为 25～45min。

2. 气体运动

为使燃料能完全燃烧，要从窑头提供大量的助燃空气，而窑内产生的废气又要及时从窑尾排出，因此窑内有气体流动。回转窑通常采用强力通风的方法，即在窑尾安装排风机，使窑内产生负压，保证煤粉的完全燃烧并形成一定的火焰形状和长度，及时排出窑内的废气，促使碳酸盐分解过程顺利进行。

窑内气体流速的大小，一方面影响对流传热系数，另一方面也影响窑内飞灰的多少，同时还影响火焰的长度。若流速增大，对流传热速率快，但气流与物料接触时间短，废气温度可能升高，热耗增加且飞灰大，使料耗增大，因此不一定经济；若流速过低，传热速率低，使产量降低，同时为了保持窑内适当的火焰长度，要求有适当的气体流速。窑内各带气体流速不同，一般以窑尾风速来表示，直径 3m 左右的湿法窑的窑尾风速在 5m/s 为宜，通常认为窑尾风速不能超过 5.5～6m/s，否则有大量料浆飞溅和窑灰从窑内溢出。干法窑尾风速约为 10m/s，窑尾风速的控制可随窑直径增加而增加。

回转窑内气体流动的阻力不大，对中空窑主要是摩擦阻力，摩擦阻力系数一般为 0.05 左右，其阻力大小，主要决定气体流速，一般每米窑长的流体阻力为 0.6～1mm 水柱。零压面控制在窑头附近，根据窑长大致可估计窑尾负压。窑头及窑尾负压反映二次风入窑及窑内流体阻力的大小。在正常操作中，应稳定窑头、窑尾负压在不大的范围内波动。当冷却机情况未变，窑内通风增大时，窑头、窑尾负压均增大；当窑内阻力增大，窑内有结圈或料层增厚时，则窑尾负压也增大，而窑头负压反而减小。在生产中当排风机抽力不变，可根据窑头、窑尾负压的变化来判断窑内情况。在正常生产时，窑头保持微负压状态。

对预分解窑而言，除了重视窑头及窑尾负压外，还必须关注预热器系统的负压。通过监视各部位阻力，了解预热器各部位负压，来判断系统的气体流速和生料喂料量是否正常，风机以及各部位是否漏风及堵塞情况。当预热器最上一级旋风筒出口负压升高时，首先应检查旋风筒是否堵塞，如属正常，则应结合气体分析判断排风是否过大，如是，则适当关小主排风机闸门。当负压降低时，则应检查喂料量是否正常，各级旋风筒是否漏风，如均正常，则应结合气体分析检查排风是否偏小，如是，则适当调节排风机闸门。通常，当发生粘结、堵塞时，其粘结堵塞部位与主排风机间的负压有所升高，而窑与粘结堵塞部位间的气温升高，负压值下降。

3. 燃料在窑内的燃烧

(1) 着火与着火温度

任何燃料的燃烧过程都有着火及燃烧两个阶段。由缓慢的氧化反应转变为剧烈的氧化反应（即燃烧）的瞬间称为着火，转变时的最低温度称为着火温度（也称为燃点或着火点）。即燃料在燃烧阶段初期，释放出的挥发分与周围空气形成的可燃混合物的最低着火温度，称为燃料的着火温度。水泥工业中通常用煤作燃料，煤的着火温度与煤的变质程度有一定关系，一般来说变质程度高的煤，其着火温度也较高。同时，煤的着火温度与其挥发分含量、水分、灰分以及煤炭组成亦有一定关系。通常，煤的着火温度随挥发分含量的增高而降低。按挥发分（干燥无灰基）的高低将煤分为褐煤、烟煤和无烟煤，如表 1-2-4 所示。烟煤的着火温度一般为 250～400℃，无烟煤的着火温度一般为 350～500℃。

表 1-2-4　煤的分类

煤种	褐煤	烟煤	无烟煤
V_{mf}（%）	＞37	10～46	＜10

(2) 燃烧过程

煤粉在回转窑内的燃烧过程比较复杂，煤粉在燃烧的同时，还要向窑尾运动，并且在燃烧过程中，要进行传热，这几方面又相互影响，现分述如下：

在回转窑内煤粉以分散状态由喷煤嘴喷出，经过一段距离后才燃烧，煤粉自喷嘴喷出至开始燃烧的这段距离称为黑火头，在正常生产时高温带温度很高，因此煤粉很易着火燃烧。当开窑点火时，窑内无热源，就必须距窑口 3～5m 处放置木柴、废油棉纱等易燃物点火燃烧，使其温度达到煤粉的着火温度后再喷进煤粉才能进行燃烧。煤粉受热后首先被干燥，将所含 1%～2%的水分排出，一般需要 0.03～0.05s。但在煤粉粗湿的情况下，干燥预热的时间要相应延长。干燥预热时间的长短，决定火焰黑火头的长短。温度升高到 450～500℃时，挥发分开始逸出，在 700～800℃时全部逸出，煤粉中水分和挥发分逸出后，剩下的是固定碳粒子和灰分。当挥发分遇到空气时使其着火燃烧，生成气态的CO_2和H_2O，它们包围在剩下的固定碳粒子周围，因此固定碳粒子的燃烧，除了要有足够高的温度外，还必须待空气中的氧通过扩散透过包围在固定碳粒子周围的气膜，与固定碳粒接触后才能进行固定碳的燃烧。挥发分燃烧时间长短，与挥发分含量多少、气体流速大小、温度高低有关。挥发分低，气体流速快，温度高，燃烧时间就短；否则相反。挥发分高的煤，着火早，燃烧快，黑火头短，白火焰长；挥发分低的煤则相反。

固定碳粒的燃烧是很缓慢的，它的燃烧速度不但与温度高低有关，且与气体扩散速度包括燃烧产物扩散离开碳粒子表面和氧气扩散到固定碳粒子表面有很大关系。所以加强气流扰动，以增加气体扩散速度，将大大加速固定碳粒子的燃烧。煤粉的颗粒大小及含碳量多少也都影响着碳粒的燃烧速度。

煤粉喷出有一定速度，因此一出喷嘴首先是预热干燥，不可能立即燃烧，随着距喷嘴距离的增加，挥发分逐步逸出并燃烧，随即固定碳粒开始燃烧，它们的位置分布如图1-2-60所示。

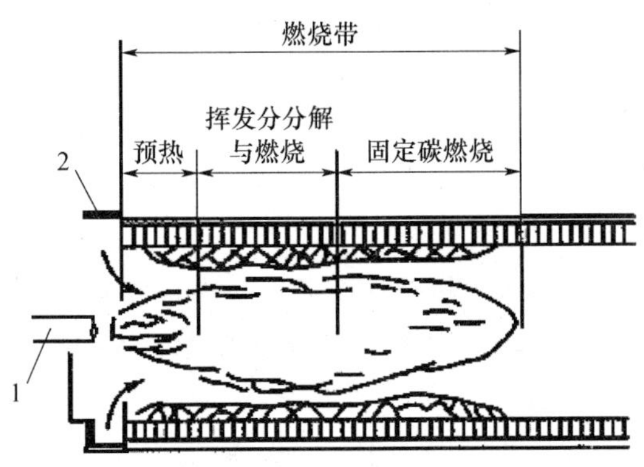

图1-2-60　煤粉在回转窑内燃烧形成火焰示意图

1—燃烧器；2—二次风入口

煤粉由喷嘴喷出后，有一段黑火头。煤粉燃烧后形成燃烧的焰面，并产生热量，使温度升高，热量总是从高温向低温传递，由于焰面后面未燃烧的煤粉比焰面温度低，因此焰面不断向其后面未燃烧的煤粉传热，使其达到着火温度而燃烧，形成新的焰面，这种焰面不断向未燃烧物方向移动的现象称为火焰的传播或扩散，传播的速度称为火焰传播速度。但要注意的是，火焰是以一定速度喷入窑内的，所以火焰既有一个向窑尾方向运动的速度，又有向后传播的速度。当喷出速度过大，火焰来不及向后传播时，燃烧即将中断，火焰熄灭；当喷出速度过小，火焰将不断向后传播，直至传入燃烧器，称为“回火”。若发生“回火”，将易引起爆炸的危险，所以喷出速度与火焰传播速度要配合好。火焰传播速度与煤粉的挥发分、水分、细度、风煤混合程度等因素有关。当煤粉挥发分大、水分小、细度细、风煤混合均匀时，火焰传播速度就快，否则相反。

回转窑内燃料燃烧所形成的火焰属湍流扩散火焰，其燃烧进程可分为燃料与空气混合、燃料和空气加热到着火温度、挥发分首先起火燃烧和焦炭燃烧及燃尽等四个阶段。因此，混合是燃烧的前提。由于燃料混合需要的时间大于加热、着火、燃烧需要的时间，因此，气体扩散速度控制着燃料与空气混合的速率，也就控制着燃烧过程的整个速率。同时，在挥发分燃烧后，残余焦炭的燃烧与周围空气中的O_2向焦粒表面以及燃烧产物向碳粒表面扩散有关，因此其扩散速率决定了燃料燃尽速度，它又受碳粒的多孔性、燃料粒径、O_2分压及周围温度等因素控制。由于在高温范围内如窑内，燃烧是受颗粒边界层扩散速度控制，简称为扩散控制，而在较低温度范围内如分解炉内，燃烧反应速率是受化学反应速度控制，简称为化学控制，因此，煤粉的挥发分含量对窑内燃烧反应速率的影响较小，而对分解炉内燃料燃烧反应速度影响较大。

（3）一次风的作用

煤粉借助一次风从窑头燃烧器喷入窑内，因此一次风对煤粉起输送作用，同时还供给煤的挥发分燃烧所需的氧气。一次风量占总空气量的比例不宜过多，因为一次风量比例增加相应地就会使二次风比例降低，总用风量不变的情况，二次风的减少会影响到熟料冷却，并使熟料带走的热损失增加。另外，一次风温度比二次风温度低，为使煤粉不致爆炸，一次风温度不能高于 120℃，这样使燃烧温度也要降低。对于传统的单风道燃烧器，由于结构简单，其功能主要在于输送煤粉，风煤混合差，煤粉靠一次风输送并吹散，必须有足够的风量，一般单通道燃烧器的一次风量占总风量 20%～30%，一次风速为 40～70m/s。多通道燃烧器能有效地降低一次风量，一般一次风量占总风量 12%以下，通常为 6%～8%。一次风量确定后，喷煤嘴直径大小将决定一次风速，所以设计时需根据一次风量和风速确定喷煤嘴直径。

（4）二次风的作用

二次风先经过冷却机与熟料换热，熟料被冷却，二次风被预热到 400～800℃，新型干法窑的二次风温可达 1000℃以上，再入窑供燃料燃烧，由于二次风经预热后能达到较高的温度，因此还可得到较高的燃烧温度。由于一、二次风分别入窑，二次风对气流还能产生强烈的扰动作用，有利于固定碳的燃烧。但另一方面，也要注意到二次风与煤粉颗粒的接触，总是从火焰表面开始，逐渐深入到火焰的中心。因此在同一截面上，火焰外围与中心燃烧程度有差别，有可能在火焰中心引起不完全燃烧，有人建议采用三次风的设想。

（5）影响火焰温度的因素

火焰温度直接影响到熟料的煅烧，有以下因素影响火焰温度。

① 煤的热值。煤的热值高，火焰燃烧温度高，为了进行有效的经济操作，建议回转窑用煤的低位热值不低于 20900kJ/kg。

② 煤的水分。少量水汽存在对煤粉着火有利，它能促进碳与氧的化合，并且在着火后能提高火焰的辐射能力，因此煤粉不必绝对干燥，在煤粉中保持 1%～1.5%的水分可促进燃烧，但过量的水汽会降低火焰温度，延长火焰长度，使废气温度高。有学者指出：燃料中多含 1%水，降低火焰度 10～20℃，并使废气热损失增加 2%～4%；还指出煤粉中水分对温度的影响比灰分的大一倍。

③ 煤粉细度。煤粉细度愈细，燃烧速度愈快，火力愈集中，燃烧火焰温度也愈高。

④ 燃烧空气量。助燃用的空气量过多、过少都会降低燃烧温度而增加热损失。当空气量过多，在窑内形成过剩空气，这种过剩空气如来自冷却机经过预热的二次空气，燃烧温度则降低少些，但它使废气量增加，如过剩空气由漏风而来，窑头漏风不仅会降低火焰温度，而且由于从冷却机来的二次空气减少，使熟料带走热增加，加上废气量增加造成热损失加大，结果使总热耗增加更多。若燃烧空气供应不足，燃烧不完全而生成 CO，会使温度降得更多，因为每千克碳燃烧成 CO 所产生的热量只占完全燃烧时应放出热量的 30%左右。为保证煤粉充分燃烧，保持适当的空气量是必要的，一般控制窑尾排风，使过剩空气量在 5%～15%，即过剩空气系数为 1.05～1.15，相当窑尾废气中 O_2 含量为 1%～2%。另外，应尽可能减少窑系统各部分漏风。

⑤ 燃烧用助燃空气的预热温度。一、二次风预热温度高，使火焰温度高。一次风温度的提高受安全的限制，主要是提高二次风温度，要提高二次空气温度，必须要提高冷却机的效率。

一般当煤粉热值大于 20064kJ/kg，煤粉水分小于 1%～2%，煤粉细度小于 15%（0.08mm 方孔筛筛余），过剩空气系数 $\alpha=1.05\sim1.1$（α=实际空气量/理论空气量），二次风温度达 400℃以上，则火焰温度可达 1600～1700℃，能满足煅烧熟料的要求。

4. 回转窑内的传热

在燃烧带内，火焰以辐射传热形式（包括对流传热）把火焰中的热量传递给表层物料，以传导传热形式把窑衬和窑皮吸收的热量传给与其接触的物料。前者传递的热量约占整个烧成带传热的 90%，后者约占 10%。

这一带火焰温度最高（1800℃左右），燃料的燃烧产物中含有大量的 CO_2，同时含有大量的煤灰、细小熟料等固体颗粒及正在燃烧的灼热的焦炭粒子，且火焰具有一定的厚度。因此火焰具有较强辐射能力。所以在燃烧带内，主要是火焰向物料和窑壁进行辐射传热，其次也有对流和传导传热。首先分析高温火焰以辐射和对流方式传热给窑壁衬料，窑壁衬料随着窑的转动，有时被埋在物料之下，有时又暴露在火焰的周围，并直接接受火焰辐射和对流传给的热量，使其温度升高。当被埋物料之下时，由于温度高于物料温度，并与物料接触，因此又以传导的方式将热量传给物料层的下表面。当暴露时再次受热、升温，随着窑的转动，周而复始地将热量传给物料，因此窑壁衬料在传热过程中，起到蓄热体的作用。

燃烧带内物料的受热情况是，在上表面接受火焰和对流传给的热量，使其温度升高，下表面接受窑壁衬料传导传给的热量，使其温度升高。看起来物料层的中心温度似乎较低。但是由于窑的转动，物料不断的上下翻动，物料层的温度基本趋于一致。

图 1-2-61 为回转窑传热分析图。高温气体以辐射和对流的方式传热给衬料和物料表面（图中的 $Q_{fm}^{R}+Q_{fm}^{c}$ 和 $Q_{fe}^{R}+Q_{fe}^{c}$），使温度升高，由于窑衬的温度高于物料温度，因此暴露在气体中的窑衬会以辐射的方式穿透气体传给物料上表面（图中的 Q_{em}^{R}，这一点与燃烧带不同），被埋在物料中的窑衬，则以传导的方式传热给物料（图中的 Q_{em}^{cd}），同时整个窑衬还向外表面周围散失热量。

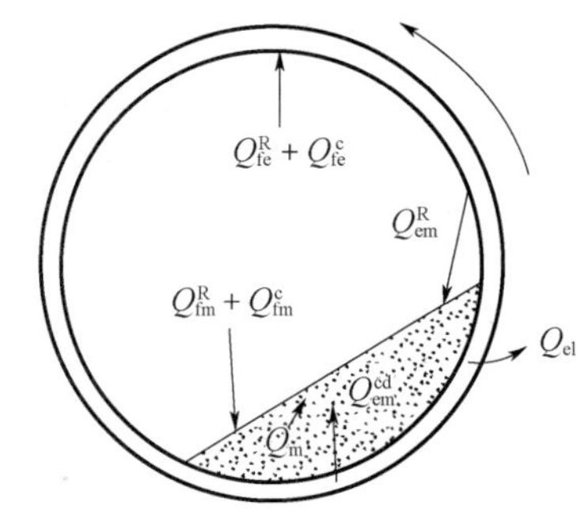

图 1-2-61　回转窑传热分析图

Q—热量；m—物料；f—气体；e—衬料；l—散失；R—辐射传热；c—对流传热；cd—传导传热

假设气体以对流方式传给窑衬的热量和向周围散失热量近似相等（$Q_{fe}^{c}=Q_{el}$），根据窑衬的热平衡则有 $Q_{fe}^{R}=Q_{em}^{R}+Q_{em}^{cd}$，即窑衬吸收热量等于其传出的热量。因此，窑衬在传热过程中实际起了一个蓄热器的作用，间接地把气体热量传给物料，因此若设法提高衬料的蓄热能力对传热是有利的。

由图 1-2-61 看出，窑内物料获得的热量来自四个方面，即：

$$Q_{m}=Q_{fm}^{R}+Q_{fm}^{c}+Q_{em}^{R}+Q_{em}^{cd} \tag{1-2-9}$$

这些热量的大小，除了与它们温度差、传热系数大小有关，传热面积是一个主要的因素。由于物料在窑内的填充系数很小，气体及窑衬与物料接触面积很小，分解带传热能力较差是关键所在。分解带物料传热温差过小，是由于物料堆积在窑筒体的斜下方，窑衬表面比烧成带要光滑得多，物料被带起的高度低，料层翻动少，而在窑衬上按“之”字形线路向下滑动。即物料随窑壁上升到一定高度后，再滑下来，而不是翻滚地向前运动，这就使物料堆新暴露表面减少，上表面和下表面受热时间过长，温度较高，而中心温度较低，物料温度均匀性差，表面与气体、窑衬温度差小，而使传热速率降低。

2.4　第四代篦式冷却机结构及工作原理

熟料冷却机作为熟料烧成系统的主机设备，担负着对高温熟料进行快速冷却、热量回收、输运、破碎等重任，高效节能、运行可靠的熟料冷却机是保证整个烧成系统高效运转的一个非常关键的主机设备。

2.4.1　冷却机主要功能及发展

1. 熟料冷却机主要功能

（1）作为一个工艺设备，它承担着对高温熟料的骤冷任务，以提高水泥质量和熟料的易磨性，并加以破碎，满足熟料输送、贮存、水泥粉磨的要求。

（2）作为热工设备，在对熟料骤冷的同时，尽可能提高二次风和三次风温度，作为燃烧空气，降低烧成系统燃料消耗。

（3）作为热回收设备，它承担着对出窑熟料携出的大量余热的回收任务，用于余热发电和煤磨烘干。

（4）作为熟料输送设备，它承担着对高温熟料的输送任务。

2. 冷却机发展

（1）单筒冷却机。1890 年，世界上出现第一台冷却机——单筒冷却机。把回转窑冷却带截下来成为单筒冷却机，结构上类似于回转窑，工作原理是通过逆流传热，以及通过内部扬料板等装置使熟料布满整个筒体横截面对流换热。

（2）多筒冷却机。1920 年后，开发出了多筒冷却机，配置用于 SP 窑，一般有 9～10 个的冷却筒配置在窑筒体周围，每个冷却筒通过弯管与窑筒体相连接，并通过两个支架支承在窑筒体延长段上，工作原理与单筒冷却机基本相同。

（3）篦式冷却机。随着分解炉的开发使用，使 NSP 窑比 SP 窑的产量提高了一倍，因多筒冷却机不能抽取三次风供分解炉用燃烧空气，而逐渐被淘汰，从而开发出了篦式冷却机。

3. 篦式冷却机发展

（1）第一代“薄料层篦冷机”，料层厚度为 180～185mm；单位面积负荷小于 20t/(m^2 · d)。篦冷机中心线与回转窑中心线一致，考虑窑口卸出熟料偏心以及物料粒度离析问题，需安装导料装置，容易烧损和磨损，达不到均匀布料的作用。篦板厚度为 55～60mm，间隙为 3～5mm，磨损严重，漏料严重。活动篦板行程为 100mm，篦板支承在纵梁上，每个篦床有许多活动纵梁，无法分隔风室，密封较差，冷却风机压力很低，一般一室在 6000Pa 左右，二室在 5000Pa 左右，导致产量非常低。

（2）第二代“厚料层篦冷机”，料层厚度为 400～500mm，单位面积负荷为 35t/(m^2 · d)。为与 NSP 窑产量相适应，篦冷机由第一代发展到了第二代，结构上取消进料口的导料装置，窑和篦冷机的中心线根据卸料偏心和物料粒度离析进行了偏离。为提高推动效率，篦板厚度增加到 130mm。为减少漏料，将篦板长缝改为均面圆孔。将篦板支承在横梁上，篦板下风室隔板焊在固定篦板支承梁上，大大加强了风室间的密封，可以调节各风室的风量和风压，提高了熟料冷却效率。

（3）第三代"空气梁高效篦冷机"，料层厚度为600～800mm，单位面积负荷为44t/(m²·d)，采用高阻力篦板，进料口篦板已改为固定阶梯篦板，因为篦板阻力较高，有利于熟料层均匀透过冷却空气，提高冷却效率，篦床横梁改用空气梁通风，冷却效率进一步提高。

（4）第四代冷却机，料层厚度为800～1000mm，单位面积负荷为44t/(m²·d)。随着对热效率和低维护成本要求的提高，在第三代篦冷机的基础上研发出了CP的η冷却机和SFC冷却机为代表的第四代篦冷机。

篦板和篦床结构是篦冷机最重要的部件，它决定了篦床的料层厚度，也就决定了篦床单位面积产量，同时决定了供风系统和热回收效率，一、二、三、四代篦冷机产品发展主要表现在篦板和篦床的结构的改进上。

新型干法水泥熟料生产线烧成系统均采用第三代或者第四代篦式冷却机，因而本部分仅介绍第四代篦式冷却机及其他新型冷却机。

2.4.2 第四代篦冷机主要性能考核指标

第四代篦冷机具有"三高一低"的性能，即高热回收效率、高冷却效率、高运转率、低磨损。其主要性能指标如表1-2-5所示。

表1-2-5 两种型号篦冷机主要性能指标

序号	篦冷机型号	TC-12102	SFC 4×6F
1	规格（m）	35.8×4.6	27.4×6
2	生产能力（t/d）	5000	6000
3	段数	3	4列
4	篦板有效面积（m²）	119.3	128.8
5	篦床负荷［t/（d·m²）］	40	40
6	单位冷却风量（Nm³/kg）	1.9～2.1	2.13
7	窑热耗（kJ/kg）	3111	3019
8	入料温度（℃）	1371	1400
9	出料温度（℃）	65+环境温度	65+环境温度
10	二次风温度（℃）	1050	1050
11	三次风温度（℃）	960	960
12	废气温度（℃）	270	270
13	出料粒度（mm）		≤25
14	篦下风机电耗（kWh/t）	6.2	6.5
15	篦冷机热效率（%）	74	75

2.4.3 SF（第四代）篦冷机主要技术特点

（1）通体模块化结构设计，灵活适应任何规模的窑系统；

（2）由于篦床结构布置完全水平，设备整体高度比较低；

（3）由于没有篦床漏料，因此不需要篦床下漏料输送设备；

（4）可实现篦床宽度方向的布料调整和优化，使所有熟料得到均匀有效的冷却；

（5）热效率比较高；

（6）输送效率比较高；

（7）低磨损，易维护；

（8）冷却机模块在生产车间内预先组装，最大限度地减少安装和调试时间。

2.4.4 SF（第四代）篦冷机结构

SF（第四代）篦冷机由篦板及篦床、推料棒、模块化结构、空气流量调节器、空气分布板、篦板结构及装机风量、传动系统等组成。外形如图 1-2-62 所示。

篦冷机结构

总体结构分上壳体和下壳体。中间是篦床。上壳体入料口端端部外侧设若干个空气炮，壳体里墙砌筑耐火砖，下壳体分若干个风室，采用风室供风。尾部设一台锤式破碎机，整个设备安装完成后与水平面呈 5°的斜度，便于熟料向下滑动。篦床由若干块篦板组成，篦板固定不动，篦板上部的推料棒往复运动，推动熟料向尾部运动。推料棒运动是由篦床下部的液压缸往复运动带动的。每个风室由一台风机供风，高压风通过篦板缝隙进入篦床上的熟料层里，对熟料进行冷却。

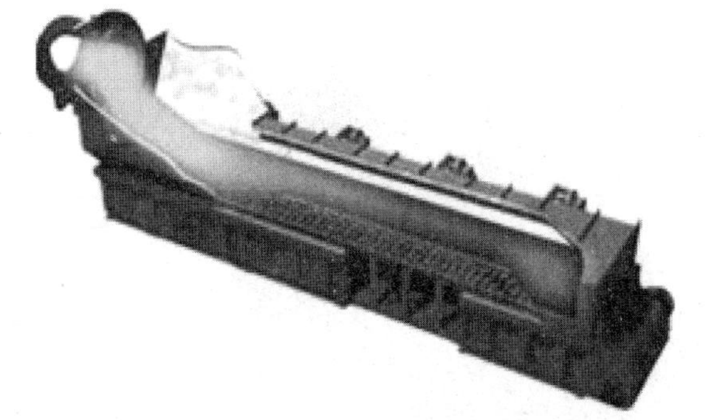

图 1-2-62 SF 篦冷机外形

2.4.5 SF 篦冷机工作原理

高温熟料从窑口卸落到阶梯状篦床上，首先由阶梯状篦床的高压风机对物料急冷，然后在风和重力的作用下滑落到标准模块上，并在往复扫摆的推料棒推送下，沿篦床均匀分布开，形成一定厚度的料层，篦床上的物料在篦冷机推料棒推送下缓慢向出料口移动。在篦冷机卸料端装有锤式熟料破碎机，细小的熟料（20mm 以下）通过篦缝直接落入熟料输送机上运走，大块熟料则被破碎后进入熟料输送机运送至熟料库中。每一排模块下部构成一个风室，并由一台风机提供冷却风，冷却风经篦板吹入料层，对熟料进行充分冷却。冷却熟料后的高温热风燃烧空气入窑及分解炉，其余部分热风可作用余热发电和煤磨烘干，低温段的热风将经过收尘处理后排入大气。

篦冷机
工作原理

2.4.6 SF 篦冷机特点

1. 篦板及篦床

SF 篦冷机篦板是由 $\delta=3$mm 的耐热钢板焊接而成，篦板表面铺一层 $\delta=8$mm 的耐热钢板，总体尺寸为300mm×300mm，厚度为60mm，篦缝为横向凹槽式，篦缝风道为迷宫式。每块篦板底部安装一种空气动力平衡式空气流量调节器。

SF篦冷机篦板采用迷宫式的篦缝和安装MFR阀，达到了高阻力的特征，通过整个篦床全宽上的熟料层的风速相等，达到冷却空气均匀分布的最佳状态。步进式篦床如图1-2-63所示。

2. 空气流量调节器（简称MFR）

SF篦冷机的每块空气分布板均安装了MFR。MFR采用自调节的气流孔板控制通过篦板的空气流量，保证通过空气分布板和熟料层的空气流量恒定，MFR阀采用自调节的节流孔板控制通过篦板的空气流量。当篦床上熟料层阻力变化时，MFR能自动灵敏调节阀的阻力，使熟料层阻力加篦板阻力之和维持恒定，达到通风恒定，最终达到整个篦床上空气均匀分布。

在篦床的入料口端，有几排固定篦板组成的阶梯状篦床。其上无输送料装置，倾斜篦床倾斜度为12°，两侧用耐火浇筑料筑成马靴型，浇筑料在篦床上形成马蹄形。在进口冲击区熟料厚度、粒度、温度变化很大。带来熟料层阻力变化极大，而采用MFR阀便能有效地保持恒定的冷却空气量。在固定进口区熟料的纵向输送是靠大于休止角滑行。这些有助于优化热回收以及冷却空气在整个篦板上的最佳分布，从而降低燃料消耗或提高熟料产量。空气流量调节器外形如图1-2-64所示。

图1-2-63　步进式篦床

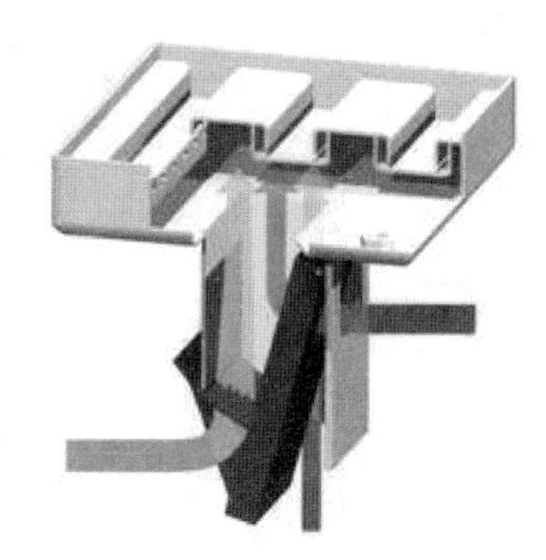

图1-2-64　SF篦冷机空气流量调节器外形

3. 推料棒

SF篦冷机输送熟料是由篦床上的推料棒来完成的。推料棒横向布置，沿纵向每隔300mm安装一件，即隔一件是活动推料棒，隔一件是固定推料棒，活动推料棒往复运动推动熟料向尾部运动，推向出料口。推料棒的横断面是不等边三角形，底边125mm，高55mm，材质耐热铸钢。推料棒底平面与篦床上的篦板上平面有50mm的间距，50mm的间距空间布满冷熟料。这些冷熟料既能防止落下的熟料对篦板的冲击，又能防止熟料对篦板的磨损，有效地保护篦板，使篦板的寿命在5年以上，而推料棒的寿命也在2年以上。推料棒如图1-2-65所示。推料棒与篦床的连接采用压块和柱销，更换时只要取出柱销，压块就与推料棒分开，更换十分方便。

SF型推动棒式冷却机具有技术上的可靠性和操作上的可控性及稳定性，运转率高、结构紧凑。在技术指标方面，具有冷却效果好，热回收效率高（72%），二、三次风温高且稳定，出口熟料温度低且稳定（小于环境温度+65℃），冷却用风量少，能耗低，损耗低，使用寿命长，安装及检修维护方便等特点。

图 1-2-65　推料棒

4. 模块化设计

SF 第四代篦冷机是作为模块系统来制造的，它由一个必备的入口模块和若干个标准模块组成。入口模块一般有 5～7 排固定篦板长，有 2～4 个标准模块宽。而标准模块由 4×14 块篦板组成，尺寸为 1.3m×4.2m，其上有活动推料棒和固定推料棒各 7 件。5000t/d 篦冷机由 4×5 个标准模块组成。每个模块包括一个液压活塞驱动的活动框架，它有两个驱动板，沿着四条线性导轨运动。

驱动板通过两个凹槽嵌入篦板，凹槽贯穿整个模块的长度方向。驱动板上面由密封罩构成阻尘器，防止熟料进入篦板下面的风室，如图 1-2-66 所示。

密封罩贯穿整个篦冷机的长度方向，在密封罩往复运动时，确保篦板免受熟料的磨损。

图 1-2-66　第四代 SF 型冷却机模块

5. 空气分布板

SF 篦冷机的空气分布板具有压降低的特点。在正常操作下，由于气流孔板有效面积大，MFR 几乎不增加系统的压降，所以篦板压力明显比传统的冷却机低，节约电力消耗。组装冷却机时在各个模块下形成一个风室，每个风室有一台风机供风。SF 型推动棒冷却机的风室内部没有任何通风管道。在推动棒和空气分布板之间有一层静止的熟料作为保护层，降低了空气分布板的磨损。

6. 风机及风量风压

SF 型推动棒式篦冷机的篦板采用迷宫式，篦缝为横向凹槽式，每块篦板底部都安装了 MFR，使整个篦床上的熟料层通过风量相等，达到冷却风均匀分布的最佳状态。在正常操作下，由于气流孔板有效面积大，MFR几乎不增加系统的压降，所以篦板下的压力明显比传统的篦冷机低，节约了电力消耗，在篦冷机各个模块下面都有独立风室，每个风室由1台风机供风，SFC4X6F型第四代篦冷机分7个风室，8台风机，总风量为554700m^3/h。

第三代篦冷机的配风原则是“高风压，低风量”。入料口区的最高风压达到11000～12000Pa。而第四代篦冷机入料口区最高风压是9500Pa。

由于第四代篦冷机采用特殊的篦板和良好的密封性能，用风量较少。

7. 传动系统

SF篦冷机采用液压传动，如图1-2-67所示，纵向每一排篦床由一套液压系统供油，每一个标准模块有一个驱动油缸，油缸带动驱动板运动，驱动板带动活动推料棒往复运动。5000t/d型篦冷机有四套液压系统，每个油泵电机功率为75kW。油泵系统设在距篦冷机较远的地方，不受篦冷机干扰。液压油由管路通入篦冷机壳体下部的油缸里，由控制系统来控制油缸的运动速度。

液压传动，轴承只需每年加油一次，维护工作量少。

图1-2-67　液压传动

8. 料层厚度

料层厚度对传统的篦冷机是一个重要的考核指标。第一代篦冷机料层厚度在200～300mm左右，第二代篦冷机由于篦板的革新，使料层厚度提高到400～500mm，入口处最高达到700mm。而第三代和第四代篦冷机已不太注重料层厚度指标，因为只要能保证正常的产量就必须保证一定的料层厚度。第三代和第四代篦冷机已进步到把篦冷机的综合指标作为评价指标。正常运转的篦冷机，其产量、二次风温、三次风温、废气温度、出料温度等指标应该是都处于正常状态，过分强调某一个指标，而忽视其他指标是不科学的。

9. 设计指标及保证指标

体积小，质量轻；易损件、附属设备、土建工程、安装工程少，节约成本。

2.4.7　SF篦冷机优点

（1）高的冷却效率和热效率。

（2）高可靠性，低磨损，低的运行费用。

（3）无漏料，低净空。

（4）模块化设计，安装快。

（5）步进高输送效率。

（6）自调节气流控制阀，低电耗。

2.5　四风道燃烧器结构及工作原理

煤粉燃烧器（简称燃烧器）在水泥熟料煅烧过程中承担着燃料燃烧的重要任务。可以认为燃烧器是构成预分解窑熟料煅烧系统六部分之一（旋风预热筒、换热管道、分解炉、回转窑、篦冷机和燃烧器，即筒、管、炉、窑、机和器六部分有机组合完成水泥熟料煅烧）。在预分解窑系统中，煤粉燃烧方法是喷燃法。它是将少量空气以一定的动量并携带煤粉送到窑炉，进行燃烧以放出热量，这部分空气被称为一次空气或一次风；而从篦冷机获得的送至煤粉燃烧处的热空气称为助燃空气。在预分解窑系统中有两个热源——回转窑和分解炉，进入回转窑内的助燃空气被称为二次空气或二次风，进入分解炉内的助燃空气被称为三次空气或三次风。燃烧煤粉使用的煤粉燃烧器在水泥行业又被简称为喷煤管或煤粉喷嘴。因分解炉中所用燃烧器比较简单，以下重点介绍回转窑用燃烧器。

2.5.1　回转窑对煤粉燃烧器的要求

回转窑内的熟料煅烧，保证适宜的火焰及窑内温度的合理分布，对熟料产质量的提高、窑皮厚度和长度、窑衬寿命、燃料消耗、筒体温度、减少污染和环境的保护都具有十分重要的作用。因此，水泥回转窑对火焰有严格的要求，尤其是在新型干法回转窑中要求火焰的形状、温度和强度，与回转窑煅烧熟料相适应。保证在整个火焰长度上都能进行高效率的热交换，同时又不能使窑皮产生局部过热，出现峰值温度，应能适应窑情的变化。用于对回转窑烧成带提供热量的燃烧器应满足下述要求：

（1）对燃料品质具有较强的适应性，特别是在燃烧无烟煤或劣质煤时，能确保在较低空气过剩系数下完全燃烧，使其 CO 和 NO_x 排放量降至最低限度。

（2）节能降耗，一次风用量尽可能少，且直流外风和旋流内风可调至最佳比例，有利于完全燃烧，因而燃烧器可有效降低煤耗，节能和环保效果显著。同时，二次风温显著提高。

（3）火焰形状可调性好，燃烧器具有多种调节手段，调节内外风道蝶阀的不同开度，内外风大小及出口喷射流型可在总风量不变的条件下大范围无级调整，从而可获得能适应任何工况的火焰形状，有利于形成致密稳定的烧成带窑皮，延长耐火砖使用寿命。

（4）可适应低挥发分煤，燃烧器推力提高，喷射气流速度高，煤粉燃烧速率提高，燃烧无烟煤同样可获得良好效果。

（5）结构合理，总体性能优良，燃烧器外形美观，配套设施齐全，系统阻力小，调节火焰灵活快捷，操作灵活，调整火焰形状可靠。维修保养方便，总体性能达到国外多通道燃烧器水平。

（6）煤粉燃烧器内部温度场均匀，窑炉内被加热体的受热覆盖面大，炉渣不粘在工件表面，产品质量好。

（7）煤粉燃烧器点火容易，升温快，热效率高，且煤质要求低，煤种适用面广，经济效益及工作效率大为提高。

（8）确保使用寿命，煤粉进入燃烧器的易磨损部位，采用新技术、新材料进行耐磨处理，使燃烧器关键部位的耐磨寿命成倍提升。

目前，新型干法水泥熟料生产线烧成系统均采用四通道煤粉燃烧器，因而本部分仅介绍四通道煤粉燃烧器。

四通道煤粉燃烧器是采用国际先进技术，针对不同的窑型、不同的煤粉特性和不同的工艺条件而专门设计的。它独特的结构和合理的工艺参数，保证了煤粉与一次风、二次风的充分混合，燃烧效率高，热力强度大，火焰形状好，已被实践反复验证而且使用、调节方便。

与三风道煤粉燃烧器相比，四风道煤粉燃烧器能使火焰更加稳定，形状更符合回转窑的要求，我国在引进、消化国外技术的基础上，也能够独立制造四风道煤粉燃烧器。

四风道煤粉燃烧器各风道的排列形式，各制造厂家有所不同，中心通道一般都用作点火通道，最外层风道是外轴流（轴向）风道，其余各风道的排列布置如表 1-2-6 所示。

表 1-2-6　四风道煤粉燃烧器各风道的排列形式

风道（由外向内）	第一种排列形式	第二种排列形式	第三种排列形式
最外层风道	外轴流（轴向）风	外轴流（轴向）风	外轴流（轴向）风
次外层风道	外旋流风	煤风	煤风
第三层风道	煤风	内轴流风	旋流风
第四层风道	内轴流风	旋流风	内轴流风
中心通道	中心通道	中心通道	中心通道

在各风道的三种排列形式中，其共同之处是：最外层是轴流（轴向）风，煤风处在第二道或第三道，其余各有千秋。下面就第一种排列形式——四风道煤粉燃烧器的结构进行介绍。

2.5.2　四通道煤粉燃烧器特点

（1）火焰形状规则，完整火焰无波动，稳定。不会出现扫窑衬的现象，可延长窑衬的使用寿命。

（2）煤粉、一次风和二次风有足够的扰动性，使气流能很好地混合，燃烧充分，故可提高窑的热力强度，同时降低一次风比例，从而提高窑的产量并降低热耗。

（3）拢焰罩形成碗状效应和火焰开始没有强涡流避免了温度峰值，使火焰温度分布均匀合理，可有效地保护窑口筒体和护板。

（4）降低 CO 和 NO_x 的含量由于燃料与风混合更为充分，燃烧更为快速完全，降低了窑尾废气中 CO 和 NO_x 的含量，有利于电收尘的安全运行和环保。

（5）在线调节方便，它可在操作中调节各风道出口截面积，从而改变喷出速度，火焰形状灵活可调，火焰稳定完整，不偏不散，集中有力，达到调节火焰形状和强弱的目的。

（6）使用寿命长，喷嘴经过耐高温和耐磨处理，可在 1200℃以上抗氧化煤粉入口处有耐磨陶瓷层保护，可防止煤粉对燃烧器的冲刷。

（7）对煤质的适应性强，可燃烧劣质煤、无烟煤。

（8）结构应简单、紧凑，通风阻力应小。

2.5.3　四风道煤粉燃烧器结构

四通道煤粉燃烧器结构如图 1-2-68 所示。它是由管路、喷嘴、金属波纹补偿器、蝶阀、压力测量仪表和保护层等构成。

该四风道煤粉燃烧器共有 5 条管道，由轴流风道（外层外净风）、旋流风道（内层外净风）、煤风道、中心风道（内净风道）四个同心套管和一个燃油管（燃油点火燃烧装置）组成。

燃烧器结构

（1）喷嘴：由特殊材料加工，各管道的喷出口面积可调，从而调节喷出的风速，是保证火焰形状及使用寿命的关键部件之一。

（2）金属波纹补偿器：是连接各管路、密封和调节火焰形状的主要部件。

（3）压力测量仪表：间接显示燃烧器内各风道速度。

（4）保护层：即耐火浇铸层，由用户自行浇铸。

（5）轴流风、旋流风和中心风的入口上都装有蝶阀，可单独调节各自的风量和比例。旋动各调节螺母，可把各管道向内压入或向外拉出，通过调节各管道喷出面积的大小，调节喷出的风速。通过调节各管道喷出面积的大小，调节喷出的风速。

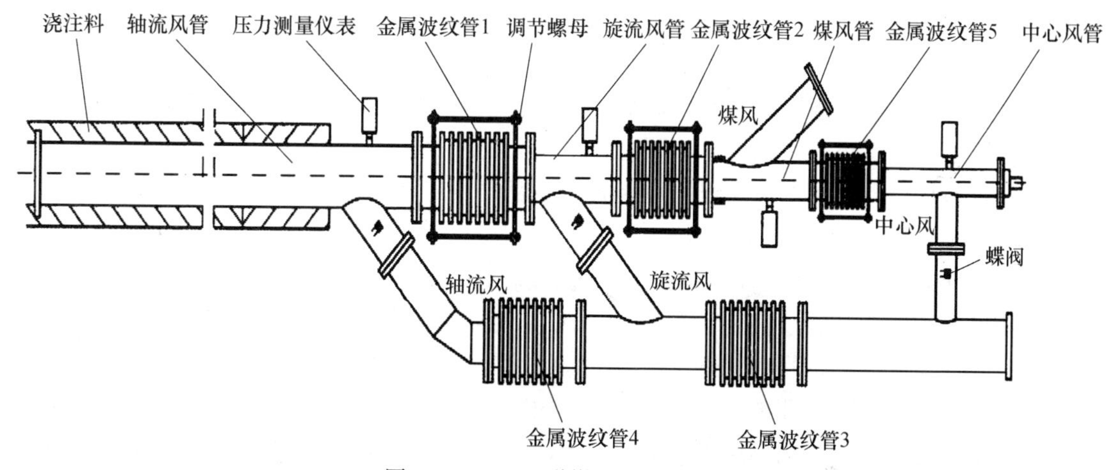

图 1-2-68　四通道煤粉燃烧器结构

1. 中心油枪

中心油枪主要用于冷窑点火升温，一般采用轻质柴油。燃油在高压泵的作用下，油压较高，到达油枪后能够很好地雾化，因此该油枪点火非常方便，不滴油，发热能力强。为了保证进入油枪的油压，采用了回流式控制方法调节油量，因而油量调节非常方便，且不影响雾化质量，保证了油枪的性能。

2. 中心风通道

四风道燃烧器中心风一般占一次风量 1.0%左右，中心风的作用有以下几个方面：

（1）防止煤粉回流堵塞燃烧器喷出口。抵消射流中心负压的回流，防止煤粉回流堵塞喷燃管头部的喷出孔隙，避免回火烧坏喷燃管头部，以延长使用寿命。但中心风的风量不宜过大，否则一次风量增大，而且会增大中心处的轴向速度，缩小通道之间的速度差，对煤粉的混合和燃烧都是不利的。

（2）冷却燃烧器端部，保护喷头。燃烧器喷头的周围布满了热气体，其端面没有耐火材料保护，完全裸露在高温气体中，再加上负压的回流，往往使喷头端面的温度很高，使用寿命显著缩短。中心风将喷头端周围的高温气体吹散顶回，不仅冷却了喷头内部，而且也冷却了端面，从而达到保护喷头的目的。

（3）使火焰更稳定。通过板孔式火焰稳定器喷射的中心风与循环气流能够引起减压，使火焰更加稳定并保证火焰稳定器的长寿命。

（4）减少 NO_x 有害气体的生成。火焰的中心区域是煤粉富集之处，燃烧比较集中，形成一个内循环，在很小的过剩空气下就能完全燃烧。

（5）辅助调节火焰形状，改善熟料质量。尽管中心风的风量不大，压力也不大，但它对火焰形状的调节起一定的辅助作用，而且从中心供一部分氧气，使煤粉更易燃烧。

3．旋流风通道

旋流叶片安装在内风道前端，即旋流风通道的头部设置旋流器，旋流风在旋流器的作用下，产生旋流效应，煤粉在出燃烧器后迅速散开，降低了煤粉浓度，提高了煤粉与空气的接触时间和接触面积，从而使煤粉能够快速燃烧，提高了煤粉燃烧效率。

如果旋流风太弱，煤粉散不开，中心煤粉浓度太高，火焰较长，且有不完全燃烧现象，火焰不集中，煅烧温度不够。如果旋流风太强，煤粉太散，火焰粗壮、发散，容易造成火焰扫窑皮、煤粉被物料裹填、窑头易结圈。因对旋流风必须有适当的要求。

4．煤粉通道

煤粉通道在旋流风通道和中心风通道之间。这样设计的目的是使煤粉在旋流风作用下能够迅速分散，有利于煤粉快速着火。同时为了保证煤粉不至于太散，在煤粉通道外侧设有直流风通道，这样可以有效调节火焰长短和火焰温度。

5．直流风通道

直流风通道设置在最外侧，外净风由环形间隙喷射改为间断的多个小圆形喷嘴，通过外圈高速喷出多个射流，通过高速引射作用，可以减少一次风的用量，提高高温二次风的用量，从而降低烧成热耗。同时在射流作用下，喷嘴口形成的局部负压区，周围的高温气体即二次风被卷吸，从相隔小孔的缝隙中进入火焰根部，并通过两束射流之间的缝隙与煤粉混合，使煤粉快速升温而燃烧，提高 CO_2 的含量，从而降低纯氧含量，再加上火焰温度峰值的降低和高温回流烟气的增加，避免生成过多的 NO_x 气体。

6．稳焰罩

在外直流风喷出后，射流气体逐渐变粗，容易造成火焰过早发散，同时熟料粉尘等物体容易通过缝隙而堵塞喷嘴，另外高温二次风直接接触燃烧器，容易造成燃烧器损坏，为了避免上述问题，在燃烧器直流风外侧，即燃烧器的最外层套管伸出一部分，称为拢焰罩，也称稳焰罩。对于不同的燃烧器和不同的窑而言，存在一个最佳的拢焰罩长度，通过综合分析比较，拢焰罩长度为100mm是最佳的。拢焰罩的作用有以下几方面：

（1）增加拢焰罩之后，产生“碗状效应”，可避免空气过早扩散，增强了主射流区域旋流强度，加强气流混合，促进煤粉分散，强化煤粉燃烧过程，保证煤粉的充分燃烧，煤粉燃尽率提高至98.12％。

（2）在相同旋流强度的情况下，由于拢焰罩的存在而使得火焰长度明显增加，高温带变长，避免了窑内可能出现的局部高温，使温度分布更加均匀，明显降低窑内的最高温度，有利于保护窑皮。

（3）由于拢焰罩的使用，煤粉燃烧充分，窑内平均温度提高，有利于熟料的煅烧，从而很好地起到了加强煅烧的作用。

（4）采用拢焰罩，在火焰根部形成一股缩颈，可避免气流的迅速扩张，使火焰形状更加合理，避免窑头高温，降低窑口温度，且降低了火焰的峰温，热流分布良好，使窑体温度分布合理，能延长窑口护板的使用寿命，避免窑口筒体出现喇叭形。

7. 火焰稳定器

内净风道前部设置一块钻有很多小孔的圆形板，称之为火焰稳定器。图 1-2-69 是中心风的喷出装置，其主要作用是在火焰根部产生一个较大的回流区，可减弱一次风的旋转，使火焰更加稳定，煤风环形层的厚度减弱，煤风混合均匀充分，温度容易提高，缩短了“黑火头”，更适合煅烧熟料的要求。

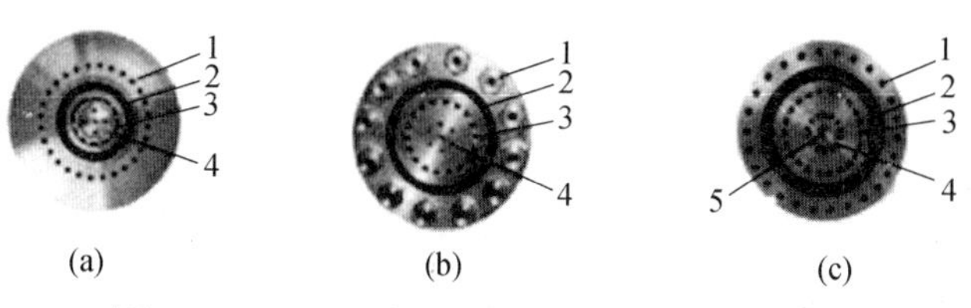

图 1-2-69　四风道煤粉燃烧器所用火焰稳定器

(a) 五孔式火焰稳定器（不能安装燃油点火油枪）；(b) 七孔式火焰稳定器（不能安装燃油点火油枪）；
(c) 七孔式火焰稳定器（在中心通道中安有燃油点火油枪）
1—外风喷出的小圆孔或小喷嘴；2—煤风道；3—旋流风的螺旋体；
4—少孔板孔式火焰稳定器；5—燃油点火助燃装置喷油枪喷嘴

采用火焰稳定器，在使火焰根部保持稳定的涡流循环，降低内风的旋转的同时，取而代之的是高温回流烟气（700～1100℃），使得燃料燃烧更加完全，大约节省 1.5％的燃料。

8. 燃烧器移动小车

燃烧器在窑头的位置可以由移动小车前后调整，同时也可以将燃烧器推出窑头罩，使用非常方便。

9. 燃烧器上下左右调节装置

通过调节装置，可将燃烧器在左右和上下方向上进行调节。

10. 煤粉入口处耐磨板

为了防止煤粉磨穿燃烧器，燃烧器通常在煤粉入口处设置了耐磨板，有效地防止了煤粉的磨损，延长了燃烧器的寿命。

11. 喷嘴

喷嘴由特殊材料加工，调节各管道喷出口面积大小，从而调节喷出的速度，是保证火焰形状及寿命的关键部件之一。

12. 金属波纹补偿器

金属波纹补偿器是连接各管路密封和调节火焰形状的主要部件。

13. 蝶阀

轴流风、旋流风和中心风的入口上都装有蝶阀，可单独地调节各风量和比例。

2.5.4　四通道煤粉燃烧器工作原理

强旋流四风道高效煤粉燃烧器是以高推力，低一次风产生速度差、压力差、方向差，使煤粉与高温二次风充分接触、混合、扩散，强化燃烧。利用直流风和旋流风二者的适当调节，增减旋转扩散强度和轴向收拢作用，对火焰的形状和长度进行无级调整，可得到任意扩散角和流量相匹配的良好效果，以适应各种回转窑对火焰的要求。

燃烧器
工作原理

2.5.5 主要技术参数

(1) 一次风用量控制在6%～8%的理论燃烧空气量。

(2) 煤风出口风速为20～30m/s。

(3) 外风风速为130～350m/s，内风风速为120～170m/s。

(4) 采用了稳焰器、拢焰罩、耐磨衬、煤均化装置，头部位可拆，连接更容易等先进化技术。

(5) 头部采用了优质耐热钢制造，提高了使用寿命和抗热变形能力。

窑头燃烧器
工作现场

2.5.6 应用举例

1. EPIC四通道煤粉燃烧器

EPIC四通道煤粉燃烧器采用四个通道，喷嘴结构如图1-2-70所示，由内向外依次为中心风通道、旋流风通道、煤风通道、直流风通道。中心风主要调节燃烧出口处回流区的位置及大小，同时起保护燃烧器头部的作用；旋流风道采用螺旋叶片的轴流式旋流器，其气动阻力小，旋流强度大，旋流风的高速回旋气流，可产生内部回流区，卷吸窑内高温气体，从而起到稳定燃烧的作用；煤风（煤粉与气体混合物）具有输送煤粉与调节火焰的作用；直流风喷口采用12～16个周向分布的专用喷嘴，喷射高速气流，卷吸二次高温风，确保煤粉与热烟气充分混合，强化燃烧。

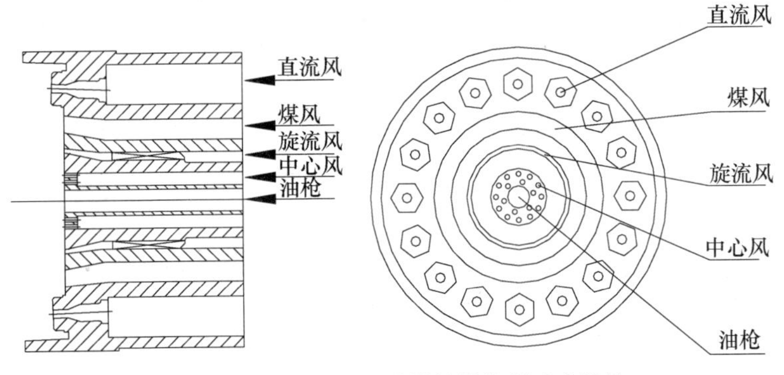

图1-2-70 EPIC四通道煤粉燃烧器喷嘴结构

2. Rotaflam型旋流式四风道煤粉燃烧器

Rotaflam型旋流式四风道煤粉燃烧器（图1-2-71）的特点如下：

(1) 火焰稳定器内净风道的直径比一般燃烧器的直径要大得多，前部设置一块圆形板，上面钻有许多小孔。其主要作用如下：

①在火焰根部产生一个较大的回流区，可减弱一次风的旋转，使火焰更加稳定，温度容易提高，形状更适合回转窑的要求。

②火焰稳定器的直径较大，煤风环形层的厚度减薄，煤风混合均匀充分，一次风容易穿过较薄的火焰层进入到其中，缩短了“黑火头”。煤风在两层外净风之内降低火焰根部的局部高温，从而抑制了$N0_x$的生成。

外净风分成两股之后，轴流外净风的风速可以大大提高，在火焰根部中心区形成较大的一次回流区和在窑皮附近形成第二回流区，对保护窑皮有利。

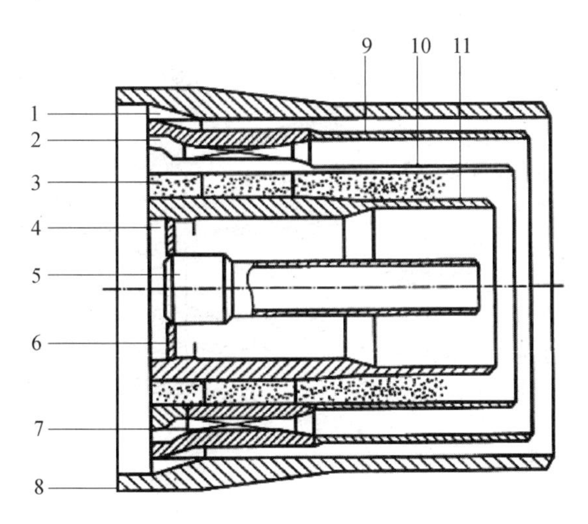

图 1-2-71　Rotaflam 型旋流式四风道煤粉燃烧器

1—轴向外净风；2—旋流外净风；3—煤风；4—内净风（中心风）；5—燃油点火装置；6—火焰稳定器；7—螺旋叶片；8—拢焰罩及第一层套管；9—第二层套管；10—第三层套管；11—第四层套管

（2）拢焰罩产生碗状效应，可避免空气的过早扩散，在火焰根部形成一股缩颈，降低窑口温度，使窑体温度分布合理，火焰的峰值温度降低。这样，一方面能延长窑口护板的使用寿命，另一方面还可避免窑口筒体出现喇叭形。

（3）轴向外净风的分孔式喷射轴向外净风改变了原来的连续式环形间隙喷射，采用了均匀间断式的小孔喷射。小孔为均匀排列的小矩形，由第一层套管内壁加工出的矩形沟槽和第二层套管组装后形成。

3. TC 型旋流式四风道煤粉燃烧器

（1）结构特点（图 1-2-72 和图 1-2-73）

四通道是指中间的煤通道、内部的中心通道和外部的旋流通道及旋流风外部的轴流通道。

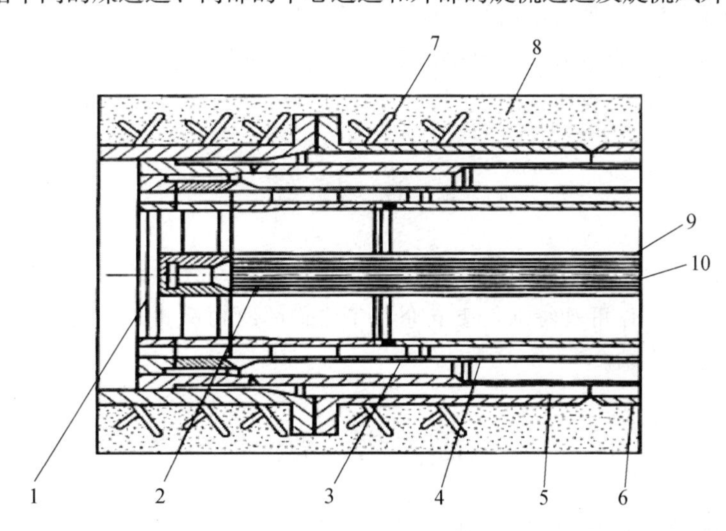

图 1-2-72　TC 型四风道喷嘴结构

1—油嘴喷头；2—油枪；3—中心风管；4—煤风管；5—旋流风风管；6—轴流风风管；7—扒钉；8—耐火浇注料；9—油枪进油管；10—回油管

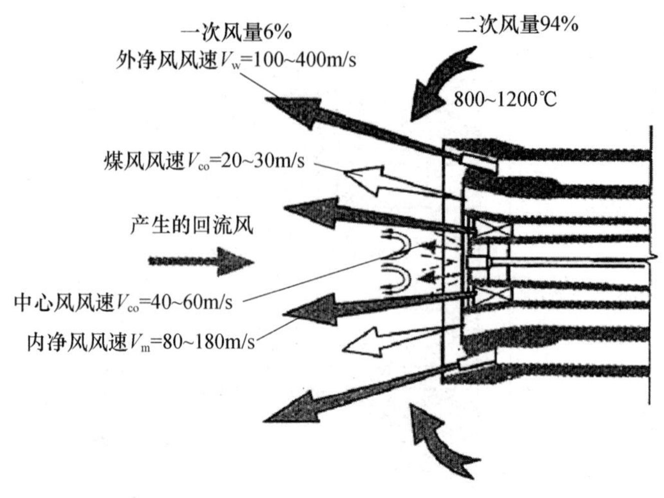

图 1-2-73　TC 型燃烧器原理

① 与普通三通道煤粉燃烧器相比，其旋流风风速与轴流风风速均提高了 30%～50%，在不改变一次风量的情况下，燃烧器的推力得到了大大提高。

② 旋流风与轴流风的出口截面可调节比大，达到 6 倍以上，即对外风出口风速调节比大，所以对火焰的调整非常有效。

③ 喷头外环前端设置拢焰罩，以减少火焰扩散，对保护窑皮、点火有好处，能起到稳燃保焰的作用。

④ 喷头部分采用耐高温、抗高温氧化的特殊耐热钢铸件机加工制成，提高了头部的抗高温变形能力。

⑤ 煤粉入口处采用抗磨损的特殊材料，并且易于更换。

（2）主要燃烧特点

① 火焰形状规整适宜，活泼有力，窑内温度分布合理。

② 热力集中稳定，卷吸二次风能力强。

③ 火焰调节灵活，简单方便，可调范围大，达 1：6 以上。

④ 热工制度合理，对煤质适应性强，可烧劣质煤、低挥发分煤、无烟煤和烟煤。

任 务 小 结

本任务主要描述了旋风预热器、分解炉、回转窑、第四代篦式冷却机和四风道燃烧器的预热器的发展、分类、作用及特点，重点介绍了它们的结构及其工作原理。为项目三烧成系统中控仿真操作奠定基础。

思 考 题

1. 旋风预热器为什么需要多级串联？其级数是不是越多越好？
2. 结合图 1-2-1，说出旋风预热器内的物料和气流的各自走向。
3. 影响气固换热效率的因素有哪些？
4. 请画出旋风筒换热单元结构示意图，并论述其工作过程。

5. 请说出旋风预热器的结构组成及各部分的作用。

6. 旋风筒的主要参数有哪些?

7. 圆锥体的结构尺寸有哪些? 各有何意义?

8. 圆锥体在旋风筒中有何作用?

9. 悬浮预热器中气固间传热速率快是否是传热系数大的缘故?

10. 旋风预热器与旋风收尘器有何不同?

11. 悬浮预热器内生料由上向下运动，窑尾烟气则由下向上运动，因而气固间的换热为逆流换热，这种说法对吗?

12. 如何强化生料在旋风预热器换热管道内的分散与悬浮?

13. 如何提高旋风筒气固分离效率?

14. 分解炉应具备哪些功能?

15. 分解炉内燃料的燃烧有何特点?

16. 为什么要在旋风预热器和回转窑之间增设一个分解炉?

17. 画出 RSP 分解炉的结构示意图并说明其工作原理及技术特点。

18. 画出 TFD 分解炉的结构示意图并说明其工作原理及技术特点。

19. 分解炉生产工艺对热工条件有何要求?

20. 对分解炉气体的运动有何要求?

21. 常见分解炉的性能特点是什么?

22. 分解炉内温度主要受哪些因素影响?

23. 窑和分解炉用煤比例一般为多少? 为什么?

24. 何为分解炉的旋风效应和喷腾效应?

25. 在分解炉内为什么要控制碳酸盐的分解率在 85%～95%之间?

26. 分解炉的温度一般控制在什么范围? 是否越高越好? 为什么?

27. 与悬浮预热器窑相比，大型的预分解窑有哪些优缺点?

28. 回转窑的结构是什么样的?

29. 选用密封装置要注意哪些问题?

30. 回转窑筒体为何会变形? 为控制其变形，应采取哪些措施?

31. 回转窑的支撑装置由哪几部分组成? 各部分的作用与种类如何?

32. 回转窑筒体为什么会产生窜动? 如何控制筒体的窜动?

33. 托轮调整的原理是什么? 调整时应注意哪些事项?

34. 回转窑密封的目的是什么? 密封形式有哪些? 各有何特点?

35. 选用密封装置要注意哪些问题?

36. 论述回转窑的结构组成。

37. 影响回转窑火焰温度的因素有哪些?

38. 论述煤粉在回转窑的燃烧过程。

39. 回转窑的主要功能是什么?

40. 回转窑内物料是如何运动的? 影响物料运动速度的因素有哪些?

41. 熟料急冷有什么目的?

42. 篦式冷却机由哪几部分组成?

43. 篦冷机为何要采用厚料层操作?

44. 篦冷机余热回收主要通过哪些方式?
45. 第四代篦冷机篦床设计有何特点?
46. SF 篦式冷却机在结构和性能上有什么特点?
47. 简述四通道燃烧器的工作原理。
48. 分别叙述四风道燃烧器中心风和拢焰罩的作用。
49. 简述常见四通道燃烧器的结构特点和性能特点。

任务3　水泥熟料煅烧系统操作控制原则及主要工作参数

任务简介　本任务主要介绍了水泥熟料煅烧系统操作控制原则和主要工作参数。

知识目标　通过本任务的学习，了解水泥熟料煅烧系统的控制原则，提高安全生产意识；掌握系统重点监测参数的控制范围，理解参数控制对生产的指导意义；掌握参数变化的影响因素，熟悉调节参数正常的操作策略。

能力目标　会结合参数变化判断生产状况是否正常；会结合生产现象查找引起参数变化的原因；能结合生产现象及参数变化提出操作策略。

3.1　水泥熟料煅烧系统操作控制原则

3.1.1　操作总则

预分解窑系统操作应以保证烧成设备的发热能力和传热能力的平衡稳定，保持烧结能力和预热能力的平衡稳定为宗旨，操作中应做到：前后兼顾、窑炉协调、稳定烧成温度和分解温度、稳定窑炉合理的热工制度，以达到优质、高产、低消耗和长期安全稳定运转的目的。在实际生产中，主要通过风、煤、料三方面的配合与调节来实现。

窑的正常操作，要求稳定窑温，前后兼顾，合理调配风、煤和料，适当拉长火焰，火形完整有力，合理调整火焰形状和火焰位置，做到不损坏窑皮、不窜黄料，达到优质、高产、低能耗。

分解炉的正常操作，要求正确及时调整煤和通风量，保持炉中及出口气体的温度稳定和压力稳定。操作中应严格掌握系统的温度和压力变化情况，保持系统通风良好，防止气体温度过高或过低，确保分解炉及预热器的安全稳定运行。

篦冷机的操作，应保证篦冷机的冷却效率，尽可能提高二、三次风温，降低熟料出料温度，控制合适的冷却风量。

实际生产中，中控操作员应具有较好的技术和责任心，通过勤看火、勤观察、勤检查、勤联系，在各种情况发生时能迅速综合判断，采取正确的应变措施，使系统工作状态时刻稳定在理想的操作控制范围内。为保证烧成系统正常稳定运行，操作员对于控制参数的调节，应稳且慢，切忌大起大落；应综合兼顾，处理准确，果断有效。其操作控制可概括为：三固、四稳、六兼顾。

（1）三固即固定窑速，固定喂料量和固定篦冷机篦床上料层厚度。

（2）四稳即稳定 C5 出口气体温度（分解炉喂煤），稳定系统排风量（高温风机转速），稳定烧成带温度（窑头喂煤）和稳定窑头负压（窑头排风机阀门开度、高温风机转速）。

（3）六兼顾即窑尾 O_2 含量及气体温度、C1 出口温度及压力、分解炉内温度及压力、回转窑筒体表面温度、篦冷机废气量和废气处理系统及收尘系统。

3.1.2　安全生产

由于烧成系统操作控制、故障处理等对工艺生产、设备安全甚至人身安全都是至关重要的，在此强调以下几点：

（1）凡影响回转窑运转的事故出现（如窑头、窑尾、收尘器排风机、高温风机、窑主传电机、篦冷机、熟料输送设备等），都必须立即停窑、止煤、止料、停风。窑低速连续慢转或现场辅机转窑。

（2）停煤、停料、停窑、停冷却机时，要注意风量调整以保护设备和人身安全，尤其重视冷却机篦板、窑尾风机、窑筒体、窑头燃烧器的保护。

（3）发生预热器堵塞，应停料、停煤、慢转窑、窑头小火保温或停煤，处理预热器堵料过程中，不得快转窑。

（4）密切注意窑尾负压与各级旋风筒负压，检查预热器有关部位是否有积料、结皮、堵塞、塌料等，一旦发生要及时处理，特别注意清扫工作要安全、仔细，严防烫伤等意外事故。

（5）对于短期能够排除的故障，停窑后应立即停篦式冷却机，应维持篦床适当的料层，同时有利于系统保温，有利于窑内喷煤点火重新启动。

（6）如全厂停电或紧急停窑，均必须按规定慢转窑，防止筒体变形，同时防止窑尾大量积料，密封圈堵料，影响重新启动。

（7）加强与有关车间的联系协作，密切配合。

3.2　水泥熟料煅烧系统主要工作参数

预分解窑系统操作过程比较复杂，与其他系统也有着密不可分的联系，需要控制的参数也非常多，分为检测参数和控制参数。

3.2.1　检测参数

1. 烧成带温度

（1）控制范围：

物料温度：1300～1450～1300℃。

火焰温度：1600～1800℃。

（2）影响因素：烧成带温度作为监控熟料烧成情况的主要标志之一，直接影响熟料质量的高低、熟料单位热耗的高低及窑内耐火砖的使用寿命。确保烧成带温度在适宜的控制范围内，是烧制出均齐、优质熟料，不伤害窑皮的重要保证。影响烧成带温度的主要因素包括：

① 合理的空气、燃煤、生料之间的配合与稳定，即通常所说的风、煤、料的配合。影响这种配合的因素很多，如：二、三次风的温度，煤粉质量及燃烧速度，生料率值与稳定等。

② 性能优良、容易调整的煤粉燃烧器以及与之相配的一次风机。

③ 正确选取操作程序与参数是控制烧成温度稳定的根本保证，要能够准确分析判断工艺状态的发展趋势。

（3）控制策略：

① 首先应及时准确判断烧成温度。可通过光电比色高温计直接测量火焰温度，也可结合窑主电机电流、熟料游离钙含量及立升重、窑尾废气成分、窑筒体温度等参数变化综合判断烧成带温度高低。

② 根据参数变化的综合判断，找出导致烧成温度变化的原因，及时采取正确处理措施。

2. 窑尾废气温度

（1）控制范围：950～1050℃。

（2）影响因素：适当的窑尾温度对于窑系统物料的均匀加热及防止窑尾烟室、上升烟道、旋风筒因超温而发生结皮、堵塞十分重要。它可以反映出窑头火焰的位置及煅烧情况、窑炉用风量的平衡情况、生料入窑分解率的高低及分解炉用煤量是否合理、是否燃烧完全等，是确保窑系统正常运行的重要参数。影响窑尾温度的主要因素包括：

① 窑内的火焰形状、长度、温度及燃烧器的位置。

② 窑内通风量的大小。

③ 分解炉用煤量及燃烧情况。

④ 窑尾漏风量的多少。

⑤ 窑尾预热器、分解炉是否有堵塞、塌料情况。

（3）控制策略：

① 正确调节燃烧器在窑内的相对位置，根据煤粉燃烧情况调整火焰形状和长度。

② 保持窑尾负压稳定，分配好窑、炉用风。

③ 通常分解炉用煤量与窑头用煤比例为 6∶4，应确保煤粉完全燃烧。

④ 及时更换损坏的窑尾密封装置。

⑤ 密切关注预热器、分解炉的压力变化，将堵塞、塌料等情况消灭在萌芽状态。

3. 分解炉出口气体温度

（1）控制范围：870～900℃。

（2）影响因素：它表征物料在分解炉内预分解情况、生料及煤粉在炉内的分散情况、窑炉用风情况等，合适的分解炉温度可以保证物料入窑分解率在 90%～95%。提高物料的预烧能力对整个烧成系统热工制度的稳定及防止结皮、堵塞具有十分重要的意义。影响分解炉温度的主要因素包括：

① 分解炉喂煤量。

② 煤粉品质，如：细度、水分、灰分等。

③ 生料在炉内的分散情况。

④ 旋风筒下料情况。

⑤ 三次风的风量、风温与速度。

（3）控制策略：

① 加强入炉生料、煤粉的分散均匀性，防止短路、掉料现象。

② 提高煤粉品质，确保能在炉内的有效时间内燃烧完全。

③ 控制三次风的风量充足而又不能过多，速度与方向应有利于煤粉的混合与燃烧完全。

④ 防止预热器系统出现堵塞、塌料。

4. 最低级旋风筒出口气温

（1）控制范围：850～880℃。

（2）影响因素：正常情况下，该温度应低于分解炉出口温度20℃左右，它可以反映分解炉内燃料燃烧情况，以及系统内排风量、窑内燃料燃烧是否完全。影响该温度的主要因素包括：

① 分解炉喂煤量与三次风配比。

② 煤粉品质，如：挥发分、细度、水分、灰分等。

③ 系统排风量。

（3）控制策略：

① 提高煤粉品质，尽量不用挥发分含量低的无烟煤。

② 保持分解炉内风、煤、料的合理比例。

5. C1 出口气温

（1）控制范围：320～360℃。

（2）影响因素：一级筒出口气体温度表征生料与热气体在预热器系统的热交换效率高低，影响单位熟料热耗，也是影响高温风机安全运转的一项重要指标。实际生产中，该温度过高时，需检查：①生料喂料是否中断或减少；②某级旋风筒或管道是否堵塞；③煤量与风量是否超过喂料需求量等。温度过低时，需结合系统有无漏风及其他旋风筒温度状况进行处理。

（3）控制策略：

① 保持喂料的均匀、稳定。

② 系统通风量不宜进行较大波动。

③ 分解炉内煤粉燃烧完全。

6. 窑尾、分解炉及预热器出口气体成分

（1）控制范围：

窑尾烟气：O_2含量1.0%～1.5%。

分解炉出口：O_2含量＜3.0%。

预热器出口：可燃性气体（$CO+H_2$）＜0.2%。

（2）影响因素：通过检测各部位气体成分，可以反映出窑内、分解炉及整个系统的燃料燃烧及通风情况。控制烧成系统燃料燃烧的一个基本原则即是完全燃烧，不能使燃料在空气不足的情况下燃烧产生CO，同时也不能有过多的过剩空气而增大热耗，增加窑尾排风系统的负荷。实际生产中通过检测窑尾及分解炉出口气体中O_2含量进行控制。

出预热器气体将进入窑尾收尘系统，当窑尾收尘采用电收尘器时，需严加限制可燃气体含量，因含量过高时在电收尘器内容易引起燃烧和爆炸。

（3）控制策略：

① 控制窑炉通风比例。

② 当窑尾收尘采用电收尘器时，可燃性气体（$CO+H_2$）含量超过0.2%则报警，达到允许极限0.6%时，电收尘器高压电源自动跳闸，防止爆炸发生，确保生产安全。

7. 预热器系统的负压

（1）控制范围：各厂结合实际确定。

（2）影响因素：预热器系统的负压表征系统阻力的变化，它可以说明系统排风量、生料喂料量有无变化，但更重要的生产指导意义是判断预热器各部位有无漏风、结皮、堵塞、塌料等情况，尤其是最下两级旋风筒。各级旋风筒之间的气体流动是互相关联、自然平衡的，通常重点监测最上一级和最下一级旋风筒的出口负压以及最下两级旋风的锥体负压。实际生产中，导致预热器系统负压变化的因素主要包括：

① 系统排风量。

② 生料喂料量。

③ 筒内有无结皮、堵塞、塌料等情况。

④ 系统漏风。

（3）控制策略：

① 稳定喂料量及系统排风量。

② 减少原燃料中碱、氯、硫含量。

8．窑门罩压力

（1）控制范围：－20～－50Pa。

（2）影响因素：窑门罩压力即窑头负压，也是安全生产的一项重要指标。实际生产中，窑头不允许出现正压，否则会影响二、三次风的风量、窑内火焰形状和长度；同时，正压导致窑内细粒熟料飞出，使窑头密封圈磨损，影响比色高温计、电视摄像头等仪表的正常工作，也影响人身安全及环境卫生。窑头产生正压的原因主要有：

① 窑尾高温风机、篦冷机排风机拉力不足。

② 篦冷机冷却风量过大。

③ 系统内有结皮、堵塞、结圈等现象。

④ 系统漏风严重。

（3）控制策略：通过改变窑尾高温风机排风量及篦冷机冷却风机鼓风量、废气量均可改变窑门罩压力。但实际生产中，为了稳定烧成系统热工制度，通常不建议调整系统排风量及鼓风量，而是通过调节篦冷机废气阀门开度来控制窑头负压在规定范围内。

9．窑尾负压

（1）控制范围：－200～－300Pa。

（2）影响因素：窑尾负压可以反映窑内通风量大小，会直接影响到窑内燃料燃烧是否完全。同时，因窑内通风与三次风属于并联管路，在系统排风量不变的情况下，也会影响到分解炉用风。因此，它也是控制生产的一项重要指标。影响窑尾负压的主要因素包括：

① 系统排风量。

② 窑内物料填充率。

③ 窑内窑皮、结圈及熟料煅烧结粒情况。

④ 窑尾漏风严重。

（3）控制策略：实际生产中，为了稳定烧成系统工况，通常不建议调整系统排风量，而是通过调节三次风管阀门开度来控制窑尾负压。同时应防止窑内出现结圈等现象。

10．二次风温、三次风温

（1）控制范围：二次风温：1250℃左右。三次风温：930℃左右。

（2）影响因素：二、三次风温直接反映了篦冷机对熟料的冷却效率，分别入窑和分解炉后将影响燃料燃烧状态。二、三次风温表明了窑炉能从篦冷机接收的热量多少，直接影响熟料主要经济技术指标的实现。实际生产中影响二、三次风温的因素有很多，主要包括：

① 出窑熟料温度。

② 出窑熟料量。

③ 篦冷机高温段篦床上熟料厚度。

④ 篦冷机冷却风量。

⑤ 窑门罩漏风严重。

(3) 控制策略:

① 通过调节篦速来控制篦床上料层厚度。

② 控制冷却风量与出窑熟料量相匹配。

③ 做好窑头密封。

11. 出冷却机熟料温度

(1) 控制范围:环境温度+65℃。

(2) 影响因素:为保证煅烧熟料质量,出窑熟料需进行快速冷却(急冷),这也是降低出冷却机熟料温度最为积极的措施。同时,考虑到降低系统热耗保护下游熟料输送系统设备安全及水泥质量,也要求降低熟料出篦冷机的温度。

在篦冷机内,热熟料被冷却,冷空气被加热,这样的换热过程决定了影响熟料冷却效果的因素主要包括:

① 出窑熟料温度、熟料量。

② 篦冷机篦速。

③ 篦冷机冷却用风量。

④ 篦床上熟料工况。

(3) 控制策略:

① 控制冷却用风量与出窑熟料量相匹配。

② 通过调节篦速来控制篦床上料层厚度。

③ 加强烧成系统及篦冷机系统的操作,防止出现"短路"、"红河"等现象。

12. 窑筒体温度

(1) 控制范围:不超过350℃。

(2) 影响因素:窑体表面温度可以反映窑内窑皮、窑衬的情况,也是保证窑系统安全运转的一个重要参数。根据窑体表面温度,可检测窑皮粘挂、脱落、窑衬侵蚀、掉砖、结圈等状况。它可以通过窑体外的红外线扫描仪监测其温度值,中控室画面上可以显示出筒体温度曲线,通过该温度曲线可以直观看出某一时刻筒体表面的温度变化情况。影响窑体表面温度的因素主要包括:

① 窑皮厚度。

② 窑内窑衬侵蚀程度,有无掉砖。

③ 窑内燃料燃烧、熟料煅烧情况。

(3) 控制策略:

① 加强烧成操作。

② 根据回转窑筒体表面温度分布情况,及时发现窑皮或窑衬变化并处理。

13. 窑主电机电流(功率)

(1) 控制范围:各厂结合实际确定。

(2) 影响因素:窑主电机电流(功率)表征窑主传动负荷大小,在正常喂料量下,它是衡量窑运行正常与否的主要参数,可以反映出窑工况的变化。实际生产中,导致窑主电机电流（功率）变化的因素有很多，可以从以下几个方面考虑：

① 窑皮厚度。

② 喂料量及窑速。

③ 窑内熟料煅烧情况。

④ 设备故障。

（3）控制策略：

① 加强烧成操作，稳定窑内工况。

② 加强设备日常维护与管理。

3.2.2 操作参数

检测参数可以反映烧成系统的运行状态，可以辅助操作员对运行状态进行及时、准确的分析判断，但这些检测参数的调节与控制则需要操作员主动改变以下操作参数来实现。这些操作参数主要包括：

（1）生料喂料量。

（2）分解炉喂煤量。

（3）窑头喂煤量。

（4）窑速。

（5）窑尾高温风机转速（入口阀门开度）。

（6）三次风管阀门开度。

（7）篦速。

（8）篦冷机废气阀门开度。

（9）篦冷机冷却风机阀门开度。

任务小结

在实际生产中，预分解窑系统要达到优质、高产、低消耗和长期安全稳定运转的目的，需要通过风、煤、料三方面的配合与调节来稳定窑炉合理的热工制度。烧成系统主要由预热器、分解炉、回转窑、篦式冷却机组成，在操作过程中必须做到前后兼顾，窑、炉协调，合理使用风、煤，掌握正确的燃料比。烧成系统正常操作概括起来为：三固、四稳、六兼顾。

烧成系统的监控点装有各种测量、指示、自动控制等仪表，指示和可调的工艺参数有上百个。这些工艺参数之间既独立存在，又相互联系、互为因果。各参数是按照热工制度要求，按比例平衡分布的，实际生产中，只要根据工艺要求，监控、调节那些主要参数即可达到稳定的热工制度。

系统操作参数分为两类：检测参数和操作参数。通过检测参数的变化可以反映生产状况是否正常，检测参数主要包括烧成温度、分解炉温度、窑尾温度、预热器旋风筒出口温度、窑主机电流、窑筒体温度、窑尾负压、三次风管负压、预热器出口气体压力、锥体压力、气体成分、二次风温、三次风温、出冷却机熟料温度等。通过调节操作参数可以控制检测参数的变化，维持系统正常工况，主要包括生料喂料量、分解炉喂煤量、窑头喂煤量、窑速、系统总风量、篦速、篦冷机冷风量等。

思　考　题

1. 烧成系统操作原则中的三固、四稳、六兼顾分别指的是什么?

2. 烧成系统操作中的主要检测参数包括哪些?

3. 烧成系统操作中的主要操作参数包括哪些?

4. 烧成温度的控制范围是多少? 其温度高低对生产有何影响? 引起其温度变化的因素有哪些?

5. 窑尾烟室温度的控制范围是多少? 其温度高低对生产有何影响? 引起其温度变化的因素有哪些?

6. 分解炉出口气体温度的控制范围是多少? 其温度高低对生产有何影响? 引起其温度变化的因素有哪些?

7. 二次风温度的控制范围是多少? 其温度高低对生产有何影响? 引起其温度变化的因素有哪些?

8. 三次风温度的控制范围是多少? 其温度高低对生产有何影响? 引起其温度变化的因素有哪些?

9. 一级筒出口气体温度的控制范围是多少? 其温度高低对生产有何影响? 引起其温度变化的因素有哪些?

10. 窑筒体表面温度的控制范围是多少? 引起其温度变化的因素有哪些?

11. 出冷却机熟料温度的控制范围是多少? 其温度高低对生产有何影响? 引起其温度变化的因素有哪些?

12. 窑门罩压力的控制范围是多少? 其压力高低对生产有何影响? 引起其压力变化的因素有哪些?

13. 窑尾烟室压力的控制范围是多少? 引起其压力变化的因素有哪些?

14. 窑主机电流的控制范围是多少? 引起其变化的因素有哪些?

任务 4　水泥熟料煅烧系统技术标定

任务简介　在新型干法水泥生产中，熟料煅烧是一个复杂的过程，水泥生料需要在高温、高粉尘的状态下，经过 1450℃的高温煅烧成水泥熟料。如果仅凭人的经验难以保障生产的稳定性，只有借助热工测量仪表，才能有效地检测和分析烧成系统生产控制参数的变化，进而用科学的方法综合判断熟料煅烧过程的稳定性以及烧成系统热工制度的合理性，是加强烧成系统设备运行管理、优化操作参数、相关技术改进、提升设备运转率和延长使用寿命的重要工作，为熟料煅烧过程提供可靠的技术支持。

本任务从温度、压力、流量、气体成分、气体含尘率和湿度五个烧成系统常用检测参数为主线进行讲解，使学生熟悉相关参数常用测量仪表的工作原理和使用方法。并结合烧成系统技术标定案例，使学生明白标定流程、测点位置的选择、测量项目及结果分析处理的方法。

知识目标　了解烧成系统常用热工测量参数及测量仪表的种类；掌握温度、压力、流量、气体成分、气体含尘率和湿度的基本概念及测量方法；掌握各种热工测量仪表的结构、工作原理和使用；掌握烧成系统热工测量测点位置的选择方法；掌握烧成系统物料平衡和热平衡计算方法。

能力目标 具备常用热工测量参数的基本知识，能进行烧成系统技术标定方案的制定；具备热工测量仪表的基本知识，能选择合适的测量仪表进行相关参数的测量，并会对热工测量仪表进行简单的调试、保养和维护；具备烧成系统分析判断能力，能结合热工测量结果，对测量的准确性及熟料煅烧设备的运行情况进行分析和评价。

4.1 水泥熟料煅烧系统温度的测量

温度是表征物体冷热程度的物理量。在工业生产过程中，温度检测非常重要，因为很多化学反应或物理变化都必须在规定的温度下进行，否则将得不到合格的产品，甚至会造成生产事故。在水泥熟料煅烧过程中，烧成带物料的温度是监控熟料烧成情况的主要标志；窑尾气体的温度能表征回转窑内热力情况；最上一级旋风筒出口气体温度（分解炉出口气体温度）能表征预热器（分解炉）系统的热力情况，因此，可以说温度检测与控制是保证产品质量、降低生产成本、确保安全生产的重要手段。

4.1.1 温度测量基本知识

温度是用来表示物体受热程度的，是物体分子运动平均动能大小的标志。受热程度不同的物体接触时必然发生热交换，即热量从温度高的物体传给温度低的物体，直到两个物体的温度平衡时为止。物体的温度变化时，它的某些物理性质（如几何尺寸、应力、电阻、热电势和辐射强度等）会随着变化。利用物体的这种物性便能测量物体的温变，也就是说，将某一物体与被测物体相接触，待它们达到温度平衡后，通过对该物体某种物理性质的测量来判断被测物体温度的高低。温度测量的原理就是选择合适的物体作为温度热敏元件，通过热敏元件与被测对象的热交换，测量被测对象的温度。

为了客观地计量物体的温度，必须建立一个衡量温度的标尺，即温度标尺，简称温标。建立温标就是规定温度的起点及其基本单位，国际上现在用得最普遍的有三种温标：摄氏温标（℃）、华氏温标（℉）和国际温标（K）。

摄氏温标是根据水银受热后体积膨胀，并认为体积膨胀随温度的变化为线性变化而建立起来的。它规定标准大气压下纯水的冰点为0℃，纯水的沸点为100℃，中间划分成100等份，每一等份称为摄氏一度。摄氏温度单位用符号“℃”表示，温度符号为“t”。

华氏温标也是根据水银受热后体积膨胀，并认为体积膨胀随温度的变化为线性变化而建立起来的。只是分度方法与摄氏温标不同。规定冰的熔点为32℉，水的沸点为212℉，中间划分为180等份，每一等份称为华氏一度。华氏温度单位用符号“℉”表示，温度符号为“t_F”。

$$t_F = \frac{9}{5}t + 32 \tag{1-4-1}$$

国际温标是在热力学温标的基础上，为了使用方便而建立的一种具有一定科学技术水平的温标。国际温标通常具备以下条件：

① 尽可能接近热力学温度；

② 复现精确度高，各国均能以很高的准确度复现同样的温标，确保温度量值的统一；

③ 用于复现温标的标准温度计使用方便，性能稳定。

在 1990 年国际温标中规定水的三相点热力学温度为 273.15K，水的沸点为 373.15K，水的沸点和水的三相点热力学温度之间均匀地划分为 100 等份，每一等份称为绝对温标一度。绝对温度单位用符号“K”表示，温度符号为“T”。

$$t\ (℃) = T\ (K) - 273.15 \tag{1-4-2}$$

国际单位制的温度是用热力学温标（K）表示的。

4.1.2　温度测量仪表

常用测温仪表（按其测量原理）分类及性能如表 1-4-1 所示。

表 1-4-1　常用测温仪表分类及性能

温度计分类		工作原理	测量范围（℃）	主要特点
接触式	热膨胀式温度计 ①液体式（玻璃温度计） ②固体式（双金属温度计）	液体（水银、酒精等）或固体（金属片）受热时产生热膨胀	−100～600 −80～600	结构简单，价格低廉，用于就地测量
	压力式温度计 ①气体式 ②液体式 ③蒸气式	封闭在一定容器中的气体、液体或某些液体的饱和蒸气受热时其体积或压力变化	−200～600	具有防爆性，不怕振动，可转换成电信号；准确度不高，滞后性大
	热电偶温度计	物体的热电性质	0～1700	价格低廉，测温范围广，能远距离传输，适宜中、高温测量；需要自由端温度补偿
	热电阻温度计 ①金属热电阻 ②半导体热敏电阻	导体或半导体受热后电阻值变化	−260～600 −260～350	准确度高，响应快，适宜中、低温测量；测点温较困难
非接触式	辐射式温度计 ①光学高温计 ②比色高温计 ③红外光电温度计	物体辐射能随温度变化	−20～3500	不干扰被测温度场，可对运动体测温，相应快；结构复杂，价格高，需定期标定

1. 液体膨胀式温度计

液体膨胀式温度计就是玻璃液体温度计，人们经常使用的室内温度计、寒暑表、体温计等都属于液体膨胀式温度计，被广泛用于设备、管道、容器上的温度测量，其测量范围为−200～500℃。这种温度计的优点是结构简单、使用方便、价格便宜和精确度高。

温度计毛细管里面充满液体，常用的液体有水银或某种有机液体，如甲苯、酒精、煤油、戊烷和石油醚等。前者测量范围 0～500℃，后者多用来测量低温，最低可测−200℃。

普通玻璃管温度计按其本身形状和结构，可分为三种基本类型，即棒式温度计、内标式温度计和外标式温度计。

棒式温度计如图 1-4-1（a）所示，由温包 1 连接一根厚壁的玻璃毛细管 2 而成。温度标尺 3 可直接刻在毛细管的外表面上。安全泡 5 的作用是避免在温度过高时，液体顶破温度计。

内标式温度计如图 1-4-1（b）所示，由温包 1 和一根较薄的玻璃毛细管 2 相连，在毛细管后面有一片乳白色玻璃的温度标尺 3，毛细管同标尺板均固装在一根圆形的玻璃外壳 4

内，套管一端封闭，另一端熔接在温包上。内标式温度计有较大的热惰性，但在生产和普通试验条件下使用时，观测是比较方便的。

外标式温度计如图 1-4-1（c）所示，由接有温包 1 的毛细管 2 直接固定在刻有温度标尺 3 的板上而成（板可用塑料、木料、金属等制成）。这种温度计的测量液体一般是采用染成红色或蓝色的酒精。它基本上只用于测量不超过 50～60℃的空气温度。

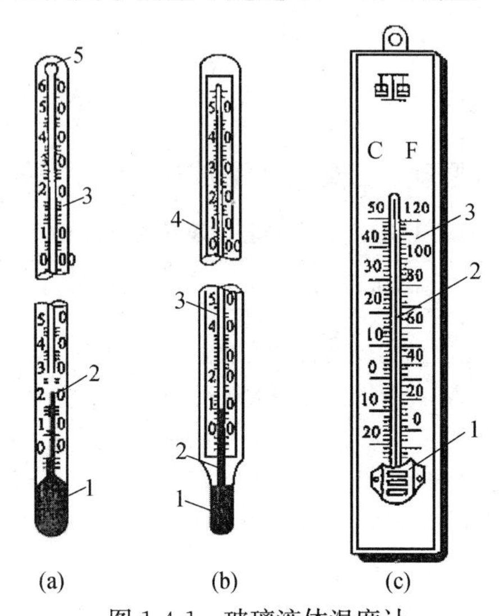

图 1-4-1 玻璃液体温度计

(a) 棒式温度计；(b) 内标式温度计；(c) 外标式温度计

1—温包；2—毛细管；3—温度标尺；4—套管；5—安全泡

玻璃温度计按其测量精度可分为三类：工业用、实验室用和标准温度计。

标准水银温度计分度值一般为 0.05～0.1℃，用于校准其他温度计。分度值为 0.1℃、0.2℃的一般用于实验室，分度值为 0.5℃、1℃、2℃、5℃的一般适合工业上使用。

工业用温度计大多为内标式水银温度计，其尾部可以做成直的或弯成一定角度。安装在工业设备上的温度计，为保护其安全起见，通常放在专用的金属保护套管内。为改善套管内壁和温包间的传热，在温包和套管壁间的环形空隙内注入油（当温度计刻度在 200℃以下时）或石墨粉、铜屑（当温度计刻度在 750℃以下时）。在套管中注入油或石墨粉、铜屑的高度只要盖住温度计的温包即可，过多会增加仪表的热惰性。

2. 热电偶温度计

热电偶是目前温度测量领域里应用最广泛的测温元件之一。它与其他温度测量元件相比具有突出的优点：性能稳定，准确可靠，测温范围宽，有足够的测量精确度，能测量较高的温度；热电偶能直接把温度信号转换成电压信号，因而便于信号的远传和记录，也有利于集中检测和控制；结构简单，信号测量方便，经济耐用，维修方便等。正是由于它具备了这些突出的优点，所以无论是在工业生产还是科学研究领域都广泛地使用热电偶来测温。

（1）热电偶测温原理

最简单的热电偶测温系统如图 1-4-2 所示。它由热电偶（感温元件）、测量仪表（动圈仪表或电位差计）以及连接热电偶和测量仪表的导线（铜导线及补偿导线）组成。

在热电偶测温系统中，热电偶是必不可少的测温元件，它是由两种不同材料的导体 A

和B焊接而成，焊接的一端称为热电偶的工作端或热端，和导线连接的一端称为自由端或冷端。把A和B焊接组成闭合回路，当两个接点的温度不同时（$t \neq t_0$），在回路中就会有电流出现，这是由于在回路中存在着接触电势和温差电势。这种由于温差而产生电信号的现象称为热电效应。若热电偶冷端温度为t_0℃，热端温度为t℃，则此时热电偶产生的电动势表示为$E(t, t_0)$。

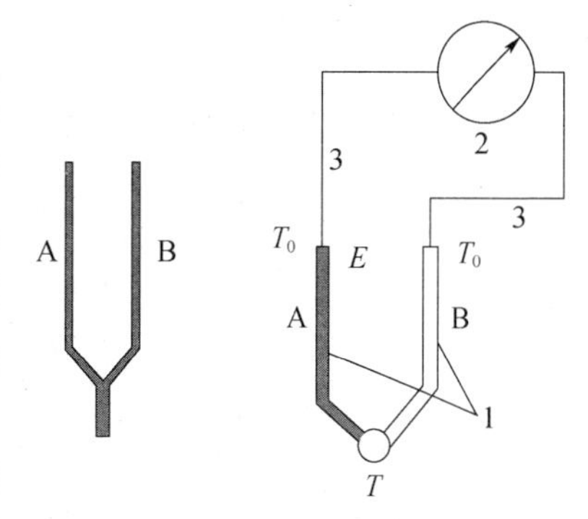

图 1-4-2　热电偶测温系统

1—热电偶；2—测量仪表；3—导线

在用热电偶实际测温中，将热电偶的热端插入需要测温的设备中，冷端置于设备外端，如果两端所处的温度不同，则在热电偶回路中产生热电势，此时热电偶产生的电势信号与待测温度值一一对应。热电偶的材料不同，所产生的电势信号与待测温度的对应关系也不同。标准热电偶有统一的分度表，分度表是在冷端温度为0℃时，热端温度（即待测温度）与电势值的对应关系，所以测量热电偶的电势信号，然后通过查分度表，就可以得到热端的温度值。

（2）热电偶结构

为了保证热电偶使用时能够正常工作，热电偶需要有良好的电绝缘并需用保护套管将其与被测介质隔离。工业热电偶的典型结构有普通型和铠装型两种形式。

1）普通热电偶

为了避免遭受有害介质的化学作用，以及避免机械损伤，普通热电偶一般都装在带有接线盒的保护套管中。带有保护套管的热电偶的结构如图 1-4-3 所示，下部为保护套管 3，上部为接线盒 4，接线盒内有接线柱 5，可以借助于接线柱把热电偶和连线连接起来。接线盒除了可以方便地进行接线外，还有防尘和防水的作用。有的保护套管上还有安装热电偶用的安装螺钉 6 或安装法兰 7。

热电偶 1 的两根热电极是用电弧、乙炔焰等方法把它们焊接在一起的。焊接点的形式有三种，如图 1-4-4 所示。对焊点的要求是焊接光滑、无夹渣和裂纹，焊点直径应不超过热电极直径的 2 倍，以保证测温的可靠性和准确性。

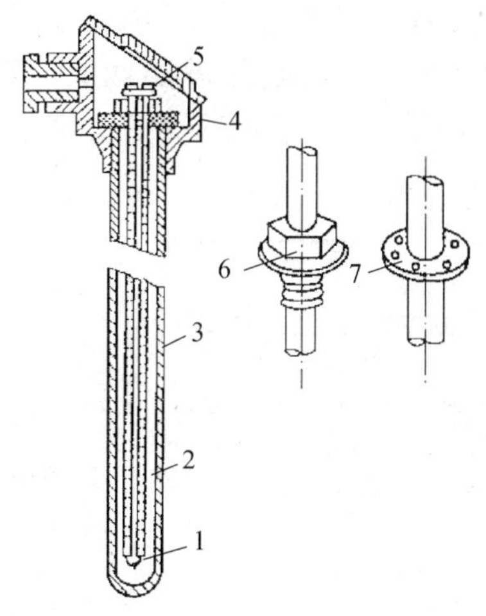

图 1-4-3　带有保护套管热电偶的结构

1—热电偶；2—绝缘子；3—保护套管；4—接线盒；5—接线柱；6—安装螺钉；7—安装法兰

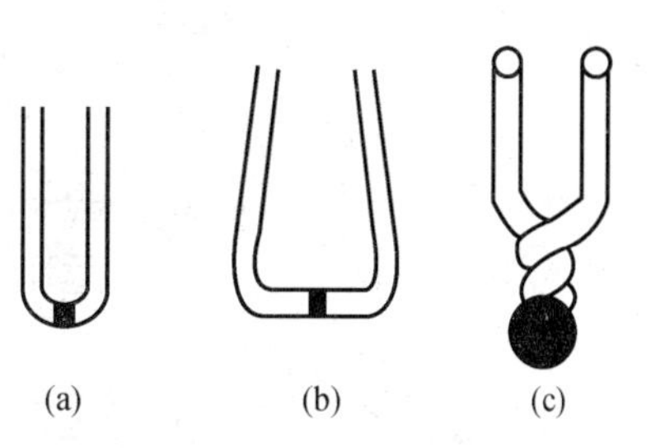

图 1-4-4　热电偶工作端焊接形式

（a）点焊；（b）对焊；（c）绞接点焊

保护套管要求气密性好，有足够的机械强度，导热性能好，物理化学特性稳定。根据热电偶使用条件不同，保护套管最常用的材料有铜、不锈钢、石英、陶瓷等，保护套管材料及适用温度范围如表1-4-2所示。热电偶插在保护套管里，为了避免两金属丝之间的短路，在两金属丝之间还要用绝缘套管2隔开。普通热电偶的长度由安装条件和插入深度决定，一般为350～2000mm。普通热电偶的热容量大，对温度变化的响应慢。

表1-4-2　保护套管常用材料及适用温度范围

名称	建议上线温度（℃）	性能及使用场合
烧结氧化钍	2500	耐熔炼过程中的熔渣作用，抗热震性较差
纯氧化铝	1900	气密性较好，抗还原性气氛和抗热震性好，耐腐蚀，有一定刚度和强度。各种窑炉使用较多
金属陶瓷（氧化镁+钼）	1800	抗氧化性气氛和机械性能好，抗热震性好，可用于钢水等液态金属测温
高铝瓷	1500	抗热震性好，耐腐蚀，气密性较差，价格便宜，使用较为广泛，常用于各种窑炉
金属陶瓷（氧化铝+铬）	1300	抗热震性好，气密性一般，刚度和强度一般
高温不锈钢	1200	抗氧化性好，有一定抗还原性，耐腐蚀，机械性能好
石英	1100	抗热震性好，气密性好
不锈钢	900	抗氧化性一般，耐腐蚀，机械性能较好，使用较广泛
碳钢	600	易腐蚀，气密性一般，价格便宜，在中性介质中使用较多
热强度钢	600	机械强度高，抗蠕变性能好，在震动和冲击下易断裂，适用于高压大流速介质中
黄铜	400	抗氧化性较好，气密性好，镀铬后耐腐蚀

2）铠装热电偶

铠装热电偶又称缆式热电偶，是20世纪60年代发展起来的一种小型化、长寿命、结构牢固的新型热电偶。它是由热电极、绝缘材料和金属套管三者组合加工而成的坚固的组合体，其检测端有露头型、接壳型和绝缘型三种基本形式，如图1-4-5所示。这种热电偶外直径D最细可达0.25mm，最粗为12mm。其长度可以根据实际需要截取，最短可制成100mm以下，最长可达100m。套管材料为铜、不锈钢或镍基高温合金等。热电极和套管之间的绝缘材料有氧化铝、氧化镁等。

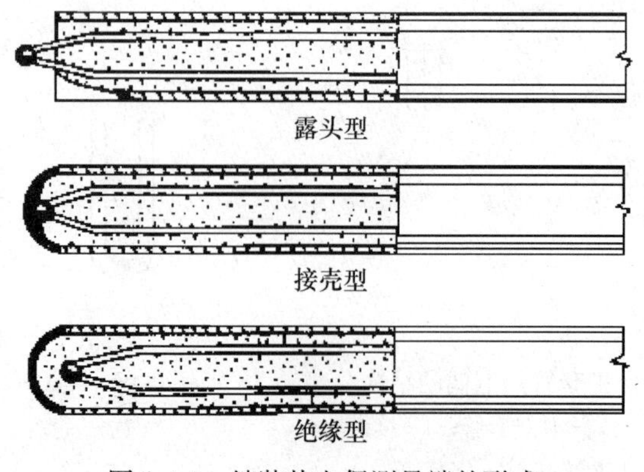

图1-4-5　铠装热电偶测量端的形式

铠装热电偶的主要优点是：工作端热容量小，对温度变化响应快，如 ϕ2.5mm 的露头型时间常数 T=0.05s，碰底型 T=0.3s，不碰底型 T=1.5s；机械强度高，耐强烈振动和耐冲击，挠性好，在测量中可根据需要进行弯曲，可以安装在狭窄或结构复杂的测量场合。因此，被广泛应用于各工业部门。

若热电偶的冷端温度为 0℃，则可以直接通过查分度表来确知热端的温度，但在实际工业测量中，要使热电偶的冷端温度为 0℃是很困难的，而且冷端距离待测高温点很近，容易受到测温点的影响而产生波动。只有对冷端进行冷端温度补偿才能准确测量。在工业使用中，冷端温度补偿的方法有以下两种：

① 补偿导线法。热电偶本身由于材料价格的原因，不可能过长，所以利用补偿导线将冷端延伸到温度恒定的地方。补偿导线在选材上，既要考虑廉价，同时保证热电特性在 0～100℃范围内与所连接的热电偶近似相同。在使用补偿导线时，要注意与热电偶匹配，同时不能将补偿导线正负极接反。

② 仪表机械零位调整法。对于具有零位调整的显示仪表而言，如果热电偶的冷端温度 t_0 较为恒定，可在测温系统未工作前，预先将显示仪表的机械零点调整到 t_0 上，当系统投入工作后，显示仪表的显示值就是实际的被测温度值。

3）抽气热电偶

在水泥厂测量回转窑的二次空气温度时，由于周围环境（熟料、窑皮、火焰等）温度很高，辐射传热影响相当大。如用普通热电偶插入测量二次空气温度，热电偶除受到二次空气以对流传热方式将热量传给热电偶外，还受周围环境的辐射传热，因此测出温度偏高。用抽气热电偶测二次空气温度可以大大减小误差，其结构如图 1-4-6 所示。测量时将抽气热电偶插入窑内二次空气出口处，借喷射器 1 将二次空气从隔离罩 4 的入气孔 5 吸入，通过缩颈 6 中热电极 2 的热端 3，沿着排气管 7 进入喷射器 1 和喷射器中的压缩空气混合后，一起排出至大气中。由于隔离罩的存在，大大削弱了周围环境对热电偶热端的辐射传热，因而提高了测量的准确度。

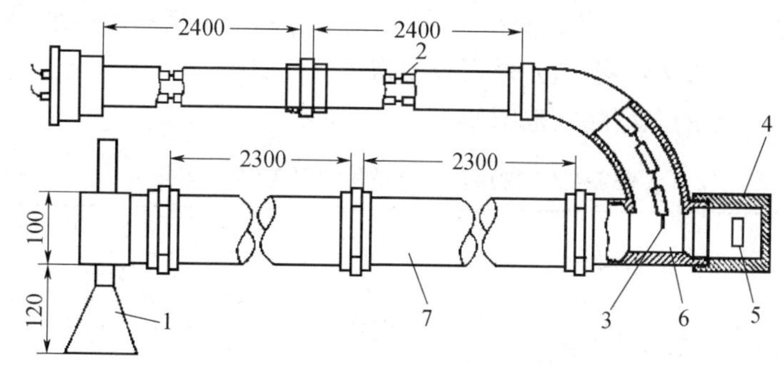

图 1-4-6　测量回转窑二次空气温度用的抽气热电偶

1—喷射器；2—热电极；3—热端；4—隔离罩；5—入气孔；6—缩颈；7—排气管

（3）常用热电偶及选型

1）常用热电偶

常用热电偶可分为标准热电偶和非标准热电偶两大类。标准热电偶是指国家标准规定了其热电势与温度的关系及允许误差值，并有统一的标准分度表的热电偶，它有与其配套的显示仪表可供选用。非标准热电偶在使用范围或数量上均不及标准热电偶，一般也没有统一的分度表，主要用于特殊场合的温度检测。

我国从1988年1月1日起，热电偶和热电阻全部按IEC国际标准生产，并指定S、B、E、K、R、J、T七种标准化热电偶为我国统一设计型热电偶。热电偶的分度号有主要有S、R、B、N、K、E、J、T等几种。其中S、R、B属于贵金属热电偶，N、K、E、J、T属于廉金属热电偶。水泥企业常用的是S和K两种。

① 铂铑10-铂热电偶（S型热电偶）

铂铑10-铂热电偶（S型热电偶）为贵金属热电偶。偶丝直径规定为0.5mm，允许偏差为－0.015mm。其正极（SP）的名义化学成分为铂铑合金，其中含铑为10%，含铂为90%，负极（SN）为纯铂，故俗称单铂铑热电偶。该热电偶长期最高使用温度为1300℃，短期最高使用温度为1600℃。

S型热电偶在热电偶系列中具有准确度最高、稳定性最好、测温温区宽、使用寿命长等优点。它的物理、化学性能良好，热电势稳定性及在高温下抗氧化性能好，适用于氧化性和惰性气氛中。

S型热电偶不足之处是热电势率较小，灵敏度低，高温下机械强度下降，对污染非常敏感，贵金属材料昂贵，因而一次性投资较大。

② 镍铬-镍硅热电偶（K型热电偶）

镍铬-镍硅热电偶（K型热电偶）是目前用量最大的廉金属热电偶，其用量为其他热电偶的总和。正极（KP）的名义化学成分为：Ni∶Cr＝90∶10。负极（KN）的名义化学成分为：Ni∶Si＝97∶3。其使用温度为－200～1300℃。

K型热电偶具有线性度好、热电动势较大、灵敏度高、稳定性和均匀性较好、抗氧化性能强、价格便宜等优点，能用于氧化性惰性气氛中，广泛为用户所采用。

K型热电偶不能直接在高温下用于硫，还原性或还原、氧化交替的气氛中和真空中，也不推荐用于弱氧化气氛中。

2）常用热电偶测温范围

在GB/T 26282—2010《水泥回转窑热平衡测定方法》中，温度测量仪表如果选用热电偶，则可以选用镍铬-镍硅热电偶、铂铑30-铂铑6热电偶、铂铑-铂热电偶或铜-康铜热电偶。在使用热电偶测试时，应将感温部分插入被测物料或介质中，深度不应小于50mm。

这几种热电偶适用的温度测量范围如表1-4-3所示。

表1-4-3　常用热电偶适用的温度测量范围

热电偶类型	分度号	测温范围（℃）	推荐使用的最高测温范围（℃）	
			长期	短期
铜-康铜	T	－200～350	350	400
镍铬-镍硅	K	－200～1300	800	1300
铂铑30-铂铑6	B	0～1800	1700	1800
铂铑-铂	R和S	0～1700	1300	1700

3）热电偶使用条件

① 组成热电偶的两个热电极的焊接必须牢固，两个热电极彼此之间应很好地绝缘，以防短路；补偿导线与热电偶自由端的连接要方便可靠；保护套管应能保证热电极与有害介质充分隔离。

② 在使用热电偶补偿导线时，必须注意型号相配，极性不能接错，补偿导线与热电偶

连接端的温度不能超过 100℃。冷端温度补偿器的型号应与热电偶的型号相符，并在规定温度范围内使用。

③ 使用中热电偶的参比端要求处于 0℃。由热电偶测温原理可知，热电势的大小与热电偶两端温度有关。要准确地测量温度，必须使参比端的温度固定。由于热电偶的分度表和根据分度表刻度的温度仪表或温度变送器，均带有测温元件，能自动将环境温度测出、扣除，其参比端都是以 0℃为条件的，这也是热电偶制造商的统一标准。

4）热电偶选型

热电偶的类型很多，可根据用途和安装位置选择。常压下可选择普通结构的热电偶，视被测温度的高低，可选择不同材质的热偶丝；被测温度变化频繁时，可选用反应速度快的热电偶；被测介质具有一定压力时，可选用固定螺纹和普通接线盒结构的热电偶；使用环境较为恶劣时，如需防水、防腐蚀、防爆等，则应选用密封式接线盒的热电偶；对高压流动介质，应选用具有固定螺纹和锥形保护套管的热电偶；测量表面温度时，可选用热反应速度快的薄膜式热电偶。

在具体选型时，还要注意保护套管的材料、保护套管的插入深度、热电极的材料等问题。对热电极材料一般有以下要求：

① 在测温范围内热电性能稳定，不随时间和被测对象而变化。

② 在测温范围内物理化学性质稳定，不易氧化和腐蚀，耐辐射。

③ 要有足够的灵敏度，热电势随温度的变化率要足够大，并且与温度的关系最好成线性或接近线性。

④ 电导率高，电阻温度系数小。

⑤ 力学性能好，机械强度高，材质均匀。工艺性好，易加工，复制性好。制造工艺简单，价格便宜。

（4）热电偶常见测温故障及处理方法

热电偶温度计常见测温故障及处理方法如表 1-4-4 所示。

表 1-4-4　热电偶常见测温故障及处理方法

故障现象	可能原因	处理方法
温度示值偏低或不稳	电极短路	找出短路原因，如潮湿或绝缘损坏
	接线柱处积灰	清扫
	补偿导线与热电偶极性接反	纠正接线
	补偿导线与热电偶极不配套	更换相配套的补偿导线
	冷端补偿不符要求	调整冷端补偿达到要求
	热电偶安装位置不当	按规定重新安装
温度示值偏高	补偿导线与热电偶极不配套	更换相配套的补偿导线
	有直流干扰信号进入	排除直流干扰
显示不稳定	接线柱处接触不良	将接线柱拧紧
	测量线路绝缘破损，引起断续短路或接地	找出故障点，修复绝缘
	热电偶安装不牢或有振动	紧固热电偶，消除振动
	热电偶电极将断未断	更换热电偶
	外界干扰	查出干扰源，采取屏蔽措施

续表

故障现象	可能原因	处理方法
显示误差大	热电偶电极变质	更换热电偶
	热电偶安装位置不当	改变安装位置
	保护管表面积灰	清除积灰
显示无穷大	接线断路	找到断点，重新接好
	热电极断开或损坏	更换热电偶

3. 热电阻温度计

目前，测量温度的方法，除了热电偶以外，热电阻温度计也在测量温度中得到广泛的应用。尤其是工业生产中在－200～850℃范围内的温度常常使用热电阻温度计。在特殊情况下，热电阻温度计测量温度最低可达－270℃，最高可达1000℃。热电阻温度计由热电阻体、测量电阻值的显示仪表及连接导线所组成。

热电阻测温的优点是信号可以远传，灵敏度高，输出信号大，无需冷端温度补偿，互换性好，准确度高；其缺点是感温部分体积大，热惯性大。

（1）热电阻测温原理

热电阻是测量温度的感温元件，它之所以能用来测量温度，是因为导体或半导体的电阻具有随温度而变化的性质。试验证明，大多数金属当温度升高1℃时，其阻值要增加0.4%～0.6%，而半导体的阻值要减小3%～6%。热电阻温度计是基于金属导体或半导体电阻值与本身温度呈一定函数关系的原理实现温度测量的。

金属导体电阻与温度的关系一般可表示为：

$$R_t = R_{t0}\left[1+\alpha(t-t_0)\right] \tag{1-4-3}$$

式中 R_t——温度为 t 时的电阻值；

R_{t0}——温度为 t_0 时的电阻值；

α——电阻温度系数，即温度每升高1℃时电阻的相对变化量。

由于一般金属材料的电阻与温度关系并非线性，故 α 值也随温度而变化，并非常数。金属或半导体的电阻与温度函数关系一旦确定之后，就可以通过测量置于测温对象之中，并与测温对象达到热平衡的热电阻的阻值而求得对象的温度。也就是说导体和半导体的电阻值是温度的函数（而且这种函数关系是比较简单的），只要事先知道这种函数关系，而且能把导体或半导体的电阻值测量出来，那么就可以知道导体或半导体的温度，从而也就知道被测介质的温度，这就是热电阻测量温度的基本原理。

（2）常用热电阻材料

热电阻是基于金属（或半导体）的电阻值随温度变化而变化的性质制成的感温元件。但并不是所有金属都能制造出工业上有实用价值的热电阻，因为工业上对用来制造热电阻的金属有严格的要求：

① 选择电阻随温度变化成单值连续关系的材料，最好呈线性或平滑特性，用分度公式和分度表描述。

② 有尽可能大的电阻温度系数。电阻温度系数与金属的纯度有关，金属越纯，电阻温度系数越大，灵敏度就越高。

③ 有较大的电阻率，以便制成小尺寸元件，减小测温的热惯性。

④ 在测温范围内物理化学性质稳定，能长时期适应较恶劣的测温环境。

⑤ 复现性好，复制性强，易于得到高纯物质，价格低廉。

根据感温元件的材质，热电阻可分为金属热电阻和半导体热电阻两大类。金属热电阻有铜、铂、镍、铁等，目前工业上广泛应用的是铂电阻和铜电阻（表 1-4-5），并已列入标准化生产。半导体热电阻有锗和热敏电阻等。

表 1-4-5　工业用热电阻分类及特性

项目	铂热电阻		铜热电阻	
分度号	Pt100	Pt10	Cu100	Cu50
R_0（Ω）	100	10	100	50
α	0.00385		0.00428	
测温范围（℃）	−200～850		−50～150	
特点	精度高，体积小，测温范围宽，稳定性好，再现性好。但价格较贵，高温下只适合在氧化气氛中使用		线性较好，价格低。但体积较大，热响应慢，可作为测量区域平均温度的感温元件	

（3）热电阻温度计结构

金属热电阻温度计一般由电阻体、引线、绝缘子、保护套管及接线盒等组成，其外形与热电偶温度计相似。工业热电阻温度计通常也有普通型和铠装型两种形式。

1）普通型热电阻温度计

图 1-4-7 为普通型热电阻温度计，电阻体是用热电阻丝绕制在绝缘骨架上制成的。一般工业用热电阻丝，铂丝多为 ϕ0.07mm 裸线，铜丝多为 ϕ0.1mm 漆包线或丝包线。为消除绕制电感，通常采用双线并绕（亦称无感绕制）。这样，当线圈中通过变化的电流时，由于并绕的两导线电流方向相反，磁通互相抵消，消除了电感。电阻丝绕完之后应经退火处理，以消除内应力对电阻温度特性的影响。

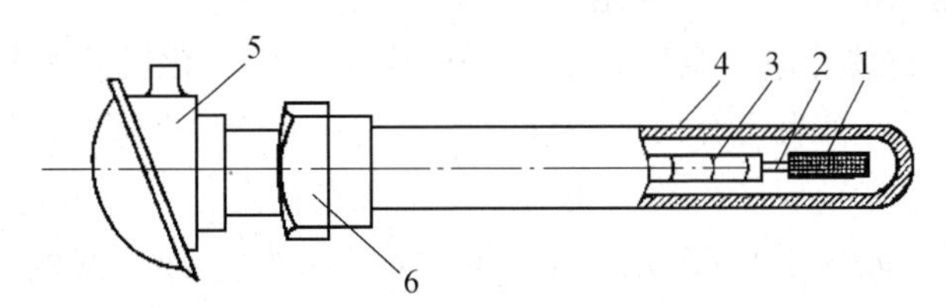

图 1-4-7　普通型热电阻温度计

1—电阻体；2—引线；3—绝缘子；4—保护套管；5—接线盒；6—安装螺母

引线的作用是将热电阻体线端引至接线盒，以便与外部导线及显示仪表连接。引线的直径较粗，一般约为 1mm，以减小附加测量误差。引线材料最好与电阻丝相同，并且与电阻丝的接触电势要小，以免产生附加热电势。为了节约成本，工业用铂热电阻温度计一般用银丝作引线，而标准或实验室用铂热电阻温度计采用直径为 0.3mm 的铂丝作引线，铜电阻温度计常用镀银铜丝作引线。

绝缘子套在引线上，防止引线之间及引线与保护套管之间短路。绝缘子材料的选用是根据使用温度范围来确定的。工业用热电阻温度计一般采用圆柱形双孔绝缘瓷珠。

保护套管的作用是防止电阻体遭受化学腐蚀和机械损伤。工业用热电阻温度计的保护套管有黄铜管、碳钢管和不锈钢管。使用时可根据被测介质温度和性质来选取。

接线盒是用来固定接线座和作为热电阻温度计与外部连接导线相连接的装置。通常用铝合金制成。

2）铠装型热电阻温度计

铠装型热电阻温度计由金属保护管、绝缘材料和感温元件（电阻体）三者组合经冷拔、旋锻加工而成，如图 1-4-8 所示。铠装型热电阻温度计中的电阻体是用细铂丝绕在陶瓷或玻璃支架上制成，引线一般为铜导线或银导线。

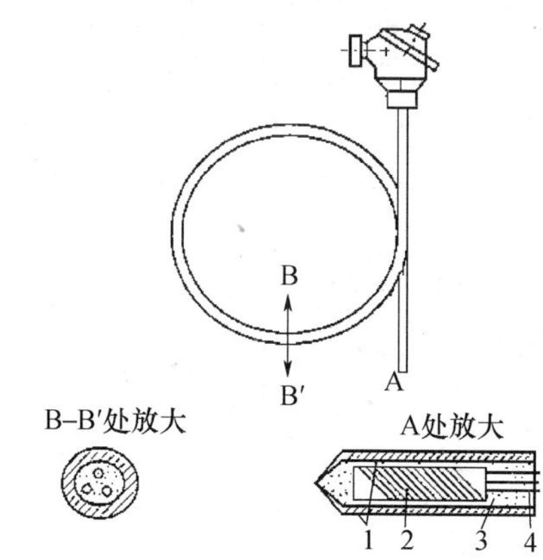

图 1-4-8 铠装型热电阻温度计

1—金属套管；2—感温元件；3—绝缘材料；4—引出线

铠装型热电阻温度计有如下特点：

① 热惰性小，反应迅速。如保护管直径为 ϕ12mm 的普通铂电阻温度计，其时间常数为 25s；而金属套管直径为 ϕ4.0mm 的铠装热电阻温度计，其时间常数仅为 5s 左右。

② 具有可弯曲性能。铠装热电阻温度计除头部外，可以做任意方向的弯曲，因此它适用于结构较为复杂、狭小设备的温度测量。

③ 具有良好的耐振动、抗冲击性能。

④ 使用寿命长，铠装热电阻温度计的电阻体由于受到氧化镁绝缘材料的覆盖和金属套管的保护，热电阻丝不易被有害介质所侵蚀，因此它的寿命较普通热电阻长。

工业热电阻安装在测量现场，其引线对测量结果有较大影响，热电阻的引线方式有二线制、三线制和四线制，如图 1-4-9 所示。工业热电阻的引线多用三线制，即在热电阻的一端连接两根导线（其中一根作为电源线），另一端连接一根导线。当热电阻与测量电桥配用时，分别将两根引线接入两个桥臂，就可以较好地消除引线电阻的影响，提高测量精度。

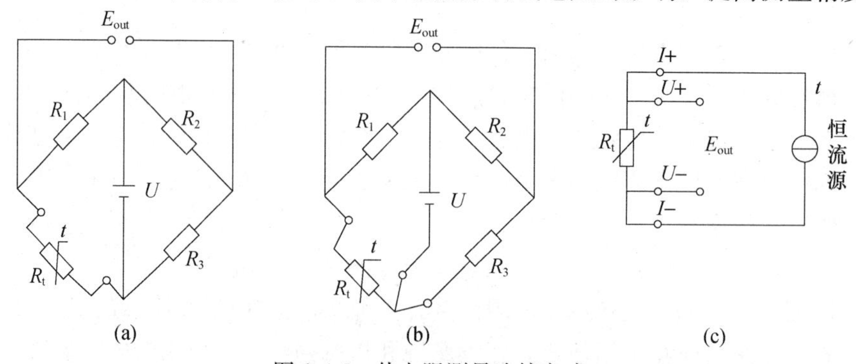

图 1-4-9 热电阻测量连接方式

（a）二线制；（b）三线制；（c）四线制

4. 非接触式测温仪表

在某些工业生产过程中，受到测温现场条件的限制，例如腐蚀等恶劣环境、运动物体、微小目标等，又如在水泥生产中水泥窑内燃烧燃烧温度高达 1600℃左右，而熟料温度也在 1400℃以上，一般的接触式测温仪表是不能测量的，都得使用非接触式测温仪表才能实现。

目前常用的非接触式测温仪表为热辐射式测温仪表。它是利用受热物体的热辐射作用来测量物体本身温度的。任何受热物体都有一部分热能转变为辐射能，在热辐射时，热能以电磁波的形式传递，不同物体是由不同的原子组成的，因此发出不同波长的波。各种波长光的性质不同，有些光波能够被物体吸收，并重新转变为热能，这个过程即为热辐射。物体受到热辐射后，视物体本身的性质，能将它吸收、透射或反射。而受热物体放出的辐射能的多少，与它的温度有一定的关系，热辐射式测温仪表就是根据这种热辐射原理制成的。

辐射式测温仪表主要由光学系统、检测元件、转换电路和信号处理等部分组成，如图 1-4-10所示。光学系统包括瞄准系统、透镜、滤光片等，将物体的辐射能通过透镜聚焦到检测元件，检测元件为光敏或热敏器件，转换电路和信号处理系统将信号转换、放大、辐射率修正和标度变换后，输出与被测温度相应的信号。

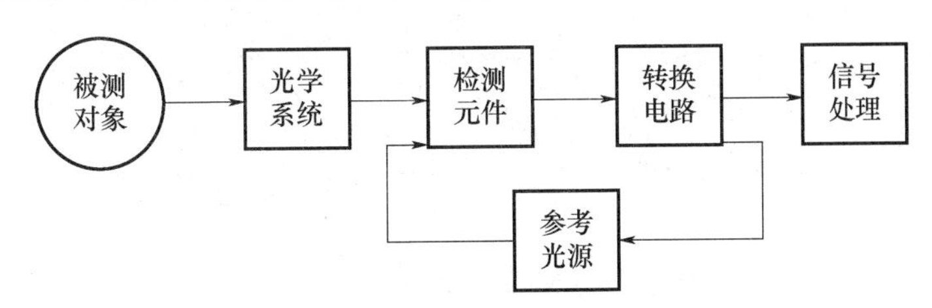

图 1-4-10　辐射测温仪表结构示意图

由于不与测温对象接触，辐射式测温计具有以下特点：

① 由于传感器与被测对象不接触，不存在因接触传热而产生的测温传热误差，还可测量运动物体的温度并进行遥测。

② 测温上线不受测温传感器材料的限制，测温可高达 2000℃以上。

③ 在测量过程中传感器不必与被测对象达到热平衡，故检测速度快，响应时间短，适于快速测温。

④ 因低温物体的辐射能力很弱，因此辐射式仪表多用来测 700℃以上的高温。但用红外测量仪表，也可测低达 100℃左右的温度。

（1）光学高温计

物体温度变化时，某些单色辐射力的变化比全辐射力的变化更为显著，因此利用单色辐射力与温度的关系实现测温时，仪表灵敏度较高。

光学高温计原理结构如图 1-4-11 所示。测温时，用眼通过目镜 4 和物镜 1 瞄准被测对象。调节目镜使眼睛清晰地看到仪表中的钨丝灯灯丝后，再调节物镜，使对象成像于灯丝平面上，以便与灯丝亮度进行比较，由于红色滤光玻璃的吸收作用，眼睛只能看到对象与灯丝的红色光（$\lambda=0.65\mu m$）。聚焦图像清晰后，由目镜可以看到如图 1-4-12 所示的某一种图像。图 1-4-12（a）为背景（即被测对象）亮度大于灯丝亮度，灯丝发暗；图 1-4-12（b）为灯丝亮度高于背景亮度；图 1-4-12（c）中两者亮度相等，看上去好像灯丝中断一样。当出现图 1-4-12（a）、（b）的情况时，可以用手调节图 1-4-11 中的滑线电阻，改变灯丝电流，使得灯丝亮度与被测对象亮度相等后，即可由电流表上的温度刻度读出被测温度值。

仪表中灰色吸收玻璃可减弱对象亮度，从而扩展仪表量程。当不使用灰色吸收玻璃时，仪表量程为700～1400℃；当使用灰色吸收玻璃时，仪表量程可扩展为1200～2000℃。

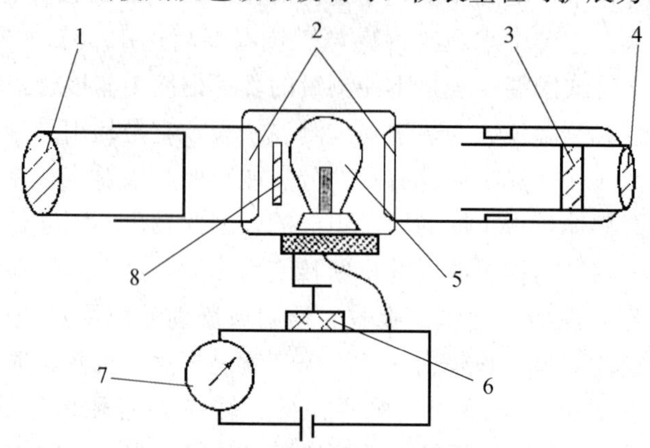

图1-4-11　光学高温计原理结构

1—物镜；2—光阑；3—滤光玻璃；4—目镜；5—钨丝灯；6—滑线电阻；7—指示仪表；8—吸收玻璃

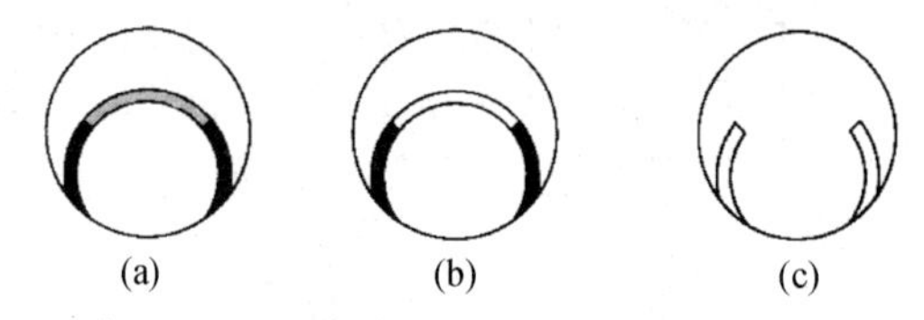

图1-4-12　光学高温计亮度比较的三种情况

(a) 钨丝亮度低；(b) 钨丝亮度高；(c) 钨丝与对象亮度相同

光学高温计的特点是结构简单、使用方便、量程比较宽，可以达到较高的精确度。由于物体的温度达到一定程度（>700℃）才能发出足够亮度的可见光，光学高温计才能测定其温度，所以它的测温范围下限是700℃，广泛用来测量700～3200℃温度范围内的温度。但这种温度计只能测量亮度而不能直接测量真实温度，在水泥生产和热工测量中用于测量窑内温度。此外，它是通过人眼的瞄准和对亮度进行比较实现测温的，测量结果带有人为的主观误差，且不能自动记录和控制温度。

(2) 红外测温仪

波长在0.8～100μm范围的射线称为红外线。任何物体在温度较低时向外辐射的能量大部分都是红外辐射，红外辐射能够被物体吸收并转变为热能，因此也是一种热射线。

WDL-31型光电红外线温度计的组成原理如图1-4-13所示。它由感温器和显示仪表两大部分组成。被测物体的表面辐射能量由物镜会聚，经调制盘（又称切光片）反射到滤光片，一定波长的红外线透过滤光片到达探测元件上而被接收。仪器中用作参考辐射源：参比灯的辐射能量，通过另一路聚光镜6，经反射镜5反射到调制盘并被调制后，也到达探测元件上被接收。被测物体辐射能量和参比灯辐射能量是交替地被红外探测元件接收的，从而产生两个相位相差180°的电信号。从探测元件输出的脉冲信号是这两个信号的差值。此信号经放大、相敏检波成直流信号，再经直流放大处理，以调节参比灯工作电流，使其辐射能量与被测能量相平衡。参比灯的辐射能量始终精确跟踪被测辐射能量，保持平衡状态，再将参比灯的电参数经过电子线路进一步处理，输出4～20mA（DC）统一信号送显示仪表，指示、记录被测的温度值。为了适应辐射能量变化的特点，电路设有自动增益控制环节，在量程范围内，保证仪器电路有适当的灵敏度，保持正常工作。

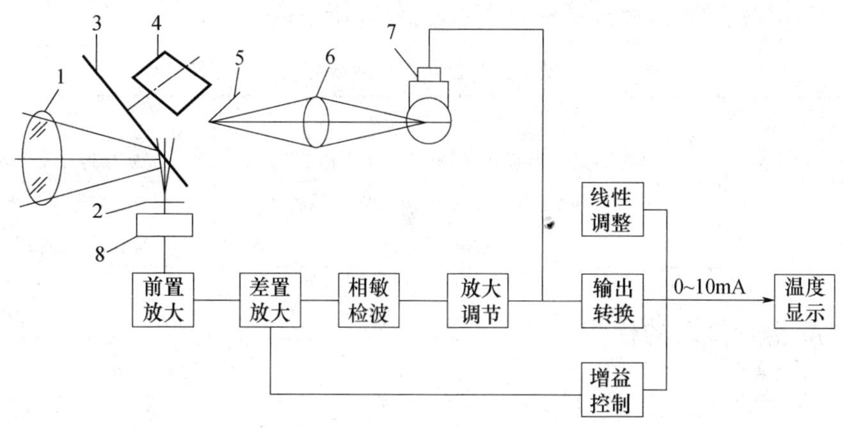

图 1-4-13　WDL-31 型光电红外线温度计组成原理

1—物镜；2—滤光片；3—调制盘；4—微电机；5—反射镜；6—聚光镜；7—参比灯；8—探测元件

仪表的测量范围分为 150～300℃、200～400℃、300～600℃、400～800℃、600～1000℃、800～1200℃、900～1400℃、1100～1600℃（可扩展至 2500℃）等几挡。在 400～800℃及以下各量程，采用硫化铅光敏电阻作探测元件，并配合锗滤光片，工作波长为 1.7～1.8μm。在 600～1000℃及以上量程，采用硅光电池作探测元件，并配合有色光学玻璃滤光片，工作波长为 0.81～1.1μm。仪表的准确度可达测量上限的±1%。

（3）窑筒体扫描仪

1）工作原理

窑筒体扫描仪也称窑炉热像仪，是利用红外扫描检测窑筒体表面温度的测温装置，由光学扫描单元、光电转换单元、信号处理单元、测窑转速装置、数据分析装置、打印机等部件组成。

通过光学扫描对窑筒体表面各个被测点红外线辐射能量的信号进行采集，并将采集到的光能量转换成电信号，经放大处理并传输给计算机，再由专用的软件进行识别并组态，以图表显示出窑筒体表面被测范围的温度状况。窑筒体扫描仪可以对回转窑筒体表面温度进行实时、连续的测量，为回转窑操作人员提供可靠操作依据。

测温准确性的关键在于扫描采集的特定波段的红外能量是否尽量多地反射到光电转换器上，这就要求有好的镀膜材料、特种锗玻璃镜片及焦距的准确调整，并配置参考黑体的适时校准。

由于窑筒体转速快、需要监测的范围大，扫描仪要求光电转换的速度必须快而准，因此必须配置质量过硬的光电式扫描装置。它的技术参数有扫描、频率、分辨率、扫描点数、响应时间、视场角、测温范围、测温精度及测温波长。

2）筒体扫描仪的日常维护

① 每班要与中控操作员联系窑筒体扫描仪的工作状态，保证其工作正常。

② 中控窑筒体扫描仪指示温度与现场巡检工使用红外测温仪测量温度是否一致。

③ 检查窑筒体扫描仪指示是否正常，显示值是否准确，微机系统工作是否正常，操作是否灵活可靠，是否有误码显示。

④ 现场检查扫描头是否完好，镜头是否干净清洁，测速行程开关是否完好正常，接线是否牢固可靠。

⑤ 检查二次仪表工作是否正常，接线是否牢固可靠，是否有积灰等。

3）筒体扫描仪常见故障

筒体扫描仪常见测温故障及处理方法如表 1-4-6 所示。

表 1-4-6 筒体扫描仪常见测温故障及处理方法

故障现象	可能原因	处理方法
窑速或轮带滑移量显示不正常	现场的接近开关和磁性开关工作不正常	检查接近开关和磁性开关
	从现场到控制器的连接电极有开路现象	检查连接电缆并处理和修复
筒体温度显示偏低	扫描镜头脏污	检查并将镜头擦拭干净

4.1.3 温度测量仪表的使用

1. 温度测量方法

按测温的感温元件是否与被测温物体相接触来分，有接触式测温和非接触式测温两种测温方法。

（1）接触式

由热平衡原理可知，两个物体接触后，经过足够长的时间达到热平衡，则它们的温度热相等。如果其中之一为温度计，就可以用它对另一物体实现温度测量，这种测温方法称为接触法。其特点是温度计要和被测物体有良好的热接触，使两者达到热平衡。用接触法测温时，感温元件要与被测物体接触，因此，往往要破坏被测物体的热平衡状态，并受到被测物体的腐蚀作用，所以，对感温元件的结构、性能要求苛刻，但用此种方法测温的准确度高。

（2）非接触式

感温元件不与被测物体接触，而是利用物体的热辐射能量随温度变化的原理测定物体温度，这种测温方法称为非接触式。它的特点是，温度计不与被测物体接触，因而也不改变被测物体的温度分布，而且热辐射与光速一样快，热惯性很小。通常用来测定 1000℃以上的移动、旋转或反应迅速的高温物体的温度。近年来，随着材料和制造、标定方法不断改进，使得非接触式温度计（特别是红外测温仪）的测温范围不断扩大（已用于测量 20～100℃的低温物体），精确度亦接近或达到接触式测温的水平。

2. 测温仪表的选择

测温仪表在选用时要注意以下事项：

（1）根据热工要求，正确选用温度测量仪表的量程和精确度。正常使用的测温范围一般为全量程的 30%～90%。

（2）用于现场进行接触测温的仪表有玻璃温度计（用于指示精确度较高和现场没有振动的场合）、压力式温度计（用于就地集中测量、要求指示清晰的场合）、双金属温度计（用于要求指示清晰并且有振动的场合）、半导体温度计（用于间断测量固体表面温度的场合）。

（3）用于远传接触测温的有热电偶、热电阻温度计。应根据工艺条件与测温范围选用适当的规格品种、惰性时间、连接方式、补偿导线、保护套管及插入深度等。

（4）测量细小物体和运动物体的温度，或测量高温，或测量具有振动、冲击而又不能安装接触式温度计的物质的温度，应采用光学高温计、辐射高温计、光电高温计、比色高温计等不接触式温度计。

（5）用辐射高温计测温时，必须考虑现场环境条件，如受水蒸气、烟雾、一氧化碳、二氧化碳、臭氧、反射光等的影响，并应采取相应措施，防止干扰。

3. 测温仪表的使用

（1）烟道中烟气温度检测

正确测量烟气温度，对分析燃烧情况，充分利用余热是很重要的。一般采用热电偶测温，但是应注意套管的导热误差以及它与周围温度较低壁面之间的辐射引起的误差，增大烟气与热电偶之间的对流传热系数。具体做法如下：

① 减少导热误差。在热电偶根部与烟道管壁接触处加强保温，以提高壁面温度。尽量增加热电偶插入深度，把热电偶插入到烟道中心位置，最好倾斜 45°并逆向气流。

② 减少辐射误差。减少辐射误差的办法是增加对流传热，以减少套管和壁面之间的温差。加强烟道管壁保温，采用黑度低的材料做保护套管。在热电偶周围加上采用镍、铬材料的热屏蔽罩，一般 1～2 层为宜。

③ 采用抽气热电偶。抽气热电偶广泛应用于窑炉、燃烧室中烟气温度的测量。通过在测温点高速抽气（通过抽气套管向外抽气），减少测温误差，能在 1400～1600℃环境下长期工作，在 1600～1800℃下能短期工作。而且抽气口既能接喷射器，也能接吹尘器，吹尘器的最高使用温度为 600℃，能在一定粉尘浓度下工作。

（2）液体表面温度检测

液体温度测量有接触式和非接触式两种方法。通常采用接触法测量液体温度，即直接将测温元件浸入液体中进行测温。由于液体的比热容及热导率都比较大，接触性好，辐射又难于透过，用接触式温度计容易获得较高的测温准确度。

（3）固体表面温度测量

接触法测量固体表面温度主要用热电偶和热电阻，热电偶应用较为广泛。

敏感元件与被测物体表面接触形式有点接触、片接触、等温线接触和分立接触等，如图 1-4-14所示。点接触式如图 1-4-14（a）所示，其导热误差最大。等温线接触式如图 1-4-14（c）所示，其测量端散热量最小，准确性最高。

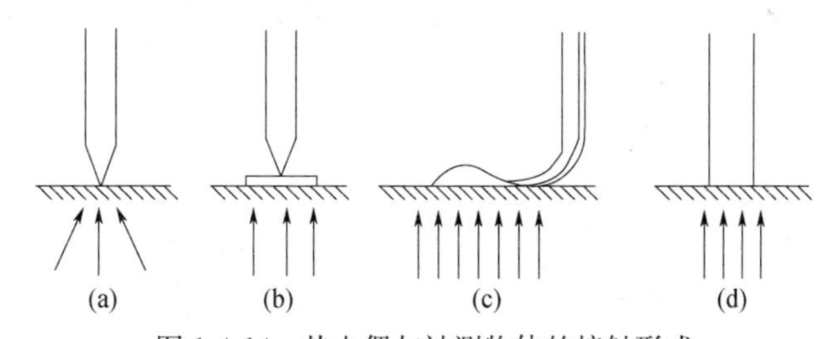

图 1-4-14　热电偶与被测物体的接触形式

（a）点接触；（b）片接触；（c）等温线接触；（d）分立接触

非接触式测量固体表面温度通常用辐射高温计。使用中需注意使用条件和安装要求，以减少测量误差。主要有如下几点：

① 合理选择测量距离，满足仪表的距离系数 L/D 要求。温度计的距离系数规定了对一定尺寸的被测对象进行测量时最长的测量距离 L，以保证目标充满温度计视场。目标直径为视场直径 D 的 1.5～2 倍，以满足足够的辐射能量。

② 设法提高目标发射率，减小发射率影响。如改善目标表面粗糙度，目标表面涂敷耐温的高发射率涂料，目标表面适度氧化等。

③ 减少光路传输损失。包括窗口吸收，烟、尘、气吸收，光路阻挡等。

④ 降低背景辐射影响。可相应地加遮光罩、窥视管或选择特定的工作波长等。

4.2 水泥熟料煅烧系统压力的测量

压力也是水泥熟料煅烧过程中的一个重要参数，正确测量和控制压力是生产过程良好运行的重要保证。例如：对预热器各部位负压的测量，能有效监测预热器各部位的阻力，以判断生料喂料是否正常，风机闸门是否开启以及各部位有无漏风、堵塞情况。窑尾的负压能反映窑内阻力的大小，在通风截面积不变的情况下，负压越大，通过的风量就越大。此外，为了得出管道中气体的流量，有时也需要先测出该管道中气体的静压和动压，然后再进行计算。

4.2.1 压力测量基本知识

1. 压力概念及单位

在工程上，“压力”定义为垂直均匀作用于单位面积上的力，通常用 P 表示。单位力作用于单位面积上，为一个压力单位。在国际单位制中，定义 1 牛顿力垂直均匀地作用在 1 平方米面积上所形成的压力为 1 帕斯卡，简称为帕，符号为 Pa，即 $1Pa=1N/m^2$。

过去，在不同的行业曾经使用多种压力单位，如工程大气压、物理大气压、标准大气压、巴、毫米水柱，毫米汞柱等。表 1-4-7 列出了各压力单位之间的换算关系。

表 1-4-7 压力单位换算

单位＼换算值	帕（Pa）	巴（bar）	工程大气压（kgf/cm^2）	标准大气压（atm）	毫米水柱（mmH_2O）	毫米汞柱（mmHg）
帕（Pa）	1	1×10^{-5}	1.019716×10^{-5}	0.9869236×10^{-5}	1.019716×10^{-1}	0.75006×10^{-2}
巴（bar）	1×10^{-5}	1	1.019716	0.9869236	1.019716×10^{4}	0.75006×10^{3}
工程大气压（kgf/cm^2）	0.980665×10^{5}	0.980665	1	0.96784	1×10^{4}	0.73556×10^{3}
标准大气压（atm）	1.01325×10^{5}	1.01325	1.03323	1	1.03323×10^{4}	0.76×10^{3}
毫米水柱（mmH_2O）	0.980665×10	0.980665×10^{-4}	1×10^{-4}	0.96784×10^{-4}	1	0.73556×10^{-1}
毫米汞柱（mmHg）	1.333224×10^{2}	1.333224×10^{-3}	1.35951×10^{-3}	1.3158×10^{-3}	1.35951×10	1

2. 压力表示方法

压力在工程上有几种不同的表示方法，它们的关系如图 1-4-15 所示。不同表示法有相应的测量仪表，主要有以下几种：

（1）绝对压力。被测介质作用在容器表面积上的全部压力，称为绝对压力。

（2）大气压力。由地球表面空气柱重量形成的压力，称为大气压力。它随地理纬度、海拔高度及气象条件而变化，通常用气压计测定。

（3）表压力。通常压力测量仪表处于大气之中，则其测得的压力值等于绝对压力和大气压力之差，称为表压力。通常情况下，压力测量仪表测得的压力值均为表压力。

（4）真空度。当绝对压力小于大气压力时，表压力为负值，即负压力，其与大气压力差值的绝对值称为真空度。测量真空度的仪表称为真空表。

（5）压差。不同两处的压力之差，称为压差。在生产过程中常直接以压差作为工艺参数。

需要说明一点：各种压力表的指示值如果没有特殊说明，都是指表压力。

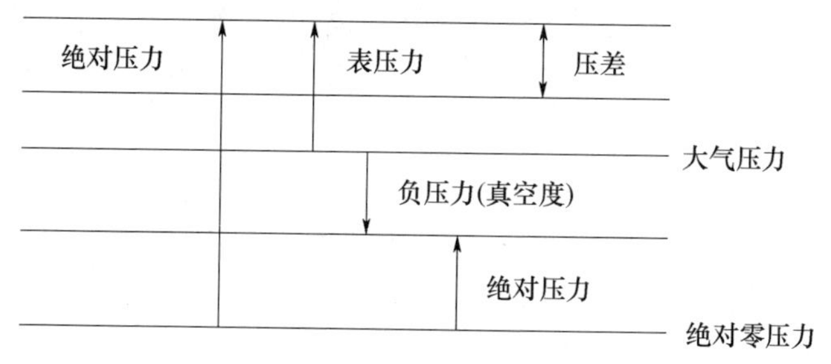

图 1-4-15　各种压力表示法间的关系

3. 压力检测的主要方法

压力测量仪表简称压力计或压力表，根据生产工艺过程的不同要求，可以有指示、记录和带有远传变送、报警、调节装置等。

根据压力检测的工作原理，主要的压力检测方法有以下几种：

（1）重力平衡方法。主要有基于液体静力学原理的液柱式压力计和基于重力平衡原理的负荷式压力计。

液柱式压力计利用液柱产生的重力与被测压力相平衡，将被测压力转换为液柱高度。典型仪表是 U 形管压力计，其特点是结构简单、读数直观、价格低廉、精度高，用于就地测量。

负荷式压力计主要有活塞式压力计，利用活塞、砝码的重量与被测压力相平衡。这类压力计的特点是测量范围宽、精确度高、性能稳定，可以测量正压、负压和绝对压力，多用于压力表的校验。

（2）机械力平衡方法。将被测压力经变换元件转换成一个集中力，用外力与之平衡，通过测量平衡时的外力可以测知被测压力。这类仪表测量精度较高，但是结构复杂。

（3）弹性力平衡方法。利用弹性元件的弹性变形特性进行测量。被测压力使测压弹性元件产生变形，因弹性变形而产生的弹性力与被测压力相平衡，测量弹性元件的变形大小可知被测压力。此类压力计可以用于各种形式的压力测量，应用广泛。

（4）物性测量方法。在压力作用下，测压元件的某些物理特性发生变化。通过测量这些物理特性的变化量，间接测量被测压力。例如，电测式压力计就是利用测压元件的压阻、压电等特性，将被测压力转换为各种电量。

4.2.2　压力测量仪表

1. 液柱式压力计

液柱式压力计是利用液柱高度产生的压力与被测压力相平衡的原理制成的测压仪表。它具有结构简单、使用方便、制造容易、测量精确度高和价格低廉等特点，常用来测量工业中的液体、气体、蒸气的低压、负压和压差。

液柱式压力计的结构形式有三种：U 形管液柱压力计、单管液柱压力计（又称杯形压力计）和倾斜管微压计。

(1) U形管液柱压力计

U形管液柱压力计由U形玻璃管、封液、刻度尺组成，如图1-4-16所示。其内部封液可以是水、水银、四氯化碳或其他液体。

如果U形玻璃管的一端通大气，而另一端接通被测压力，原来左右两边管内液面在0-0平面，那么这时右管液面升至2-2平面，左管液面降至1-1平面，形成液面高差。

根据静力学基本方程式得：

$$P_{ab}=\rho gh+P_a$$

$$P=P_{ab}-P_a=\rho gh \tag{1-4-4}$$

式中 P_{ab}——被测压力（绝对压力），Pa；

P_a——大气压力，Pa；

P——被测压力（表压力），Pa；

h——液柱高度差，m；

ρ——U形管内工作液的密度，kg/m^3。

注意：式（1-4-4）仅适用于被测介质为气体。

对润湿管壁的液体（酒精、水等）应根据液面的凹入部分底面来读数，而对于不润湿管壁的液体（水银），则根据弯液面的凸出部分顶面来读数。

(2) 单管液柱压力计

把U形管的一个管改换成大直径的杯，即成为单管液柱压力计，如图1-4-17所示。

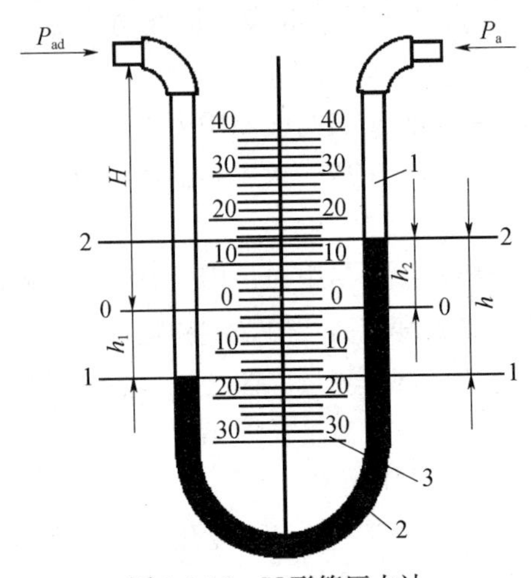

图1-4-16 U形管压力计

1—U形玻璃管；2—工作液；3—刻度尺

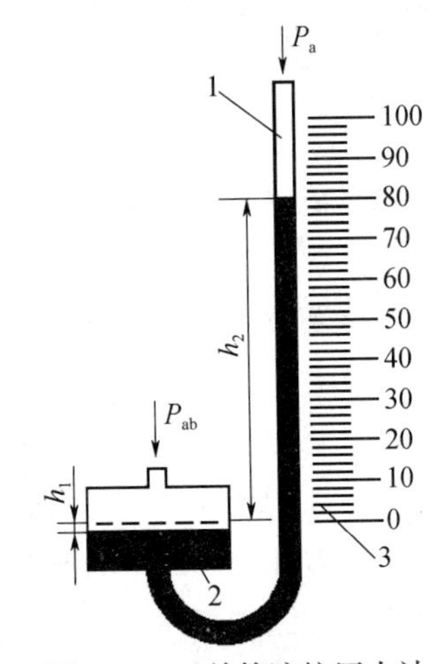

图1-4-17 单管液柱压力计

1—测量管；2—宽口容器；3—刻度尺

单管液柱压力计的工作原理和U形液柱压力计相同，只是左边杯的内径远大于右边管子的内径。由于左边杯内工作液体积的减少量始终是与右边管子内工作液体积的增加量相等，即：

$$\frac{\pi}{4}D^2h_1=\frac{\pi}{4}d^2h_2$$

$$h_1=\left(\frac{d}{D}\right)^2h_2$$

根据静力学基本方程式：

$$P=\rho gh=\rho g\ (h_1+h_2)\ =\rho g\left[\left(\frac{d}{D}\right)^2 h_2+h_2\right]=\rho gh_2\left[\left(\frac{d}{D}\right)^2+1\right]$$

由于 $D\gg d$，所以：

$$P\approx\rho gh_2 \tag{1-4-5}$$

因此，单管液柱压力计只需一边读数，使用方便。虽然有很小的误差（当$\frac{d}{D}\leqslant 0.1$时，由只读 h_2 引起的误差小于 1%），但由于使用时只需一次读数，其绝对误差是 U 形液柱压力计二次读数（两边读数）的绝对误差的 1/2，精确度是满足工作上要求的。

（3）倾斜管微压计

倾斜管微压计常简称斜管微压计。它是单管液柱压力计的变形，将单管液柱压力计的管子倾斜放置就成为倾斜管微压计，如图 1-4-18 所示。

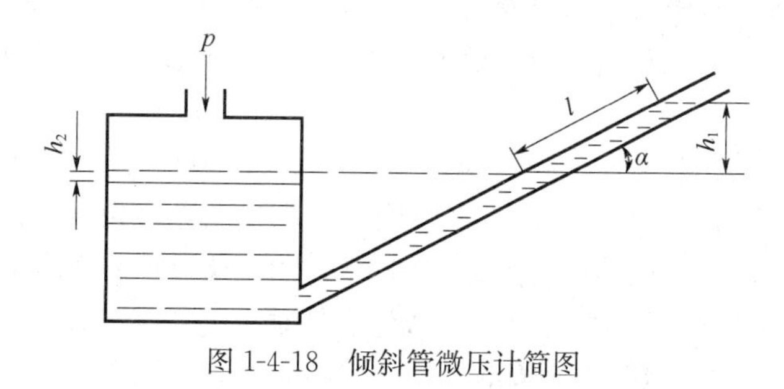

图 1-4-18　倾斜管微压计简图

根据单管液柱压力计的公式：

$$P=\rho gh_1=\rho gL\sin\alpha \tag{1-4-6}$$

式中　α——管的倾斜角，(°)；

L——斜管中液柱面斜升的距离，m。

从上式可见，$\sin\alpha$ 越小（即 α 角度越小），刻度放大的倍数就越大，但 α 不宜过小，否则液体的弯月面延伸过长，且易冲散，读数不容易准确，实际上 α 不宜小于 15°。

倾斜管微压计可制成两种形式：管子的倾斜角度为固定的和管子的倾斜角度为可变的（图 1-4-19）。

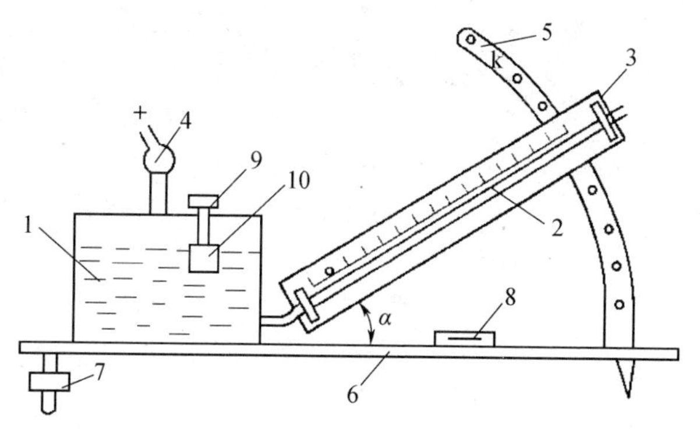

图 1-4-19　可变倾斜角的倾斜管微压计

1—宽容器；2—玻璃管；3—刻度板；4—连接管；5—支架；6—平台；7—调整螺钉；8—水准器；9—调节螺钉；10—调节块

可变倾斜角的倾斜管微压计在使用时，首先要用调整螺钉 7 将仪器调整水平（以水准器 8 为准），然后将玻璃管中的液面调整到零点（拧动调节螺钉 9，调节块 10 就上下移动，可使宽容器中的液面也上下移动)。待测的压力，较高的接在“+”上，较低的接在“—”上。在支架5上有孔，一个孔代表一个常数 K ($K=\rho g\sin\alpha$)，刻度板3固定在支架的某一孔上，其刻度板上的读数乘上 K 值就是待测的压力(Pa)。

目前市场上供应的倾斜管微压计刻度是用工程单位制的，玻璃管上的刻度(mm)乘以孔上的系数 K，就是待测的压力，单位为mm酒精。

2. 弹力式压力表

弹力式压力表是利用各种形式的弹性元件，在被测介质压力的作用下，使弹性元件受压后产生弹性变形的原理而制成的测压仪表。这种仪表具有结构简单、使用可靠、读数清晰、测量范围广以及有足够的精确度等优点。若增加附加装置，如记录机构、电气变换装置、控制元件，则可以实现压力的记录、远传、信号报警、自动控制等。

在热工测量中通常使用膜盒压力表测量水泥企业当地环境大气压强。膜盒压力表按外形有圆形和矩形两种，矩形膜盒压力表有指示式和电接点式两种。膜盒压力表结构如图1-4-20所示。

用两个同心波纹膜片焊接在一起，构成空心的膜盒作为膜盒压力表的感压弹性元件。当被测介质从管接头16引入波纹膜盒时，波纹膜盒受压扩张产生位移。此位移通过弧形连杆8，带动杠杆架11使固定在调零板6上的转轴10转动，通过连杆12和杠杆14驱使指针轴13转动，固定在转轴上的指针轴13转动，固定在转轴上的指针5在刻度板3上指示出压力值。指针轴上装有游丝15用以消除传动机构之间的间隙。在调零板6的背面固有限位螺钉7，以避免膜盒过度膨胀而损坏。为了补偿金属膜盒受温度的影响，在杠杆架上连接着双金属片9。在机座下面装有调零螺杆1，旋转调零螺杆1可将指针调至初始零位。

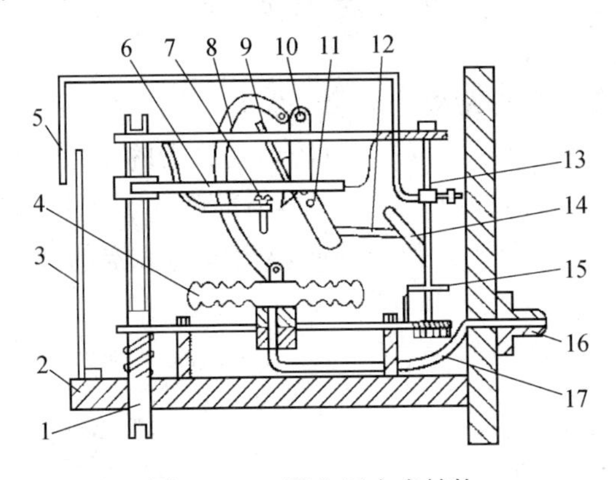

图1-4-20　膜盒压力表结构

1—调零螺杆；2—机座；3—刻度板；4—膜盒；5—指针；6—调零板；7—限位螺钉；8—弧形连杆；9—双金属片；10—转轴；11—杠杆架；12—连杆；13—指针轴；14—杠杆；15—游丝；16—管接头；17—导压管

4.2.3　压力测量仪表的使用

1. 测压仪表的选择

选择合适的仪表要根据生产过程提出的技术要求、被测介质的性质以及现场环境条件，结合各类压力表的特点，合理地选择测压仪表的种类、型号、量程和精度等级等。有时还需要考虑是否要带报警、远传、变送等附加装置。

（1）量程的选择

为了保证测压仪表安全可靠地工作，仪表的量程要根据被测压力的大小及在测量过程中被测压力变化的情况等条件来选取。选取仪表量程要留有余地，在测量稳定压力时，最大被测压力不能超过测量上限值的2/3；在测量脉动压力时，最大被测工作压力不能超过测量上限值的1/2；在测量高压时，最大被测压力不能超过上限值的3/5。一般被测压力的最小值应不低于测量上限值的1/3。根据被测压力的最大值和最小值计算出仪表的上下限后，要按压力仪表的标准系列选定量程。

（2）精度的选择

仪表的测量精度，要根据被测压力所允许的最大绝对误差来确定，不必追求高精度，以经济、实惠的原则确定仪表的精度等级。一般工业用压力表1.5级或2.5级已足够，科研或精密检测用0.5级或0.35级的精密压力计或标准压力表。

测压仪表在使用中要定期进行校验，以保证测量结果有足够的准确性。常用的用于校验压力仪表的标准仪表有液柱式压力计、活塞式压力计等，其允许绝对误差要小于被校仪表允许绝对误差的1/5～1/3。

2. 测压系统的安装

压力仪表应安装在易于观测和检修的地方，仪表安装处尽量避免振动和高温，对于特殊介质要采取必要的防护措施。当仪表位置与取压点不在同一水平高度时，要考虑液体介质的液柱静压对仪表示值的影响，并进行必要的修正。

实际压力需要一个完整的压力测量系统，除了压力测量仪表外，还包括取压口、引压管路等。

（1）取压点位置和取压口形式

为了真实反映被测压力，要合理选择取压点，注意取压口形式，选择原则如图1-4-21所示。

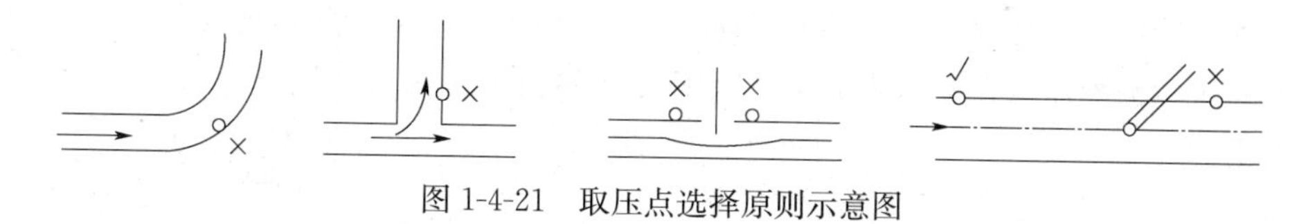

图1-4-21　取压点选择原则示意图

① 取压点位置避免处于管路弯曲、分叉、死角或流动形成涡流的区域。不要靠近有局部阻力或其他干扰的地点，当管路中有突出物体时，取压点应在其前方。

② 取压口开孔的轴线应垂直于设备的壁面，其内端面与设备内壁平齐，不应有毛刺或突出物。

③ 测量液体介质的压力时，取压口应在管道下部，避免气体进入引压管；测量气体介质的压力时，取压口应在管道上部，避免液体进入引压管。

（2）引压管路的敷设

引压管路的敷设应保证压力传递的精确性和快速响应。

① 引压管的内径、长度的选定与被测介质有关，一般情况下，内径为6～10mm。长度不得超过50～60m。

② 引压管路水平敷设时，要保持一定的倾斜度，避免引压管中积存液体或气体，应有利于积液或积气的排出。当被测介质为液体时，引压管向仪表方向倾斜；当被测介质为气体

时，引压管向取压口方向倾斜。倾斜度一般大于3%～5%。

③ 当被测介质容易冷凝或冻结时，引压管路需有保温伴热措施。

④ 根据被测介质情况，在引压管路上要加装附件。为排除积液或积气加装集液器、集气器，对腐蚀性介质加装隔离器，对高温蒸气介质加装凝液器等。

⑤ 在取压口与仪表之间要装切断阀，以备仪表检修时使用，切断阀应靠近取压口。

4.3 水泥熟料煅烧系统流量的测量

流量测量在水泥熟料生产过程中显得十分重要，例如预热器出口废气流量，能反映高温风机拉风及预热器系统漏风情况；窑和分解炉的一次空气、二次空气、三次空气的流量测量能够帮助操作者对一、二、三次空气进行合理匹配。因此流量测量既可以保证设备的安全、经济运行，又可以为管理和控制熟料煅烧过程提供依据。

4.3.1 流量测量仪表

1. 动压式流量计

流体流动时，除去它的静压外，还有因流动而产生的动压，动压与静压之和称为全压。动压与流速之间有一定的关系，因此，测出动压就能知道流速。对一定直径的管道而言，在其横截面上测出若干点的流速，即可算出平均流速和流量。

（1）普通测速管（皮托管）

1）皮托管测速原理

图1-4-22为测速管测速原理图。在管道中插入两根小管，一根弯成90°，管口对着流体流动方向，如图4-22中A所示，故它测出的压头为动压和静压之和，（P_k+P_s）称为全压。另一根为直管，管口与气体流动方向平行，如图1-4-22中B所示，测出的压头为静压（P_s）。故两者所测压头之差为A点流体的动压P_k。

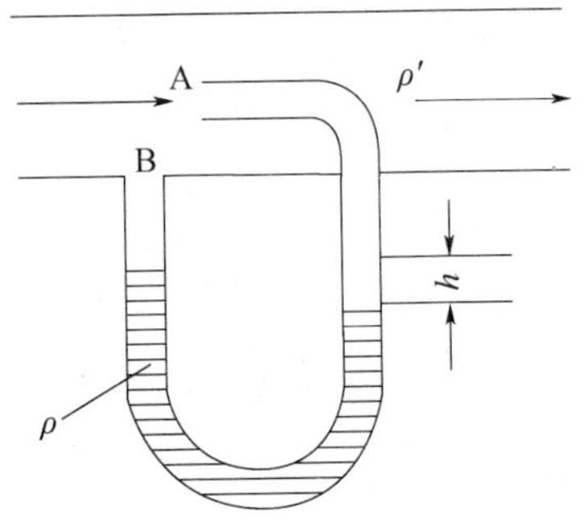

图1-4-22　测速管测速原理图

又知：

$$P_k=\rho'\omega^2/2 \tag{1-4-7}$$

式中　P_k——测点的动压，Pa；

ρ'——被测流体的密度，kg/m^3；

ω——测定点的流速，m/s。

由式（1-4-7）可得：

$$\omega=\sqrt{\frac{2}{\rho'}P_k} \tag{1-4-8}$$

其动压的大小可以从与小管连接的U形液柱压力计的液柱差求得，即：

$$P_k=\rho gh \tag{1-4-9}$$

式中　ρ——U形液柱压力计中工作液体的密度，kg/m^3。

在实际应用中，测速管（皮托管）结构如图1-4-23所示，由量柱1、连接管2和接头3组成。量柱头部孔A和“+”接头相通，量柱中部四周孔B和“—”接头相通。测量时，量柱和管道中的流速平行，A孔感受的全压通过“+”接头上的胶皮管和U形液柱压力计的一端连接；B孔感受的静压通过“－”接头上的胶皮管和U形液柱压力计的另一端连接。读出U形液柱压力计的液面差h就可算出该测点的流速。

2）流量测量方法

求管道中流体的流量，可将管道截面分成若干个相等的小面，测出每个小面中心的流速，近似认为小面上各点流速是相等的，将测出的流速乘以该小面的面积就得到通过该小面的流量。把通过这些小面的流量加在一起就是管道的流量。

① 圆形管道中流量的测定

圆形管道中流量的测定采用等分面积法。将半径为R的圆管，分成n个面积相等的同心圆环，如图1-4-24所示。

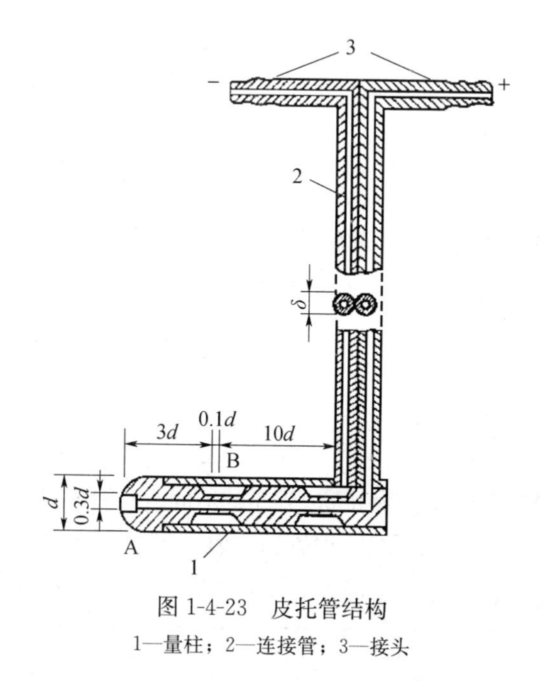

图1-4-23　皮托管结构

1—量柱；2—连接管；3—接头

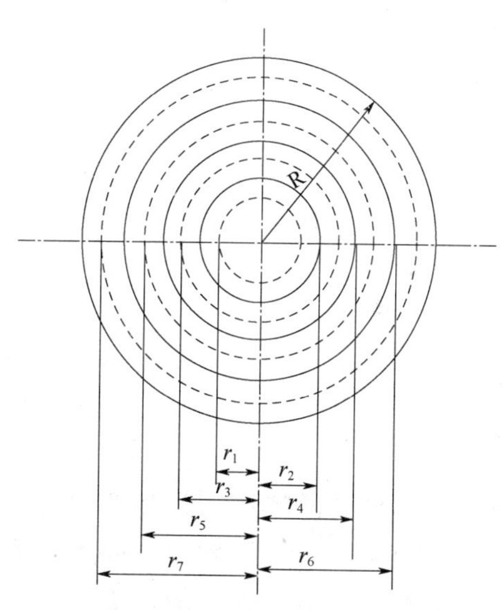

图1-4-24　圆形管道截面面积同心圆划分

再将每个圆环分成两个面积相等的部分，即得$2n$个圆环。$2n$个面积相等的圆环的半径为：r_1，r_2，r_3，…，r_{2n-2}，r_{2n-1}，R。n个圆环上等分面积圆周线的半径为r_1，r_3，r_5，…，r_{2n-1}，这些半径的求法如下：

$$\frac{\pi R^2}{2n}=\pi r_1^2=\pi(r_2^2-r_1^2)=\cdots=\pi(r_{2n-1}^2-r_{2n-2}^2)=\pi(R^2-r_{2n-1}^2)$$

解得：

$$r_1=R\sqrt{\frac{1}{2n}}$$

$$r_3=R\sqrt{\frac{3}{2n}}$$

$$r_5=R\sqrt{\frac{5}{2n}}$$

$$\vdots$$

$$r_{2n-1}=R\sqrt{\frac{2n-1}{2n}} \tag{1-4-10}$$

在管道上开一孔，孔的大小以能放进测速管为限，不宜过大，在上述半径的圆周上测出对称两点的流速，得 ω_1，ω_2，ω_3，…，ω_{2n-2}，则可以求得管道中流体的流量为：

$$V=\omega_1\frac{F}{2n}+\omega_2\frac{F}{2n}+\cdots+\omega_{2n}\frac{F}{2n}=F\times\frac{\omega_1+\omega_2+\cdots+\omega_{2n}}{2n}=F\omega_{au} \tag{1-4-11}$$

式中 V——管道中流体的流量，m^3/s；

F——管道的截面积，m^2；

ω_{au}——管道中流体的平均流速，m/s。

由式（1-4-8）可知：

$$\omega_1=\sqrt{\frac{2}{\rho}P_{k1}}，\omega_2=\sqrt{\frac{2}{\rho}P_{k2}}，\cdots，\omega_{2n}=\sqrt{\frac{2}{\rho}P_{k2n}}$$

则：$\omega_{au}=\frac{\omega_1+\omega_2+\cdots+\omega_{2n}}{2n}=\frac{1}{2n}\left(\sqrt{\frac{2}{\rho}P_{k1}}+\sqrt{\frac{2}{\rho}P_{k2}}+\cdots+\sqrt{\frac{2}{\rho}P_{k2n}}\right)$

$$=\frac{1}{2n}\sqrt{\frac{2}{\rho}}(\sqrt{P_{k1}}+\sqrt{P_{k2}}+\cdots+\sqrt{P_{k2n}}) \tag{1-4-12}$$

式（1-4-12）用 $\sqrt{P_{kau}}=\frac{1}{2n}(\sqrt{P_{k1}}+\sqrt{P_{k2}}+\cdots+\sqrt{P_{k2n}})$ 代入得：

$$\omega_{au}=\sqrt{\frac{2}{\rho}P_{kau}} \tag{1-4-13}$$

将式（1-4-13）代入式（1-4-11）得管道中流体流量为：

$$V=F\sqrt{\frac{2}{\rho}P_{kau}} \tag{1-4-14}$$

在流量的测定过程中，需要将管截面分成若干个等面积的同心圆环，不同直径的圆形管道的等面积环数、测量直径数及测点数如表 1-4-8 所示，一般一根管道上测点不超过 20 个。

表 1-4-8　圆形管道分环及测点数的确定

管道直径（m）	等面积环数	测定直径数	测点数
＜0.3			1
0.3～0.6	1～2	1～2	2～8
0.6～1.0	2～3	1～2	4～12
1.0～2.0	3～4	1～2	6～16
2.0～4.0	4～5	1～2	8～20
＞4.0	5	1～2	10～20

测点的计算是很麻烦的，为了使用方便，将计算好的测点离管壁的距离（以直径的百分比计）列于表 1-4-9 中。使用时，将表中的数值乘以管道直径，即为测点与管壁的距离。

表 1-4-9　测点与管道内壁距离（管道直径的分数）

测定号	环数				
	1	2	3	4	5
1	0.146	0.067	0.044	0.033	0.026
2	0.854	0.250	0.146	0.105	0.082

续表

测定号	环数				
	1	2	3	4	5
3		0.750	0.296	0.194	0.146
4		0.933	0.704	0.323	0.226
5			0.854	0.677	0.342
6			0.956	0.806	0.658
7				0.895	0.774
8				0.967	0.854
9					0.918
10					0.974

② 矩形管道中流量的测定

对于矩形管道，也可按照等面积的原理测定，将断面积划分为许多等面积的小矩形，在每个小矩形中心测定风速。小矩形的数量按表 1-4-10 中规定选取，一般一根管道上测点数不超过 20 个。

表 1-4-10　矩形管道小矩形划分及测点数的确定

管道面积（m^2）	等面积小矩形长边长度（m）	测点总数
<0.1	<0.32	1
0.1～0.5	<0.35	1～4
0.5～1.0	<0.50	4～6
1.0～4.0	<0.67	6～9
4.0～9.0	<0.75	9～16
>9.0	≤1.0	≤20

矩形面积的划分如图 1-4-25 所示。其划分等面积的原则是尽可能接近于正方形，在可能的情况下小矩形面积适当小一点对测定正确性有利。测定数据得到后，其流量的计算和圆形管道的计算一样。

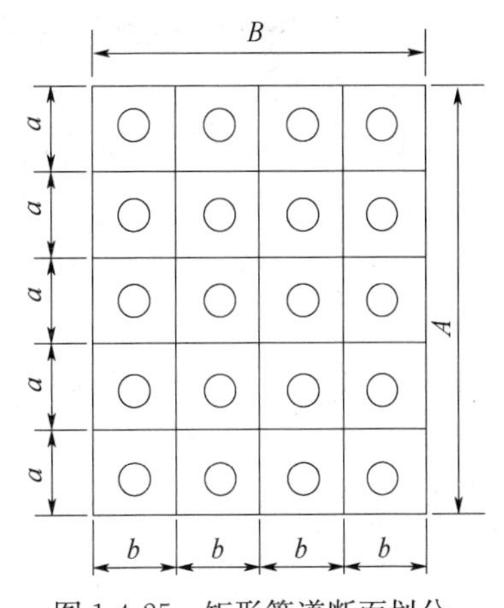

图 1-4-25　矩形管道断面划分

（2）防堵皮托管

在一般气流中测量气体流量，可用上述的普通皮托管进行测量。当遇到气流中含尘浓度较大时，就可能使普通皮托管的通气孔堵死，无法进行测定。此时可采用特制的防堵皮托管。防堵皮托管的作用原理与普通皮托管相似，都是用测定动压来计算风量。两者的区别在于：普通皮托管的全压管孔和静压管孔的位置是互相垂直的，而防堵皮托管的两个测压孔是互相平行的。

1）遮板式防堵皮托管

遮板式防堵皮托管结构如图 1-4-26 所示。它是用两根细管（传压管 2），将一端封住，靠近封端侧面开一孔（测压孔），两孔面对着，中间隔一块铜质薄片（遮板 1）。背着气流方向的孔则因灰尘的惯性作用不易进入孔内堵塞孔口；面对着气流方向的孔则因有薄片遮蔽，灰尘也不易进入，所以防堵皮托管可以在含尘浓度较高的气流中测定流量。套管 3 将两根细管连接成一整体。管接头 5 上的孔和测压孔相通。

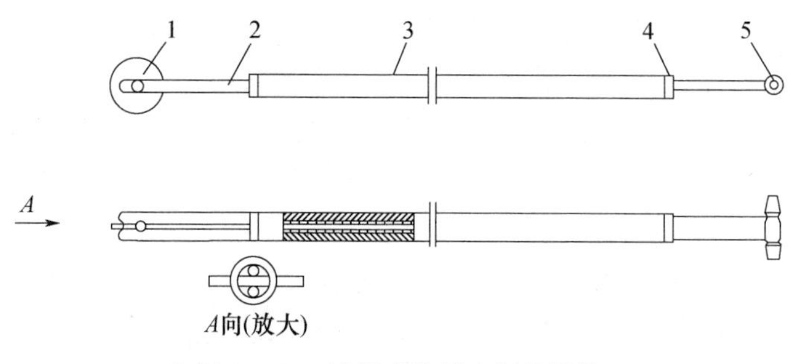

图 1-4-26　遮板式防堵皮托管结构

1—遮板；2—传压管；3—套管；4—堵板；5—管接头

防堵皮托管的两个测压孔，面向气流的测压孔，因为有薄片挡着，感受到的是近似静压；背向气流的测压孔，因管孔前面有薄片挡着，将冲向薄片的气流挡回，使管口感受到近似全压。所以防堵皮托管在使用前都要进行校正，较简易的方法是用标准皮托管来校正防堵皮托管。校正是在清洁的风管中进行的，此风管要直而长，直管的长度及标准皮托管和防堵皮托管的相对位置可参照上述“测定位置的选择”部分介绍的原则来决定。

防堵皮托管经校正后，可得到一个校正系数 K。

$$K=\sqrt{\frac{P_k}{P'_k}} \tag{1-4-15}$$

防堵皮托管校正后，其头部要注意保护不要碰撞，否则改变了测压孔和薄片之间的相对位置，其已校正的系数发生改变，造成新的测量误差。

2）靠背式防堵皮托管

靠背式防堵皮托管结构如图 1-4-27 所示。它的两个测压管孔，一个迎着气流感受全压，另一个背着气流感受近似的静压（受旋涡的影响）。因此靠背式防堵皮托管在使用前也要用标准皮托管校正。

靠背式防堵皮托管的防堵性能较遮板式稍差，但结构简单，加工容易。

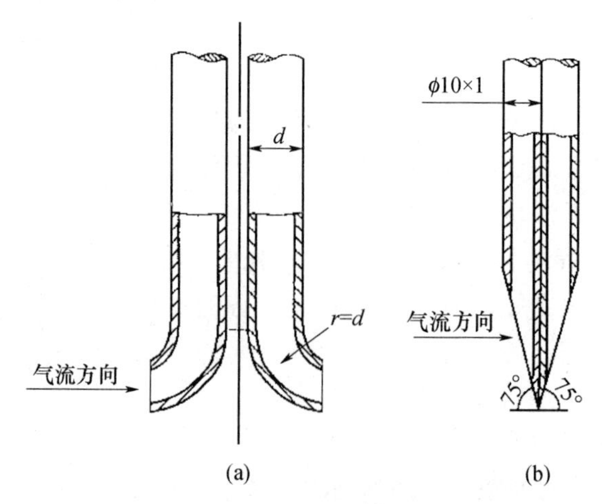

图 1-4-27　靠背式防堵皮托管结构

（a）弯管式；（b）锥式

3）笛形测速管

笛形测速管的测量原理和普通测速管的测量原理一样。不同的是：普通皮托管测速方法是一点一点地测动压，再求平均动压；而笛形测速管是在一个直管上，按要求测点的位置上开一个小孔，其形状如一根笛，放在风管中，一次测出其平均动压，如图 1-4-28 所示。

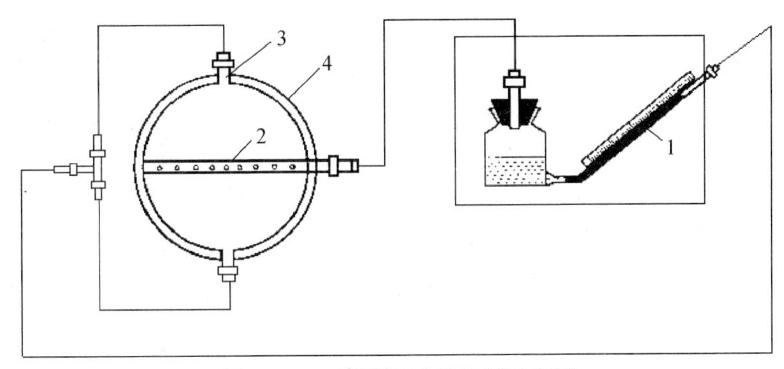

图 1-4-28　笛形测速管装置示意图

1—倾斜管压力计；2—笛形管；3—静压测定管；4—圆形风管

测出平均动压 P_{kau}后，就可利用普通测速管计算流量的公式，计算出流量。

2. 压差式流量计

压差式流量计基于在流通管道上设置流动阻力件，流体通过阻力件时将产生压力差，此压力差和流体流量之间有确定的数值关系，通过测量压差值可以求得流体流量。最常用的压差式流量计是由产生压差的装置和压差计组合而成。下面介绍最常用的压差式流量计——转子流量计。

转子式流量计是一种比较常用的流量测量仪表，适用于小于 150mm 的中小管径、中小流量、低雷诺数的流量测量，具有结构简单，直观、压力损失小、测量范围大、维修方便等优点。但仪表测量精度受被测介质的密度、黏度、温度、压力、纯净度以及安装位置的影响。

（1）结构和测量原理

转子流量计主要由一根自下向上扩大的垂直锥形管和一只可以沿锥形管轴向上下自由移动的转子（也称浮子）组成，如图 1-4-29 所示。流体由锥形管底部进入从顶部流出。转子受流体的作用悬浮于其中，从锥形玻璃管的刻度上可以读出流量。转子边缘上刻有斜槽，在通过槽内的流体作用下，使转子能稳定于管中央旋转，而不致搁置于管壁上。

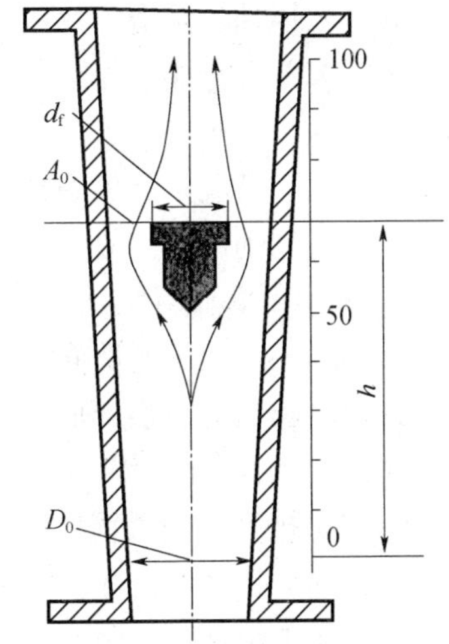

图 1-4-29　转子流量计工作原理

当流体通过转子与锥形管的环形缝隙时，由于流道截面积缩小，流速增大，因此流体的静压下降，使转子上下产生一个压力差，即产生一个向上的推动力。当总压力差大于转子的净重力（转子质量减去流体对转子的浮力）时，转子将上升；当总压力差小于转子的净重力时，转子将下沉；当总压力差与转子的净重力相等时，转子则处于平衡状态，即停留在一定位置上。平衡位置的高度与所通过的流量有对应关系，这个高度就代表流量值的大小。

转子流量计一般有两种类型：采用玻璃锥形管的直读式转子流量计和采用金属锥形管的远传式转子流量计。直读式转子流量计主要由玻璃锥形管、浮子和支撑结构组成。流量值直接刻在锥形管上，由浮子位置高度就可以直接读出流量值。远传式转子流量计采用非导磁金属锥形管，测量转换机构将转子的移动转换为电信号或气信号进行远传及显示。

（2）转子流量计修正

转子流量计是一种非标准化仪表，在大多数情况下宜个别地按照实际被测介质进行刻度。仪表制造厂在进行刻度时，对于液体介质用水，对于气体介质用空气来标定，其标定是在20℃、101325Pa（760mmHg）状态下进行的。也就是说转子流量计的流量标尺上的刻度值，对测量液体来说是代表20℃时水的流量值；对测量气体来说则是代表20℃、101325Pa压力下空气的流量值。每台转子流量计都附有出厂标定的流量数据。但在实际使用时，由于被测介质的不同（液体不是水，气体不是空气，因而密度不同）和所处的工作状态（温度和压力）的不同，使转子流量计的指示值和被测介质实际流量值之间存在一定差别。为此，必须对流量指示值进行修正。

对于气体，转子流量计的换算为：

$$\frac{V_a}{V_g}=\left(\frac{\rho_g}{\rho_a}\right)^{\frac{1}{2}} \tag{1-4-16}$$

式中 V_a、V_g——空气和气体的流量，m^3/s；

ρ_a、ρ_g——空气和气体的密度，kg/m^3。

3. 风速计

风速计是测量洁净和常温气体流速最简单的一种仪器。通过风速计可以计算管道中的气体流量。热工测量中主要用于测量环境风速和方向、窑炉的漏风等。常用的有翼轮式风速计和热球式风速计。

（1）翼轮式风速计

翼轮式风速计有两种形式，即转轮式和转杯式。

1）转轮式风速计

转轮式风速计适用于气流速度为0.5～10m/s的范围。若测定较高流速时，叶片容易变形，影响其准确性。

转轮式风速计是由四片或八片薄铝板叶片组成的翼轮和电传、显示等部分组成，如图1-4-30所示。叶片倾斜40°～50°角，当气流的压力作用在叶片上时，使翼轮转动，其转速与气流的速度成正比，借电传装置，在显示屏上显示出风速和温度。风速计上装有制动钮，可使指针转动或停止，以便控制测定时间。

图1-4-30 转轮式风速计

2）转杯式风速计（风速风向仪）

转杯式风速计的测量范围为1～60m/s，它的感应部分是由三个或四个圆锥形或半球形的空杯组成。空心杯壳固定在互成120°的三叉星形支架上或互成90°的十字形支架上，杯的凹面顺着一个方向排列。当气流吹在杯的凹面时，就产生转动力矩，使翼轮转动。顶部有指针，可指示出风向。目前新型转杯风速表均是采用三杯的，并且锥形杯的性能比半球形的性能好。

图1-4-31为转杯式风速计示意图。它用于测量瞬时风速风向和平均风速风向，具有显

示、自动记录等功能，由风速传感器和风向传感器、气象数据采集仪、计算机气象软件三部分组成。风杯一般采用碳纤维材料，强度高。风速测量精度达到±0.3m/s，风向测量精度达到±3°，可靠性高，使用方便。

（2）热球式风速计

热球式风速计由热球式测头和测量仪表两部分组成，测杆的头部有一个直径约0.8mm的玻璃球。球内绕有加热玻璃球用的镍铬丝线圈和两个串联的热电偶。热电偶的冷端连接在铜质的支柱上，直接暴露在气流中。当一定大小的电流通过加热线圈后，玻璃球的温度升高，升高的程度与气流的速度有关，流速小时升高程度大，反之升高的程度小。升高程度的大小通过热电偶产生的热电势在电表上指示出来。电表以气体流速刻度，故可直接读出流速。再用校正曲线校正，得出实际流速。

QDF-6数显风速仪是一种便携式的，可显示直接物理量的仪器，是测量低风速的基本仪器，如图1-4-32所示。该仪器结构紧凑，体积小，性能稳定，操作维护方便。可测量风速的范围为0～30m/s，风温为－10～40℃。但不能碰撞和震动，也不宜在灰尘过大或有腐蚀性的气体中使用。

图1-4-31　转杯式风速计

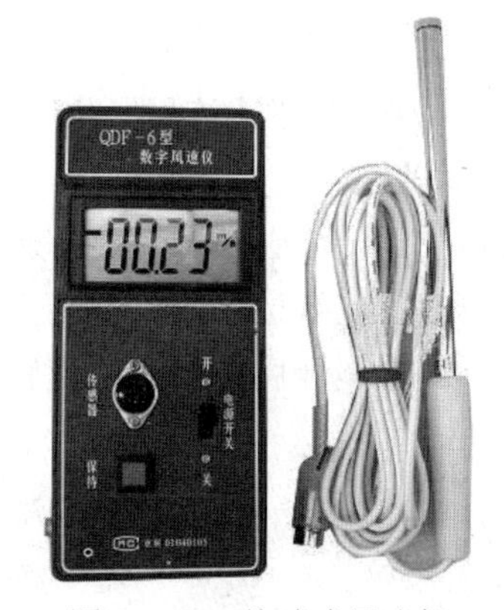

图1-4-32　热球式风速仪

4.3.2　流量测量仪表的使用

1. 测点位置的选择

测点位置的选择对流量测量结果至关重要，测点位置在选择时应注意以下几点：

① 气体管道上的测孔，应尽量避免选在靠弯曲、变形和有闸门的地方，避开涡流和漏风的影响。

② 测孔位置的选择原则：测孔上游直线管道长大于$6D$，测孔下游直线管道长大于$3D$（D为管道直径）。如果遇到测定孔不可避免地要设在拐弯或其他造成涡流的装置附近，那么上游直线管道最小不要少于$3D$。原则是必须避免在涡流的地方测定，否则会在测定时出现不稳定或不正常的现象，影响测定准确性。同时，为了更好地防止涡流，可在管道测定点上游安装整流器。

③ 圆形管道流量的测定过程中，需要将管道分成适当数量的等面积同心环，各测点选在各环等面积中心线与呈垂直相交的两条直径线的交点上。直径小于0.3m，流速分布比较均匀、对称并符合测点位置要求的小圆形管道，取管道中心作为测点。

④ 矩形管道流量的测定过程中，管道断面面积小于 0.1m^2，流速分布比较均匀、对称并符合测点位置要求的小矩形管道，取管道中心作为测点。

2. 流量测量仪表的使用

（1）笛形测速管的使用

安装笛形管时应注意以下几点：

① 测定风道的静压管管头要垂直管道中心线，最好焊接在管道外壁上。要是插入管道壁中再焊时，则插入部分不应超过管道内壁，要刚好和管道内壁平齐。交接处要平滑，不应有毛刺。

② 为使测量结果精确，可在管道四周对称地安装 2 个或 4 个静压管。

③ 笛形管应装在管道中心位置并与气流流动方向垂直，测管小孔应迎着气流方向。笛形管一般采用外径为 10～20mm 的铜管，小孔直径为 1～2mm。开孔处应打光，不应有毛刺。为了测量准确，开孔位置要用等面积同心圆环法确定。

这种测速管可长期安装在测点上，全套仪器可自制，使用方便，还能看出瞬间变化。它最适合于测回转窑一次风，但不宜用于含尘气体的流量测定，因气体中的粉尘很快会将小孔堵塞。

（2）转子流量计的使用

转于流量计用来测量中小流量。测量基本误差约为刻度最大值的±2%，量程比为 10：1。

转子流量计安装要注意测量范围、工作压力和介质温度等，使之符合有关规定，仪表应垂直安装在管道上，流体必须自下而上通过流量计。流量计前后应有截断阀，并安装旁通管道。仪表的主管道上应装过滤器，以避免脏物粘附于转子上而影响测量精度。流量计投入运行时，前后阀门要缓慢开启，投入运行后要关闭旁路阀。

4.4 水泥熟料煅烧系统气体成分的测量

水泥工业窑炉在生产过程中会排出大量的废气，废气是一种含有 CO_2、N_2、O_2、CO、SO_2等多组分的混合气体。在热工测量时，分析这些废气的成分有如下作用：

① 通过测定窑炉废气成分，计算空气过剩系数，判定窑炉的供风情况。

② 由窑炉废气中的 CO 量，可以推测窑炉内化学不完全燃烧的程度，结合供风情况，进而判断窑内物料煅烧状况。

③ 通过窑炉系统不同部位的废气成分分析比较，可以计算漏风量。

④ 对窑炉废气有害成分的分析，可以知道废气对大气的污染程度。

4.4.1 气体成分测量基本知识

气体分析就是对气体组分进行定性和定量的分析，即确定气体中某些成分是什么和是多少的分析活动。它包括对各种空间、不同状态和不同组成条件下气体成分的分析。分析的方法有两种类型：一种是定期取样，通过实验室测定的实验室分析方法；另一种是利用可以连续测定被测物质的含量或性质的自动分析仪表。成分分析使用的仪器或仪表基于多种测量原理，在进行分析测量时，需要根据被测物质的物理或化学性质，来选择适当的手段和仪表。

气体成分分析的方法可分为化学分析法、物理分析法和物理化学分析法。化学分析法是利用气体的化学性质而确定其含量的方法；物理分析法是根据气体的物理性质，如密度、导热率、热值、折射率等进行测定的方法；物理化学分析法是根据气体的物理化学性质，如电导率、吸附性或溶解特性以及光吸收特性等进行测定的方法。

（1）化学分析法。用化学分析法测定混合气体各组分时，应根据他们的化学性质来决定所采用的方法，常用的有吸收法和燃烧法。

（2）其他分析方法。常用的有质谱仪、气相色谱仪、红外线气体分析仪、紫外线气体分析仪、热导式气体分析仪及电化学式气体分析仪等分析方法。

4.4.2　气体成分测量仪表

1. 奥氏气体分析仪

奥氏气体分析仪，是一种用于分析气体含量的仪器，多用于分析含有的氧气、二氧化碳、一氧化碳、甲烷、氮气、氢气的混合气体的各组分含量。随着技术的提升，目前的一些奥氏气体分析仪还可以分析烷烃类气体。

（1）奥氏气体分析仪结构

奥氏气体分析仪有多种，如图1-4-33所示为改良型奥氏气体分析仪，也是国内常见的QF-190型奥氏气体分析仪。它主要由一支双臂式量气管、五个吸收瓶和一个爆炸瓶组成。可进行CO_2、O_2、CO、CH_4、H_2、N_2混合气体的分析测定。

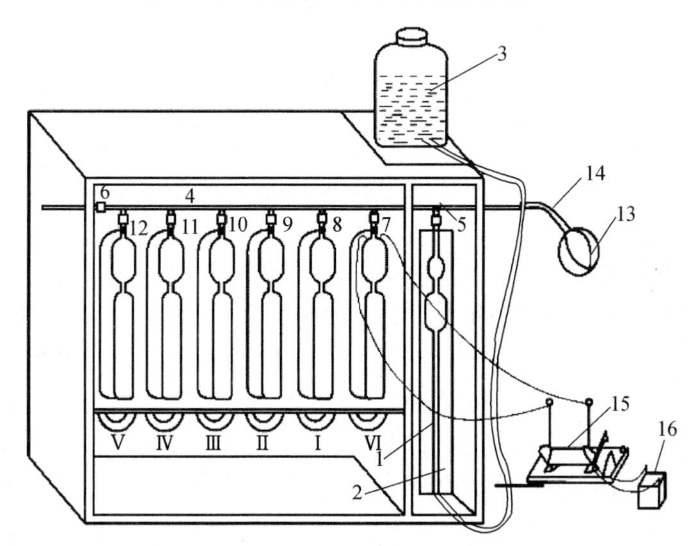

图1-4-33　QF-190型奥氏气体分析仪

1—量气管；2—恒温水套管；3—水准瓶；4—梳形管；5—四通旋塞；6～12—旋塞；13—取样器；14—气体导入管；15—感应圈；16—蓄电池；Ⅰ～Ⅴ—吸收瓶；Ⅵ—爆炸瓶

1）量气瓶与水准瓶。量气瓶是测量气体体积的装置，一般是容积为100mL且带有刻度的玻璃管，下端用橡皮管与水准瓶连接。水准瓶内装满封闭液（一般为饱和盐类的酸性水溶液），上端与梳形管相连。当升高水准瓶时，管内液面上升，将气体放出；当下降水准瓶时，管内液面下降，将气体吸入。

2）梳形管及旋塞。梳形管是连接量气管、各吸收瓶及燃烧瓶的部件。旋塞用以控制气体的流动路线。

3）吸收瓶。内盛气体吸收剂，用来完成气体分析中的吸收作用。吸收瓶有接触式和气泡式两种结构。接触式吸收瓶适用于黏度较大的吸收剂，气泡式吸收瓶适用于黏度较小的吸收剂。

4）爆炸瓶。爆炸瓶是一个球形厚壁抗振玻璃容器，球的上端熔封两根铂丝电极，铂丝的外端接电源，电通过感应圈变成高压电加到铂丝电极上，使铂丝电极间隙处产生火花，从而使可燃气体爆炸。

（2）测定原理

由窑尾排出的气体是煤粉燃烧后生产烟气，其全分析项目有 CO_2、O_2、CO、N_2等。分析程序是先测定 CO_2，其次为 O_2，最后是 CO。它们的吸收剂是：CO_2用苛性钾或苛性钠溶液；O_2用焦性没食子酸碱溶液；CO 用氯化亚铜的氨溶液。

1）二氧化碳

二氧化碳是酸性氧化物，一般采用苛性钾（KOH）为吸收剂。吸收反应方程式为：

$$2KOH+CO_2 = K_2CO_3+H_2O$$

2）氧气

最常用的氧吸收剂是焦性没食子酸的碱性溶液。反应分两步进行：首先是焦性没食子酸和氢氧化钾发生中和反应，生成焦性没食子酸钾，然后是焦性没食子酸钾和氧作用生成六氧基联苯钾。

3）一氧化碳

用氯化亚铜氨性溶液作为 CO 的吸收剂。反应方程式为：

$$Cu(NH_3)_2Cl+2CO = Cu(CO)_2Cl+2NH_3$$

以上三次测试，每次读数以后都需要再通过一次甚至几次后再重新读数，以检查吸收是否完全。前后两次读数相同时，方可依次进行下一个吸收瓶的操作。

经过上述三次吸收后，剩下的气体即为氮气（N_2），即氮气百分含量为：

$$N_2 = 100-CO_2-O_2-CO$$

2. 红外气体分析仪

红外线气体分析仪属于光学分析仪表，它利用气体对不同红外线具有选择吸收的特性，对多组分混合气体中的 CO、CO_2、CH_4、C_2H_2、NH_3和水蒸气等气体浓度进行测定。对双原子气体如 N_2、O_2、H_2等及各种惰性气体如 He、Ne、Ar 等，红外气体分析仪不能测定。

3. 热导式气体分析仪

热导式气体分析仪用于测量混合气体中的 H_2、CO、CO_2、NH_3、SO_2等组分的含量，它是根据气体混合物中待测组分含量的变化引起气体混合物导热系数变化这一特征进行测量的。这类仪表结构简单、工作稳定、体积小，使用较为广泛。

4. 烟气分析仪

烟气分析仪是利用电化学传感器连续分析测量 CO_2、CO、NO_x、SO_2等烟气含量的设备。常用于水泥企业污染排放、烟道气及污染源附近的环境监测。

电化学气体传感器性能比较稳定，寿命较长，耗电很小，对气体的响应快，不受湿度的影响，分辨率一般可以达到 0.1μmol/mol（随传感器不同有所不同）。它的温度适应性也比较宽。然而，它受读数温度变化的影响也比较大。所以很多仪器都有软硬件的温度补偿处理。同时电化学式传感器又具有体积小、操作简单、携带方便、可用于现场监测及成本低等优点，所以，在目前各类气体检测设备中，包括烟气分析仪、电化学气体传感器占有很重要的地位。

4.4.3　气体成分测量仪表的使用

在预分解窑系统热工标定过程中，使用奥氏气体分析仪可以检测各级旋风筒出口、分解炉出口及窑尾上升烟室采集的烟气，具体操作过程如下。

1. 仪器、试剂准备

(1) 仪器

QF-190 型奥氏气体分析仪、取样球胆、真空脂、脱脂棉、镊子、洗耳球、酒精、透针或者细铁丝。

(2) 试剂

① 300g/L 氢氧化钾溶液。称取 300g KOH 置于耐热容器中，用蒸馏水溶解并稀释至 1000mL，混匀即可。配制时要注意安全，配好后用胶塞塞紧瓶口，塞上应配备二氧化碳吸收管。

② 焦性没食子酸钾溶液。称取 10g 焦性没食子酸，溶于 30mL 热水中，再称取 50g KOH 溶解于 50mL 蒸馏水中。使用前将上述两种溶液按（1+1）混合装入吸收瓶中。

③ 氯化亚铜的氨性溶液。称取 250g NH_4Cl 溶解于 750mL 热蒸馏水中，冷却后加入 250g Cu_2Cl_2，用胶塞塞紧瓶口并摇动，使其完全溶解，再倾入盛满铜丝的瓶中，塞紧瓶塞，使用前加入 750mL 氨水（ρ=0.91g/L）混合。

④ 试剂配制所用仪器。托盘天平一架、玻璃烧杯、玻璃棒、量筒、角匙、调温电炉、烧杯钳等。

2. 仪器清洗及气密性检查

(1) 清洗与安装

将奥氏气体分析仪的全部玻璃部分洗涤干净，旋塞涂好真空脂，并在各吸收瓶中加入相应的吸收液及液体石蜡隔绝空气，并按顺序安装好仪器。

(2) 气密性检查

1) 减压检查法

用量筒中吸取约 10mL 空气，使量筒与梳形管相通，而梳形管与大气隔绝。将水准瓶置于最低处，使管内形成尽量大的负压，如果 3min 后量管内液面保持稳定，表明气密性好。如果液面下降，则表示存在漏点，应分别检查，将漏点修好。

2) 加压检查法

用量筒中吸取约 80mL 空气，使量筒与梳形管相通，而梳形管与大气隔绝，将水准瓶置于量管上部尽量高处使管内形成正压，如果 3min 后量管内液面及各吸收瓶液面均保持稳定，表示仪器气密性好。否则表示有漏点，需处理。

3) 量管上部由“0”至活塞间体积的标定

用量管准确量取 10.0mL 空气（无 CO_2）压入 KOH（NaOH）吸收瓶，然后再准确吸取同样的空气 5.0mL，再把贮于 KOH 吸收瓶中的 10.0mL 空气抽回量管中，读取气体的体积，超过 15.0mL 的部分气体体积数即为量管由“0”至活塞的体积数。

3. 烟气试样采集

(1) 取样口的安装

取样口是一段带有取样阀，并焊接在管道上的不锈钢管，将取样管（不锈钢管直径 8mm）从水平方向插入烟气主管道，与气流方向相逆成 45°，插入深度至管径直径 1/6 处以

上，使露在外面部分的长度不超过8～10cm。(取样口的设置应避开阀门、弯头和管径发生急速变化处)

(2) 气囊取样法

将皮囊上的橡胶管套牢在取样管上，将烟气充入皮囊，如图1-4-34所示，充满后取下，并将囊内的气体全部挤出（一边向外挤出气体，一边用手将皮囊卷成卷状，直至袋内形成真空)，重复做三次。当囊内成为真空后，连接皮囊橡胶管口与取样管口，向皮囊内充入所要取的烟气样品。充满后，关闭取样管阀门，并用夹子夹紧皮囊上的橡胶管，防止空气进入袋内。

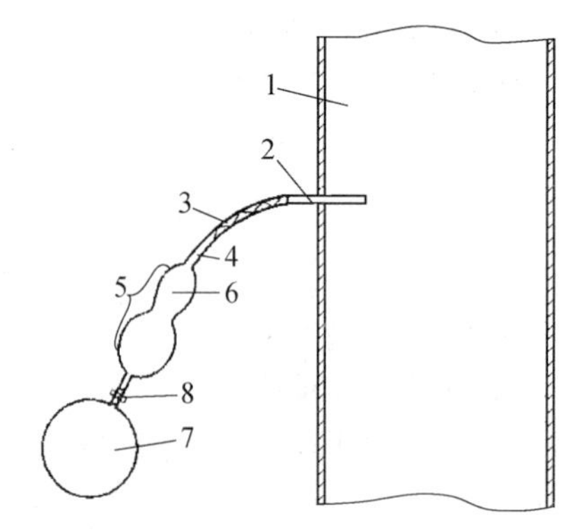

图1-4-34　管道取气装置

1—管道；2—取气铜管；3—连接橡皮管；4—玻璃管；5—抽气双联球；6—抽气球；7—储气球；8—夹子

注意事项：皮囊橡胶管口要求与取样管口吻合，否则，易使空气带入，而改变烟气样品的性质；采得后的烟气样品，最多存放时间为2h；取好的烟气样品，应填好标签，注明取样地点、取样时间、取样人员。

4．烟气成分测定

(1) 首先检查分析仪器的密封情况。关闭所有旋塞观察3min，如果液面没有变化，则说明不漏气。

(2) 将样气送入量气管然后全部排出，置换三次，确保仪器内没有空气。准确量取样气100mL为V_1。读数时保持封闭液瓶内液面与量气管内液面水平。

(3) 第一个吸收瓶的作用是吸收二氧化碳。因为氢氧化钾溶液可以吸收CO_2及少量H_2S等酸性气体，而其他组分对之不干扰，故排在第一。

将样气送入二氧化碳吸收瓶，往返吸收最少8次，然后将样气送入量气管读数，再往返吸收两次后重新读数，如果两次度数一致，则说明气体完全吸收，吸收至读数不变记为V_2。

(4) 第二个吸收瓶的作用是吸收不饱和烃。不饱和烃在硫酸银的催化下，能和浓硫酸起加成反应而被吸收。

将样气送入不饱和烃吸收瓶，往返吸收最少18次，然后将样气送入量气管读数，再往返吸收两次后重新读数，吸收至读数不变记为V_3。

(5) 第三个吸收瓶的作用是吸收氧气。焦性没食子酸碱性溶液能吸收O_2，同时也能吸收酸性气体如CO_2，所以应该把CO_2等酸性气体排除后再吸收O_2。

将样气送入氧气吸收瓶，往返吸收最少8次，然后将样气送入量气管读数，再往返吸收两次后重新读数，吸收至读数不变记为V_4。

(6) 第四、五、六个吸收瓶的作用是吸收一氧化碳。氯化亚铜氨溶液能吸收CO，但此溶液与二氧化碳、不饱和烃、氧气都能作用，因此应放在最后。吸收过程中，氯化亚铜氨溶液中NH_3会逸出，所以CO被吸收完毕后，需用5%的硫酸溶液除去残气中的NH_3，因为烟气中CO含量高，应使用两个CO吸收瓶。

将样气送入第一个CO吸收瓶往返吸收最少18次，再用第二个CO吸收瓶往返吸收最少8次，再送入硫酸吸收瓶往返吸收最少8次，然后将样气送入量气管读数，再往返吸收两次后重新读数，吸收至读数不变为V_5。

（7）将样气送入第六个吸收瓶，取剩余样气的 1/3 送入量气管，在中心三通旋塞处加氧气，将中心三通旋塞按顺时针旋转 180°，将氧气送入量气管，混合后量气管读数为 100mL，将中心三通旋塞按顺时针旋转 45°，把量气管内气体分四次使用高频火花器点火进行爆炸，第一次爆炸体积为 10mL 左右，第二次爆炸体积为 20mL 左右，第三次爆炸体积为 30mL 左右，第四次将剩余气体全部爆炸。冷却后将全部气体送入量气管中，记下量气管读数 V_6。

（8）将剩余气体送入二氧化碳吸收瓶，往返吸收最少 8 次，然后将样气送入量气管读数，再往返吸收两次后重新读数，吸收至读数不变记为 V_7。

（9）通过上述的吸收及燃烧法测定后，剩余的气体体积为 V_{N_2}。

5. 数据处理及结果

根据气体分析仪测出的气体成分，可进行空气过剩系数的计算，空气过剩系数的大小有利于评价烧成系统的热工状况。过剩空气系数太小，燃料燃烧不完全，浪费燃料，甚至会造成二次燃烧；但过剩空气系数太大，入炉空气太多，炉膛温度下降，传热不好，烟道气量多，带走热量多，也浪费燃料。

空气过剩系数的计算依据下列公式：

$$\alpha=\frac{V_{N_2}}{V_{N_2}-\frac{79}{21}\left(V_{O_2}-\frac{1}{2}V_{CO}\right)} \tag{1-4-17}$$

6. 奥氏气体分析仪使用要求

（1）应根据不同的烟气温度来确定和选用不同材质的取样管，以防止取样管与烟气中二氧化碳或水汽发生反应，从而改变烟气的原始成分。

（2）仪器内所有连接部分要紧密，开关要涂上真空脂或凡士林油，防止漏气。

（3）在进行分析时，注意不要使试剂高出吸收器上规定的液面标记线。

（4）分析器的准确性，可以用吸收空气中氧来检验，空气中氧含量约为 20.9%。

4.5　水泥熟料煅烧系统气体的含尘率和湿度的测定

4.5.1　气体含尘率测量

水泥厂的热工设备和粉磨设备在工作过程中会排出大量带有部分固体颗粒的气体，这种含有固体颗粒的气体称为含尘气体。

测定气体中含尘率的基本原理是：将待测的气体从管道中抽出，把灰尘过滤下来，称其质量，把气体通过流量计测出其流量，将灰尘量除以气体量，得到单位气体中的灰尘量，即气体中的含尘率，其单位为 g/m^3。

气体的含尘率测定是热工标定中重要的一项，尽管现在出现了很多新的测试仪，但它的测试原理基本是一样的。从测试方法上来说，分为两类：一是利用抽气装置将管道内的含尘气体吸出来，经过过滤器把固体颗粒滤下，过滤后的气体再经流量计计量，最后排入大气，根据称量后的粉尘量和计量的气体量即可计算出含尘浓度；二是利用光电手段，使光束通过含尘气体，光的强度会因粉尘的多少而发生改变，利用光敏电阻测出这种变化，从而确定出含尘浓度。在回转窑热工标定中，目前一般采用管道外滤尘法和管道内滤尘法（烟尘测试仪）来进行测量。

1. 管道外滤尘法

水泥厂中常用的管道外滤尘法测定含尘率的测量系统由取样管、旋风除尘器、保温箱、湿式流量计、喷射器、微压计及温度计等组成，如图 1-4-35 所示。

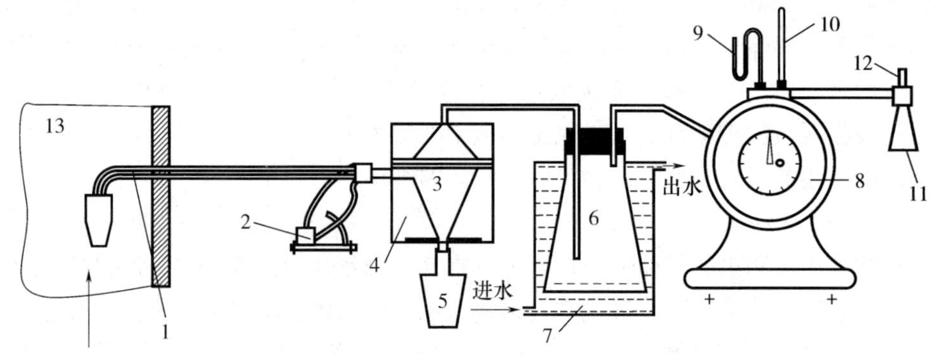

图 1-4-35　含尘率测定仪器装置（管道外滤尘法）

1—取样管；2—微压计；3—旋风除尘器；4—保温箱；5—集灰瓶；6—水冷凝瓶；7—水箱；8—湿式流量计；9—压力计；10—温度计；11—喷射器；12—管道；13—烟道

烟道中的含尘气体受到喷射器产生的抽力作用进入取样嘴，并沿取样管进入旋风除尘器中而受到分离，较粗颗粒落入集灰瓶中，细粉尘则被收集在绒布或玻璃棉上。经收尘后的气体流过盛有水的冷凝器中，水汽被冷凝留在瓶中，而干气体则进入湿式流量计测出流量。气体的压力和温度分别由流量计上的 U 形管和温度计读出。抽取气体的速度依靠喷射管上阀门来调节，使取样管上微压计读数在零点以达到等速取样。

（1）取样管

用于管道外滤尘的取样管如图 1-4-36 所示。它由 3 根管子组成，中间那一根较粗的铜管是取样管，旁边两根小铜管是外静压管和内静压管。下面一根内静压管通到取样管前端取样嘴的圆锥套管内，用来反映取样管内的静压；上面一根外静压管通到取样嘴的圆柱套管 2 中部，用来反映取样嘴外部的静压。

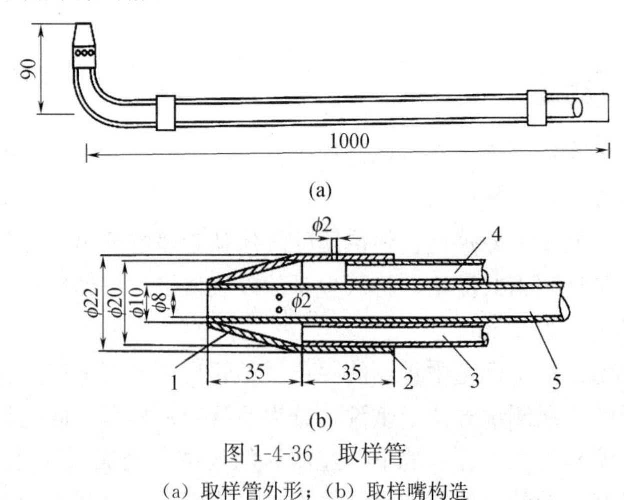

图 1-4-36　取样管

（a）取样管外形；（b）取样嘴构造

1—圆锥套管；2—圆柱套管；3—内静压管；4—外静压管；5—取样管

当两根静压管所反映的静压相等时，则表示取样管内和取样管外的气体流速相等（气体的全压一定，静压相等动压也必然相等，即流速相等）。当取样管的气流速度大于取样管外部气流速度时，稍粗的粒子由于惯性作用，不如气体和细粉灵活，取样管口范围外的部分粗粒子随气体沿原来方向向前流动未进入取样嘴内，而细粒子则易随气流被吸入，如图 1-4-37（a）所示，这样的结果使测定的含尘率较实际偏低；反之，当取样管内的气流速度小于取样管外部的气流速度时，则使取样管口范围内的部分气流和细粒子在取样嘴入口处改变了方向未能进入，而这部分气流中的粗粒子因惯性作用，仍然进入取样嘴内，如图 1-4-37（b）所示，这样进入取样嘴内的灰尘并不随进入的气体量按比例减少，故测出的含尘率就较实际情况偏高。如果取样嘴没有对准气流，如图 1-4-37（c）所示，测得的气体含尘率也会偏低。只有取样嘴对准气流，并且取样管内外气流速度相等，如图 1-4-37（d）所示，测得的结果才是正确的。

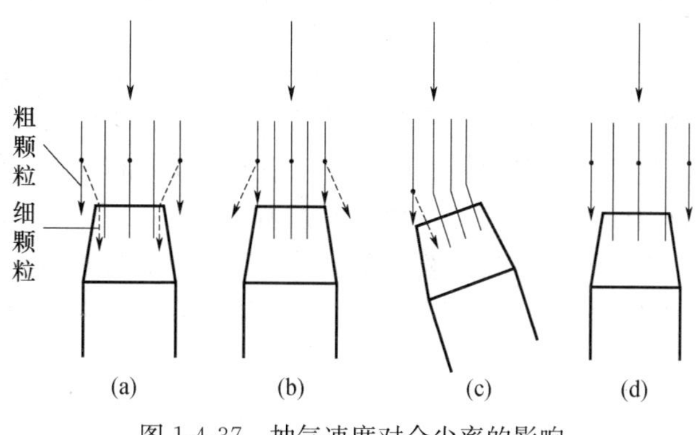

图 1-4-37　抽气速度对合尘率的影响

几种不同抽气速度对含尘率的影响如表 1-4-11 所示。

表 1-4-11　几种不同抽气速度对含尘率的影响

比较项目	(a)	(b)	(c)	(d)
抽气速度	大	小	歪	正常
含尘率	低	高	低	正确

所以要测准气体的含尘率，必须使取样管内外气流速度一致。测定时可将静压管的尾部管口用橡皮管同微压计相连接，当微压计指示在零点时，表明两者气流速度相等。如果微压计指示不在零位，可调节抽气速度，使其指示在零点。

在实际操作时，要控制微压计的指示正好在零点是有困难的。根据试验，当控制取样管内负压稍大于管外负压（不大于 50Pa）时产生的误差很小；如果管内负压略小于管外负压时，则会产生较大的误差。所以在实际操作时，维持管内负压较管外负压大 0～50Pa 是可以的。

（2）旋风除尘器

旋风除尘器如图 1-4-38 所示，由带有弯管的盖子、圆锥形的下灰斗（带有进气管）、圆盘形的挡灰盘等组成，使用时在挡灰盘和盖子间垫有绒布（或玻璃棉），铁卡子用来夹紧盖子和下灰斗。为了防止漏气，中间可加橡胶垫圈。

含尘气流从切线方向进入下灰斗形成螺旋运动，灰尘受离心力作用，粗颗粒灰尘沉降速度大，沉降于器壁，落于除尘器下部进入集灰瓶，较细的灰尘随气流上升，被绒布或玻璃棉挡住。

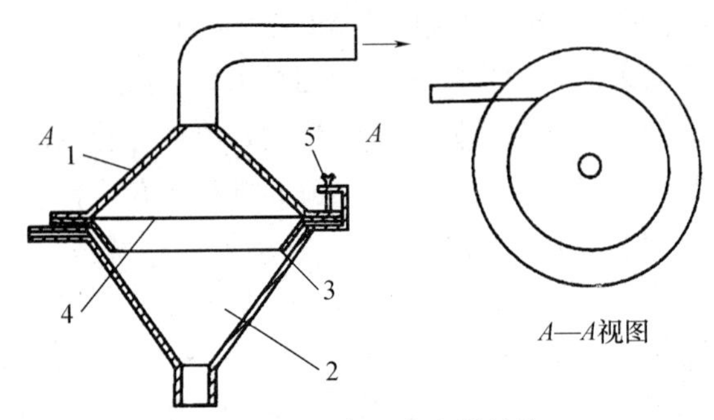

图 1-4-38　旋风除尘器结构

1—盖子；2—下灰斗；3—挡灰盘；4—绒布（或玻璃棉）；5—铁卡子

（3）保温箱

当被测气体的水分含量很高时，必须加装保温设备。保温的目的是防止水汽在除尘器内凝结，使灰尘结块堵塞管道。保温的程度应以废气温度的高低和含水汽的多少而定，使气体的温度在该气体的露点温度以上即可。保温箱结构如图 1-4-39 所示。最好预先测出气体的温度和相对湿度，找出它的露点作为保温的参数。如果仅用保温的办法还达不到要求（使气体温度高于露点），可在保温箱内加设小电炉加热，外设一个变阻器或调压变压器，以控制箱内温度。

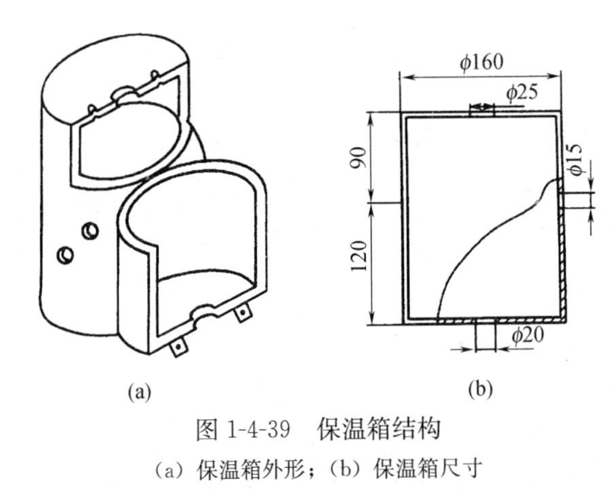

图 1-4-39　保温箱结构

（a）保温箱外形；（b）保温箱尺寸

（4）水冷凝瓶和水箱

气体的流量是用湿式流量计来计量的，湿式流量计里有水，而且水位有一定的高度，不能允许被测气体中的水汽凝结在里面。所以，气体在进入湿式流量计前必须将温度降下来，将其中过量的水汽在水冷凝瓶中冷凝下来。冷凝瓶中盛水高度要适当，水装得太少冷凝效果较差，水汽也随气体逸出；太多则水面跳动厉害，有可能被抽进管道进入流量计，影响测定结果。

水箱的作用是将冷凝瓶的热量带走，水箱中的水是流动的，温水不断排出，冷水不断补充，使热量不断地排出。

（5）湿式流量计

计量气体流量的湿式流量计，计量的是体积流量，而且要注明是在什么温度和压力下的体积流量。

在测定时由于灰尘不断进入除尘器，阻力也随之增加，要维持取样管内气体流速和外部气体流速一致，必须增加抽力。这时流量计上的压力计所示的负压随之增大，所以应当每隔3～5min记录一次负压值和温度值，以便正确计算气体量。

(6) 抽气设备

1) 真空泵

在没有压缩空气的情况下，可以考虑使用国产V-1型真空泵，每小时可抽3.25m³气体。但其质量较大，携带不便，同时进真空泵的气体必须净化和去湿。

2) 喷射器

喷射器是利用压缩空气或高压蒸气从喷射管喷入喷射器中，在喷射管出口处速度很大，故造成该处静压很低，形成负压产生吸力，从吸气管抽取含尘气体，在混合扩散管中混合后排出。

测定时，若压缩空气或蒸气能维持在0.3～0.4MPa以上的压力，一般就能满足抽力的要求。由于它的构造简单而且轻便，已广泛应用于气体含尘率、气体温度、废气湿度等测量中。

为了保证测量结果有一定的准确度，在操作时要注意以下两点：

① 要保持整个测量系统的密闭性，防止外部空气漏入。其措施可在接头处视其温度不同，用胶布、水玻璃、石蜡等封住。

② 应当选取气流稳定的部位作为测点，测点的位置应放在平均风速点上，平均风速点上的含尘率才能代表整个气体的含尘率。

2. 管道内滤尘法

(1) 工作原理

用管道外滤尘法测定气体的含尘率时，如果气体是高温湿气体，露点温度高，这样在除尘器及取样管内会有水汽凝结，造成粉尘黏附在壁上，影响测量精确度。要避免这种现象必须采取加热保温措施，使得装置更加复杂，操作更加不便。

用管道内滤尘法测定高露点湿气体的含尘率时，因在管道内滤尘，由于该处温度高，不用加热保温措施，装置及操作都比较简单。现在热工测定一般采用这种方法。图1-4-40为管道内滤尘法测定含尘率的方法中的一种。

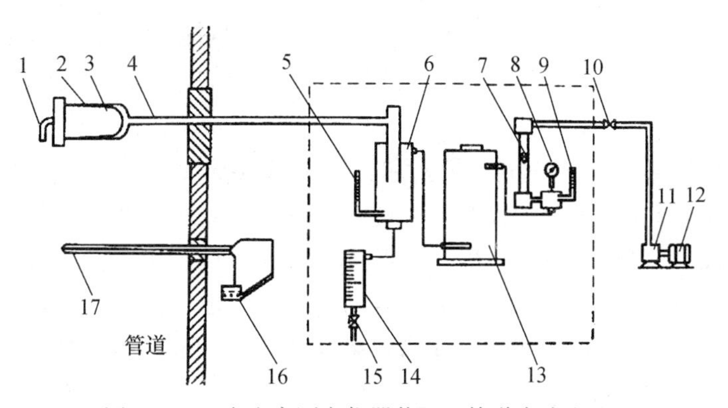

图1-4-40　含尘率测定仪器装置（管道内滤尘法）

1—取样嘴；2—滤尘罐；3—滤筒；4—滤尘罐管；5、9—温度计；6—气水分离器；7—转子流量计；8—负压表；10—阀；11—抽气泵；12—电动机；13—干燥器；14—量筒；15—放水阀；16—微压计；17—防堵皮托管

它的工作原理是：靠抽气泵的抽力作用，将管道中含尘的气体从取样嘴吸入滤尘罐内，气体中的粉尘被滤筒过滤。净化后气体经过滤尘罐管进入气水分离器，由于温度的降低，其中部分水汽冷凝下来，冷凝下来的水流入量筒中。饱和湿气体进入填有无水氯化钙的干燥器

中除去水汽，干燥气体经转子流量计计量，最后经抽气泵排出。

温度计 5 用以指示饱和湿气体的温度。温度计 9 和负压表 8 用以测定通过转子流量计 7 的干燥气体的温度和负压。

气水分离器、干燥器、温度计、负压表和流量计等组装在一个箱子里，组成一套烟尘测量装置（称为烟尘测试仪），携带方便，避免每次测定时装拆的麻烦。

（2）烟尘采样仪结构

国产的 PTP-Ⅲ皮托管平行烟尘采样仪是在原来预测流速烟尘烟气测试仪的基础上研制成功的新产品。它将采（取）样管和皮托管合二为一，测温、测压、采样可同时进行。除抽气泵与采样管以外的所有部分组成一个采样箱主机，自动跟踪烟气流速等速采样，烟尘烟气测量合二为一，采样流量：烟尘 4～40L/min，烟气 0.15～1.5L/min。采样数据自动保存，尺寸小，质量小（主机质量为 8kg），使用方便。它与以往国内老的烟尘测试仪相比具有以下特点：

① 引进了烟尘等速采样显示器（以下简称显示器）和压力传感器，从而把原来的查表，运算功能等烦琐的工作全由显示器自动替代，并实现了理论等速采样流量的自动显示，这样在现场大大方便了操作者。

② 安装了直观、可信度较高的瞬时转子流量计，从而使等速跟踪精度达到较高的水平。

③ 采用了手调跟踪流量的方法，只要根据仪器的等速采样显示器上的等速采样流量读数，本仪器就能在较短的时间内，方便地实现调节。实践证明，此方法快速、直观、可靠、且等速跟踪误差小。

④ 摒弃了以往故障率较高，容易堵死，难于维修的刮板泵，用新型高性能隔膜式真空泵取而代之。

⑤ 不论哪种型式的采样管，当长度为 3～6m 时都可特制成对接可卸式，从而给携带和运输带来诸多方便。

⑥ 仪器配有加热性能良好的全加热式的采样管，可在含水量较高的烟气、废气中进行各种工业废气二氧化硫（SO_2）、氮氧化物（NO_x）等的准确采样。

测定时，取样嘴放在管道内平均流速处，采样仪将通过防堵皮托管自动采集烟气管道内测点的动压值，并通过调节抽气泵的流量使取样管内气流的动压与测点气流的测量值相等，即可保持内外气流速度一致。

取样器（管）结构如图 1-4-41 所示。它主要由取样嘴 1、滤尘罐 4 和滤尘罐管 6 等组成。滤尘罐内有滤筒 5、压环 3 和锁紧盖 2 使滤筒口紧贴于滤尘罐口壁上。锁紧盖前端有一根 90°短弯管，管的一端有内螺纹，根据取样点的风速可以配上不同直径的取样嘴 1。一般取样嘴规格可根据采样速度来选取。采样速度 $\omega \leqslant 5.5$m/s，选用 ϕ12mm 取样嘴；采样速度 5.5m/s$<\omega\leqslant$7.7m/s，选用 ϕ10mm 取样嘴；采样速度 7.7m/s$<\omega\leqslant$13m/s，选用 ϕ8mm 取样嘴；采样速度 $\omega>$13m/s，选用 ϕ6mm 取样嘴。

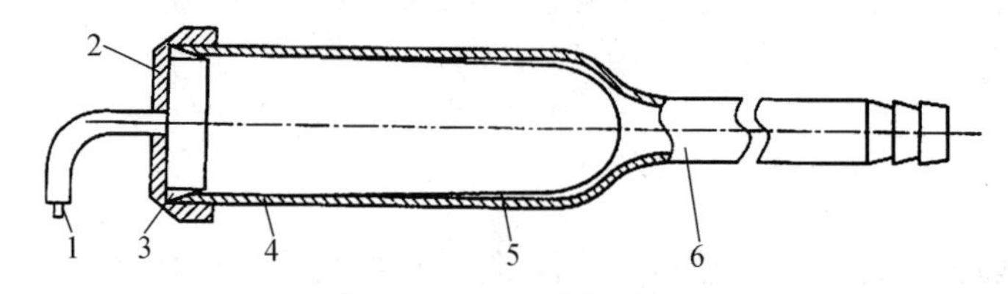

图 1-4-41　取样器结构

1—取样嘴；2—锁紧盖；3—压环；4—滤尘罐；5—滤筒；6—滤尘罐管

滤筒由超细玻璃纤维用聚醋酸乙烯树脂胶合而成，可在250℃以下使用，流量在35L/min时，空载阻力约为2.7kPa，最大粉尘容量约为10g。

（3）含尘计算

取样嘴外气流速度可用防堵皮托管测定，用微压计测量其动压值，其流速ω可用下式计算：

$$\omega=K\sqrt{\frac{2P'_k}{\rho}} \tag{1-4-18}$$

式中　ω——气体的流速，m/s；

K——防堵皮托管的校正系数；

P'_k——防堵皮托管测出的动压，Pa；

ρ——气体的密度，kg/m^3。

为了简化公式，气体的密度近似用空气密度代入得：

$$\omega=K\sqrt{\frac{2P'_k}{1.293\times\frac{273}{273+t}}}=0.075K\sqrt{P'_k(273+t)} \tag{1-4-19}$$

式中　t——管道内气体温度，℃。

当气体露点较低或测量仪器采取保温措施时，在测定过程中气体不会冷凝出来，这样流量计前可以不设干燥器，这时湿气体流量为：

$$V=0.785\left(\frac{d}{1000}\right)^2\omega\times\frac{273+t_R}{273+t}\times\frac{P_a+P}{P_a+P_R} \tag{1-4-20}$$

式中　V——在t_R、P_R状态下湿气体的流量，m^3/s；

d——取样嘴直径，mm；

t_R——气体通过流量计时的温度，℃；

P_a——大气压力，Pa；

P_R——气体通过流量计时的压力，Pa；

P——管道内静压，Pa。

当气体湿度较高时，流量计前必须设干燥器，则干气体流量为：

$$V_d=\frac{V(1-\varphi_{H_2O})}{1} \tag{1-4-21}$$

式中　φ_{H_2O}——气体中水蒸气体积分数，%；

V_d——在t_R、P_R状态下干气体的流量，m^3/s。

气体中水蒸气体积分数可用图1-4-40中的量筒14里的水量和干燥器13中干燥剂吸收的水量来计算，也可用干湿球湿度计来测定。

将干气体流量V_d换算成标准状态下干气体的流量V_d^0：

$$V_d^0=V_d\times\frac{273}{273+t_R}\times\frac{P_a+P_R}{101325} \tag{1-4-22}$$

干气体标准状况含尘率为：

$$k_f=\frac{M}{\tau V_d^0} \tag{1-4-23}$$

式中　M——总滤尘量，g；

τ——总取样时间，s。

4.5.2 气体湿度测量

在水泥厂热工标定中一般采用干湿球温度计和冷凝法来测定气体湿含量。

1. 干湿球温度计法

干湿球温度计结构如图 1-4-42 所示。干湿球温度计为两支完全相同的温度计，其中一支温度计的温包处裹有浸水的纱布，气体通过时在温包表面进行水分的蒸发。蒸发强度与周围气体的相对湿度有关，相对湿度越小，蒸发强度越大，蒸发带走的热量就越多，这支湿球温度计显示的温度就越低。另一支温度计的显示温度为气体的干球温度。根据干、湿球温度计的温差就可以查 I-x 图（见附录 9）得到气体的相对湿度或湿含量。

用干湿球温度计法测定气体湿含量的测量系统如图 1-4-43 所示。在水泥厂中，需要测定湿度的气体绝大部分是含尘率很高的气体，对干湿球的灵敏度影响很大，而且容易堵塞管道，所以应先通过除尘器将灰尘除去。

在气温高、含水量较大的气体中，往往在还未经干湿球之前，由于散热冷却使气体达到露点，水蒸气凝结成水。这样用干湿球就不能正确测出其湿含量。所以测定时应使收尘器尽量靠近测孔，保证待测气体通过干湿球之前温度在露点以上。如现场条件不允许，则收尘器之前管道应绕以石棉绳或用电热丝保温，收尘器也要加保温箱或用电加热装置加热。

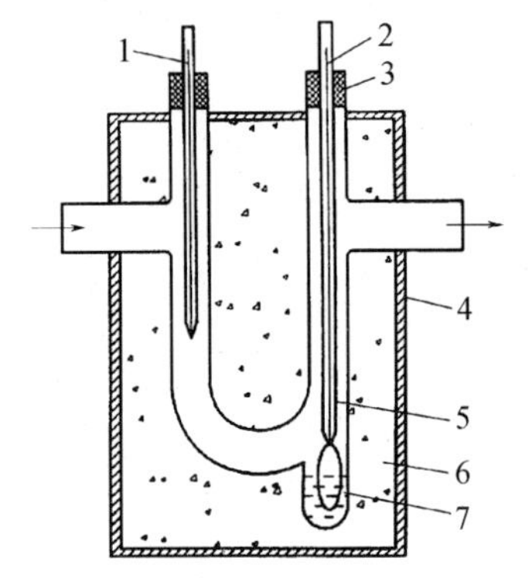

图 1-4-42 干湿球温度计结构

1—干球温度计；2—湿球温度计；3—胶塞；
4—木箱；5—玻璃温度计；
6—保温材料；7—水及纱布

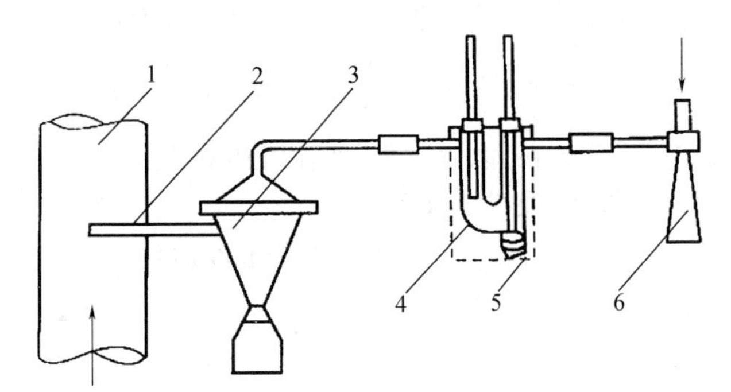

图 1-4-43 干湿球温度计测定系统装置图

1—所测气体管道；2—取样管（金属管）；3—除尘器；
4—干湿球温度计；5—保温箱；6—喷射器

使用干湿球温度计时必须注意下列事项：

（1）组成干湿球的两支温度计，要求测量准确并要完全一样。在温度较高而且湿度较大的地方，要用 0.5℃刻度的温度计。

（2）作为润湿湿球的棉纱布，应用清洁的脱脂棉纱布紧贴在球上。湿球至容器水平面的距离不得超过 80mm，否则水未到达温度计之前就蒸发完了。

（3）最好使用蒸馏水，普通水应经过煮沸沉淀后再用。

（4）测定系统中，在湿球温度计以前应完全密闭，不得有空气漏入，否则会大大影响测定结果。

（5）气体经过干湿球温度计的过程必须是绝热过程。

（6）所测气体，经过干湿球温度计时，一定要在 100℃以下，在露点以上。如温度在露点以下，气体有水分析出，温度发生变化，测定也不准。

（7）在实际测定中，一般应保证测定时间在1h左右，同时应随温度的变化连续记录测定值。

根据测定的干湿球温度值，可查 I-x 图得出气体的相对湿度和湿含量。然后根据式（1-4-24）算出水蒸气的体积分数（%）：

$$\varphi_{H_2O}=\frac{\frac{x}{0.804}}{\frac{1}{\rho_y}+\frac{x}{0.804}}\times 100\% \tag{1-4-24}$$

式中　ρ_y——干烟气的标态密度，kg/m^3（标准状态下）。

2. 冷凝法

使待测气体先通过一个冷凝器（蛇形或球形）冷却到常温以下（采用水冷却），使水蒸气凝结后再进入流量计计量。把收集到的冷凝水量加上出冷凝器的气体在该温度下的饱和湿度时的水蒸气量，除以通过气体的体积，即得气体的绝对湿度（kg/m^3）。这种方法可以在测量气体含尘率时同时进行。只需将含尘率测量系统中收尘器后面的水冷却瓶换成冷凝器，把水冷凝收集下来即可。

4.6　水泥回转窑热平衡测定方法

预分解窑系统的热工状况是决定水泥生产经济性和质量可靠性的关键。热工参数由预分解窑系统的热工仪表显示，以保证整个生产的正常运行。除此之外，还必须利用科学的测量方法，对预分解窑系统热工过程中的热工参数进行定期、准确的测量，通过对测量结果的综合分析，考察预分解窑系统的热工制度和窑的结构是否合理，了解企业的耗能状况和用能水平，找到存在的问题，为进一步建立合理的热工制度、改进窑炉结构、制定节能降耗措施提供科学依据。同时使生产技术管理和操作人员正确了解预分解窑系统的运行情况，掌握窑炉内的燃料燃烧物料和气流运动规律，使预分解窑系统达到最优化的生产效果。

4.6.1　热工标定的准备

水泥熟料烧成系统热工标定是一项系统工作。按工作先后一般划分为三个阶段：首先是准备工作。准备工作是热工标定中各项工作顺利进行的前提条件。其次是现场测量。系统参数的现场正确、准确测量是标定结果真实有效的保证。现场测量方法可参考 GB/T 26282—2010《水泥回转窑热平衡测定方法》。最后是数据处理及标定结果分析。该工作包括对热工现场测量数据的正确处理、生产主机设备性能分析与评价、烧成系统提产降耗的改进措施与方案确立等，可参考 GB/T 26281—2010《水泥回转窑热平衡、热效率、综合能耗计算方法》。

预分解窑系统热工测试的成败，取决于有无较高水平的技术力量和严密的组织工作。各水泥企业应根据工厂的具体情况，制定切实可行的测定方案，落实组织工作，抓好测定设备和仪器配套，以保证测试工作的顺利进行。可以按照以下步骤进行标定前的准备。

（1）根据工厂具体情况，制定测定方案。

（2）所用各类仪器仪表及计量设备，均应定期检定或校准。

热工测量中所需测量仪表一般分为两类：

1）企业生产所用计量设备。如生料喂料计量设备、煤粉计量设备、熟料产量、电表等，都应进行校准，此类设备均为生产应用中的设备，其校准一般应在标定前一个月内完成，以确保现场热工测量能在3天内完成。

2）标定组成员所用测量仪表。此类设备要求检测中使用的仪器仪表应在检定有效期内，检测中使用的仪器仪表应具有法定计量部门出具的校验合格证或校验印记，测量结果快捷、直观，操作和携带方便。当选定相应检测仪表后便可进行校准，以确保数据真实而可信及测量工作的顺利完成。热工测量常用仪表如表 1-4-12 所示。

表 1-4-12　烧成系统常用热工测量仪表

测定项目		测量仪表	备注
物料温度	生料	玻璃温度计、取样设备	自制取样设备
	预热器各级下料口物料	玻璃温度计或手持热电偶、取样设备	根据温度范围定制手持热电偶
	出窑熟料	光学高温计	
	出冷却机熟料	保温桶、台秤、玻璃温度计	自制设备
气体参数	温度	玻璃温度计或手持热电偶、热电偶及毫伏表	根据温度范围定制手持热电偶
	压力	铜管、橡胶管、数显压力仪表或 U 形管、水银、乙醇、水等	
	成分	取样球胆、奥氏气体分析仪	
	流量	毕托管、橡胶管、压力表、钢尺	
	含尘浓度	烟尘采样仪、滤筒及流量仪表	注意现场电源配置
系统表面散热		手持红外测温仪、钢尺、风速仪	
大气压强		膜盒气压表	

（3）根据测定要求，开好测孔，测孔大小应保证测量仪器配置的采样设备能伸入测孔内。同时应搭建必要的测试平台，准备好必要的工具和劳动保护用品。

标定前应派有经验的标定人员到现场选择测点的位置，并在测点位置进行标注，说明开设测孔的大小、位置以及测量平台的搭建要求。测孔位置的选择，既要保证测得数据的真实有效性，又要保证测量人员和设备的安全性；测孔的大小则应满足测量设备与仪表的实际操作性，如三次风管中含尘浓度测量时，所需电源的设置不但应满足仪器的供电要求，还应考虑电源线在高温区的安全；测量平台是测量人员现场测试的工作区域，测量平台的搭建应考虑测量操作空间需要，亦应保证测量人员的安全。因此，现场测孔开设时应尽量考虑测定参数的准确性，降低现场环境与可操作空间对测量工作的影响，还应保证测定人员的安全。

另外，由于现场测孔较多，对企业正常生产时影响较大，如时间充足及条件允许的情况下，建议开设测孔选择在企业设备检修与维修期间，待生产正常及参数基本稳定时再开展热工测量。

（4）准备好各测定项目的数据记录表格。

（5）按要求逐项填写并及时整理测定记录，发现问题尽量重测或补测。

（6）各项测定工作，应在窑系统处于连续、正常、稳定运行的时间不小于 72h 的生产条件下进行。需要检测的项目应同时进行，以保证测定结果的准确性。

4.6.2　热平衡测定方法

1. 测点位置的选择

为了测定水泥窑炉的各有关参数，需要在窑炉系统适当位置设立测定点（测点）。不仅在平衡体系内应设立必要的测定点，在平衡体系之外也要适当设立测定点，以满足平衡计算的需要。

设立测定点的原则如下：

(1) 根据两大平衡（物料平衡和热量平衡）的需要，设立测定点。编制两大平衡时需要哪些参数，就在体系内相应的位置上设立测定点。

(2) 根据计算窑、预热装置、冷却装置等设备的各项参数的需要，在体系外设立必要的测定点。

(3) 要全面考虑设立测定点的必要性、可能性和方便性。使设立的测定点既不影响窑炉的正常生产，又要便于测定；既要满足热工标定计算的需要，又要尽量避免设立不必要的测定点。

2. 物料量的测定

(1) 测定项目

熟料（包括出冷却机拉链机、冷却机收尘器及三次风管收下的熟料），入窑系统生料、入窑和入分解炉燃料、入窑回灰、预热器和收尘器的飞灰、增湿塔和收尘器收灰的质量。

(2) 测点位置

与测定项目对应，分别在冷却机熟料出口、预热器（或窑）生料入口、窑和分解炉燃料入口、入窑回灰进料口、预热器和收尘器气流出口、增湿塔与收尘器的收灰出料口。

(3) 测定仪器

适合粉状、粒状物料的计量装置，精度等级一般不低于2.5%。

(4) 测定方法

① 对熟料、生料、燃料、窑灰、增湿塔和收尘器收灰，均宜分别安装计量设备单独计量，未安装计量设备的可进行定时检测或连续称量，需至少抽测三次以上，按其平均值计算物料质量。熟料产量无法通过实物计量时，可根据生料喂料量折算。

② 出冷却机的熟料质量，应包括冷却机拉链机和收尘器及三次风管收下的熟料质量。

③ 预热器和收尘器的飞灰量，应根据各测点气体含尘浓度测定结果分别按式(1-4-25)、式(1-4-26)计算，精确至小数点后一位。

预热器飞灰量为：
$$M_{fh}=V_f\times K_{fh} \tag{1-4-25}$$

收尘器飞灰量为：
$$M_{FH}=V_F\times K_{FH} \tag{1-4-26}$$

式中　M_{fh}、M_{FH}——预热器与收尘器出口的飞灰量，kg/h；

V_f、V_F——预热器与收尘器出口的废气体积，m^3/h；

K_{fh}、K_{FH}——预热器与收尘器出口废气的含尘浓度，kg/m^3。

3. 物料成分及燃料发热量的测定

(1) 测定项目

熟料、生料、窑灰、飞灰和燃料的成分及燃料发热量。

(2) 测点位置

与物料量测定时选择的测点位置相同。

(3) 测定方法

① 熟料、生料、窑灰和飞灰成分。对于熟料、生料、窑灰和飞灰中的烧失量、SiO_2、Al_2O_3、Fe_2O_3、CaO、MgO、K_2O、Na_2O、SO_3、Cl^-和f-CaO，按GB/T 176—2008《水泥化学分析方法》规定的方法分析。

② 燃料。目前，大部分水泥企业采用的燃料均为固体燃料煤，应按GB/T 212—2008《煤的工业分析方法》规定的方法分析，其项目有：M_{ad}、V_{ad}、A_{ad}、FC_{ad}。固体燃料中的C、H、

O、N也可按GB/T 476—2008《煤中碳和氢的测定方法》规定的方法分析；S按GB/T 214—2007《煤中全硫的测定方法》规定的方法分析；全水分按GB/T 211—2017《煤中全水分的测定方法》规定的方法分析；煤的发热量按GB/T 213—2008《煤的发热量测定方法》规定的方法测定。

4. 物料温度的测定

（1）测定项目

生料、燃料、窑灰、飞灰、收灰、出窑熟料和出冷却机熟料的温度。

（2）测定位置

与物料量测定时选择的测点位置相同。

（3）测定仪器

玻璃温度计、半导体点温计、光学高温计、红外测温仪和铠装热电偶与温度显示仪表组合的热电偶测温仪。玻璃温度计精度等级应不低于2.5%，最小分度值应不大于2℃；半导体点温计和热电偶测温仪显示误差值应不大于±3℃；光学高温计精度等级应不低于2.5%；红外测温仪的精度等级应不低于2%或±2℃。

（4）测定方法

① 生料、燃料、窑灰、收灰的温度，可用玻璃温度计测定。

② 飞灰的温度，视与各测点废气温度一致。

③ 出窑熟料温度，可用光学高温计、红外测温仪、铂铑-铂铠装热电偶或铂铑30-铂铑6铠装热电偶测定。

④ 出冷却机熟料温度，用水量热法测定。方法如下：用一只带盖密封保温容器，称取一定量（一般不少于20kg）的冷水，用玻璃温度计测定容器内冷水的温度，从冷却机出口取出一定量（一般不少于10kg）具有代表性的熟料，迅速倒入容器内并盖严。称量后计算出倒入容器内熟料的质量，并用玻璃温度计测出冷水和熟料混合后的热水温度，根据熟料和水的质量、温度和比热，计算出冷却机熟料的温度，见式（1-4-27）。重复测量三次以上，以平均值作为测量结果，精确至0.1℃。

$$t_{sh}=\frac{M_{LS}\ (t_{RS}-t_{LS})\ C_{W}+M_{sh}C_{sh2}t_{RS}}{M_{sh}C_{sh}} \tag{1-4-27}$$

式中 t_{sh}——出冷却机熟料温度，℃；

M_{LS}——冷水质量，kg；

t_{RS}——热水温度，℃；

t_{LS}——冷水温度，℃；

C_{W}——水的比热，kJ/（kg·℃）；

C_{sh}——熟料在t_{sh}时的比热，kJ/（kg·℃）；

C_{sh2}——熟料在t_{RS}时的比热，kJ/（kg·℃）；

M_{sh}——熟料质量，kg。

5. 气体温度的测定

（1）测定项目

窑和分解炉的一次空气、二次空气、三次空气，冷却机的各风机鼓入的空气，生料带入的空气，窑尾、分解炉、增湿塔及各级预热器的进、出口烟气，排风机及收尘器进、出口废气的温度。

（2）测点位置

各自进、出口风管和设备内部。环境空气温度应在不受热设备辐射影响处测定。

（3）测定仪器

① 玻璃温度计。

② 铠装热电偶与温度显示仪表组合的热电偶测温仪。

③ 抽气热电偶，其显示误差值应不大于±3℃。

（4）测定方法

① 气体温度低于500℃时，可用玻璃温度计或铠装热电偶与温度显示仪表组合的热电偶测温仪测定。

② 对高温气体的测定用铠装热电偶与温度显示仪表组合的热电偶测温仪。测定中应根据测定的大致温度、烟道或炉壁的厚度以及插入的深度（设备条件允许时，一般应插入300～500mm），选用不同型号和长度的热电偶。

③ 热电偶的感温元件应插入流动气流中间，不得插在死角区域，并要有足够的深度，尽量减少外露部分，以避免热损失。

④ 抽气热电偶专门用于入窑二次空气温度的测定，使用前，需对抽气速度做空白试验。使用时需根据隔热罩的层数及抽气速度，对所测的温度进行校正，

6. 气体压力的测定

（1）测定项目

窑和分解炉的一次空气、二次空气、三次空气，冷却机的各风机鼓入的空气，生料带入的空气，窑尾、分解炉、增湿塔及各级预热器的进、出口烟气，排风机及收尘器进、出口废气的压力。

（2）测点位置

与气体温度测定时选择的测点位置相同。

（3）测定仪器

U形管压力计、倾斜式微压计或数字压力计与测压管。U形管压力计的最小分度值应不大于10Pa；倾斜式微压计精度等级应不低于2%，最小分度值应不大于2Pa；数字压力计精度等级应不低于1%。

（4）测定方法

测定时测压管与气流方向要保持垂直，并避开涡流和漏风的影响。

7. 气体成分的测定

（1）测定项目

窑尾烟气，预热器和分解炉进、出口气体，增湿塔及收尘器的进、出口废气以及入窑一次空气（当一次空气使用煤磨的放风时）的气体成分，主要项目有O_2、CO、CO_2。对于窑尾烟气，预热器和分解炉进、出口气体及窑尾收尘器出口废气，宜增加SO_2和NO_x的测定内容。

（2）测点位置

各相应管道。

（3）测定仪器

① 取气管

一般选用耐热不锈钢管，测定新型干法生产线窑尾烟室时不锈钢管应耐温1100℃以上。

② 吸气球

一般采用双联球吸气器。

③ 贮气球胆

用篮、排球的内胆。

④ 气体分析仪

测定 O_2、CO、CO_2采用奥氏气体分析仪或其他等效仪器。对测试的结果有异议时，以奥氏气体分析仪的分析结果为准。

测定 NO_x成分时，宜采用根据定电位电解法或非分散红外法原理进行测试的便携式气体分析仪。对测试的结果有异议时，以紫外分光光度法的分析结果为准。

测定 SO_2成分时，宜采用根据电导率法、定电位电解法和非分散红外法原理进行测试的便携式气体分析仪。对测试的结果有异议时，以定电位电解法的分析结果为准。

8. 气体含湿量的测定

(1) 测定项目

一次空气、预热器、增湿塔和收尘器出口废气的含湿量。

(2) 测点位置

各相应管道。

(3) 测定方法

根据管道内气体含湿量大小不同，可采用干湿球法、冷凝法或重量法中的一种进行测定。具体测试方法按 GB/T 16157—1996《固定污染源排气中颗粒物测定与气态污染物采样方法》进行测定。对测定结果有疑问或无法测定时，可根据物料平衡进行计算。

9. 气体流量的测定

(1) 测定项目

窑和分解炉的一次空气、二次空气、三次空气，冷却机的各风机鼓入的空气，生料带入的空气，窑尾、分解炉、增湿塔及各级预热器的进、出口烟气，排风机及收尘器进、出口废气的流量。

(2) 测点位置

各相对应管道。

(3) 测定仪器

标准型皮托管或S型皮托管，倾斜式微压计、U形管压力计或数字压力计，大气压力计；热球式电风速计、叶轮式或转杯风速计。标准型皮托管和S型皮托管应符合 GB/T 16157—1996《固定污染源排气中颗粒物测定与气态污染物采样方法》的规定；大气压力计最小分度值应不大于0.1kPa；热球式电风速计的精度等级应不低于5%；叶轮式风速计的精度等级应不低于3%；转杯式风速计的精度应不大于0.3m/s。

(4) 测定方法

① 除入窑二次空气及系统漏入空气外，其他气体流量均通过仪器测定。

② 用标准型皮托管或S型皮托管与倾斜式微压计、U形管压力计或数字压力计组合测定气体管道横断面的气流平均速度，然后，根据测点处管道断面面积计算气体流量。

③ 测量管道内气体平均流速时，应按不同管道断面形状和流动状态确定测点位置和测点数。

10. 气体含尘浓度的测定

（1）测定项目

预热器出口气体，增湿塔进、出口气体，收尘器进、出口气体，篦冷机烟囱和一次空气（当采用煤磨放风时）的含尘浓度。

（2）测点位置

各自相应管道。

（3）测定仪器

烟气测定仪、烟尘浓度测定仪。烟气测定仪、烟尘浓度测定仪的烟尘采样管应符合GB/T 16157—1996《固定污染源排气中颗粒物测定与气态污染物采样方法》的规定。

（4）测定方法

将烟尘采样管从采样孔插入管道中，使采样嘴置于测点上，正对气流，按颗粒物等速采样原理，即采样嘴的抽气速度与测点处气流速度相等，抽取一定量的含尘气体，根据采样管滤筒内收集到的颗粒物质量和抽取的气体量计算气体的含尘浓度。含尘浓度的测定应符合如下要求：

① 测量仪器各部分之间的连接应密闭，防止漏气，正式测定前应做抽气空白试验，检查有无漏气。

② 含尘浓度的测孔应选择在气流稳定的部位，尽量避免涡流影响，测孔尽可能开在垂直管道上。

③ 取样嘴应放在平均风速点的位置上，并要与气流方向相对。

④ 测定中要保持等速采样，即保证取样管与气流管道中的流速相等。

⑤ 回转窑废气是高温气体，露点温度高，取样管应采取保温措施（或采用管道内滤尘法），防止水汽冷凝。

⑥ 在不稳定气流中测定含尘浓度时，测量系统中需串联一个容积式流量计，累计气体流量。

11. 表面散热量的测定

（1）测定项目

回转窑系统热平衡范围内的所有热设备，如回转窑、分解炉、预热器、冷却机和三次风管及其彼此之间连接的管道的表面散热量。

（2）测点位置

各热设备表面。

（3）测定仪器

热流计、红外测温仪、表面热电偶温度计、辐射温度计和半导体点温计以及玻璃温度计、热球式电风速仪、叶轮式或转杯式风速计。热流计精度等级应不低于5%；表面热电偶温度计显示误差值应不大于±3℃；辐射温度计的精度等级应不低于2.5%。

（4）测定方法

① 用玻璃温度计测定环境空气温度。

② 用热球式电风速计、叶轮式或转杯式风速计测定环境风速并确定空气冲击角。

③ 用热流计测出各热设备的表面散热量。

④ 无热流计时，用红外测温仪、表面热电偶温度计和半导体点温计等测定热设备的表面温度，计算散热量。

将各种需要测定的热设备，按其本身的结构特点和表面温度的不同，划分成若干个区域，计算出每一区域表面积的大小；分别在每一区域里测出若干点的表面温度，同时测出周围环境温度、环境风速和空气冲击角；根据测定结果在相应表中查出散热系数，按式（1-4-28）计算每一区域的表面散热量。

$$Q_{Bi}=\alpha_{Bi}\ (t_{Bi}-t_k)\ \times F_{Bi} \tag{1-4-28}$$

式中 Q_{Bi}——各区域表面散热量，kJ/h；

α_{Bi}——表面散热系数，kJ/（m^2·h·℃），它与温差（$t_{Bi}-t_k$）和环境风速及空气冲击角有关；

t_{Bi}——被测某区域的表面温度平均值，℃；

t_k——环境空气温度，℃；

F_{Bi}——各区域的表面积，m^2。

热设备的表面散热量等于各区域散表面热量之和，按式（1-4-29）计算。

$$Q_B=\sum Q_{Bi} \tag{1-4-29}$$

式中 Q_B——设备表面散热量，kJ/h。

12. 用水量的测定

（1）测定项目

窑系统各水冷却部位如一次风管，窑头、尾密封圈，烧成带胴体，冷却机胴体，冷却机熟料出口，增湿塔和托轮轴承等处的用水量。

（2）测点位置

各进水管和出水口。

（3）测定仪器

水流量计（水表）或盛水容器和磅秤、玻璃温度计。水流量计（水表）的精度等级应不低于1%；磅秤的最小感量应不大于100g。

（4）测定方法

用玻璃温度计分别测定进、出水的温度。采用水冷却的地方，应测出冷却水量，包括变成水蒸气的汽化水量，和水温升高后排出的水量。对进水量的测定，应在进水管上安装水表计量，若无水表的测点，可与出水同样的方法测定，即在一定时间里用容器接水称量。需至少抽测三次以上，按其平均值计算进、出水量，二者之差即为蒸发汽化水量。

4.7 热工标定案例分析

热工标定案例分析

任务小结

本任务以温度、压力、流量、气体成分、气体含尘率和湿度五个烧成系统常用检测参数为主线进行了讲解，使学生熟悉相关参数常用测量仪表的工作原理和使用方法。并讲解了烧成系统的技术标定工作，从技术标定的准备工作开始，制定标定方案，选择测点的位置，确定标定项目，以及选择合适的标定仪器，介绍了水泥回转窑热平衡测定方法，最后结合某水泥企业热工标定案例进行了分析，详细介绍了系统物料平衡和热平衡计算过程、标定结果及对整个系统的标定分析。

思 考 题

1. 什么是温标？常用温标有哪几种？几种温标之间如何换算？

2. 简述常用测温仪表的种类、工作原理及测温范围。

3. 热电偶的测温原理是什么？它由哪几部分构成？各部分的作用是什么？

4. 简述压力的定义及各种表示方法。

5. 液柱式压力计的结构形式有哪几种？

6. 用皮托管测量某烟气管道的流量，如何确定测点的个数及位置？

7. 简述奥氏气体分析仪测量气体成分的步骤。

8. 什么是气体的含尘率？用取样管取样时抽气速度对含尘率的影响是什么？

9. 管道中含尘气体的含尘浓度如何测定？

10. 预分解窑系统热工测试的目的和意义是什么？

11. 预分解窑系统热工标定按其工作先后一般划分为哪三个阶段？

12. 预分解窑系统热工标定测点位置有哪些？每一个位置测定哪些项目？使用什么仪器进行测量？

项目二　水泥熟料煅烧中控仿真系统

项目简介　本项目主要介绍了水泥熟料煅烧中控仿真系统、水泥中央控制操作工和窑系统中控操作规程。

学习目标　了解水泥熟料煅烧中控仿真系统；熟悉预分解窑系统中控操作规程；掌握水泥中央控制操作工应具备的技能。

任务1　水泥熟料煅烧中控仿真系统简介

任务简介　本任务主要介绍了DCS控制系统及5000t/d新型干法水泥熟料生产线仿真系统的组成；水泥熟料煅烧系统的工艺流程、仿真操作界面、稳定工况下的工作参数、开车和停车操作、组启动内容及系统故障处理等。

知识目标　了解DCS控制系统；掌握5000t/d新型干法水泥熟料生产线仿真系统的组成；掌握烧成系统各个操作界面的工艺流程；掌握仿真系统正常工况下的工作参数；掌握仿真系统开、停车操作的步骤及常见故障分析处理的方法。

5000t/d新型干法水泥熟料生产线中控室

能力目标　能进行5000t/d新型干法水泥熟料生产线仿真系统的进入、界面的切换、工况的调入等基本操作；进入测评系统完成相关考试操作；能进入3D虚拟工厂进行自主学习；能阐述烧成系统各个操作界面的工艺流程及重点操作参数；能进行仿真系统的开、停车操作；能分析判断系统出现的故障并及时处理。

1.1　DCS控制系统

中央控制室是指能够把全厂所有操作功能集中起来，并把生产过程集中进行监视和控制的一个中心场所。在中控室里，通过计算机等技术能将整个生产过程参数、设备运行情况等全部迅速反映出来，并能对过程参数实现及时、准确的控制。因此，中央控制室是全厂控制枢纽的指挥中心。

把生产过程集中在中控室内进行显示、报警、操作和管理，可以使操作人员对全厂生产情况一目了然，便于针对生产过程中出现的问题，及时进行调度指挥，从而有利于优化操作，实现高产、优质、低消耗。

1.1.1 DCS 控制系统简介

现代化水泥生产线离不开现代化的自动控制技术，也就是说，对于现代化水泥生产的预分解窑系统，没有自动控制是不能维持正常生产的。生产过程自动控制已成为生产过程现代化的标志之一。在现代化工厂中，操作工人和生产管理人员已不单纯依靠个人经验和体力，而更多地通过自动化仪表和装置对整个生产过程进行全面监视、控制和管理，特别是计算机控制技术的推广应用，对增加产量、提高质量、减小劳动强度、提高工作效率、降低消耗、增加经济效益、提高生产过程的控制水平和企业现代管理水平发挥了重要的作用。

DCS（集散控制系统）是 20 世纪 80 年代初期由模拟仪表控制系统发展而来，它采用分散控制、集中管理的控制思想，减少 PLC 系统故障带来的危害性，彻底解决了功能高度集中的集中控制管理带来的安全可靠性差的问题，避免了集中控制管理中由于一台计算机失灵而造成整条生产线瘫痪的危险。

DCS 初期的功能以回路调节为主，随着计算机技术的不断发展，它融汇了 PLC（可编程逻辑控制器）的 SCF（顺序控制功能）和 DCS 的 PCF（过程控制功能）、HMI（人机交互界面）、Internet（以太网）于一体，形成了大型自动化网络控制系统。DCS 的设计思想是集中式管理，分散式控制，根据企业装备情况和生产工艺流程的要求，把工作现场分成几大控制区域，这些区域称为过程站，各过程站通过网络总线连接到中央控制室的上位监控站，操作员可在操作监控站上对现场设备进行集中监视、操作控制和管理。由于各过程站都装配了一套控制器、存储器、通信系统，因此，它具有在各过程站上进行分散控制、操作和监视的功能。

随着生产规模的扩大和生产过程自动化程度的提高，各生产环节之间的联系日趋密切，生产控制与管理的关系也越来越紧密，人们希望计算机除了完成生产过程的控制任务外，还能完成生产调度、生产计划、材料消耗、成本核算、设备检修和维护等企业管理工作。因此，20 世纪 90 年代初，集散控制系统在水泥厂得以广泛的应用。

集散控制系统是以微处理器为基础的集中分散型控制系统，是控制、通信、计算机、屏幕显示技术（即“四 C”技术：Control、Communication、Computer、CRT）相结合的产物。它以微处理机为核心，将微型计算机、工业控制计算机、数据通信系统、显示操作系统、过程通道、模拟仪表等有机地结合起来，构成了一个全新的控制系统。其主要特点如下：

（1）实现了真正的分散控制。在该系统中，每个基本控制器（在系统中起基本控制作用的部件）只控制少量回路，故在本质上是“危险分散”的，从而提高了系统的安全性。同时，可以将基本控制器移出中央控制室，安装在距现场变送器和执行机构比较近的地方，再用数据通道将其与中央控制室及其他基本控制器相连，这样，每一个控制回路的长度就被大大缩短，不仅节约了导线，而且减少了噪声和干扰，提高了系统的可靠性。

（2）利用数据通道实现综合控制。数据通道将各个基本控制器、监督计算机和 CRT 操作站有机地联系在一起，实现复杂控制和集中控制。由于其他一些装置如输入/输出装置、数据采集设备、模拟调节仪表等都能通过通信接口而挂在数据通道上，因此可以实现真正的综合控制。

（3）利用 CRT 操作台实现集中监视和操作。生产过程的全部信息集中到操作站并在 CRT 屏幕上显示出来。CRT、显示器可以显示多种画面，取代了大量的显示仪表，缩短了操作台的长度，实现对这个生产过程的集中显示和控制。同时，为了保证安全操作以及与高度集中的显示设备相适应，它具有微处理机的“智能化”操作台，操作人员通过键盘进行简单的操作，就可以实现复杂的高级功能。

（4）利用监督控制计算机实现最优控制和管理。利用监督控制计算机（上位机）可以实现生产过程的管理功能，包括存取有关生产过程控制的所有数据和控制参数、按照预定要求打印综合报表、进行运行状态的趋势分析和记录、及时实行最优化监控等。

由于集散控制系统具有上述优点，因而，尽管其开发时间不长，但发展速度很快，应用也非常广泛，已成为计算机控制系统发展的主流。

1.1.2　常用集散控制系统

1. DCS 控制系统结构

集散控制系统是采用标准化、规模化和系列化的设计，实现集中监视、操作、管理，分散控制。其体系结构从垂直方向可分为 3 级：第 1 级为分散过程控制级；第 2 级为集中操作监控级；第 3 级为综合信息管理级。各级既相互独立又相互联系。从水平方向，每一级功能可分为若干子级（相当于在水平方向分成若干级），各级之间有通信网络连接，各级与各装置之间使用本级的通信网络进行通信联系。DCS 系统结构示意图如图 2-1-1 所示。

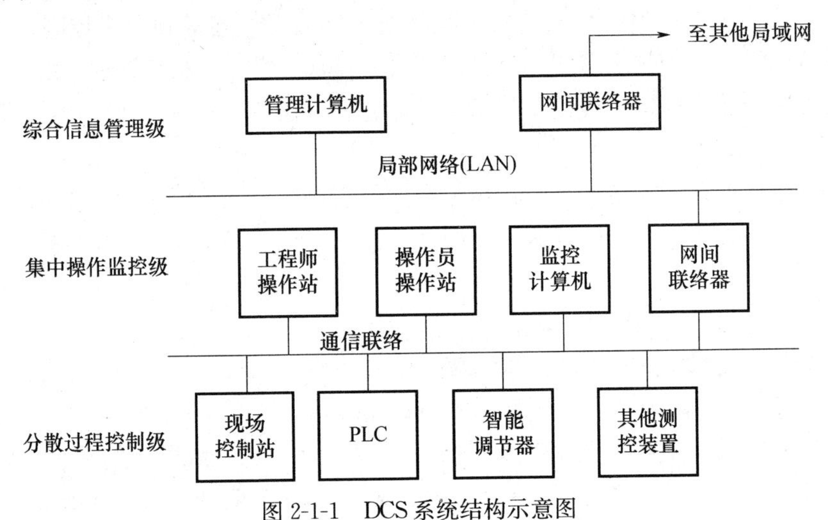

图 2-1-1　DCS 系统结构示意图

（1）分散过程控制级

分散过程控制级直接面向生产过程，是集散控制系统的基础。它具有数据采集、数据处理、回路调节控制和顺序控制等功能，能独立完成对生产过程的直接数字控制。其过程输入信息是面向传感器的信号，如热电偶、热电阻、变送器（温度、压力、液位、电压、电流功率等）及开关量的信号，其输出是作用于驱动执行机构。同时，通信网络可实现与同级之间的其他控制单元、上层操作管理站相连和通信，实现更大规模的控制与管理。它可传送操作管理级所需的数据，也能接受操作管理级发来的各种操作指令，并根据操作指令进行相应的调整或控制。

这一级主要由各种测控装置组成，常用的有：现场控制站（工业控制机）、可编程控制器 PLC、智能调节器、测量装置等。各控制器的核心部件是微处理器，且可以是单回路的，也可以是多回路的。

（2）集中操作监控级

这一级以操作监视为主要任务，兼有部分管理功能。它是面向操作员和系统工程师的，这一级配备有技术手段齐备、功能强的计算机系统及各类外部装置，特别是CRT显示器和键盘，还需要较大存储容量的存储设备及功能强大的软件支持，确保工程师和操作员对系统进行组态、监测和操作，对生产过程实现高级控制策略、故障诊断、质量评估等。集中操作监控级的硬件主要由操作台、监控计算机、键盘、图形显示设备、打印机等组成。主要设备包括：

① 监控计算机，即上位机，综合监视全系统的各工作站，具有多输入多输出控制功能，用以实现系统的最优控制或最优管理。

② 工程师操作站，主要用于系统的组态、维护和操作。

③ 操作员操作站，主要用于对生产过程进行监视和操作。

（3）综合信息管理级

这一级主要执行生产管理和经营管理功能。主要由管理计算机、办公自动化软件、工厂自动化服务系统构成，从而实现整个企业的综合信息管理。

（4）通信网络系统

通信网络系统将集散控制系统的各分步部分连接一起，完成各种数据、指令及其他信息的传递，集散控制系统中各级的通信设备通过通信网络互联，进行相互通信，以达到既自治又相互协调工作。主要由通信设备、通信介质等组成。

2. DCS系统软件技术

集散控制系统的软件可分控制软件、操作软件和组态软件三类。

（1）控制软件：实现分散过程控制级的过程控制设备具有的数据采集、控制输出、自动控制和网络通信等功能。

（2）操作软件：完成实时数据管理、历史数据存储和管理、控制回路调节和显示、生产工艺流程画面显示、系统状态、趋势显示以及产生记录的打印和管理等功能。

（3）组态软件：包括画面组态、数据组态、报表组态、控制回路组态等。

3. 水泥企业控制站的设置

水泥厂除了设置工程师站、中控室以外，还需要设置若干个现场控制站，但设置多了会增加成本，设置少了又达不到控制的效果，如何才能做到既合理又经济呢？以一条日产5000t水泥熟料的生产线为例来说明这个问题。

根据生产工艺流程可以设置LCSOO～LCS06七个现场控制站、RCS3.1和RCS6.1两个远程控制站，它们各自的控制和检测范围分别为：

（1）LCSOO现场控制站设置在原料处理电气室，其控制和检测范围包括石灰石破碎、石灰石预均化、辅助原料预均化、原料处理配电站。

（2）LCS01现场控制站设置在原料粉磨电气室，其控制和检测范围包括原料配料站、原料粉磨及废气处理、均化库顶、原料磨配电站。

（3）LCS02现场控制站设置在窑尾电气室，其控制和检测范围包括生料均化库、生料入窑、烧成窑尾及窑中、空压机房。

（4）LCS03现场控制站设置在窑头电气室，其控制和检测范围包括烧成窑头、熟料输送及储存、窑头配电站。

（5）LCS04现场控制站设置在水泥粉磨电气室，其控制和检测范围包括水泥配料站、水泥粉磨及输送、水泥储存、石膏破碎及混合材输送、粉煤灰储存、空压机房（B）、水泵房水塔、水泥磨配电站。

（6）LCS05现场控制站设置在煤粉制备电气室，其控制和检测范围包括原煤输送、煤粉制备及煤粉计量输送。

（7）LCS06现场控制站设置在水泥包装控制室，其控制和检测范围包括水泥输送及散装、水泥包装。

（8）RCS3.1远程控制站设置在熟料输送控制室，其控制和检测范围包括熟料库底、熟料输送至水泥配料站。

（9）RCS06.1远程控制站设置在水泥储存控制室，其控制和检测范围包括水泥库底水泥输送。

4. DCS系统应用实例

某厂预分解窑系统采用INFI-90控制系统进行控制，该控制系统是一个典型的分布式控制系统（图2-1-2），由中央控制站和现场控制站组成。

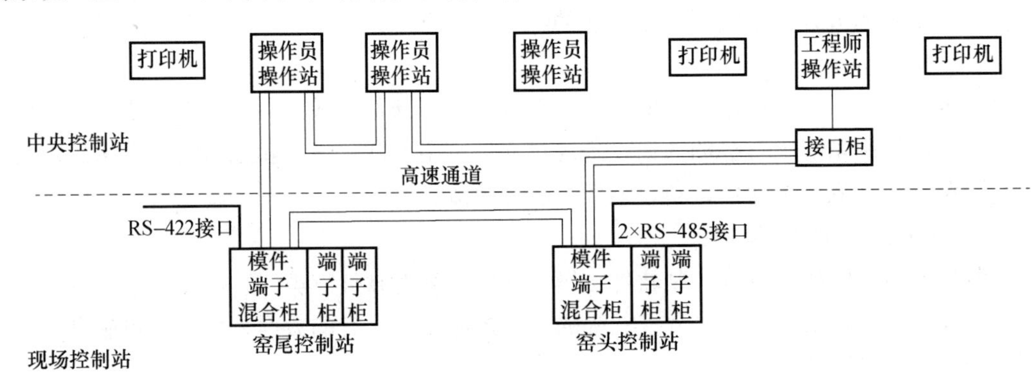

图2-1-2　INFI-90控制系统组成框图

（1）硬件配置

1）现场控制站

它有窑头控制站和窑尾控制站两大部分，主要由过程控制单元PCU及电器柜、控制装置、继电器柜等组成。PCU是执行过程控制和数据采集的独立整体，由一个模件端子混合柜和两个端子柜组成，主要配置有多功能处理器MFP02、模拟主模件AMM03、输入/输出（I/O）子模件、系统电源模件PAS02、通信接口模件及其他支持设备，如图2-1-3所示。

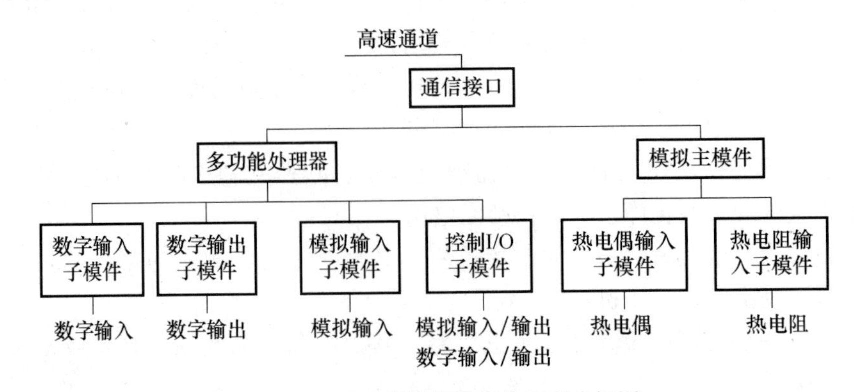

图2-1-3　PCU模件端子混合柜组成框图

① 多功能处理器 MFP02。它是 INFI-90 控制系统适应过程控制的核心部分，它是处理过程控制、顺序控制及批处理控制的高性能控制器。为了提高其可靠性，采用一对一冗余配置。当 PCU 上电后，其中一个 MFP02 为主模件，另一个为副模件。主模件一方面支持系统的工作，另一方面不断把数据库的信息传递给副模件，副模件处于热备份状态，在主模件发生故障时，主模件将自动无扰动地切换到副模件上，副模件将支持系统正常工作。在 MFP02 的 ROM 中固化了 200 多种功能码，可供选择组态各种控制策略。多功能处理器按设计组态通过子总线对 I/O 子模件进行扫描，从中获取信息并进行数据处理或向子模件输出控制信号，完成顺序和过程控制。

② 模拟主模件 AMM03。它是热电阻、热电偶、毫伏信号的数据采集模件，本身不具备控制功能。它与相应的子模件可构成各种通道，完成 A/D 转换，并将采集到的信息传送给多功能处理器，由其完成控制任务。AMM03 也采用一对一冗余配置。

③ 输入/输出子模件。它是控制单元通过端子单元与现场设备直接相连的唯一通道，由多功能处理器支持，包括控制 I/O 子模件 CIS02、数字输入子模件 DSI01、数字输出子模件 DSO04、模拟输入子模件 FBS01、热电偶输入子模件 ASM02、热电阻输入子模件 ASM03。其中，FBS01 自身具有微处理器，是智能化通道。控制 I/O 子模件输出可设置隐含值，确保在 MFP02 都发生故障时，现场设备仍能保证安全正常运行。

④ 系统电源模件 PAS02 它分散插在模件混合柜安装单元上，支持 PCU 模件的运行。输入为交流电源，输出为平均承担机内各种电压等级的电源，并配置 $N+1$ 冗余，以提高电源可靠性且能在线更换电源模件。

⑤ 通信接口模件。它由存储总线信息的网络处理模件 NPM01 和网络接口模件 NIS01 组成，应用存储转发式通信协议，通信速率为 10Mb/s。模件总线应用自由竞争通信协议，通信速率为 0.83Kb/s。子总线应用并行通信协议，通信速率为 0.5Kb/s。

⑥ 端子柜 CAB02 主要安装端子单元，包括主模件、子模件、通信模件所对应的端子单元。端子单元通过电缆与对应的子模件连接，构成完整的过程控制单元，并提供与现场设备或电气柜的接口端子。

电气柜中配电回路有完善的短路保护和过负荷保护装置，当电气设备出现短路和过负荷时，能够得到有效的保护。应用柜内有些辅助节点，将控制设备准备好的信号、设备运行信号、现场准备好的信号输入计算机，作为生产设备顺序控制组态的基本信息，并在屏幕上显示。电气柜面板上一般配置有电压和电流显示及中央/现场操作转换开关。

继电器柜内配置有直流电源装置和直流继电器。电流装置为数字输入和继电器提供 24VDC 工作电源。继电器作为计算机数字输出的隔离装置并直接驱动电动阀门、风门等现场设备。

生料计量冲击板计量系统及分解炉和窑头的煤粉喂料失重秤系统分别通过 RS-422、RS-485 通信接口与窑尾 PCU 和窑头 PCU 连接，组态到操作画面上，在操作员接口站控制和管理。

2）中央控制（管理）站

它由 2 台 OIS11、1 台 OIC11 操作员接口站及 1 台 EWS01 工程师工作站组成。

① 操作员接口站 CRT 包括显示器、报警板、操作键盘、2 台打印机，并配置了 SLDG 记录数据软件包，可进行组态，编辑有关图形显示、标签、趋势、记录及辅助组态。操作员接口站为操作员提供了一个有效的窗口进行观察、操作、管理生产过程和控制系统的运行情

况，它从过程控制单元获取生产过程的各种参数，进行分析、处理、操作，完成生产过程的控制。

② 工程师工作站配置有主机、监视器、标准键盘、鼠标器和打印机，并配置了SCAD和SLDG专用软件，可以在在线或离线状态下组态控制策略，是工程师绘制工艺流程图、组态控制策略的工具。通过工程师工作站把组态软件下装到多功能处理器中，对系统接着监视和调试。

（2）软件组态

生产过程应用软件组态包括对多功能处理器和操作员接口站的软件组态；控制软件的组态则是根据用户对生产过程控制的协议及设备配置情况，INFI-90在控制系统环境下，完成对各种顺序控制和过程控制策略及操作员接口站、显示、数据管理方式的设计。

1）生产顺序控制

① 一般交流电动机的控制采用三点输入（数字量输入）、一点输出（数字量输出）的设计方案，主要采用了INFI-90系统中的功能码（即功能单元），包括多功能状态驱动器、数字例外报告、高低限报警、数字转换器、模拟转换器及逻辑运算，根据生产流程和设备保护的需要，将电动机的控制设备准备好信号、现场准备好信号、设备运行信号组态成一定的顺序逻辑关系，控制多功能状态驱动器。通过多功能状态驱动器各种参数设置，完成交流电动机顺序控制输出、单台设备启动和组启动的切换、故障报警。数字例外报告主要实现报警功能。1台设备有7个状态显示，便于操作员观察和分析处理。

② 直流电动机是利用直流传动装置进行调速控制，它采用类似交流电动机的控制组态，由中央管理站发出4～20mA的控制指令，控制直流电动机的运行。运行时的电压、电流等信息在中央管理站进行监视。

③ 电收尘器带有完整的现场控制设备，中央管理站只与控制设备发生信号联络，不发生控制关系。操作员接口站对现场控制设备发出开/关指令，由现场操作工进行操作。操作员接口站显示设备的开/关状态。

2）生产过程控制

① 数据采集和处理。数据采集是监视和控制生产的基础，对仪表流程图所表示的参数均设置有数据采集。数据采集和处理是硬件和软件的结合，现场信息通过电缆送到端子单元并引入子模件。在过程控制单元中，用功能码FC84、FC132、FC79和FC158分别对4～20mA数字量压力和流量信号、控制I/O子模件和热电偶、热电阻信号进行数据采集，定义输入信号的规格参数等。在模拟量数据处理过程中，采用模拟例外报告技术，即用模拟例外报告子程序对模拟量进行加工，其特点是只报告某时间间隔内发生重大变化的信息，对不发生重大变化的信息不产生报告，从而提高了内存的利用率，有效地控制了通信通道的畅通运行。

② 手控操作站的设计。手控操作站供操作员在操作员接口站对现场电动蝶阀、风门等作设定点控制操作，它不是一个简单的硬手操作器，其控制过程由控制站、函数发生器、模拟转换器、脉冲定位器等功能码和阀门开度返回信号一起组态完成，它根据设定点信号与反馈信号的误差大小、行程速率、周期时间、输出控制指令来调节电动蝶阀、风门等开度，达到控制目的。

③ 篦冷机出口风温控制站的设计。一般对窑头电收尘器，风温控制在150～200℃收尘效果最好。按照喷雾系统水泵、水阀、气阀及水流量计的配置，风温控制站选择高/低比较器、逻辑运算器、遥控存储器等功能码和篦冷机出口风温信号一起组态控制策略。它根据风

温高低自动开/停水泵和阀门，控制篦冷机的喷水量，达到控制温度的目的。

④ 篦冷机篦速控制站的设计。自动控制篦冷机篦板速度对于稳定篦板上料层厚度、生产状况及设备安全运行都是十分必要的。该控制站采用高级比例积分微分调节器（PID）、控制站、函数发生器、模拟例外报告等功能码和篦冷机一室篦下压力信号一起组态控制策略。根据理论和经验总结得出压力、速度、料厚之间的关系，设置最佳压力控制点，计算机将自动控制直流控制柜，调节第一段篦板速度，第二段、第三段篦板速度将按一定比率自动跟踪第一段篦板速度。采用这样的控制方案，尽管进入冷却机的熟料量和颗粒组成发生变化，但三段篦速仍然保持协调一致，篦床上的料层厚度逐渐递减并保持一定的关系，有利于篦床上熟料的输送和冷却。

⑤ 冷却风机控制站的设计。确保冷却风机风量的相对稳定，是篦冷机篦速控制的基础，也是稳定窑系统运行安全和节能的重要环节。冷却风机控制站选择高级比例积分微分调节器（PID）、控制站、脉冲定位器、逻辑运算开方器等功能码和风门开度、风量信号组态控制策略。当操作员按生产需要设置风量目标值后，系统即自动控制风门开度的变化，改变风机允许特性，实现控制风量的目的。

⑥ 冷却机灰斗卸料控制站的设计。采用定时自动循环卸料的控制方式，选用多状态设备驱动器、数字转换器、计时器、与或等功能码和现场设备状态信号一起组态顺序控制，设置定时或操作员指令，13 个灰斗按顺序或单台自动卸料，每个灰斗卸料时间的长短是可调的，并可在屏幕上监视卸料的全过程。

⑦ 增湿塔出口温度控制站的设计。一般增湿塔出口温度控制在 110～130℃时，窑尾袋收尘器的收尘效率最高。该控制站采用高级比例积分微分调节器（PID）、控制站、函数发生器、数字转换器等功能码和增湿塔进口风温、风压、出口风温、喷水量等信号组态控制方案。操作员设置出口风温目标值，控制系统则自动控制回水阀，调节增湿塔喷水量，达到控制出口风温的目的。

上述自动控制站均设置有自动/手动无干扰切换，供操作员灵活选择。

（3）操作接口站显示

操作接口站显示为操作员提供了一个最有效的窗口来观察画面显示、图形显示、趋势显示、报警显示等，各种显示均是系统提供的标准图，图上有许多相关点击按钮，是报警、操作、自动/手动设置的重要工具。

以上各种报表的数据除硬盘存档外，还设置打印输出，按报表的性质设置自动、定时或操作员请求三种打印输出方式。

1.1.3 中央控制室微机操作界面

新型干法水泥生产线中央控制室微机操作界面是人机对话的窗口与桥梁，是操作员实现对生产过程控制的基础，如图 2-1-4 所示。因此，要求操作界面应简洁、明了，能够显示主要的生产运行参数及一些重要参数的变化趋势，调节控制方便、快捷，使操作员可方便地了解生产过程运行情况，从而进行生产过程操作、控制和管理。

各种新型干法水泥生产线控制系统的中央控制室微机操作界面大同小异，无论何种中央控制微机操作界面，均包括以下内容：

（1）图形显示。以规范的图形符号为基础，按操作习惯和要求绘制的工艺流程图，基本上根据实际生产车间绘制，包括生料均化库及输送、生料喂料、废气处理、回转窑和预热

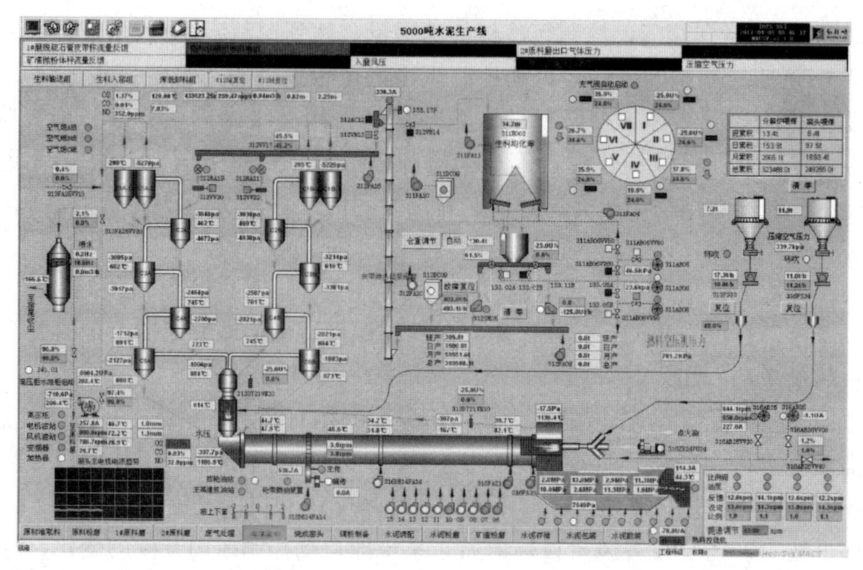

图 2-1-4　某 5000t/d 新型干法水泥生产线熟料煅烧系统的中央控制室微机操作界面

器、窑头和篦冷机、煤粉制备、煤粉喂料和输送的画面。在同一画面上能直观地显示出实际生产过程工艺流程与设备的关系，并且显示设备标签名、热工参数、电气设备状态、开关状态、报警显示、控制站和设备启动等按钮等。据此，操作员可方便地了解生产过程情况，从而进行生产过程操作管理。

（2）运行参数显示。在相应部位显示设备标签名或设备代号，显示该设备运行的各种瞬时或累计工艺参数。

（3）趋势显示。把过程变量如温度、压力、流量和设备功率在一定时间、一定范围内的变化用曲线来直观表示，为操作员提供设备运行状态的历史数据及发展趋势。系统提供标准的显示格式，一幅画面可同时显示多个参数的变化趋势，并可通过调整时间坐标或量程范围，使趋势显示具有时实趋势、全景显示、局部放大等功能，使读出的数据更准确，有利于判断过程发生的变化。

（4）报警显示。它是在生产过程中，过程变量超越某一范围或设备出现故障时的一种表示形式，关系到重大人身或设备安全事故和产品质量。系统提供了多种形式的报警方式，如在工艺流程图画面上标签图形红灯闪烁、设置声响等。在显示屏的上部设置报警提示栏，显示发生报警组的编号。此外，将所有发生报警的标签及数值分组通报，标有报警说明，以帮助操作员分析事故和进一步采取措施。

（5）数据储存及管理。现场数据经通信网络传至人机接口设备的输入通道，进入数据库储存，按照人机接口的组态，趋势数据自动转入趋势储存，记录数据通过记录单元自动归档记录。记录数据设计了以下几种方式：

1）班、日、月和年报表对重要的温度、压力、流量、功率、喂料量、煤耗等参数组态成周期性的记录，定时报告生产情况，并分别列出每个标签名参数的最大值、最小值和平均值。

2）跳闸报表对重要电气设备设置特定记录。

3）报警报表按时间顺序将报警标签分组通报，并附有报警说明。

（6）数据打印。以上各种报表的数据除硬盘存档外，还设置打印输出，按报表的性质设置自动、定时或操作员请求三种打印输出方式。

1.1.4　自动控制回路介绍

自动化控制回路是通过电脑软件的逻辑模块编程，实现自变量参数对要求控制的变量参数的自动控制，以实现被控制参数的稳定。以分解炉的温度控制为例：当热电偶测试参数稍有下降时，在其他参数不变的情况下，立即将此信息通过 4～20mA 控制电流的转换，然后回路将指令送达至每份计量设施，增加下煤量，很快阻止分解炉温度的下降。该过程如果靠人工操作，一是反应不会如此灵敏，二是控制不会如此准确。自动控制回路的作用正是以自动控制的小变动预防被动的系统大变动，保持了系统最佳稳定状态，才能实现操作上使系统降低热耗、电耗的目的。

尽管自动化控制比人为控制有更合理的控制效果，但对它的使用也不是无条件的，它要求系统具备的最起码条件是原燃料稳定，检测仪器精准，窑的系统运行基本稳定。如果系统故障频繁，如经常塌料或堵塞等，自控回路是无法投入使用的。在烘窑、初投料和止料的过程中也不能投入使用。自控回路在使用过程中应加强维护。

煅烧系统的控制回路有：分解炉用煤量对分解炉温度的控制；窑头负压对篦冷机高温段用风量的控制；篦冷机篦下压力对篦速的控制；预热器一级出口温度对增湿塔水泵转速的控制；窑尾废气分析中氧气含量对系统总排风量的控制等。

所有回路的设计都要面对生产现实，根据工厂当前的运转水平、仪表水平及 DCS 的配置水平而定。对一条生产线，在适合的控制参数被精准调试并投入使用后，不宜随意更改。部分自动调节回路控制及参数的关联如下：

（1）窑尾喂料的自动计量和调节。一是计量秤（皮带秤、冲板流量计、申克秤）的称量数据与上部的下料电磁滑动阀门开度构成自动调节回路，人工给定喂料量后，电磁阀根据计量秤检测数值波动自动调整阀门开度，以保持定量喂料。二是恒重仓的仓荷重传感器信号与恒重。例如以气力提升生料的系统，检测生料气力提升泵下部松动风压，以此信号自动调节计量滑动阀门开度。因为阀门开度与物料量成正比，又在其上部设有计量料斗，根据料斗重量信号计量料仓，计量后再提升入窑，在进中间计量料仓前的提升机上也有设置负荷控制器的，目的是保持中间仓重量一定。

喂料量的调节是在中央控制室由人工改变调节器的给定值来实现。

（2）分解炉内物料量、喂煤量的自动调节。不论何种分解炉，分解炉出口温度与喂煤量形成自动调节回路，当出现分解炉出口温度低于或超出设定值时，喷煤量自动进行增减调整，主要目的是为了防止结皮堵塞。煤粉计量秤上部恒重仓，也设有荷重传感器的信号与下料阀门开度的自动控制回路，以保持仓的恒重。另有分解炉定量喂料的自动控制回路，如流态化式分解炉（如 MFC 炉），在一定的喂煤量和温度条件下，为保持炉内的物料量一定，使分解炉操作稳定，一般根据炉内流态化层上的料层厚度与层下压力成正比的关系，通过检测流化层下压力信号调节 C4 级筒处分料阀开度，来保持入炉料量达到要求值，而多余的物料则直接进入 C5 级筒。

（3）流态化式分解炉空气量的自动调节。保持稳定的流态化空气量对形成稳定的流态化层起着重要的作用。因此，根据鼓风机入口流量计检测信号，自动调节入口挡板开度，以保持风量一定。

（4）分解炉三次风量自动调节。其目的是保持自由空间中的燃料燃烧条件和物料带出量的稳定。其自动调节方法是根据入分解炉三次空气量信号（经温度修正），自动调节管内挡板开度，以保持进分解炉空气量的相对稳定。

(5) 窑尾排风机的自动调节。其目的是为了保持窑系统的最佳过剩空气系数，同时也是为了保持进入磨机的风量恒定。其方法是检测C1筒出口的气体压力并与设定值比较，然后自动调节排风机风门开度。

(6) 增湿塔废气温度自动调节。要把增湿塔出口和袋（电）收尘器入口温度降到150℃以下，以提高袋（电）收尘器的收尘效率。其做法是检测增湿塔出口温度，然后与设定值比较，自动调节增湿塔泵回水阀开度或水泵转速以保持出口气体温度一定。当原料磨不需要热风时，通过增湿塔的气量增大，可按调节器预先设定的程序而自动调节增湿塔内喷头的使用个数或喷煤量。

(7) 冷却机篦上料层厚度的自动调节。目的是为了使熟料均匀冷却和二次、三次风温度的稳定，以保持冷却机安全运转。其办法是根据篦上料层厚度与篦下压力成正比的关系，检测一室篦下压力，利用此信号自动调节篦床转速以保持熟料层厚度一定。

(8) 窑头负压的自动调节。目的是保持窑头的微小负压，防止窑口喷出气体；同时又要使入窑头的冷空气保持在最小限度。其办法是检测窑头负压，并利用此信号调节篦冷机废气排风机风门开度，以使窑头负压一定。

1.2 5000t/d新型干法水泥熟料生产线仿真系统

5000t/d新型干法水泥熟料生产线仿真实训室，屏幕由15块显示器（无缝连接）组成，网络由60台电脑、1台教师机和1台服务器组成，此外，还有5000t/d新型干法水泥熟料生产模型一套，如图2-1-5所示。

图2-1-5 5000t/d新型干法水泥熟料生产线仿真实训室

日产5000t水泥熟料生产线仿真系统由MSP多学科仿真平台、GView人机交换界面、测评系统、3D虚拟工厂四部分组成。

1. MSP仿真平台

MSP是一款以大型复杂系统为对象进行连续仿真计算的平台，提供了仿真程序设计和调试、数据的本地和远程共享、仿真运行管理等功能。MSP拥有针对仿真需求特别设计的仿真数据库，能够存储高达百万级别的仿真数据，并且提供高性能的数据查询和访问操作。数据的在线访问可以大大简化仿真程序的调试和运行。为了适应当前计算机多核心化的趋势，MSP使用了具有很高适应性的计算调度模式，可以充分利用计算机的资源。MSP使用了TCP/IP协议进行通信，能够将仿真的设计工作和运行方式布置到更大的范围中，可以更好地满足仿真需求。通过 MSP 提供的 API，用户可以方便地定制出满足自己需求的程序。

在 MSP 中，经过特别设计的仿真数据库负责对数据进行管理，在该数据库中记录了数据的名称、类型、属性、数值、数组信息等。数据库中的数据记录将不仅仅被算法使用，还可以被 MSP 其他参与仿真的功能使用，这些记录还可以被其他程序（包括计算机本地的程序和远程计算机上的程序）访问。同时，记录在数据库中的数据可以被在线访问，即任何时刻都可以保存或设置这些数据的数值。

MSP 同时也会对算法进行转换，将其中的数据重新定位，同时保证算法结果的正确性。当算法被运行时，将能够直接访问到数据库中数据记录，当算法结束时，计算结果也会直接反映到数据库中的记录中。为了使得仿真模型（尤其针对连续过程仿真）结果的准确性，仿真模型的运行间隔和进程需要准确控制，MSP 内置的仿真运行调度模式可以大大简化这些工作，使得仿真设计人员可以专注于仿真本身。MSP 仿真平台如图 2-1-6 所示。

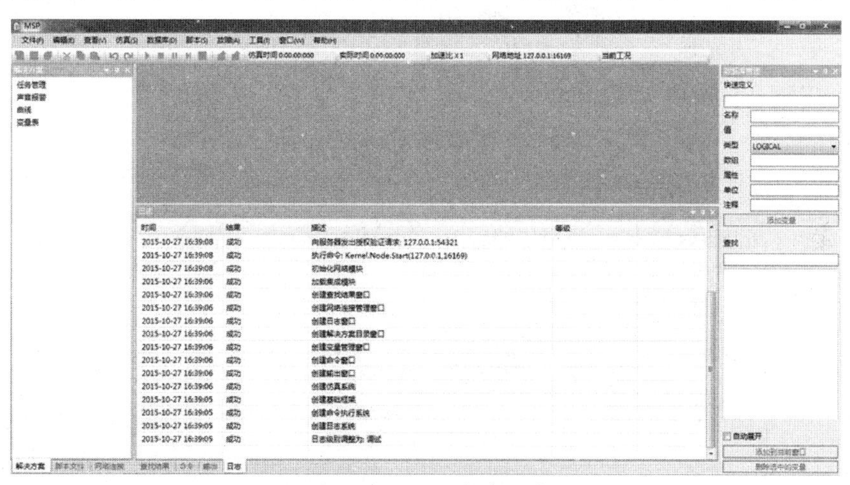

图 2-1-6　MSP 仿真平台

MSP 平台需要正确的授权才可以成功启动，授权可以通过硬件来完成。首先确认授权设备安装正确，且授权没有到期。其次将单机加密狗或网络加密狗插入计算机 USB 接口，单机加密狗只适用于一台计算机，网络加密狗可实现多台计算机授权。一般选择教师机作为服务器的主机，将网络加密狗插入教师机 USB 接口，由于学生机和教师机之间通过网络建立了连接，因此，当教师机运行了 MSP 仿真平台后，所有学生机才能启动 MSP 仿真平台，此时，每台计算机可以单独运行 MSP 仿真平台，再启动本机的 GView 仿真画面进行仿真练习。

启动后的 MSP 各个子窗口的用途如表 2-1-1 所示。

表 2-1-1　MSP 仿真平台的子窗口及用途

窗口名	用途
工作区目录	以树状结构描述解决方案中所有的仿真元素及其组织方式
系统状态	显示仿真平台当前的运行状态
运行日志	记录了仿真平台运行状态的变化以及对解决方案的更改
命令窗口	用户可以输入预定义的命令来执行对应的操作
输出	用于输出对源文件进行编译和链接的相关信息
查找结果	输出查找结果
变量管理	对数据库进行管理和检索

如果想要把当前仿真软件的运行状态保存起来，以便下次操作时能够快速找到此状态继续进行操作，则可以用保存工况的功能。在仿真工具栏中点击“保存工况”（图 2-1-7），将要保存的工况命名，保存到指定文件夹下（图 2-1-8），则系统即保存了当前的操作进度和数据。

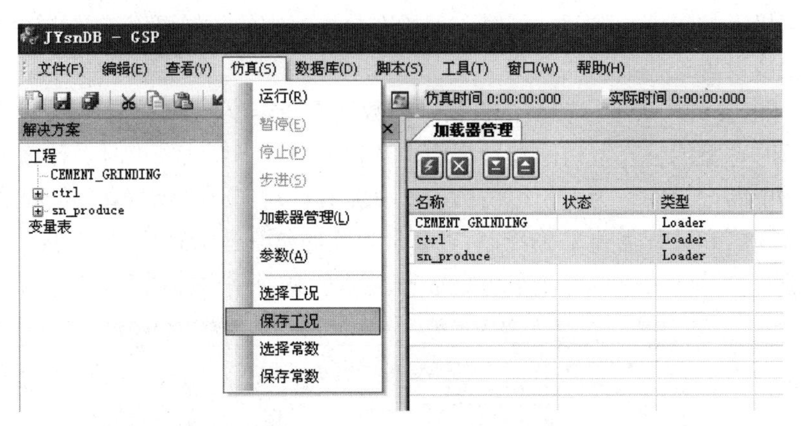

图 2-1-7　保存工况操作界面

图 2-1-8　保存工况到指定文件夹

当想要读取已保存的工况时，在仿真工具栏中点击“选择工况”，找到想要选择的工况，打开即可。点击“运行”，则水泥仿真项目开始运行，按照编写的程序开始计算。

2. GView 人机交换界面

GView 是面向监控和仿真领域的画面组态软件，可以作为流程行业计算机监控及仿真系统的人机操作接口。其基本功能包括设备（实际设备或仿真设备）工作状态显示（如指示灯、按钮、文字、图形、曲线等），以及设备工作参数的设定。使用方法简单，可以与 MSP 数据库进行通信，同步显示仿真系统所需的数据参数。在 GView 中，能够简单实现对仿真对象的控制操作。例如，能够控制设备的启停、阀门开度、给定电机转速等。GView 人机交换界面如图 2-1-9 所示。

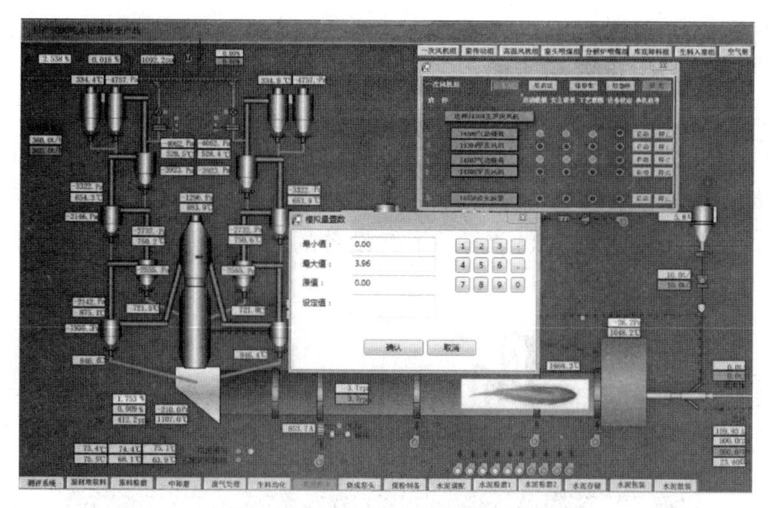

图 2-1-9　GView 人机交换界面

MSP 平台与 GView 画面组态软件配合使用，就可以完整地构成一套使用方法简易、调试方便、可按照使用者需求随时改进的仿真系统。

依据我国现有的 5000t/d 水泥生产线的一般流程，将水泥仿真分为 3 个系统，13 个操作界面，一个系统就是水泥生产中的一个车间，以最真实的画面场景、生产流程、工艺连锁搭建仿真系统。精细到每个 DCS 画面能够反映和需要显示的设备，都可以控制或者显示该设备的运行状态参数。仿真系统操作主界面如图 2-1-10 所示。

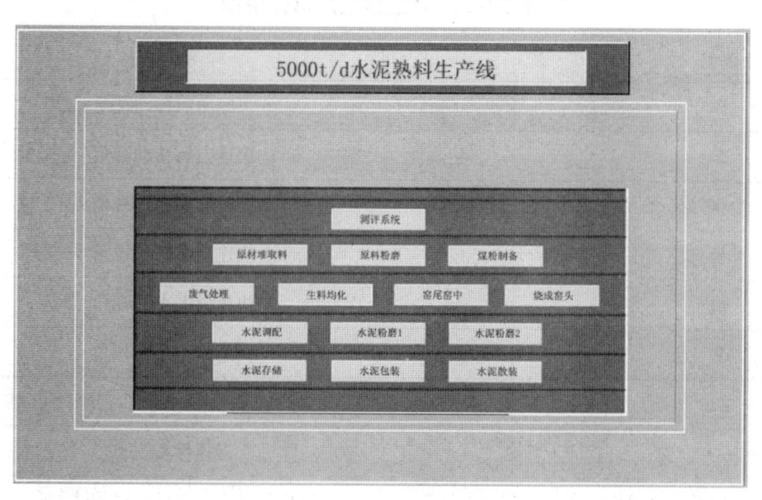

图 2-1-10　仿真系统操作主界面

该仿真系统包括：

（1）生料制备系统。包括：原材堆取料界面、原料粉磨界面（包括立磨、中卸磨和辊压机终粉磨三种类型操作系统）、生料均化界面。

（2）熟料煅烧系统。包括：窑尾窑中界面、烧成窑头界面、废气处理界面、煤粉制备界面。

（3）水泥制成系统。包括：水泥调配界面、水泥粉磨 1 界面、水泥粉磨 2 界面、水泥存储界面、水泥包装界面、水泥散装界面。

3. 测评系统

具体内容见项目二任务 2。

4. 3D 虚拟工厂

3D 虚拟工厂是以 5000t/d 新型干法水泥熟料生产线为原型，仿照设备和工艺布置制作的三维动画模型，如图 2-1-11 所示。学生进入虚拟工厂后，利用键盘和鼠标配合使用来移动位置和视角，在工厂内进行参观学习，了解设备的名称、操作规程，还可以将设备拆解开，学习设备内部构造。

图 2-1-11　3D 虚拟工厂

3D 虚拟工厂软件通过授权服务验证就可以启动，其操作说明如表 2-1-2 所示。

表 2-1-2　3D 虚拟工厂操作说明

按键	功能
W	快速向前移动视角
S	快速向后移动视角
A	快速向左平移视角
D	快速向右平移视角
Q	快速向上平移视角
E	快速向下平移视角
H	隐藏设备（左侧显示对话框，分解设备构造）
Shift＋方向键	慢速移动视角
按下鼠标左键并移动鼠标	鼠标移动方向表示视角旋转方向
按下鼠标右键	选中物体（在右侧对话框中出现设备名称及操作规程）

1.3　仿真系统建立及功能

1. 仿真系统模型建立原则

（1）数学模型方程遵循能量、质量和动量守恒定律。主要系统和被仿真设备按质量、能量和动量转换定律严格推导。

（2）采用分布参数建立数学模型，用单一模型反映运行全过程。

（3）流体特性计算精度满足仿真全过程，不出现不连续点。

（4）仿真系统所有的模型，均符合物理学、数学和水泥生产物理规律，而不是用预定的关系曲线来代替，任何近似的假设和计算方法，都满足模型逼真度的要求。

（5）传热和摩擦损失的计算表达式严格地从公认的工程关系式导出，符合传热机理和流动特性。

（6）流体物理特性由公式或查表方式计算，其精确度满足仿真全工况过程的稳态精度要求。

（7）设备故障的仿真从故障的最初点来引发，指明引起故障的原因，产生的结果根据第一定律和相关作用计算出来。

（8）采用的迭代率满足模型运算的精度要求。

（9）在建模中所做的全部假设和简化合理，不影响仿真系统的仿真范围、逼真度和精度。

（10）全部控制操作、逻辑保护和实际水泥生产线采用的控制系统一致。

（11）所有模型均能良好地反映其动态过程，具有较高的静态精确度，能够实现对仿真对象的连续、实时的仿真，仿真效果与实际机组运行工况一致，仿真环境使受训人员在感觉和视觉上与被仿真机组环境一致。关键参数的暂态偏差小于1%，非重要参数的暂态偏差小于2%。

2. 仿真软件功能描述

（1）仿真软件可实时反映机组设备故障、装置损坏和自动控制功能失灵等异常和事故工况，能仿真程度不同和渐变的故障，故障的仿真结果要求能正确反映真实故障过程。

（2）控制系统的模型在功能上实现1：1的仿真，其调节特性和控制逻辑与参考系统相同。即操作员在中控室内所有监视和操作，以及这些监视和操作所涉及的水泥设备、系统都予以仿真。

（3）仿真平台的运算能力可以达到10ms量级，满足对较快过程分析研究的需要。

（4）仿真软件的画面基于32位真彩色的矢量画面，能够在投影仪上投影完整画面。

（5）仿真界面中显示的参数可以看到其建模的变量名及其物理意义。

（6）仿真平台提供了强大的数据库功能，能够实现保存和读取仿真工况。可以运行到任意状态下保存工况，也可以随时读取已保存的工况。工况保存的数目没有任何限制，并且可以对工况进行命名。

（7）平台能够监测到数据的变化趋势曲线，能够暂停、冻结数据运算，也可以后台控制变量值。

（8）平台具有声音报警触发功能，能够根据仿真设备运行情况，触发设备运行的录音。

（9）仿真系统的加、减速能在正常速度的0.1～10倍之间进行调整。

（10）平台提供合乎现场实际运行情况的标准工况，供操作者进行参考。

1.4　水泥熟料煅烧系统

1. 烧成系统工艺简介

烧成系统是水泥厂生产的核心环节，它包含了烧成窑尾，烧成窑中、烧成窑头和熟料输送及储存。

该系统采用了高效低阻5级旋风预热器带管道式在线分解炉系统；熟料冷却采用第三代

控制流推动篦式冷却机，熟料烧成设计热耗不超过3200kJ/kg.cl，出冷却机熟料温度小于65℃＋环境温度（小于25mm的熟料），冷却效率大于70％。

烧成系统包括从生料喂入一级旋风筒进风管道开始，经预热、预分解后入回转窑煅烧成水泥熟料，通过水平推动篦式冷却机的冷却、破碎并卸到链斗输送机输送入熟料库为止。该系统可为生料预热与分解、熟料煅烧、熟料冷却破碎及熟料输送三大部分。

（1）生料预热与分解

窑尾系统由五级旋风筒和连接旋风筒的气体管道、料管以及分解炉构成。生料粉经计量后由提升机、空气输送斜槽送入二级旋风筒的出口管道，在气流作用下立即分散、悬浮在气流中，并进入一级旋风筒。经一级旋风筒气料分离后，料粉通过重锤翻板阀转到三级旋风筒出口管道，并随气流进入二级旋风筒。这样经过四级热交换后，生料粉得到充分预热，随之入分解炉内与来自窑头罩的三次风及喂入的煤粉在喷腾状态下进行煅烧分解。预分解的物料，随气流进入五级旋风筒，经过第五级旋风筒分离后喂入窑内；而废气沿着逐级旋风筒及其出口管道上升，最后由第一级旋风筒出风管排出，经增湿塔由高温风机送往原料粉磨和废气处理系统。

为防止气流沿下料管反串而影响分离效率，在各级旋风筒下料管上均设有带重锤平衡的翻板阀。正常生产中应检查各翻板阀动作是否灵活，必要时应调整重锤位置，控制翻板动作幅度小而频繁，以保证物料流畅、料流连续均匀，避免大幅度地脉冲下料。

预热器系统中，各级旋风筒依其所处的地位和作用侧重之不同，采用不同的高径比和内部结构型式。一级旋风筒采用高柱长内筒型式以提高分离效率，减少废气带走飞灰量；各级旋风筒均采用大蜗壳进口方式，减小旋风筒直径，使进入旋风筒气流通道逐渐变窄，有利于减少小颗粒向筒壁移动的距离，增加气流通向出风管的距离，将内筒缩短并加粗，以降低阻力损失，各级旋风筒之间连接风管均采用方圆变换形式，增强局部涡流，使气料得到充分的混合与热交换。正常情况下，系统阻力损失为4500～5500Pa，总分离效率可达95％以上，出一级筒飞灰量小于80g/Nm，废气温度为310～340℃。

分解炉的燃烧空气由炉底颈部以30m/s左右的速度喷入炉内，预热生料由分解炉柱体底部喂入，燃煤由炉下锥体中部喂入。由于喷腾效应，生料与燃煤充分混合于气流中，且气料两相间产生相对运动，有利于燃煤燃烧及生料的吸热分解，也有利于炉内温度场稳定均匀和使物料颗粒在炉内停留足够的时间。炉温可稳定控制在850～900℃之间，从而入窑物料表观分解率可达90％～95％。

三次风管热风管道外径为ϕ2800mm，共有3挡支撑，其目的是把窑头罩的热风引入窑尾分解炉以保证炉内燃料的充分稳定燃烧。另外，管道上设有电动高温调节阀来调节窑与分解炉的风量匹配，平衡窑与分解炉的气流，便于烧成系统操作控制。

（2）熟料煅烧

预热分解的料粉喂入窑进料端，并借助窑的斜度和旋转慢慢地向窑头运动，在烧成带用窑头煤粉所提供的燃烧热将其烧结成水泥熟料。ϕ4.8×72m回转窑的斜度为3.5％，三挡支撑，窑尾和窑头配有特殊的密封圈，窑的传动为单侧，除主电机外，还设有辅助传动电机供特殊情况下使用，各托轮轴承为油润滑、水冷却，配置的液压挡轮可调节窑筒体上下窜动。

窑内煅烧所需的煤粉来自于煤粉制备及输送车间的计量、输送系统，通过四通道燃烧器，与一次风机的冷风和冷却机的二次热风一起进入窑内充分燃烧。与一次风机并列的还有一台事故风机，可保护燃烧器在一次风机异常停车时及时吹风冷却而不被高温气流损坏。燃烧器吊装在电动移动小车上，可随意上下、左右、前后移动以满足煅烧要求。另外，窑头还设有一套供窑点火用的燃油系统，包括油箱、油泵、管路系统及油枪等。

（3）烧成窑头

篦冷机对来自回转窑约1300℃的炽热熟料进行快速急冷。高温熟料经各冷却风机鼓入冷却空气冷却至环境温度+65℃（小于25mm的熟料），并经熟料破碎机破碎至小于25mm（占90%以上）以便输送、储存和粉磨。同时，风机鼓入的冷却风经热交换吸收熟料中的热能后作为二次风入窑、三次风入分解炉，多余废气（约180～250℃）将通过熟料电收尘器净化后，由锅炉引风机排入大气。窑头负压可通过引风机前的百叶阀开度来调节、控制。当窑头废气温度高时，可通过冷却机喷水系统调节、控制废气温度及含湿量，以满足电收尘器的操作要求，提高收尘效率。由冷却机篦板缝隙间漏下的熟料送至槽式输送机入熟料库。

熟料槽式输送机将冷却、破碎后的熟料和电收尘器的回灰一起输送至熟料库顶。

2. 烧成系统中控仿真操作界面

烧成系统中控仿真操作过程中用到的操作界面共有4个，分别为：废气处理界面（图2-1-12）、生料均化界面（图2-1-13）、窑尾窑中界面（图2-1-14）、烧成窑头界面（图2-1-15）。

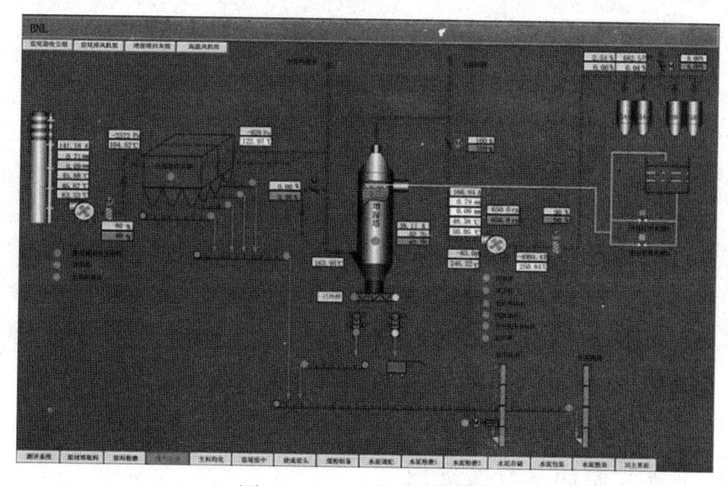

图2-1-12　废气处理界面

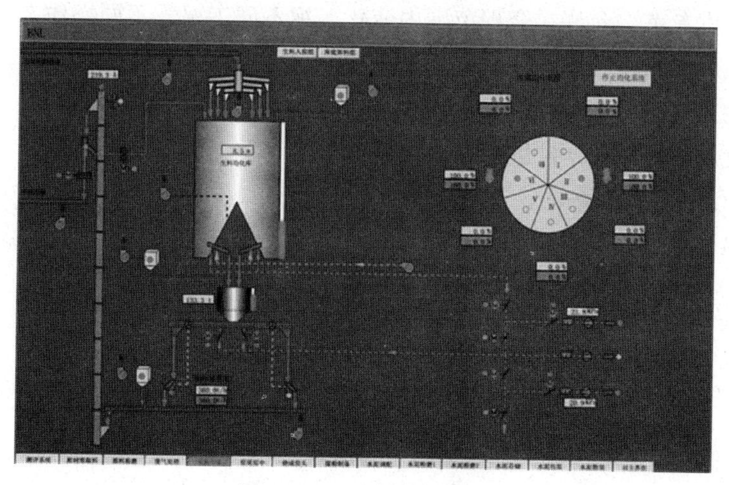

图2-1-13　生料均化界面

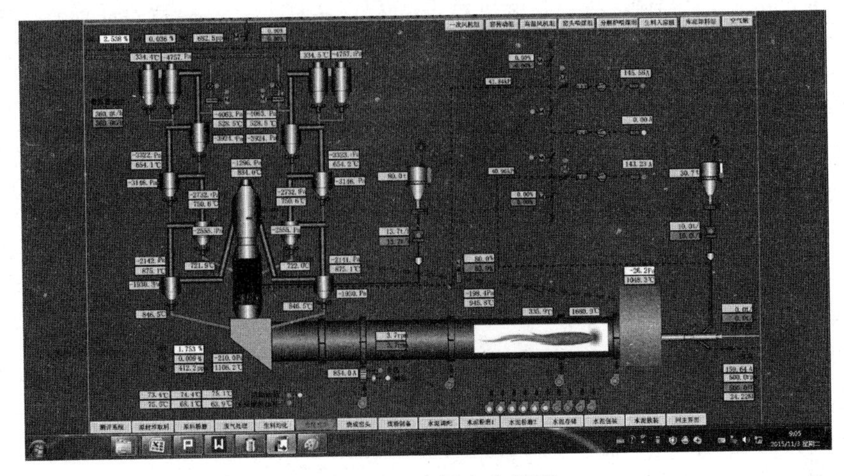

图 2-1-14　窑尾窑中界面

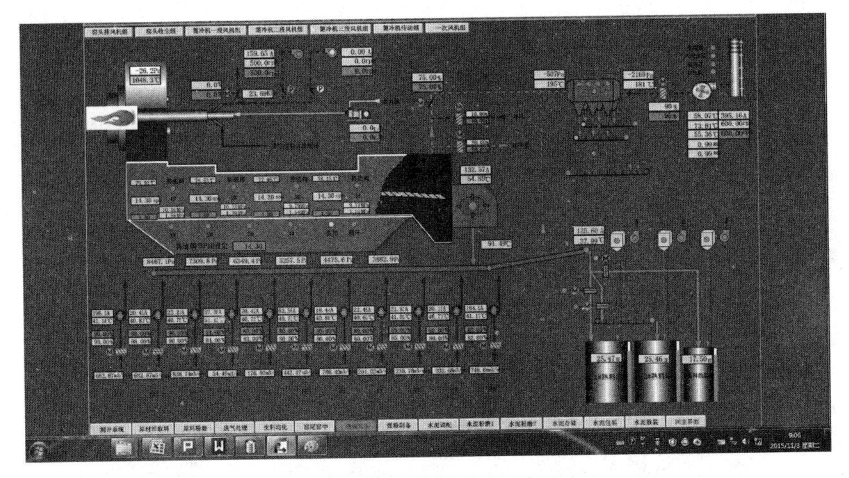

图 2-1-15　烧成窑头界面

3. 仿真系统重点控制的参数及范围

5000t/d 新型干法水泥熟料生产线仿真系统正常工况下系统重点控制的参数（此标准状况下工作参数仅供参考，允许在合理范围内变化，视不同工况、不同操作者而定）如下：

（1）一级旋风筒出口温度：334℃（310～350℃）。

（2）一级旋风筒出口 O_2 含量：2.538%（2%～3.0%）。

（3）一级旋风筒出口 CO 含量：0.018%（小于 0.2%）。

（4）分解炉出口温度：884℃（850～900℃）。

（5）窑尾温度：1107℃（1050～1150℃）。

（6）窑尾 O_2 含量：1.753%（1.0%～2.0%）。

（7）窑尾排风机转速 650r/min（最大 725r/min）。

（8）窑尾排风机入口阀门开度：90%。

（9）窑头火焰温度：1668℃（1600～1800℃）。

（10）窑头罩负压：－26.2Pa（－20～－50Pa）。

（11）二次风温度：1050℃（1000～1200℃）。

（12）三次风温度：945.9℃（900～1000℃）。

（13）烧成带的窑筒体温度：333℃（300～350℃）（视筒体冷却风机的开停而定）。

（14）窑头废气温度：195℃（180～250℃）。

（15）出篦冷机熟料温度：91℃（65℃＋环境温度，80～105℃）。

（16）窑头排风机转速 600r/min（最大 725r/min）。

（17）窑头排风机入口阀门开度：90%。

（18）窑头电收尘器前冷风阀门开度：10%。

（19）窑头废气至煤磨系统阀门开度：80%。

（20）篦速设定：14.3（与喂料量、喂煤量相配合，保证出篦冷机熟料温度及二、三次风温）。

（21）窑速设定：3.7。

（22）三次风阀门开度：80%（保证分解炉煤粉燃烧所需氧气）。

（23）窑头喂煤量：10t/h，分解炉喂煤量：13.7t/h。

（24）生料喂料量：370t/h。

4. 仿真系统的开停车操作

（1）开车操作

1）全关篦冷机风室 F1～F11 冷却风机入口阀门。

2）全关窑尾高温风机入口阀门。

3）全关窑头风机入口阀门，全关窑头至沉降室的入口阀门。

4）全关入分解炉三次风阀门。

5）全开窑尾点火烟囱阀。

6）全开一次风机出口放风阀。

7）启动供油三螺杆泵，窑内点火烘窑。

8）启动主一次风机，逐步关小一次风机出口放风阀。

9）窑尾温度升至 200℃时，启动窑辅传电机，缓慢转窑。

10）窑尾温度升至 500℃时，开窑头喂煤罗茨鼓风机出口门，启动窑头喂煤罗茨鼓风机（启动前确保鼓风机电动放风阀门全开）。

11）启动窑头煤粉仓下料秤，喂煤。

12）煤粉燃烧稳定后（温度稳定上升），停止供油三螺杆泵，增大窑头喂煤量，并相应增大一次风机转速，注意观察一级分离器出口氧气浓度，控制在 2%以上。

13）启动篦冷机风室冷却风机一组，并相应调整冷却风机入口阀门开度（入口阀门打至较小开度，足够提供窑头煤粉燃烧所需空气量即可）。

14）根据实际情况，选择熟料入库号，启动袋除尘和除尘器通风机，并打开对应的电液推杆和带式输送机。

15）启动熟料输送组，启动篦冷机油站循环电机，打开篦冷机对应的势能阀。

16）启动窑头收尘组。

17）启动窑头废气风机冷却风机，启动窑头废气风机变频器，并将窑头废气风机入口挡板全开，窑头热风阀全开。

18）启动篦冷机风室冷却风机二组和三组，并相应调整冷却风机入口阀门开度。

19）调整窑头废气风机转速，使窑头负压维持在 0～－50Pa。

20）窑尾温度升至 800℃时，停止窑辅传电机。

21）启动窑主传电机减速机油站，启动窑主传电机冷却风机。

22）启动窑主传电机。

23）启动高温风机高压柜，启动高温风机油站，启动高温风机电机油站，启动高温风机冷却风机，启动高温风机变频器，全开入口阀门，并调整高温风机转速。

24）全开高温风机至增湿塔电动门。

25）全关窑尾点火烟囱阀。

26）分解炉出口温度升至650℃时，逐步增大窑头喂煤量。

27）全开分解炉喂煤罗茨鼓风机出口门，启动分解炉喂煤罗茨鼓风机（启动前确保鼓风机电动放风阀全开）。

28）启动分解炉煤粉仓下料秤。

29）适当打开入分解炉三次风阀门，满足分解炉内煤粉燃烧所需空气量。

30）分解炉出口温度升至850℃时，启动生料入窑组，启动入窑斗提机下料电动闸板门，启动下料空气输送斜槽，启动库底输送斜槽袋式除尘器，启动除尘器离心通风机。

31）启动库底卸料组，打开罗茨鼓风机对应出口门及至库底风门，打开稳流仓下空气输送斜槽充气阀，启动库底均化系统。

32）启动生料喂料机。

33）逐步增大窑头和分解炉喂煤量，相应调整用风量，并调整窑转速。

34）启动增湿塔排灰组，启动增湿塔，开启增湿塔喷水阀A，控制废气温度小于150℃。

35）逐步增大生料喂料量，同时根据温度变化增大喷煤量，调节相应用风量，维持窑头负压－50Pa，并相应调整篦冷机篦床速度。

（2）停车操作

1）逐步减小生料喂料量到40t/h。

2）喂料量在40～60t/h时，设置分解炉喂煤量为0t/h，停止分解炉煤仓下料秤。

3）分解炉出口温度为600～650℃时，设置生料给料量为0t/h，停止生料喂料秤，停止生料入窑组，关闭入窑斗提机下料电动闸板门，停止下料空气输送斜槽，停止库底卸料组，关闭罗茨鼓风机对应出口门及至库底风门，停止稳流仓下料空气输送斜槽充气阀，停止库底输送斜槽除尘器，停止除尘器通风机。

4）逐步降窑速到1r/min。

5）降低窑头喂煤量设定值。

6）降低高温风机转速。

7）减小三次风阀门开度。

8）继续降低窑头喂煤量设定值。

9）关闭增湿塔喷水阀A，关闭增湿塔，停止增湿塔排灰组，减小篦冷风室冷却风机入口阀门开度。

10）设置窑头喂煤量为0t/h，停止煤粉仓下料秤。

11）逐步降低窑头排风机转速、高温风机转速，并减小窑尾排风机入口阀门开度。

12）停止窑尾袋收尘组。

13）将窑转速设置为0r/min，停止窑主电机。

14）启动窑辅传电机。

15）进一步减小篦冷机风室冷却风机入口阀门开度。

16）进一步降低窑头排风机转速。
17）停止窑头收尘组。
18）停止熟料输送组。
19）关闭熟料库对应的电液推杆和带式输送机。
20）停止风机一组至风机三组。
21）停止一次风机。
22）将高温风机转速设置为0r/min，停止高温风机变频器，停止高温风机高压柜。
23）将窑头风机转速设置为0r/min，停止窑头风机变频器。
24）停止各风机的油站。

任务小结

本任务以5000t/d新型干法水泥熟料生产线仿真系统为主要内容进行讲解，通过学习，使学生了解DCS控制系统；了解5000t/d水泥仿真软件的功能；掌握该软件的组成，能熟练使用该仿真软件完成熟料煅烧系统和煤粉制备系统工艺、设备、参数、开停车操作、故障处理等内容的学习。

思考题

1. 什么是集散控制系统？
2. 中央控制微机操作界面一般包括哪几方面内容？
3. 5000t/d新型干法水泥熟料生产线仿真系统的组成有哪些？
4. 仿真系统操作界面中用于熟料煅烧的操作界面有哪些？
5. 简述烧成系统的生产工艺。
6. 简述仿真系统重点控制的操作参数及控制范围。
7. 简述仿真系统开、停车操作顺序。
8. 简述冷却风机故障的处理方法。
9. 简述冷却机鼓风量过大或过小的处理方法。
10. 简述分解炉喂煤秤跳闸的处理方法。
11. 简述窑主电机减速机油站故障的处理方法。

任务2　水泥熟料煅烧中控仿真系统测评

任务简介　本任务主要介绍测评系统简介、测评软件的组成、测评系统的运行和联机考试与试题分发等内容。

知识目标　通过学习了解测评系统和测评软件的组成，熟悉测评系统的运行和联机考试与试题分发。

能力目标　会测评系统的运行；能联机考试。

2.1 测评系统简介

测评系统的运行依靠三个软件：测评软件、MSP 仿真平台和 GView 画面。测评软件用于试题和试卷的编辑，以及作为测评终端分发考题、反馈分数。MSP 仿真平台用于提供计算支撑。GView 画面是测评系统的操作接口。

2.2 测评软件组成

测评软件由五个主要模块组成：工况库、故障库、考题库、试卷库和培训终端。每个模块都在软件窗口的左侧对应一个管理窗口。

1. 工况库

工况库是测评软件所有可以使用的工况的集合。在管理窗口里可以创建、删除和编辑工况。每个工况在打开后的编辑窗口里有以下属性。

名称：工况的名称，不可以编辑。

类型：工况的类型，用于标记使用。

等级：工况的难度等级，用于标记使用，对编辑的考题分数不产生影响。

载入代码：填入工况对应的工况文件名称，例如：压差过大.condition。

工况描述：对工况的描述，用于标记使用。

2. 故障库

故障库是评分软件所有可以使用的故障的集合。在管理窗口里可以创建、删除和编辑故障。每个故障在打开后的编辑窗口里有以下属性。

名称：工况的名称，不可以编辑。

类型：工况的类型，用于标记使用。

等级：工况的难度等级，用于标记使用，对编辑的考题分数不产生影响。

3. 考题库

考题库是评分软件所有可以使用的考题的集合。在管理窗口里可以创建、删除和编辑考题。每个考题在打开后的编辑窗口里有以下属性。

名称：考题的名称，不可以编辑。

类型：考题的类型，用于标记使用。

等级：考题的难度等级，对编辑的考题分数有影响。

序号：考题的序号，对应到 GView 测评系统画面中。

时间：每次答题时最多可使用的时间。

起始分：答题时的起始分数。

初始工况：考题在起始时需要设置的数据，对应于工况库中的工况。

故障列表：该考题使用的故障以及每个故障对应的触发延迟时间。

判定规则列表：该考题使用的判定规则列表。

判定规则信息：每个判定规则的详细信息。

4. 试卷库

试卷库是评分软件所有可以使用的试卷的集合。在管理窗口里可以创建、删除和编辑试卷。每个试卷在打开后的编辑窗口里有以下属性。

名称：试卷的名称，不可以编辑。

类型：试卷的类型，用于标记使用。

等级：试卷的难度等级，用于标记使用，对编辑的考题分数不产生影响。

时间：每次使用该试卷考试时最多可使用的时间。

考题列表：该试卷中包含的考题。

5. 培训终端

培训终端可以显示与教师机已经建立连接的学生机的数量及编号，在培训终端可以控制学生机的运行模式，给学生机分发试卷。每个终端在打开的窗口里有以下属性。

用户：使用该终端的用户。

培训模式：该终端的运行模式，包括考试和练习两种。

培训内容：当前该终端上运行的内容。

操作记录：用户的操作记录。

2.3　测评系统运行

1. 配置文件的编辑

运行测评系统之前，需要对配置文件进行正确编辑，测评系统才能与 MSP 平台建立连接。找到该路径：D：\SimJYsn\Console\JYsnDB，以记事本方式打开文件 JYsnDB.Console，显示内容为：

```
.\Accident\Accident.mng
.\Condition\Condition.mng
.\Examination\Examination.mng
.\Question\Question.mng
.\Terminal\Terminal.mng
IP=127.0.0.1
PORT=10001
```

将 IP＝127.0.0.1，改写成运行测评软件的教师机 IP 地址。例如，将第一台电脑作为教师机运行测评软件，将 IP 填写成 IP＝131.0.0.21。

找到该路径：D：\SimJYsn\JYsnDB，以记事本方式打开文件 JYsnDB.cfg，显示内容为：

```
Kernel.Node.Start (127.0.0.1, 16169)
Kernel.LoadSolution (D:\SimJYsn\JYsnDB\JYsnDB.solution)
ConsoleTerminal.Startup (127.0.0.1, 10001, 1)
```

将 Console _ Terminal. _ Startup（127.0.0.1，10001，1）中的 IP 地址改写成运行测评系统软件的教师机 IP 地址。例如：ConsoleTerminal.Startup（131.0.0.21，10001，1）。

其他学生机不需改变上述 IP，只需按照对应的计算机编号，改变 Console _ Terminal. _ Startup（131.0.0.21，10001，1）中的最后一个数字，表示自己计算机与教师机连接后显示的号码。例如，学生在 12 号机器准备考试，将 Console _ Terminal. _ Startup（131.0.0.21，10001，1）改写成 Console _ Terminal. _ Startup _（131.0.0.21，10001，12）即可，然后运行自己的

MSP 平台和 GView 界面，等待教师机分发考题。

2. 工况库的编辑

测评系统能够识别并作为试题编辑使用的工况必须保存在以下路径：D：\SimJYsn\JYsnDB\Console_IC。如果此路径下已经保存了供编辑试题而使用的工况，则进入测评系统的工况库，点击左上角的添加新工况，选中保存在 D：\SimJYsn\JYsnDB\Console_IC 中的需要的工况即可，如图 2-2-1 所示。

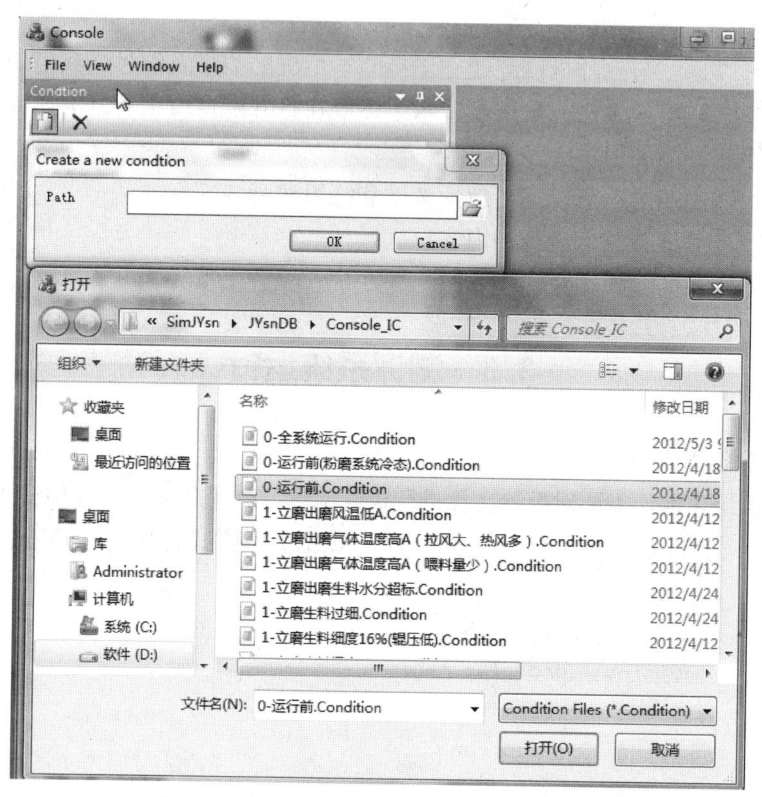

图 2-2-1　试题编辑使用的工况保存的路径

双击新添加到工况库的工况，可以对该工况进行描述。工况的名称在此处不能更改。

如果在 D：\SimJYsn\JYsnDB\Console_IC 路径下，还没有保存要使用的工况，则需要再打开 MSP 平台和 GView 界面，去调试出所需工况，保存到该路径下，以备使用。

3. 故障库的编辑

进入故障库，点击左上角的新建故障，输入加入故障的名称，点击 OK。双击新添加的故障，对故障进行编辑，如图 2-2-2 所示。

图 2-2-2　故障库的编辑

点击该新建故障左上角的设定故障变量名，输入故障变量。该变量是能够触发该设备故障的变量，此变量要在MSP平台中进行编程并添加到数据库。

4. 试题的编辑

进入考题库，点击左上角的新建考题，输入新建考题名称，点击OK。双击新添加的考题，对考题进行编辑。

（1）考试的名称不可更改。

（2）考题等级可依据此考题的难度直接输入，难度等级可以从A到Z，按出题者意愿编辑。

（3）考题序号由系统自动生成，无法更改。如果此题删除，则此序号空出，再新建考题，新考题序号自动补充之前题号的空缺。

（4）考试时间，点击左上角第一个按钮根据试题难度进行设定。

（5）起始分，即考题的初始分数，一般为零。对于有些题目，如果学生进行了误操作，需要倒扣分，则可以进行起始分的设定。

（6）初始工况，点击第三个按钮，选择已经保存在工况库中的此考题需要的工况即可。

（7）故障列表，如果此考题是故障题，需要在正常工况下触发故障，则点击第四个按钮，加入工况。选择需要的故障名称，设定此故障触发时对应的变量的触发值（一般为1），设定故障触发时间（即学生在测评界面上点击此题目开始答题后，触发此故障的时间）。

（8）点击创建判定规则按钮，根据此题目的处理步骤，加入判定规则，如图2-2-3所示。判定规则就是测评系统给学生的操作进行打分的依据。

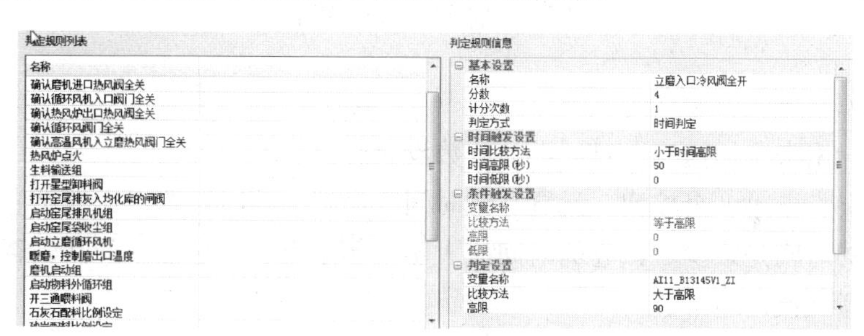

图2-2-3　判定规则

创建新的判定规则之后，在列表中双击此判定规则，进入右侧判定规则信息栏。

1）名称，不可编辑。

2）分数，根据所创建的判定规则数量和此条判定规则的重要性设置此条规则的分数，所有判定规则的总分数等于100分。

3）计分次数，一般为一次。

4）判定方式，分为两种：时间判定和条件判定。若选择时间判定，根据所选的时间比较方法，按照时间去判定此处理步骤是否给分。例如，选择小于时间高限，时间高限设定为50s，意思是必须在50s之内做出此判定规则要求的处理步骤，否则不给分。若选择条件判定，表示这个处理步骤有顺序要求，必须在完成上一步或者满足某条件之后，再完成这一步操作，才能得到分数。

5）判定设置，需要在GView画面上找到需要判定的测点或者设备状态点，选择比较方法进行判定。例如，这个处理步骤要求停立磨循环风机。在画面上找到立磨循环风机的状态变量是 B13132 _ INF（在 B13132 _ INF=3 时，风机运行；在 B13132 _ INF=1 时，风机停车），需要做的处理就是，选择比较方法小于高限，高限值设定为 1 和 3 之间的数即可。

5. 试卷的编辑

进入试卷库，点击左上角新建试卷，输入试卷名称，点击 OK。双击新建试卷进入右侧试卷编辑界面，如图 2-2-4 所示。

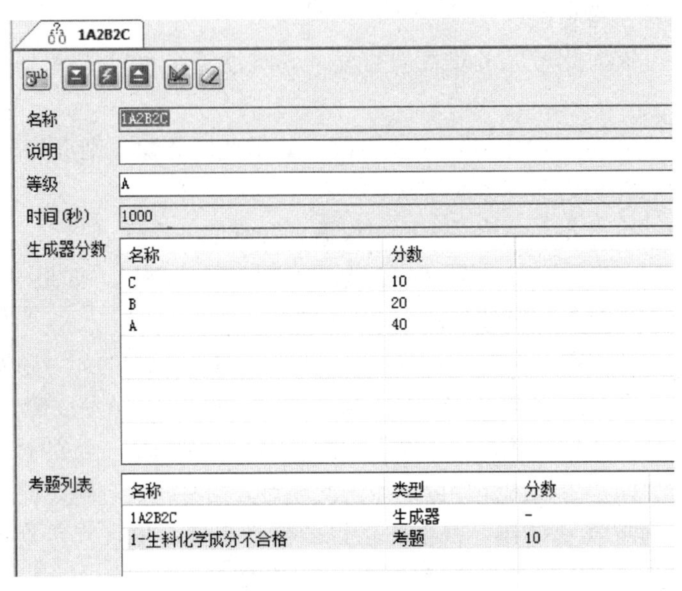

图 2-2-4　试卷编辑界面

（1）名称，不可编辑。

（2）等级，用来添加描述，对试卷的分数没有影响。

（3）时间，点击第一个按钮，设置考试时间。设置时间时，要考虑此试卷共包括多少题目，每道题目的时间是多少，试卷的时间应大于或等于所有考题的时间和，否则学生来不及答完所有题目考试便已结束。

（4）点击第二个按钮，添加考题。选择这种方式添加进来的考题为必考题，即每次考这张试卷时一定包括这道考题。

（5）点击第三个按钮，添加考题生成器。例如输入“1A2B2C”，表示这张试卷包括 1 道 A 等级题目，2 道 B 等级题目，2 道 C 等级题目。系统会在每个等级的题目中随机抽取题目。

（6）点击第五个按钮，设置生成器分数。举例说明：对于上面所设定的 1A2B2C 考题，A 等级的题目每道 40 分，B 等级的题目每道 20 分，C 等级的题目每道 10 分，根据不同难度等级的题目，给予不同的分数。最后要检查必考题和随机题的分数总和，要等于 100 分。

2.4　联机考试与试题分发

1. 统一教师机与学生机的试题

教师机上的试题和试卷编辑完成后，需要做以下步骤。

（1）复制 D：\ SimJYsn \ Console \ JYsnDB 文件夹中的所有文件：

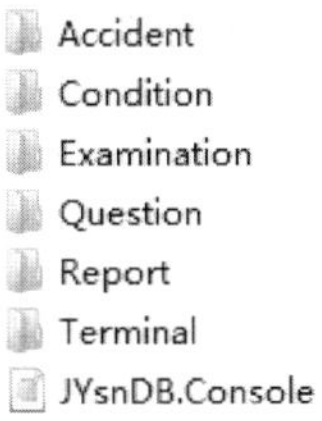
Accident
Condition
Examination
Question
Report
Terminal
JYsnDB.Console

将 D：\SimJYsn\JYsnDB\Console 文件夹中的所有文件替换。

（2）将教师机 D：\SimJYsn\Console\JYsnDB 文件夹中的所有文件：

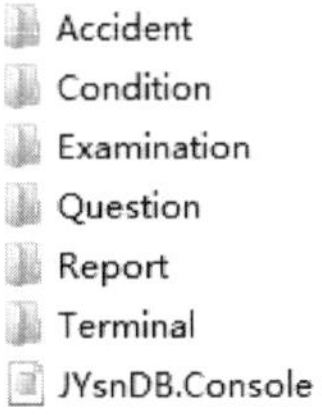
Accident
Condition
Examination
Question
Report
Terminal
JYsnDB.Console

复制到所有学生机的 D：\SimJYsn\Console\JYsnDB 和 D：\SimJYsn\JYsnDB\Console 文件夹中。

暂时不支持试题自动分发功能。

2. 连接教师机

考试时，教师机打开测评软件，其他学生机打开 MSP 平台和 GView 界面，如果教师机在培训终端中能看到对应的学生机号码变成黑色，则表示学生机已经和教师机建立联系。学生机运行 MSP 中的程序，并切换到 GView 测评系统界面，等待教师机发题。

3. 教师机试题分发

待考试的学生机和教师机建立联系之后，教师机在培训终端界面里选中要考试的学生（需要选中多名学生时，按住 Ctrl 键），然后点击左上角的开始考试按钮，选择试卷，点击 OK。

4. 学生机答题

教师机分发试题之后，学生机在测评系统界面中将看到有题目条变成红色，考试总时间开始倒计时。点击题目编号，试题颜色由红色变为黄色，试题状态由未答变成答题中，试题时间开始倒计时。待试题时间结束，题目颜色由黄色变为绿色，显示已答，如图 2-2-5 所示。

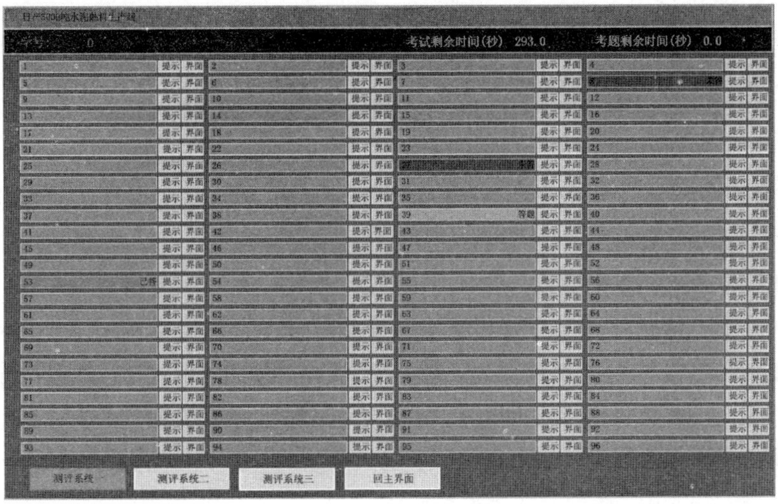
考试剩余时间(秒)　293.0
考题剩余时间(秒)　0.0
测评系统二
测评系统三
回主界面

图 2-2-5　测评系统界面

进入答题界面前可以先点击题目对应提示，有些题目有文字、图片或者声音提示，可参照提示内容考虑答题方法。

5. 考试成绩反馈

考试总时间结束后，系统会自动生成一个成绩报告 Report.html 给教师机，学生的考试成绩、每道题的答题情况都有记录。报告的存储路径为：D：\SimJYsn\Console\JYsnDB\Report。

任务小结

本任务主要介绍了测评系统简介、测评软件的组成、测评系统的运行和联机考试与试题分发等内容。

思考题

1. 中控水泥仿真系统的测评软件由哪部分组成?
2. 考试时，教师机打开测评软件，学生该如何做?

任务3　水泥熟料煅烧中央控制操作工

任务简介　本任务介绍水泥熟料煅烧中控操作工的基本要求，明确操作工应具备的基本操作知识和操作能力，实现最佳参数下系统稳定操作运行；还介绍了水泥中控操作工职业标准和窑系统中控操作规程，对从事中控操作具有一定指导意义。

知识目标　了解水泥中控操作工岗位职责；掌握中控操作工应具备的基本知识和操作能力；掌握水泥中控操作工职业标准；掌握窑系统中控操作规程。

能力目标　能按照水泥熟料煅烧中控操作工职业标准和窑系统中控操作规程进行中控岗位操作，并实现系统最佳参数下安全稳定运转。

3.1　中控操作工基本素质

图 2-3-1 为某新型干法水泥企业中央控制室。水泥中央控制室操作工是在中央控制室利用各种自动化仪表及电视图像对水泥生产全过程进行监控、操作、指挥的人员。主要任务有：负责熟料煅烧系统的生产及煤、磨、窑系统的运转；控制熟料煅烧系统的操作，确保符合公司的质量要求；对操作过程参数和产品质量及时记录，确保操作规范、记录真实；负责操作监控系统设备运行状态，指挥巡检及维护，确保运行正常。本职业设四个等级：中级（国家职业资格四级）、高级（国家职业资格三级）、技师（国家职业资格二级）、高级技师（国家职业资格一级）。

图 2-3-1　某新型干法水泥企业中央控制室

3.1.1　中控操作工岗位职责

1. 岗位范围

生料出库至熟料出库，其中包括高温风机以后的所有设备操作。

2. 岗位目的

在中控室主任的管理下，烧成系统设备的中控室操作，在保证质量合格的情况下，达到高产、稳产，使其产量、电耗、材料消耗、设备运转率达到同行业较高水平。

3. 主要职责

（1）遵守公司、分厂各项管理制度，树立安全生产、质量第一的观念，确保人身安全和设备安全。

（2）负责熟料煅烧系统工艺参数的调整，所属设备的开、停操作，密切监控筒体扫描仪上筒体温度。

（3）服从生产统一指挥，严格执行工艺管理规程、操作规程。熟悉本岗位设备，准确判断工艺状况，确定合理的工艺操作参数，采取正确的操作方法，确保风、煤、料合理匹配，实现优质、高产、低消耗，完成上级下达的生产指标及熟料生产任务。

（4）负责中控室的计算机 DCS 监控设备的维护、使用，记录工艺设备操作参数、开停时间和产量质量完成情况，清理、保持操作室卫生工作及交接，做好交接班记录。

（5）设备开停机前，与现场岗位人员密切配合，通知岗位人员检查窑系统所有设备是否处于完好状态，确定是否符合开停机条件；设备开停车时，有权向所属岗位人员下达生产指令，协调指挥相关岗位人员开展工作（必须由现场本岗位人员回音后，再进行操作）。开机后，及时通知岗位人员，检查设备运行情况；停机时，确认是否符合停机条件，保证设备停机后能够顺利开启。

（6）在生产操作过程中，及时观察设备运行参数，稳定窑内热工制度，认真填写操作记录，努力做到严谨、稳准、高效和全面统筹，保证回转窑系统持续稳定运转生产优质熟料。发现问题时要认真分析，正确判断，进行妥善处理，重大问题有权采取紧急措施，解决不了的应及时记录并汇报所在班组班长，协助班长停机后进行处理；服从班长工作安排，完成临时布置的任务与临时、短时间的检修工作。

(7) 窑系统设备检查时，应通知电工按要求办理相关手续，拉闸断电，以免有人误操作。

(8) 积极提出建议、方案，积极参与窑系统工艺设备检修工作。在操作过程中出现问题和相应的合理化建议要及时报告，通知相关的技术、管理人员。检修期间积极参与预热器系统、窑内的拆除、砌筑、浇筑耐火材料等工作，对窑系统检查、砌筑、浇筑等工作质量负相应责任。

4. 职位权限

(1) 有权指挥现场岗位工。

(2) 发现问题，有权及时采取措施。

(3) 有权拒绝中控室主任以外任何人的指挥。

(4) 对于出现的紧急事故有权立即进行处理。

(5) 对于出现的紧急问题，有权越级进行汇报，但是采取措施后要及时向主管领导进行汇报。

(6) 对于发现存在的各种隐患有向上级部门进行汇报的权利。

(7) 对车间制度合理化建议权，对公司各项制度的监督、检查权。

(8) 对公司内不符合安全规定的行为，有制止权、否决权。

5. 业绩考核指标

①操作事故；②安全操作；③台时产量。

3.1.2 中控操作工基本要求

衡量操作工水平的标准和要求不同，其操作工的努力方向与操作效果就会有南辕北辙的区别。正确的衡量标准是在充分认识新型干法生产的要求基础之上，能判断操作工在操作中满足这种要求的程度。

1. 当前流行的评价标准

目前评价操作工水平的最实用标准是，看其在中控室操作的时间长短，或是看在哪些大企业中工作过。虽说这个标准并不能准确反映水平，过于表面化，但毕竟是不少企业用于招聘操作工的条件。再加上水泥企业待遇并不高，工作环境又不好，专科毕业生大量流失到其他行业与岗位，使这类关键岗位的技术人才日渐匮乏，捉襟见肘，很难再顾及其水平高低。

由国家劳动和社会保障部颁发的“水泥中央控制室操作工国家职业标准”中，将水泥新型干法生产中控操作工的操作水平划分为中级、高级、技师、高级技师四个等级，用以评价他们的水平。但这个标准很少在企业中应用，更少有以此作为指导企业对操作员的要求和培训。关键是没有明确表示出四个等级在操作技能上的差异，并说明对企业的贡献程度。

目前社会上比较认可的标准是，看操作员对系统工况变化能够提前预测并反应的时间。例如，某操作员能提前知道窑内温度向降低方向发展的时间是30s，要比只能提前预测15s的水平高；反之，如果能提前预测60s，则表明操作员的水平更高。这种判断标准其实过于简单粗糙，对操作要求的理解过于狭隘，在窑的稳定状态时，又如何评价他们的区别呢?

总之，在目前大多数企业中，对操作工的要求更多是能应付不断变化的客观条件而不发生任何事故，为达到此要求，他们摸索出了一些行之有效的操作技术，但是，这绝不是最佳的操作水平，因为他们无法考虑、更无法稳定实现企业最佳效益的要求。

2. 中控操作工基本要求

（1）能在科学管理思想指导下操作。科学管理思想是指操作工要对新型干法水泥生产的特点与要求有深刻而准确的认识，而且要在操作中熟练地贯彻这种特点与要求。如果操作者不认为“均质稳定”是对他们的基本要求，他们在操作中就不会自觉遵守，也不会分析出问题的实质，所谓达到高产、优质、低消耗、安全运转的目的，只能是雾里看花。

（2）让系统能在稳定状态下运行。该要求是指在那些属于操作工工作范围的职责中，要能及时发现异常状态的出现，并采取得力措施正确处理，至少在操作上，为实现高运转率的目标创造条件。这些工作职责如下：

1）防止各类工艺性故障发生，例如，窑上经常遇到的预热器塌料、结皮、堵塞；窑内的结圈、结球、掉砖红窑；冷却机内的“雪人”、“红河”等。磨上经常遇到的立磨、辊压机“跳停”；管磨机糊球、饱磨等。

2）及时将中控屏幕上显示的有关设备安全运行参数报告给相关部门，并合理操作。

3）减小半成品质量指标的异常波动与不合格。

（3）能准确选择最佳工艺参数。这是企业获取最佳效益的最终要求，因此操作工首先要知道什么是最佳工艺参数，然后知道如何予以实现。

在三项基本要求中，第三项要求才是评价高素质操作工的重点。在评比操作结果时，不仅要比具体完成的产量大小、质量好坏，更要看能耗高低，从而判断操作工是否具备选取最佳参数的素质。

3. 中控操作工操作依据

（1）现场各种仪表测试后通过 DCS 系统传递到中控室显示屏上的数据。

（2）现场巡检人员发现的各种现象及时反馈给操作工。

（3）化验室抽样检查各项过程控制的质量数据。

3.1.3　中控操作工应知与应会

作为合格的中控操作工，在上岗之前，就应该学会利用各种操作依据，接受两方面的培训和考核，一方面是理论上要掌握操作的基本知识，另一方面是实际操作具备的能力。

1. 基本操作知识

中控操作工必须在理论上具备的基本操作知识包括：准确判断系统工况；掌握参数变化规律；树立科学操作理念。

（1）利用已知条件准确判断系统工况

在中控室操作界面上显示有数百个数据，操作员应该运用学到的工艺知识，清晰地分辨它们的特性及作用，成为上岗应当具备的基本功。

1）辨别自变量和因变量之间的关系

自变量就是操作人员用以调节状态的手段，如下料量、喂煤量、各个风机的风量与风压的控制、窑速等，通过对它们的合理操作实现工艺系统的良好运行。而因变量就是表现在屏幕上显示的各处温度、压力，它们正是操作控制的结果。

操作员要随时随地用因变量的改变效果，判断与衡量自变量调节的方向和幅度正确与否。这种判断与衡量并非简单唯一，因为一个自变量的调节有时会导致两个以上因变量的改变，而且一个自变量的调节还会需要更多自变量进行相关调节。例如，增加窑头喂煤量（自变量），可能会提高一系列的因变量：烧成温度、窑尾温度，甚至一级出口温度的陆续增加；

而同时它又会要求另一个自变量用风量的相继调节，以及分解炉用煤的相应调整，因为如果此时窑内风量不足，不仅不会使煤粉燃烧带来升温效果，反而未燃烧的煤粉会降低窑内温度，还导致预热器不该有的过度升温。

这种判断与衡量并非简单唯一，不仅是上述理由，更是因为有的自变量自身就是多个自变量组成的。例如系统用风量的调节，如果是多台风机作用于同一系统时，它们之间的调节就会有较大影响，如果调节不当，仅自变量自身就在互相干扰。

2）掌握各工艺参数之间的关系

操作员可以应用所学工艺知识，正确掌握相关工艺参数之间的关系，这是印证参数变化的合理性及仪表检测正确性的重要依据，诸如以下各类关系：

① 系统的温度分布关系。凡是系统中离热源距离越近的位置，温度越高，越远则温度越低。如果有温度倒置现象，说明有燃料不完全燃烧的情况；如果温度有陡然降低，则要考虑有较严重漏风。否则，就是温度测量上产生偏差。

② 系统的压力分布关系。凡是系统中离风机越远的位置受的影响越小，鼓风机则正压变小，排风机则负压变小。观察系统中设置的压力表，不能简单推理视为系统内产生气体流动速率的压力，而更多是显示系统某处阻力的变化，即压力降大小的标志。如在系统某阻力点上游测定压力，当此点阻力增加时，如果是负压，此值就要变小；如果是正压，此值就要变大；如果是在某阻力点下游测定压力，压力变化则相反。当有重大漏风出现时，也相当于风机工作遭到阻力，压力值会有突降变化。如果违背上述规律，要检查测点及仪表异常的可能性。

③ 风机的风量与风压之间的对应关系。在自然界中，气体的压力与风量关系符合理想气体方程（PV/T＝常数），即当温度恒定时，压力低，风量会变大；反之，风压高，风量会变小。而风机的工作风压与风量之间的关系，既不是简单的对应关系，更不是正比关系。对于离心风机，在风量减小时，风压会相应增加；对于罗茨鼓风机，如果要放风，风压与风量同时减小。在热工系统内，风压表上显示的压力与风量之间更不可能有对应的关系，如一段有阻力的密闭管道中，阻力两侧的压力值肯定有较大差异，但风量不会有较大变化。

④ 风量受温度与风压影响的关系。相同风量受热后的体积肯定要膨胀变大，冷却后变小，如果此时容积不变，则风压就会升高。所以，风机的工作状态与进风机的介质温度很有关系，气体温度升高，风量会增加。

⑤ 风压中静压与动压的关系。在管道或容器中用压力表测到的数值只是静压，由于它与动压在一定范围内有正相关的关系，所以，被误认为是表示系统中的气体动力与速度的情况较多。实际在很多特例中，它只表示系统阻力在增加，增加到一定程度反而风压很大，风量与风速却基本没有。实际压力表只能测出管道内气体的静压，更多反映了测点前方管道阻力大小，它与形成高风速的动压是两个不同的概念，只有动压才是风速高低的表示。当静压大到一定程度后，会与动压成负相关，其极端情况是当管道前方堵住时，压力表数值会最大，会与动压成负相关，其极端情况是当管道前方堵住时，压力表数值会最大，而风速却已经变为零。实际生产中，缺乏这种认识的人常会导致很多错误的判断与操作。

⑥ 喂料量与温度、用风量之间的关系。如果增加喂料量，一级预热器出口温度降低，说明预热器的热交换有潜力，但仍要观察篦冷机的废气温度及熟料出冷却机温度是否增加。只有三个温度同时降低，才表明加料是正确合理的。如果在加料的同时，用风量不得不增加，说明燃料增加幅度较大，一级出口温度反而升高，这种喂料量的增加就没有任何积极

意义。

上述只列举几种常见的关系，实际操作中还会遇到更多关系，而且这些关系之间还会相互影响。更重要的是，应当明确这些关系中起主导作用的核心关系。

3）有关设备安全参数的使用

随着设备轴承温度与振动测定使用传感器的技术进步，机械与电气的一些重要参数接到中控室计算机上的数据越来越多。例如托轮与磨机轴瓦的温度、电机电流与功率、风机与立磨的振动值等，与其说是操作加料、加煤、加风必须遵循的上限，不如说是由于具有自报警功能，而起到对设备维护的监测作用。

（2）通过参数的趋势图掌握参数变化规律

系统某一参数在数天、数小时、数分钟前的数据与时间的变化关系，如实地用曲线表示出来，就是趋势图。所有DCS系统都具备将这些参数趋势图显示的功能，以下参数都应有趋势图显示：作为自变量的喂料量、喂煤量、窑速；作为因变量的关键位置的温度，尤其是二次风温、三次风温、一级旋风筒出口温度、窑头废气温度、分解炉温度、窑尾温度等；关键位置的压力，尤其是高温风机机前负压、窑尾负压、窑头负压、篦冷机高温段篦下压力等；重要设备的电流，尤其是窑、高温风机、立磨、喂料提升机等；重要设备的轴承温度及振动值等。

同一屏幕画面一般不能同时显示数条不同参数的趋势图，为了趋势图能为操作员尽快判断参数发展趋势的合理性，在编制趋势图时，应该将相关参数的趋势图置于同一画面，以便能很快发现变化趋势中的对应关系。例如，将生料喂料量、生料提升机电流、一级预热器出口温度、高温风机的机前负压安排在同一画面上，便能直观判断出生料量加减对这些参数的影响。

自变量的趋势图能掌握操作员的实际操作动态，以便随时分析操作的合理性，因变量的趋势图可以及时了解操作后这些参数的变化趋势。正确利用趋势图是操作员提高操作水平的重要渠道，尤其是有利于提高他们稳定系统的能力。有的操作员频繁调阅趋势图，见稍有波动就开始调整，以为用小变动可以防止大波动，这种操作很可能适得其反。因为如果发生的是随机波动，本来它可以向目标值自动回归，如果此时一旦操作干预，反而越调越乱；或者因为不清楚参数波动的原因，更可能调整的措施不当，缺乏针对性。以发现喂料量变化为例，如果这种变化是由于喂料设备的随机波动引起的，并且波动范围不大，此时就没有必要调整任何参数；如果确实是异常波动，从趋势图中看提升机电流和一级出口温度的趋势也有相同方向的较大波动时，就印证了系统变化确为异常，应当果断及时调整。

（3）树立科学操作理念

对于预分解窑的操作而言，必须建立如下理念，才能对上述各种工艺参数之间的关系及每个参数的变化规律正确理解，否则很难形成科学、严谨的思路。

① 均质稳定的操作是获取高产、优质，低消耗运转的基础。如何衡量某一项操作是否合理，并不需要等到熟料强度不高，煤耗越来越大，甚至工艺故障频繁发生时，才能下结论给予判断。为了避免“马后炮”，每位管理者及操作者只要静下心来，认真地思考该项操作是否有利于均质稳定地生产，就完全可以下结论。这是头脑清晰、反应敏捷、判断准确、动作果断的操作员所应具备的基本素质。

② 获取单位能耗最低的操作参数才是最佳操作参数。如何判断已经获得最佳操作参数组合，不应该是最高单产时的参数，也不应该是获取最好质量时的参数，而应该是单位产量

能耗最低的参数。不合理的操作参数会有千差万别，但最佳参数只能有一组，就是要看其能耗最低时的风、煤、料配比量。

③ 形成优质熟料的操作条件是靠温度的合理分布，而不是时间的拖延。这是预分解窑之所以要薄料快转的基础，也是不应该用窑速调节熟料质量的原因。

④ 煤粉的快速、完全燃烧是窑内形成高温区的关键。实现关键的条件是煤粉与氧气快速充分地混合。

⑤ 任何有两个以上风源作用的系统都可能发生彼此相互干扰。正确选择任何一个风机的风量与风压时，都要首先考虑是否会有相互干扰的情况。

2. 操作工应具备的操作能力

（1）熟悉生产现场的能力

中控操作员所操作的都是现场的设备和物料，因此要求操作员必须熟悉生产现场，成为现场的能手、指挥家，对全厂工艺流程、设备布局、系统工艺参数，具体涉及每一台单机的工作原理、特性、故障显示都能熟练掌握。只有熟悉现场，才能对现场故障进行准确判断，才能指导巡检工有目的地进行巡检和处理现场设备。判断现场各种情况的能力应表现在以下具体内容：

① 判断系统温度及控制温度的能力。在烧成系统中是指熟料煅烧温度、窑筒体表面温度、窑尾烟室气体温度、分解炉出口气体温度、C1 旋风筒出口气体温度等。这些温度的高低，都需要操作人员现场的经验感受。

② 观察火焰形状及调节火焰的能力。掌握燃料种类及质量变化可能会对火焰产生的影响，并能调节一次风量和煤粉量达到最佳风煤匹配。

③ 观察系统正、负压状态及调节系统用风的能力。

④ 观察篦冷机中熟料冷却状态及调节能力。

⑤ 分析熟料质量，并查找原因的能力。

⑥ 粉尘、氮氧化物排放合格及改善的能力。

⑦ 及时发现系统异常状态并尽快排除的能力。

（2）与巡检工配合的能力

具备上述现场实践经验是与巡检工配合默契的前提，但从操作思想上要学会听取现场巡检人员的反映，而不是只会向巡检工发号施令。巡检人员素质也需要不断提高，才能和中控操作员相互配合。

（3）判断系统状态的能力

在系统不具备客观运行条件时能准确指出不具备的条件；在客观操作环境具备的情况下，能迅速判断系统是否稳定运行；在系统稳定运行的情况下，判断是否已在最佳参数状态下运行。

（4）正常操作参数的能力

① 对某些自变量需要调整时，调整的幅度要将实际测定值与目标值的差再乘以小于 1 的调整系数，以求重要指标能以尽量少的调整次数，达到更高的稳定性。

② 当系统稳定后摸索最佳参数时可采用试探法选定最佳参数。即按照既定的思路对某个自变量进行或高或低的调节，以观察系统的变化趋势，如果无论怎么调整，效果都不如未改变前更好，就说明被调参数已经是最佳参数。如果向某一方向调整后效果变好，说明向此方向摸索是正确的，可以继续下去直到效果不再发展为止。

③ 当系统出现异常波动时，一般要采用大幅度调整，并且应该反应迅速，措施及步骤同时到位。

3.1.4 最佳参数下稳定运转的操作

很多企业的中控室都挂有醒目的大字标语“精心操作”，与精细操作同属一个概念。它不应该仅仅是鼓动宣传，而应该成为有具体要求的标准，用以指导和检查操作员的操作。

1. 什么是精细操作

实现最佳参数下稳定运转的操作就是精细操作，也可以说，在稳定情况下追求最佳参数的操作称为精细操作。这种标准既是主客观操作条件的统一，即只要能创造出稳定的环境，就应有最佳参数的追求；也是操作水平与操作员职业道德的统一，即高水平的操作员不仅要具备高尚的敬业道德，而且要有科学的操作理念，才能实现最佳参数下的操作。

现代窑的精心操作与传统的窑有本质区别。对于传统水泥窑，精心操作的理念就是操作人员要紧密观察表现各项窑工况变化的参数，为实现高产与要控制的质量指标合格，做高频次的调整，实现以小的调整防止系统发生大的变动，实现系统的相对稳定。也许这正是以往的精心操作的精髓，即所谓要求“勤”的操作。这种要求需要操作人员有较高的预见性水平，并加强观察的责任心。这对于当时的生产力水平、原燃料的稳定程度、设备仪表的配备及可靠程度而言，是完全必要的。

但是，对于现代水泥企业，欲想提高劳动生产率及生产的稳定，对于人的操作水平及感情色彩的依赖程度必然会逐渐减小。原燃料的均质稳定、设备的可靠程度及仪表自动化水平的完善，为实现稳定运转提供了理想条件。只需要不断努力寻求运行中的最佳参数，就能表现出操作水平的内涵。那种找不到最佳参数，只是盲无目标地不断调整已经稳定的参数，绝不是优秀的操作人员，因为其操作本身会给系统带来更不稳定的因素。

2. 什么是最佳工艺参数

每当说起最佳工艺参数时，总是有人会说“只有更好，没有最好”，因而更没有最佳。其实，系统运行中大多数参数都有最佳数值，以某一项具体操作参数烧成温度为例说明：温度过低，熟料的质量不会高，但温度过高，不但热耗增加，而且熟料强度还会降低，能使熟料强度最高的温度才是最佳温度。

当然，生产线中也确实有“没有最佳，只有更佳”的参数，但为数不多，例如：小到一级预热器出口温度、二次风温度等参数，大到熟料标号这些关键指标，都可以不断改善，但它们的改善空间毕竟是向着一定的极限趋近，而且这种趋近只有在选取系统中若干最佳参数群之后才能实现。

那么，最佳参数的定义是什么呢？应该是指能实现相同单位产量时消耗最低的参数。

为什么要强调最低消耗，而不说以实现单位产量最高的参数为最佳参数呢？事实证明，台时产量低时热耗要高，但产量过高时，热耗也一定会升高。所以，能使热耗最低的产量才是最佳产量。而实现最佳产量的参数，或者是使热耗最低的参数就是最佳参数。然而到目前为止，众多企业的负责人还是对台产、月产、年产的最高纪录津津乐道，如果他们知道产量过高时的消耗不一定是最低，即成本不一定最低时，也许才会体会到提出以最低消耗为目标的良苦用心和科学价值。只有获取最低能耗，再加上高性能水泥占领市场，才能实现万元产值能耗最低的水平。

3. 选取最佳参数的必备条件

(1) 稳定运行的系统最佳参数来自于相对稳定的系统，不稳定的系统很难有获取最佳参数的可能。这是因为影响调整结果的变动因素太多，不仅无法确定能产生效益的因素，而且即使获得最佳参数，也无法保持。

(2) 操作员要具备较高素质，操作员应该有这样的信心，只要是在不断追求正确思路、已经渐入佳境后，就不难获取系统的最佳工艺参数。

(3) 仪表与自动化的进步可靠，在线检测的仪表要比离线检验进步得多，它对选取最佳参数提供最快的信息。否则任何调整结果都要显示很慢，选择最佳参数，乃至确认该数值为最佳参数都要滞后很多。

4. 如何造就优异水平的中控操作工

(1) 对中控操作工水平的评定

中控操作工大体可以划分为四个档次。合格的操作人员是能在系统运行稳定时，按照所具备的基本操作知识及应该具备的能力，正确地完成各种操作程序；水平较高的操作人员则能够在系统异常时迅速找出准确原因，并实施正确对策，这里存在对异常现象反应的灵敏程度及采取措施的有效程度的差异；优异的操作人员表现较强的预见性，当系统从正常向异常变化刚露端倪时，便能敏感地发现，并采取对策制止，做到该出手时就出手，不该动时就一定不动，即表现出具有防止系统出现异常的能力，也就是维护系统稳定的水平；更胜一筹的操作人员则是能在相对稳定的条件下，较为快速准确地找出系统的最佳参数，具有清晰而正确的思路。

合格档次的操作员可以通过书面理论知识的测试及上机操作的基本手法断定；对于第二、第三档次的操作员可以通过操作系统的稳定程度予以衡量，检查某些参数趋势图的稳定程度便可认定其水平高低；而最高档次的操作员则只有通过实际操作的消耗指标实现数据做出评价。

这里渗透着操作熟悉程度与经验累积的差异，更能表现出操作员操作理念的差异，可以反映他们利用与总结经验归纳出科学操作思路的智慧与悟性。

在讨论操作员的水平时，对操作员建立正确思路的过程与能力，经常使用聪明、智慧和悟性这三个词汇进行评价。

聪明即耳聪目明，对外界事物反应灵敏，发现、感觉新鲜事物及异常现象快；对屏幕上的各种参数反应敏感。如窑尾负压过高，再借助窑筒体红外测温仪观察，操作员可以迅速判断窑内有了后圈，于是果断采取开大窑尾高温风机或关小三次风阀等措施，以达到增加窑内用风的目的。

智慧即足智多谋，在接受外界事物后，不仅能有所反应，更要能综合以往更多经历，找出差异与共同点，经过周密思考，总结规律，并可举一反三地类推到现有事件的处理上。例如，当知道窑后已出现结圈，操作员所想到的是如果继续加大排风，是否会使结圈更为严重。因此，根据以往处理结圈的经验，采取变动火焰位置等办法让后圈尽快掉下来。这样的操作员能够综合各种单一概念，排除假象，汇集成系统理念。

悟性即大彻大悟，在对各种事物的充分思考与判断后，彻底理解并掌握了事物发展的内在规律，通过努力能主导事物按照符合客观规律的方向发展。以结圈的故障为例，操作员能对各种原因形成的后圈提出一整套合理的操作方法，调整火焰形状及相关措施，不仅能很快消除后圈，而且能杜绝类似的后圈再次出现。

最高境界的大彻大悟则是大智若愚，拥有这样的素质绝不会听到不同看法就立即嗤之以鼻，而是善于从不同意见中认真揣摩其中可能存在的道理，不断完善并丰富自己的已有理念，达到相关知识融会贯通的境地。

(2) 为培养高素质操作工打造良好环境

1) 要全面、系统地培养操作知识。必须对操作员进行进一步培训，用新型干法水泥生产的特点与要求的概念武装操作员的思想，用此思想对照操作中与之抵触的不良操作习惯，从而揣摩出改善操作的方式。

大多数操作员能够正确应对操作中出现的各种异常状况，但能分析清原因，讲清道理者很少，能上升为理论明确认识者更少，这就是操作思路上表现出的差距。之所以如此，是因为当前国内对正确的操作缺乏认真系统研究，导致操作员逐年逐代照猫画虎地照搬传统窑的操作思维习惯，甚至认为这是成熟的操作技术，无需讨论和改进，更听不进去不同看法。实际上，我国预分解窑的运转水平不高，除了基本建设水平不高外，与管理和操作的粗犷不无关系。

2) 用系统的知识分析以往发生的异常情况。不要让操作员满足现有的经验，要在不断了解国内同行的发展水平及瞄准世界先进水平的基础上，组织他们对本生产线过去所存在的问题进行分析、对比，从中总结出规律，并升华为思路，以此提高处理异常情况的能力。有智慧及悟性的操作员不会死抱着陈旧而又落后的观念不放，善于听取与之相左的意见，不断思考为什么会有另外的想法，更要勇于实践那些不同于自己而又认真思考过的做法，这才是提高自身水平的必经之路。

3) 对操作员要有正确的考核目标。如何确定考核操作员的关键业绩指标，对他们建立正确思路起着至关重要的作用。而建立正确的考核体系与企业的整体管理水平有关，例如企业的核心指标究竟是追求产量、质量，还是能耗，企业的计量管理水平等。只有关键业绩指标选择正确，才能引导他们不要盲目追求高产，防止不惜带病运转而高消耗，以追求稳定操作及选择最佳参数为目标，并以此能力作为评价操作员水平的标准。

同时，对操作人员的考核还要做到以下要求：

① 不应过于拘泥小节，使他们明哲保身，谨小慎微，以不出事为原则。例如每当发生工艺事故如红窑、塌料、堵塞、结圈等，就予以重罚，而且有时只罚当班人员。对此，工艺工程师本应负有责任。只有操作员自行其是，不服从工程师的总体安排时，操作员才有不可推托的责任。

② 不应只重视经历，不能鼓励熬年头，敢于按照实际能力拉开待遇档次。一个操作员每天手中要使用数百吨煤，价值就是几十万元，多用或少用1%，就是数千元的盈亏，优秀操作员一个月为企业创造效益仅煤耗一项就有十多万元的差距，企业为其付出的报酬差距有多大？而且这种差距拉开的理由是什么？这是调动操作员提高自身能力的关键。

(3) 企业要有良好的企业文化氛围

企业要有活跃的技术交流与学习气氛，不能只将操作员当作工具，但也不能放任自流；操作员要有敢于实践的勇气。严格说，培养优秀中控室操作员的过程也是提高与锻炼领导者素质的过程，或者说，至今水泥企业中最先缺少的正是：能掌握上述应知应会要求的工程师，以及能承认优秀操作员标准的管理者。

(4) 操作员要做到“四勤”

中控操作员除了具备上述能力外，还应做到“四勤”，即脑勤、手勤、嘴勤、腿勤。

脑勤：即勤于思考问题，凡是生产中遇到的现象，都要能用实践解释清楚，不断学习，可以查阅相关书籍杂志，不断提高自身技术水平。

手勤：即勤记录，勤写总结。实际上，每一次的操作，就是再思考、再提高的过程。

嘴勤：即多与他人交流，要不耻下问，遇事多问几个为什么，这是学习和提高难得的机会。

腿勤：即勤到现场，只坐在中控室内想当然，很难得出解决实际问题的结论，尤其上述那些需要掌握的能力，只有经常迈开双腿深入现场才能获得。

总之，随着新型干法水泥技术的发展，现场人员逐步减少，中控操作人员就必须要具备工艺、设备、电气、自动化等方面的专业知识，理论联系实际，在生产中锻炼和提高，才能适应现代化设备自身技术特点和水泥企业发展的要求，使新型干法工艺及装备发挥出应有的效益。

3.2 水泥中控操作工职业标准

1. 职业能力特征

具有一定的学习、表达和计算能力；具有基本的计算机操作能力；具有正常的色觉、听觉；手指、手臂灵活。

2. 职业鉴定方式

分为理论知识考试和技能操作考核。理论知识考试采用闭卷笔试方式，技能操作考核采用现场实际操作、仿真模拟、答辩等方式。理论知识考试和技能操作考核均实行百分制，成绩皆达到60分以上者合格。技师和高级技师鉴定还须进行综合评审。

3. 工种基本要求

（1）职业守则

1）遵守法律、法规和有关规章制度。

2）爱岗敬业，诚实守信，具有高度的责任心和职业良心。

3）严格执行技术规程和工作规范，安全文明生产。

4）服从组织，团结协作，努力工作，奉献社会。

5）刻苦钻研，精通业务，终身学习，不断创新。

6）勤俭节约，艰苦奋斗，提高质量，降低成本。

7）爱护设备和工器具，保持工作环境整洁有序。

8）着装整齐，符合规定，注重修养，文明礼貌。

9）了解水泥生产新技术动态。

（2）知识要求

1）新型干法水泥生产技术的特点、工艺流程。

2）主机设备的名称、结构、工作原理。

3）水泥生产的相关国家标准。

4）硅酸盐水泥原料、燃料、生料、熟料的化学成分及矿物组成。

5）水泥熟料在煅烧过程中发生的物理化学反应。

6）计算机及中央控制系统组成的基本知识。

7）安全文明生产与环境保护的知识。包括：文明生产知识、劳动保护知识、安全操作知识和环境保护知识。

8）质量管理知识。包括：班组管理、质量管理、设备工具管理、成本管理、文明生产管理。

9）相关法律、法规知识。包括：劳动法相关知识、合同法相关知识、安全生产法相关知识、质量法相关知识、计量法相关知识、标准化法相关知识。

（3）技能要求

对中级、高级、技师、高级技师的技能要求是依次递进的，高级别涵盖低级别的要求。下面主要介绍高级工职业技能要求（表 2-3-1）和技师职业技能要求（表 2-3-2）。

表 2-3-1 高级工职业技能要求

职业功能	工作内容	技能要求		相关知识
一、作业前准备	（一）劳动保护准备	能够对中级操作员的安全准备进行检查和监督		安全检查的目的、内容及方法
	（二）技术准备	1. 能够读懂各种热工仪表的使用说明书； 2. 能够检查 CRT 所显示的生产运行状态		1. 各种热工仪表的结构、性能、使用方法、维护知识； 2. CRT 画面的组成知识
二、生产运行操作	（一）生料制备系统的运行操作	球磨机	1. 能够在生料制备系统进行大修、重大技术改造后完成系统试车工作； 2. 能够稳定磨机进出口气体压差、选粉机功率等参数； 3. 能够稳定出磨成品细度； 4. 能够稳定出磨气体温度； 5. 能够控制入电收尘器气体的温度及 CO 的含量	1. 生料制备系统主要操作控制参数； 2. 生料制备系统可控变量的调节； 3. 研磨体级配、装载量与磨机产质量的关系； 4. 磨音趋势曲线图的识别知识； 5. 立式磨系统的主要操作控制参数； 6. 立式磨系统可控变量的调节
		立式磨	1. 能够在生料制备系统进行大修、重大技术改造后完成系统试车工作； 2. 能够稳定磨内料床的厚度； 3. 能够控制磨机进出口压差； 4. 能够维持出磨气体温度稳定； 5. 能够稳定出磨成品细度； 6. 能够根据原料粒度和易磨性调节粉磨液压； 7. 能够稳定窑尾排风机出口气体压力	
	（二）煤粉制备系统的运行操作	风扫磨	1. 能够在煤粉制备系统进行大修、重大技术改造后完成系统试车工作； 2. 能够稳定出磨气体压力、温度； 3. 能够稳定磨机进出口气体压差、选粉机功率等参数； 4. 能够稳定出磨成品的细度	1. 煤粉制备系统主要操作控制参数； 2. 煤粉制备系统可控变量的调节
		立式磨	1. 能够在生料制备系统进行大修、重大技术改造后完成系统试车工作； 2. 能够稳定磨内料床的厚度； 3. 能够控制磨机进出口压差； 4. 能够维持出磨气体温度稳定； 5. 能够稳定出磨成品细度	

续表

职业功能	工作内容	技能要求	相关知识
二、生产运行操作	（三）煅烧系统的运行操作	1. 能够对熟料煅烧系统进行大修、重大技术改造，在新窑投产后完成系统试车、点火、挂窑皮等工作； 2. 能够稳定窑内火焰温度； 3. 能够稳定窑尾烟室温度及压力； 4. 能够稳定窑速、窑主电动机电流； 5. 能够稳定分解炉出口温度及压力； 6. 能够稳定分解炉出口废气中 O_2、CO 的含量； 7. 能够稳定各级旋风筒出口气体温度及压力； 8. 能够稳定各级旋风筒锥体压力； 9. 能够稳定各级旋风筒下料管温度； 10. 能够稳定二次风温度、三次风温度及冷却机余风温度； 11. 能够稳定冷却机篦下压力； 12. 能够稳定冷却机篦板上熟料层的厚度； 13. 能够稳定窑头收尘器进口气体压力及温度	1. 熟料冷却系统的主要操作控制参数及可控变量的调节； 2. 耐火材料的种类、规格、性能； 3. 燃料燃烧的基本知识
	（四）水泥制成系统的运行操作	1. 能够在水泥制成系统进行大修、重大技术改造后完成系统试车工作； 2. 能够稳定磨机进出口气体压差、选粉机功率； 3. 能够稳定磨机入口压力； 4. 能够稳定出磨成品的细度； 5. 能够稳定收尘器进口气体温度及压力	1. 水泥制成系统主要操作控制参数； 2. 水泥制成系统可控变量的调节； 3. 联合粉磨系统主要操作控制参数与可控变量的调节
三、故障处理	（一）生料制备系统的故障处理	1. 能够解决在生料制备系统试生产操作中出现的常见生产故障，并指导中级操作员完成该项操作内容； 2. 能够判断出磨生料的化学成分是否合适并进行处理； 3. 能够进行选粉机电流过高的判断及处理； 4. 能够进行选粉机速度失控的判断及处理； 5. 能够进行磨机电流明显增大情况的判断及处理； 6. 能够进行出磨气体温度过高的判断及处理； 7. 能够进行排风机进口压力过高的判断及处理； 8. 能够进行收尘器入口负压过高或过低的判断及处理； 9. 能够进行立式磨振动太大甚至出现振停情况的判断及处理； 10. 能够进行立式磨大量吐渣的判断及处理； 11. 能够进行立式磨主电动机电流波动过大情况的处理； 12. 能够进行立式磨循环风机电流波动过大情况的处理	1. 生料制备系统试生产操作中常见故障的处理方法； 2. 配料方案的选择及配料计算； 3. 立式磨系统操作过程中常见故障及处理方法； 4. 物料易磨性对粉磨系统产质量的影响

续表

职业功能	工作内容	技能要求	相关知识
三、故障处理	（二）煤粉制备系统的故障处理	1. 能够解决在煤粉制备系统试生产操作中出现的常见生产故障，并指导中级操作员完成该项操作； 2. 能够进行选粉机电流过高的判断及处理； 3. 能够进行选粉机速度失控的判断及处理； 4. 能够进行磨机电流明显增大情况的判断及处理； 5. 能够进行煤磨出口气体温度过高或过低的判断及处理； 6. 能够进行煤磨电收尘灰斗温度过高的判断及处理； 7. 能够进行排风机进口压力过高的判断及处理； 8. 能够进行收尘器入口温度偏高的判断及处理	1. 煤粉制备系统试生产操作中常见故障的处理方法； 2. 煤粉制备系统操作中复杂故障及处理方法
	（三）煅烧系统的故障处理	1. 能够解决在点火投料及新窑试生产操作中出现的常见生产故障，并指导中级操作员完成该项操作； 2. 能够进行冷却机出现掉篦板情况的判断及处理； 3. 能够进行冷却机余风温度过高的判断及处理； 4. 能够进行冷却机篦板温度过高的判断及处理； 5. 能够进行收尘器进出口气体压差过大的判断及处理； 6. 能够进行各级预热器出口气体温度过高或过低的判断及处理； 7. 能够进行各级预热器出口气体压力过高或过低的判断及处理； 8. 能够进行预热器系统结皮、堵塞情况的判断及处理； 9. 能够进行各级预热器中某级发生塌料的判断及处理； 10. 能够进行窑内熟料出现过烧情况的判断及处理； 11. 能够进行窑头出现跑生料情况的判断及处理； 12. 能够进行窑内出现结圈或窑皮过厚现象的判断及处理； 13. 能够进行窑内出现掉窑皮、结蛋情况的判断及处理； 14. 能够进行窑尾温度过高或降低较多情况的判断及处理	1. 液体流动过程中组力损失产生的原因及减小阻力的方法； 2. 流体流态化基础知识； 3. 熟料冷却系统操作中常见故障及处理方法； 4. 煅烧系统在点火投料及新窑试生产过程中出现的常见故障及其处理方法； 5. 熟料煅烧系统操作中出现的复杂故障及其处理方法
	（四）水泥制成系统的故障处理	1. 能够解决在煤粉制备系统试生产操作中出现的常见生产故障，并指导中级操作员完成该项操作内容； 2. 能够判断出磨水泥的化学成分是否合适并进行处理； 3. 能够进行磨机主电动机电流明显增大情况的判断及处理；	1. 水泥制成系统试生产操作中的常见故障及处理方法； 2. 辊压机系统操作过程中常见故障及处理方法； 3. 水泥制成系统操作中复杂故障及处理方法

续表

职业功能	工作内容	技能要求	相关知识
三、故障处理	（四）水泥制成系统的故障处理	4. 能够进行选粉机电动机电流过高的判断及处理； 5. 能够进行选粉机速度失控的判断及处理； 6. 能够进行磨机主排风机电流明显增大情况的判断及处理； 7. 能够进行出磨气体温度过高的判断及处理； 8. 能够进行排风机进口压力过高或过低的判断及处理； 9. 能够进行收尘器入口负压过高或过低的判断及处理	1. 水泥制成系统试生产操作中的常见故障及处理方法； 2. 辊压机系统操作过程中常见故障及处理方法； 3. 水泥制成系统操作中复杂故障及处理方法

表 2-3-2　技师职业技能要求

职业功能	工作内容	技能要求	相关知识
一、生产运行操作	（一）生料制备系统的运行操作	1. 能够通过出磨生料的化学组成、率值调节配料方案； 2. 能够在新设备试运转时调整生产参数，稳定生产	1. 配料方案的选择及配料计算； 2. 不同品种水泥对生料的质量要求
	（二）煤粉制备系统的运行操作	能够在使用新设备粉磨煤粉时调整生产参数，稳定生产	不同品质煤粉的粉磨性能
	（三）煅烧系统的运行操作	1. 能够通过出磨水泥的化学成分调整配料方案； 2. 能够在新设备试运转时调整生产参数，稳定生产	1. 烧成系统物料、气流、窑壁间进行传热的方式、特点； 2. 物料的物理、化学性能对煅烧工艺的影响； 3. 烧成系统风、煤、料之间的配合关系； 4. 射流理论的基本知识； 5. 分解炉的工艺性能及热工性能； 6. 分解炉的种类及特点
	（四）水泥制成系统的运行操作	1. 能够通过出磨水泥的化学成分调整配料方案； 2. 能够在新设备试运转时调整生产参数，稳定生产	1. 国家标准对各种水泥的质量要求； 2. 混合材的掺加对熟料性能的影响
二、故障处理	（一）生料制备系统的故障处理	1. 能够解决各种生料制备系统操作中出现的疑难问题； 2. 能够处理新设备运转中出现的生产故障	各种生料制备系统、生料粉磨设备的种类、特点、操作知识
	（二）煤粉制备系统的故障处理	1. 能够解决各种煤粉制备系统操作中出现的疑难问题； 2. 能够处理新设备运转中出现的生产性故障	各种煤粉制备系统的种类、特点
	（三）煅烧系统的故障处理	1. 能够解决熟料煅烧系统操作中出现的疑难问题； 2. 能够处理各种新型水泥熟料煅烧设备运转中出现的生产性故障	1. 熟料的物理、化学性质对煅烧系统操作的影响； 2. 煅烧系统的热工制度； 3. 各种水泥熟料煅烧系统、设备的种类、特点、操作知识

续表

职业功能	工作内容	技能要求	相关知识
二、故障处理	（四）水泥制成系统的故障处理	1. 能够解决各种水泥制成系统操作中出现的疑难问题； 2. 能够处理新设备运转中出现的生产故障	各种水泥粉磨系统、粉磨设备的种类、特点、操作知识
三、生产管理	（一）组织协调	1. 能组织有关人员协同作业； 2. 能协助部门领导进行生产计划、调度及人员的管理	生产管理基本知识
	（二）技术管理	1. 能够对新装设备进行调试、验收； 2. 能够对新设备生产中出现的重大质量问题进行分析、攻关和改造； 3. 能够在处理生产中的重大技术问题时提出自己的建议； 4. 能够参与引进设备的论证工作； 5. 能够组织有关人员在技术改造后对设备进行检查调试和验收工作； 6. 能够组织有关人员修改、制定生产操作规程，会审工艺设计项目	1. 技术改造的方法、途径； 2. 国内外新工艺、新技术、新设备知识
	（三）质量管理	1. 能够对提高产品的质量、降低热耗、电耗提出建议； 2. 能够在本职工作中认真贯彻各项质量标准	水泥生产过程中热耗、电耗的计算方法、测定方法及影响因素
四、培训与指导	（一）理论培训	能够对本职业中级、高级操作员进行理论培训	培训教学的基本方法
	（二）技能指导	1. 能够指导本职业中级、高级操作员进行实际操作； 2. 能够指导本职业中级、高级操作员进行新设备、新工艺的实际操作	

任务小结

本任务介绍了水泥中控操作工的基本素质，包括岗位职责、基本要求、应知应会内容和能力，以及如何成为一名优秀的中控操作员等，最终实现系统最佳工艺参数下稳定运转。还介绍了水泥中控操作工职业标准和窑系统中控操作规程，通过学习，明确一名中控窑操作工应具备的知识和技能。

思考题

1. 中控操作工的岗位职责是什么?
2. 对中控操作工的基本要求有哪些?
3. 中控操作工操作的依据是什么?
4. 中控操作工应具备的操作能力有哪些?
5. 什么是精细化操作?
6. 中控操作员应做到的四勤是什么?

项目三　烧成系统中控仿真操作

项目简介　本项目主要介绍了中控预热器及分解炉的操作、回转窑系统操作、篦冷机的操作、多风道燃烧器操作、窑尾废气处理系统操作、三次风阀的调节和窑速的调节等内容。

学习目标　熟悉窑尾废气处理系统操作、三次风阀的调节和窑速的调节等内容；掌握回转窑系统正常操作、回转窑系统主要工艺参数的控制、回转窑系统异常情况的处理、中控篦冷机的操作、多风道燃烧器操作等主要内容。

任务1　预热器及分解炉中控操作

任务简介　本任务主要介绍了预热器和分解炉正常操作、主要参数的控制及异常情况的处理。

知识目标　了解预热器及分解炉系统正常操作要点；熟悉调节分解炉喂煤量、生料喂料量、系统通风量对生产工况的影响；掌握预热器及分解炉系统生产故障发生的原因及处理措施。

能力目标　会根据检测参数的变化调节分解炉喂煤量、生料喂料量、系统通风量等控制参数；会根据检测参数的变化及时发现生产故障；能准确查找生产故障发生的原因并及时处理。

1.1　预热器及分解炉系统正常操作

带预热器、分解炉的大型回转窑要达到优质、高产、低消耗和长期安全稳定运转的目的，必须做到煤料对口和“五稳”(即喂料稳定、喂煤稳定、排风稳定、窑速稳定、一级旋风筒出口气体温度稳定)。因此，在系统的正常操作中需遵循以下几点：

(1) 以炉为主，稳定窑头，稳定风、料，同步调整窑速和喂煤为操作指导思想，综合判断工况条件，实现安全稳定运行。

(2) 掌握好三次风量和窑内通风量的比例，掌握好分解炉用煤量和窑头用煤量的比例。

(3) 有效控制窑尾温度、五级筒下料温度、四级筒下料温度、各旋风筒锥体压力等重要参数，密切监视本系统主机设备的安全报警。

(4) 根据一级旋风筒出口废气成分分析来控制系统的通风，其风量不宜过大或过小，从而保证窑炉燃烧完全。同时检测废气温度及CO含量，保证窑尾收尘设备的正常工作。

(5) 密切关注窑尾负压与各级旋风筒负压差来检查预热器有关部位是否积料、堵塞、结皮，一旦发生要及时处理。特别注意清扫工作要安全、仔细，严防烫伤等意外事故。

(6) 对于控制参数的调节，应稳且慢，切忌大起大落；应综合兼顾，处理准确，果断有效。

(7) 提高技术能力，具有高度的责任心。通过勤看火、勤观察、勤检查、勤联系，在各种情况发生时能迅速综合判断，采取正确的应变措施，使系统工作状态时刻稳定在理想的操作控制范围内。

1.2 预热器及分解炉系统主要工艺参数控制

1. 分解炉喂煤量的控制

在不改变通风量、喂料量时，改变燃料加入量，在完全燃烧的条件下，既改变了分解炉的发热量，也改变了物料的分解率。一般来说，加入燃料越多，分解率越高。但当加入的燃料过多或过少时，对分解炉出口气体温度的影响是很明显的。加入燃料过多，分解用热量有余，则出炉气温会升高；加入燃料过少，分解用热量不够，导致物料分解率下降的同时也使分解炉出口气体温度降低。因此，通过控制分解炉喂煤量，可以调节物料分解率及分解炉出口气体温度。

生产中除控制总燃料量外，还应控制窑与分解炉用燃料的比例。分解炉喂煤量应根据预热器及分解炉温度的合理分布来确定，主要是分解炉出口温度。如果喂煤量过少，将使炉温降低，出炉物料分解率降低，继而影响后续熟料煅烧质量；若喂煤量过多，则预分解系统温度偏高，热耗增加，甚至出现分解炉内煤粉燃烧不完全，煤粉到C5继续燃烧，严重时可使预分解系统产生结皮堵塞。控制窑与分解炉用燃料的比例应掌握以下原则：

(1) 窑尾及分解炉出口气体温度不高于正常值。

(2) 控制窑和分解炉出口废气中的O_2含量在合适范围内，无不完全燃烧现象。

(3) 在温度、通风允许的情况下尽量提高分解炉用煤量的比例。

一般来讲，窑、炉用煤比例取决于分解炉类型、工艺状况、L/D值、窑的转速以及燃料特性，各水泥企业需结合各自状况确定适合的窑、炉用煤比例。

2. 生料喂料量的控制

均衡稳定的生料喂料是系统稳定、高产的重要保证。当生料喂料量过少时，物料的吸热量小，导致炉温升高，系统生产能力下降。反之，喂料量过大时，料粉浓度过高，吸热量大，即使增加燃料量也不能保证较高的炉温和分解率，同样不能保证系统均衡稳定生产。

除生料喂料量多少对系统有影响外，料粉（包括燃料和生料）在预热器及分解炉内的分散、悬浮状况对生产也有巨大的影响。如果料粉不能均匀分散悬浮于气流中，将使燃烧速度减慢，发热能力、传热能力下降；生料不能迅速吸热分解，造成分解速度减慢，分解率降低。同时，会导致炉内局部温度过高，容易引起结皮堵塞。

3. 系统通风量的控制

系统通风是烧成系统维持正常生产工况的重要保证，其调节需满足如下原则：窑头一次风量的调节以保持适宜的火焰形状和温度分布满足熟料烧成需要为原则（相关内容见窑的操作）；分解炉一次风量的调节应以满足炉内煤粉燃烧完全为原则；入炉三次风量的调节应以保持窑、炉用风比例适宜，窑内通风适当为原则；总排风量的调节应以满足生料悬浮需要和燃料燃烧需要，保持适宜的窑、炉过剩空气系数为原则。窑与分解炉系统为一个并联管路，系统的通风状况可以通过预热器主排风机及分解炉入口三次风管阀门开度进行平衡与调节。

当入炉物料量、燃料量不变时，通风量减小，会引起不完全燃烧，燃烧速度减慢，发热能力下降。通风量过大，过剩空气增加，废气带走热量增多，又会导致物料分解率及炉内温度下降。预热器主排风机主要是控制全窑系统的通风状况，也会影响物料在系统内的分散、悬浮及旋风筒的收尘效率，因此正常生产时为了稳定系统工况，通常不会对预热器主排风机进行幅度较大的调整，一般是通过调节三次风管阀门开度来控制窑内通风量和分解炉三次风量。

当预热器主排风机转速及入口风门不变，即总排风量不变时，关小三次风管阀门开度即相应减少了分解炉内的三次风量，增大了窑内通风量。反之，则增大了分解炉内三次风量，减少了窑内通风量。

1.3　预热器及分解炉系统异常情况处理

1. 预热器系统漏风对生产的影响

预热器系统漏风主要有外漏风和内漏风两种。外漏风主要是指检查门、捅料孔、法兰、热工检测孔等处的漏风；内漏风主要是指由于锁风阀门形式简单，或在生产中变形损坏，动作不灵，使下级热风经下料管直接窜入上级预热器。

在预分解窑系统中，全系统在负压状态下运行，任何环节、地方稍有密闭不良，留有孔隙均会导致漏风。外界冷风的漏入对预热分解系统影响较大，例如：

（1）入炉三次风量减少。

（2）降低系统的分离效率、换热效率。

（3）单位产品电耗增加、热耗增加。

（4）加大物料的内循环，易在系统锥体及下料管处造成堵塞。

（5）漏入的冷风与热物料接触，易导致热物料冷凝、粘附在耐火材料表面造成结皮堵塞。

（6）当燃料燃烧不完全时，燃料遇到漏入的冷风会重新燃烧释放热量，导致局部高温，也会造成相应部位的结皮堵塞。

综上所述，系统漏风对生产的影响较大，需要在操作中及时监测系统各部位的压力变化情况，发现漏风点应及时通知相关人员进行系统的密闭堵漏；对损坏的阀门进行维修、更换。

2. 生料喂料系统停车的原因分析及处理

（1）原因

1）供料罗茨鼓风机出现故障。

2）空气输送斜槽供气风量或风压不足。

3）空气输送斜槽透气层糊死或破损，导致斜槽堵塞。

（2）处理

1）如供料系统故障能很快排除，不会造成系统过长时间停车，则可停分解炉喂煤，调整系统风量，实施保温操作。

2）如供料系统故障造成较长时间停车，严重影响窑系统操作，则需按照正常停车操作要求进行停窑处理。

3. 预热器一级筒出口气体温度过高的原因分析

在正常生产过程中，一级筒温度的监测至关重要，既是预热器热交换水平的标志，又是降低单位熟料热耗的重要标志之一。一级筒出口气体温度高低还将影响窑后高温风机等设备的安全运转。通常，影响到一级筒气体温度的因素主要有以下几方面：

（1）生料喂料量过小或断料。

（2）系统风量过大。此时不仅仅是一级筒出口气体温度升高，其他各级旋风筒的温度、压力均会同步升高。

（3）设备故障，如：撒料板脱落，排灰阀配重过轻，旋风筒内筒磨损严重或脱落。这些均会使得旋风筒分离效率大大降低，物料与高温气体热交换效率下降，热损失增加，导致一级筒出口气体温度升高。

通常一级筒有两个或四个，操作员需关注出口温度的均衡性。各一级筒出口温度相差不应超过 20℃，否则说明出口连接管道阻力不均（使得气流分布不平衡，会影响到各自的气料分离效率）或某一支路生料输送设备故障或管道内撒料装置损坏，需现场处理。

4. 降低预热器一级筒出口气体温度

（1）密切关注生料喂料量的变化及输送下料情况。

（2）控制系统用风量在合适范围。

（3）提高各级预热器旋风筒（尤其是一级筒）的选粉效率、连接管道的热交换能力与效率。

5. 预热器系统温度偏高的原因分析

（1）生料喂料量偏低或来料不均匀。

（2）旋风筒收尘效率低，物料循环量加大，导致预热器系统温度升高。

（3）某级旋风筒发生堵料。

（4）窑内通风不好，窑尾空气过剩系数低，系统漏风导致部分未燃烧煤粉在预热器系统进行二次燃烧。

（5）二次风温低或烧成带温度低，导致煤粉出现后燃烧现象。

（6）窑内火焰太长、拉风过大，导致高温带后移，窑尾温度升高。

6. C5 预热器入口温度偏高的原因分析

（1）原因

1）生料喂料量偏低。

2）分解炉喂煤失控，表现为分解炉出口温度及 C5 出口 CO 浓度迅速升高。

3）某级旋风筒发生堵料或 C4 塌料直接入窑。

（2）处理

1）增加生料喂料量。

2）迅速止分解炉喂煤，待温度下降后减料，查找故障点。

3）迅速减煤。确认有堵塞时止料，无堵料时控制分解炉喂煤至温度正常。

7. 窑尾或预热器出口 CO 含量高的原因分析

（1）系统排风不足，过剩空气系数偏小。

（2）煤粉粗，水分大，燃烧速度慢，产生CO，应在煤粉质量下工夫。

（3）喷煤嘴内流风偏小，煤风混合不好。

（4）二次风温或烧成温度偏低，煤粉燃烧不好。

（5）窑尾缩口结皮太多或窑内结圈，影响窑内通风。

（6）系统漏风严重。

8. 预热器出口负压偏高的原因分析

预热器各部位负压的测量，是为了通过及时监测各处阻力的变化来判断生料喂料是否正常，风机阀门开度是否合适，系统有无漏风，旋风筒有无结皮堵塞现象等。通常情况下，当发生结皮堵塞时，其粘堵部位与主排风机之间的负压会有所升高，而窑与粘堵部位间的气体温度升高、负压下降。

（1）入窑生料喂料量过大，系统阻力增加。

（2）气体管道、旋风筒入口通道及窑尾烟室产生结皮或堆料，则其后负压升高。

（3）篦板上料层太厚或前结圈较高使二次风入窑风量下降，但窑尾高温风机排风量保持不变，系统负压上升。

（4）窑内结圈或结长厚窑皮，则其后负压升高。

（5）窑头负压控制太低。

9. 旋风筒锥体负压异常的原因分析

正常生产时，旋风筒锥体负压会稳定在一定范围内，一旦负压值出现较大波动，则说明旋风筒内的工况发生了变化。

（1）某级旋风筒锥体负压突然减小或出现正压，并伴随出现分解炉出口温度迅速升高，系统负压略有减少。此种情况可判定为分解炉以上的旋风筒锥体部分发生了积料堵塞。

（2）最低级旋风筒锥体负压突然减少，分解炉的温度无变化，但窑尾烟室温度迅速升高。此种情况可判定为最低级旋风筒发生了积料堵塞。

10. 根据窑尾密封漏出的料来判断物料预热分解情况

从窑尾密封漏出的物料是经过预热分解的物料，从其颜色可判断其分解的好坏。

（1）物料与喂入生料的颜色基本相同或稍变白，则预热分解不好。

（2）物料的颜色发白或稍变黄，则物料预热分解较好。

（3）漏出物料发黄，则物料预热分解好。

11. 预热器系统结皮的原因分析及处理

结皮是物料在设备或气体管道内壁上逐步分层粘挂，形成的疏松多孔的层状覆盖物。结皮现象是现代新型干法水泥企业生产中普遍存在的问题。旋风筒、分解炉内出现结皮，且结皮增厚时，会使通风道的有效截面减少、阻力增大，进而影响系统通风。结皮严重或塌落时，轻者引起系统压力出现较大波动，影响生产；重者发生堵塞、塌料事故。若窑尾高温风机叶片出现结皮，则会导致风机发生振动，影响风机的安全运转甚至会造成高温风机跳停。

对于预分解系统来说，结皮通常发生在窑尾烟室、下料斜坡、窑尾缩口、最下级旋风筒锥体、最下两级旋风筒下料管部位、分解炉内。

（1）结皮的原因

当生产采用的原、燃料中碱（R_2O）、氯（Cl^-）、硫（SO_3）等有害成分含量较高时，进入窑尾预热分解系统后，遇到高温会挥发，温度较低时会凝结，且熔点较低，进而在窑尾、下级旋风筒等部位结皮堵塞或形成大块，影响系统通风和物料煅烧。

（2）生产中防止和处理结皮的方法

1）稳定系统操作，稳定热工制度。

2）采取旁路放风，减少有害成分富集。

3）密切监测各测点温度及压力变化，发现异常及时处理。

4）定期清理斜坡、缩口等部位。

5）保证各级下料翻板阀动作灵活，防止物料粘结。

（3）安全注意事项

1）要穿戴好劳保用品，戴好头盔。

2）捅料时要站好位置，防止热料烫伤。

3）捅完料后随手关闭捅料孔，防止系统漏风。

12. 预热器堵塞的原因分析及处理

（1）现象

1）发生堵塞的旋风筒出口负压上升，锥体负压急剧下降甚至为零。

2）下料管温度下降，下一级旋风筒出口温度、窑尾温度上升。

（2）原因

1）分解炉出口温度高，由于喂煤不稳或其他原因造成分解炉出口温度高，使物料有一定黏度，造成预热器结皮严重，使预热器堵塞。

2）分解炉煤粉燃烧不完全到旋风筒内继续燃烧，造成高温和积料，堵下料口造成堵塞。

3）翻板阀动作不良，积料堵塞。

4）预热器掉砖、浇注料或内筒，堵住下料管，造成堵塞。

（3）处理

1）预热器堵塞结皮时要尽快处理，处理越早，花费的时间越少。C3、C4、C5 高温段堵料时易结块。

2）发生预热器堵塞，应停料、停煤、慢转窑、窑头小火保温或停煤，处理预热器堵料过程中，不得快转窑。

3）人工捅堵。预热器处理堵料时安全第一。吊起重锤翻板阀，通知拉大排风，窑头止火，捅料自下而上逆行。先清除撒料板、翻板阀上的结皮，关好后再到锥体捅料孔插入钢管至最低部，接压缩空气吹扫，停气观察，钢管拉出一段后再吹气。一个捅料孔清堵后再开另一个捅料孔，直到清堵完成。处理完堵塞要检查确认其他的旋风筒没有积料后，通知窑头恢复生产。

（4）安全注意事项

1）注意调整窑头负压，防止窑头向外喷火。

2）捅料孔正面不许站人，防止热风喷出伤人。

3）除工作的捅料孔打开外，其余各孔全闭，禁止上下左右同时作业。

4）捅料时其下所有平台、楼梯均不准停留人员。

5）清堵过程中，通知相关岗位（窑门罩前、冷却机人孔门、熟料输送机旁）不准有人员停留。

13. 塌料的原因分析及处理

塌料是预分解窑生产中会遇到的一种不正常现象，其表观特征是成股物料在极短时间内失控下落，从分解炉底部急速卸出。对于在线布置的分解炉，下落物料经窑尾烟室进入窑内，使窑内生料量骤增，以致形成生烧。塌料严重时，物料可直冲窑头，形成窑头返火，甚至从窑头罩或冷却机冲出高温红料，危及设备及人身安全。由于塌料引起系统风、煤、料不平衡，热工制度遭到破坏，影响正常生产，甚至又会引起新的塌料，造成恶性循环。

塌料前系统风量、风温、负压均无异常，塌料时分解炉和最下一级旋风筒出口温度偏高，负压增大，塌料后风量、负压又很快恢复正常。塌料与预热器和分解炉设计结构缺陷、撒料装置结构及安装不合理、旋风筒下料管及翻板阀设计不合理、生料及燃料质量和生产操作是否合理等因素有关。

（1）现象

1）系统排风量突然下降。

2）清理堵塞时突然冲料，锥体负压突然下降。

3）窑尾温度下降幅度很大。

4）窑头负压下降甚至出现正压、喷灰。

（2）原因

1）拉风过大，尤其在投料不久，收尘效率降低，物料循环量加大且增加到一定量时产生塌落。

2）翻板阀配重不合适。

3）平管道大量积灰，由于风速增加而产生塌落。

4）分料阀位置不当，分料不均而导致塌料。

5）旋风筒结皮至一定程度后塌落。

（3）处理

1）少量塌料时可适当增加窑头喂煤量，酌情调整。

2）大塌料时按跑生料处理，要注意控制窑头负压，严防热气流冲出。

14. 分解炉内煤粉不完全燃烧的原因分析

（1）煤粉太粗、水分含量高、灰分含量高导致煤粉燃烧速度慢。

（2）三次风量少，炉内 O_2 含量低。

（3）操作不当。

15. 分解炉出口温度持续偏高的原因分析

（1）分解炉喂煤量过大，自控时失灵。

（2）窑和分解炉有不完全燃烧现象。

（3）生料喂料量偏低。

（4）生料在炉内与气体的热交换不好。

（5）热电偶损坏。

16. 入炉三次风温度过低的原因分析

（1）因物料铝氧率（IM）过高，导致烧成过程中熔剂矿物过多，使熟料出现结大块、结粒粗大，物料表面积减小。进入篦冷机冷却中热交换效率降低，导致二次风温、三次风温低。

（2）三次风管内阻力发生变化，如内衬脱落等，堆积在管道中。管道内因某处风速不够或管道漏风造成管道内严重结皮，使三次风管风量减小，也会导致三次风温下降。

（3）窑门罩漏风过大，掺入大量冷风。

（4）冷却机系统出现问题，熟料的冷却效率大大降低，导致三次风温下降。

17. 三次风管负压升高的原因分析及处理

（1）三次风阀门关小，造成三次风阻力增加，导致三次风压升高。

（2）分解炉以上系统出现塌料。此时入炉的物料量突然增大，造成三次风的出口阻力增大，负压升高。

（3）管道内衬脱落、内部积料严重等造成的三次风管内部某处阻力突然增大。此时表现为窑内通风增大，窑尾负压升高。出现此种状况应将三次风阀逐渐开大或全部打开来平衡窑内与三次风的风量。若全开后整个系统状况无改善，应及时停窑清理管道。

（4）因窑内有结圈、结大料球等情况导致了窑内阻力增加，使入炉三次风量与窑内通风量失去平衡，增大了入炉三次风的风量，导致三次风压升高。此种情况下应及时处理窑内异常状况，逐渐恢复平衡。

（5）系统风量过大。

18. 三次风管负压减小的原因分析及处理

（1）三次风阀门开度增大，管道内阻力减小，导致三次风压减小。

（2）分解炉内严重结皮，导致炉内阻力增大，系统抽取三次风的能力下降，风量减少导致负压减小。

（3）三次风阀门受高温侵蚀、磨损等造成阀面严重损坏，此时三次风阀已起不到调节风量的作用。应及时修复或更换三次风阀。

19. 分解炉出口负压升高的原因分析

（1）系统风量、喂料量增大，导致整个系统的风量或阻力均有所增加，则分解炉出口负压升高。

（2）分解炉出口管道内风速低、内衬脱落等，造成管道内阻力加大，也会导致负压升高。

（3）无论是窑内还是分解炉系统内，因结皮、结圈等各种原因造成的整个系统阻力加大均会相应地引起负压升高。

20. 分解炉出口负压减小的原因分析

（1）生料喂料量减少、分解炉喂煤量降低或中断，管道内阻力下降，导致三次风压减小。

（2）系统窜风现象严重，风产生短路，使分解炉出口风量减少导致负压减小。此时应防止发生堵料事故。

（3）分解炉以上旋风筒发生堵塞，炉内物料量骤减，阻力下降，所以分解炉出口负压减小。

21. 窑尾喷煤系统跳停的原因分析及处理

窑尾喷煤系统承担着提供热量保证物料分解的重任，一旦生产中出现跳停故障，分解炉温度会急剧下降，此时需着眼系统全局进行相应操作。如果喷煤系统能在15min内恢复运转则正常操作；如果不能则需进行停窑操作，查明原因，清除故障。

（1）原因

1）喂煤系统机械故障或卡死。

2）煤粉计量系统或输送系统故障。

3）送煤罗茨鼓风机故障。

4）锁风或收尘系统故障，造成煤粉流动不畅。

(2) 处理

1) 降低喂料量。

2) 关闭三次风管阀门开度。

3) 根据煅烧情况、温度变化来控制窑头喂煤量和窑速。

4) 降低窑尾主排风机转速、阀门开度,调节冷却机冷却风量。

5) 密切监测窑尾、旋风筒、下料翻板阀工作情况,定时清吹,防止积料。

任务小结

新型干法水泥生产以悬浮预热和窑外分解技术为核心,预热器及分解炉的生产状况对整个烧成系统的影响非常大,及时发现、处理系统存在的问题是烧成系统高效运转的前提。

窑尾预热、分解系统在生产中要通过调节分解炉喂煤量、生料喂料量、系统通风量等来控制系统检测参数维持在正常变化范围,才能做到煤料对口和"五稳"(即喂料稳定、喂煤稳定、排风稳定、窑速稳定、一级旋风筒出口气体温度稳定),达到优质、高产、低消耗和长期安全稳定运转的目的。

系统正常运转中经常潜伏着不正常因素,如果操作员预见不足,未能及时调整,就可能引起系统波动过大进而导致生产故障的发生。生产中出现故障或不正常情况时会体现在检测参数的变化上,操作员在进行判断时应抓重点、分清主次。首先是一级筒、分解炉、最低级旋风筒、窑尾及窑头温度、压力变化,其次是窑尾及预热器出口气体成分变化,最后是其他参数变化。

预分解窑在生产中由于碱、氯、硫等挥发性有害成分在预热器系统中循环富集,在温度较高的情况下容易造成系统的结皮、堵塞,处理堵料时应严格按照操作规程进行,防止发生安全事故。设备结构、有害成分含量、生产操作等会造成系统塌料,生产中需根据塌料程度谨慎处理。

思考题

1. 烧成系统正常操作中的"五稳"指的是什么?
2. 调节分解炉喂煤量对生产有何影响?
3. 控制分解炉喂煤量、窑头喂煤量比例的原则是什么?
4. 调节生料喂料量对生产有何影响?
5. 调节系统排风量对生产有何影响?如何调节?
6. 调节分解炉喂煤量对生产有何影响?
7. 预热器系统漏风对生产有何影响?
8. 简述预热器一级筒出口气体温度过高的原因及处理。
9. 简述C5预热器入口温度偏高的原因。
10. 简述窑尾或预热器出口CO含量高的原因。
11. 简述预热器出口负压偏高的原因。
12. 简述预热器系统结皮的原因与处理措施。
13. 预热器系统结皮的易发部位有哪些?

14. 预热器堵塞时的现象有哪些? 简述其原因及处理措施。
15. 简述预热器堵塞的原因。
16. 预热器捅堵时有哪些安全注意事项?
17. 简述塌料发生时的现象、原因及处理措施。
18. 简述分解炉出口温度持续偏高的原因。
19. 简述入炉三次风温度过低的原因。
20. 简述分解炉出口负压升高的原因。
21. 简述分解炉出口负压降低的原因。
22. 简述三次风管负压升高的原因及处理方法。
23. 简述三次风管负压降低的原因及处理方法。
24. 简述生料喂料系统停车的原因及处理方法。
25. 简述窑尾喷煤系统跳停的原因及处理方法。

任务 2 预分解窑中控操作

任务简介 本任务主要介绍了回转窑正常操作、回转窑系统主要工艺参数的控制和回转窑系统异常情况的处理。

知识目标 掌握回转窑正常操作时参数控制；熟悉回转窑异常情况判断及处理；了解回转窑烘窑、点火、投料等操作。

能力目标 具备正常操作回转窑能力；能对回转窑异常情况进行正确判断及处理。

2.1 回转窑系统操作

对窑的正常操作，要求重点稳定烧成带及窑尾烟室温度，掌握四风道燃烧器内风、外风以及燃料的配比规律，保证合理的火焰形状和火焰位置，不损坏窑皮，不窜黄料。以保持烧成系统发热能力和传热能力，以及烧结能力和预热分解能力平衡稳定为宗旨，操作中要做到前后兼顾、炉窑协调，稳定烧成温度和分解温度，保证窑炉合理的热工制度。

2.1.1 预分解窑调节控制目的及原则

1. 预分解窑调节控制的目的

预分解窑生产过程控制的关键是均衡稳定运转，它是生产状态良好的重要标志。因此，调节控制的目的就是要使窑系统经常保持最佳的热工制度，实现持续地均衡运转。

2. 预分解窑调节控制的一般原则

新型干法窑系统操作的一般原则，就是根据工厂外部条件变化，适时调整各工艺系统参数，最大限度地保持系统“均衡稳定”的运转，不断提高设备运转率。

“均衡稳定”是事物发展过程中的一个相对静止状态，它是有条件和暂时的。在实际生产过程中，由于各种主、客观因素的变化干扰，难免打破原有的平衡稳定状态，这都需要操作人员予以适当调整，恢复或达到新条件下新的均衡稳定状态，因此运用各种调节手段来保持或恢复生产的均衡稳定，是控制室操作员的主要任务。

软件的启动

就整个企业生产而言，应以保证烧成系统均衡稳定生产为中心，调整其他子项系统的操作。就烧成系统本身，应是以保持优化的合理煅烧制度为主，力求较充分地发挥窑的煅烧能力，根据原燃料条件及设备状况适时调整各项参数，在保证熟料质量的前提下，最大限度地提高窑的运转率。

窑的预热

在烧成具体操作中要坚持“兼顾两头，抓住重点，力求稳定，确保全优”这 16 字诀。“兼顾两头”，就是要重点抓好窑尾预烧系统和窑头熟料烧成两大环节，前后兼顾、协调运转；“抓住重点”，就是要重点抓住系统喂煤、喂料设备的安全正常运行，为熟料煅烧的“动平衡”创造条件；“力求稳定”，就是在参数调节过程中，适时适量，小调渐调，以及时的调整克服大的波动，维持热工制度的基本稳定；“确保全优”，就是要通过一段时间的操作，认真总结，结合现场热工标定等测试工作，总结出适合全厂实际的系统操作参数，即优化参数，使窑的操作最佳化，取得优质、高产、低耗、长期安全稳定文明生产的全面优良成绩。

窑的启动

要正确进行回转窑操作，必须牢记以下四点：

（1）窑炉协调，保持两个平衡

两个平衡即保持窑的发热能力与传热能力的平衡与稳定，保持窑的烧结能力与窑的预烧能力的平衡与稳定。窑的发热能力来源于两个热源，传热能力依靠预热器、分解炉及回转窑等三部分装置，烧结能力由窑的烧成带决定，预烧能力主要决定于分解炉与预热器。为了达到这两个平衡，在操作时必须做到前后兼顾炉、窑协调，稳住烧结温度及分解温度。

窑头及分解炉喂煤

（2）稳定合理的热工制度

要稳定合理的热工制度，就必须稳定窑两端及分解炉内的温度。若无法稳定窑的烧成带温度，则会使熟料的产量与质量下降，并影响窑衬的使用寿命；若无法稳定窑尾的温度，不但会影响窑内熟料的煅烧，还会影响分解炉内的温度；若无法稳定分解炉内的温度，则会造成分解率下降，产量降低。

启动物料均化系统

（3）找出风、煤、料、窑速间的合适关系

通风、加煤、喂料三项是经常影响窑、炉系统的主要因素。应根据计算数据，并经过实践调整后找出三者之间的关系，并保持相对稳定。正常操作的主要任务是运用风、煤、料及窑速等因变量的调节，保持合理的热工制度。

喂料及调整

（4）中控操作坚持平衡稳定原则

这个原则就是中控操作坚持抓好窑尾预热器和窑头熟料烧成两大环节；重点保证系统喂煤、喂料设备的安全正常运行；维持热工制度的基本稳定；通过一段时间的操作，认真总结适合生产的系统操作参数，使窑的操作最佳化。

2.1.2 操作要求

预分解窑的正常操作要求保持窑的发热能力与传热能力的平衡与稳定，以保持窑的烧结能力与窑的预烧能力的平衡与稳定。预分解窑的发热能力来源于两个热源，传热能力则依靠预热器、分解炉及回转窑三部分装置；烧结能力主要由窑的烧成带来决定，预烧能力则主要决定于分解炉及预热器。为达到上述两方面的平衡，操作时必须做到前后兼顾，炉、窑协调，稳住烧结温度及分解温度，稳住窑、炉的合理的热工制度。

预分解窑要稳定合理的热工制度则必须稳定窑两端及分解炉内温度。如果窑的烧成带温度稳不住，则将使熟料产、质量下降，或影响窑衬寿命。如果窑尾温度稳不住，不但会影响窑内熟料的煅烧，还会影响分解炉内温度。如果窑气温度过高，易引起窑尾烟道结皮、堵塞。若分解炉内温度过低，物料分解率将下降，则使入窑物料预烧不够，使窑速稳不住，产量降低。分解炉出口气温过高，则易引起炉内及炉后系统结皮、堵塞，甚至影响排风机等的安全工作。所以操作中必须首先稳住窑两端及分解炉内温度。

通风、加煤、喂料是影响窑、炉全系统正常运行的主要因素，应通过计算与实际调整后找出它们之间的合适关系，并保持相对稳定。因为当系统排风量一定时，如果增大窑的通风，则分解炉的用风将会减少；反之，增大分解炉的风量，会减少窑内的通风。在保持相同过剩空气系数时，通风量的变化意味着发热能力的变化。同样，如果通风量保持不变而改变窑、炉的燃料加入量，也会影响窑、炉的发热能力及温度。分解炉内900℃以下的气温是靠料粉分解吸热来抑制的，如果喂料量过多或过少，必然引起分解率的下降或出炉气温的升高，以引起窑内料层的波动，造成窑、炉系统热工制度的紊乱。

由于窑内煅烧决定着熟料的质量，因此窑的操作应占主导地位，应使整个窑、炉系统平衡稳定。但又不能像传统中空窑那样，仅凭窑头看火，随时调节风、煤、料的量，即可达到稳定生产的目的。新型干法窑要求全系统处于均衡稳定的条件下，保持各项技术参数合理，达到最佳的热工制度。

2.1.3 看火

操作预分解窑要坚持前后兼顾，要把预分解系统情况与窑头烧成带情况结合起来考虑，要提高快转率。在操作上，要严防大起大落、顶火逼烧，要严禁跑生料或停窑烧。

作为一名回转窑操作员，首先要学会看火。通过工业闭路电视结合窑头及篦冷机的现场观察，中控操作员必须学会并掌握如下看火内容：

（1）会看火焰温度的高低，即火焰亮度。正常颜色应为粉红色。发红时，说明温度低，可适当加煤或调整风煤配合；窑内发粉白色且物料发粘时，说明温度高，可适当减煤。

（2）会看熟料结粒情况。正常熟料应细小均齐。并且熟料粒内部不出现死烧、黄心、粉料、包裹料等问题。

（3）会看窑内物料的翻滚状况。正常煅烧时熟料被窑壁带起的高度应略高于燃烧器，过低时烧成温度低，过高时烧成温度高。

（4）会判定火焰状况。正常的火焰应活泼有力，顺畅完整，比较稳定，稍偏向料层，但不刷窑皮，不被料压住。

（5）会看黑火头。下煤量正常时，黑火头短，无流煤现象；下煤量少时，无黑火头，且火焰发飘无力；下煤量大时，黑火头长且易出现流煤（应减煤，调整窑炉用煤比例）。正常生产过程中，因窑头飞砂较重，造成观察困难，主要应以窑主机电流为衡量标准。

（6）会看窑皮状况。正常煅烧时，窑皮微白，前后平整，无大起伏且厚薄适当（一般为250～300mm）。确保烧成带窑皮完整坚固，厚薄均匀。操作中要努力保护好窑衬，延长安全运转周期。窑皮如果出现局部高温应重视，及时用筒冷风机吹补，并调整燃烧器前后位置修补；窑皮如果出现大面积温度升高，应考虑窑皮大面积脱落原因，如温升过高，应考虑减产重新挂窑皮。

（7）会监视窑和预分解系统的温度、压力变化及废气中 O_2 和 CO 的含量变化以及全系统热工制度的变化。要确保燃料的完全燃烧，减少黄心料，尽量使熟料结粒细小均齐。

（8）在确保熟料产质量的前提下，保持适当的废气温度，缩小波动范围，降低燃料消耗。

2.1.4 烧成系统耐火衬料的烘干

烧成系统在回转窑点火投料前应对回转窑、预热器、分解炉等热工设备内衬砌的材料进行烘干，以免直接点火投料由于升温过急而使耐火衬料骤然受热引起爆裂和剥落。新窑的烘干过程至关重要，它将直接影响衬料寿命，应当引起足够重视。烘窑方案视材料的材质种类、厚度、含水量大小及工厂具备的条件而定，系统一般采用窑头点火烘干方案，烘干用的燃料前期以轻柴油为主，后期以油煤混烧为主，具体方案可依现场实际情况加以调整。

回转窑从窑头至窑尾使用的耐火材料有浇注料、耐火砖，以及各种耐碱火泥等。这些砖衬在冷端有一个膨胀应力区，温度超过 800℃时应力松弛。因此 300～800℃区间升温速率要缓，以每小时 30℃为佳，最快不应超过 50℃/h，尤其不能局部过热，另外应注意该温度区内尽量少转窑，以免砖衬应力变化过大。回转窑升温烘烤制度以及配合窑转速可参考表 3-2-1 及表 3-2-2，并根据现场情况加以调整。

表 3-2-1 回转窑升温制度

烟室温度（℃） \ 升温时间（h）	全新窑衬	正常升温
常温～200	10	10
200	36	6
200～400	16	7
400	24	6
400～600	16	4
600	16	4
600～800	16	2
800～1000	8	2

表 3-2-2 回转窑升温转窑制度

烟室温度（℃）	转窑间隔（min）	转窑量（转）
常温～200	120	1/4 或 1/3
200～400	60	1/4 或 1/3
500～600	30	1/4 或 1/3
600～700	15	1/4 或 1/3
700～800	10	1/4 或 1/3
>800	低速连续转窑	

1. 烘窑前应完成的工作

（1）烧成系统已完成单机试车和联动试车工作。

（2）煤粉制备系统具备带负荷试运转条件，煤磨粉磨石灰石工作已完成。

（3）煤粉计量、喂料及煤粉气力输送系统已进行带负荷运转，输送管路通畅。

（4）全厂空压机站已调试完毕，可正常对窑尾、喂料、喂煤系统供气，并且管路通畅。

（5）烧成系统及煤粉制备系统冷却水管路畅通，水压正常。

2. 烘窑前烧成系统的检查与准备

（1）清除窑、预热器、三次风管及分解炉内部的杂物（如砖头、铁丝等安装遗留物品）。

（2）压缩空气管路系统的各阀门转动灵活，开关位置正确，管路通畅、不泄漏，各吹堵孔通畅。

（3）检查耐火材料砌筑情况：重点部位是下料管、锥体、撒料板上下部位的砌筑面光滑。旋风筒蜗壳上堆积杂物要清扫。各人孔门无变形，衬料牢固。检查后关闭所有人孔门，并密封好。

（4）确认系统中测温测压点开孔正确，测点至一次仪表管路通畅，密封良好。尤其要保证窑头罩负压、窑尾烟室温度及压力，分解炉、C5 出口及 C1 出口等温度及压力仪表准确无误。

（5）确认预热系统各旋风筒下料翻板阀闪动灵活、密封良好，将重锤调至合适位置。检查后，将预热器系统下料管中所有翻板阀用铁丝吊起，处于全开状态，以便烘干时热气体通过。

（6）启动分解炉喂煤罗茨鼓风机（或断开分解炉喂煤管路），防止烘干时潮湿气体倒灌。

（7）确认预热器系统旋风筒、分解炉顶部及各级上升管道顶部浇注料排气孔要未封上。

（8）窑头、窑尾喷煤系统在联动试车后应保证管路通畅，调整灵活，随时可投入运转，油点火系统已进行过试喷。

（9）确认油罐、油泵已备妥，准备轻柴油 25～30t。

（10）确认清堵工具、安全用品备齐。

（11）初次点火时，当烟室温度到 900℃时，窑内煤灰呈酸性熔态物，对碱性耐火砖有熔蚀性。点火升温过程中在尾温升至 600℃预投 20～30t 生料。

（12）篦冷机的检查与准备

1）逐点检查篦板紧固情况。

2）破碎机检查。

3）在篦冷机一段篦床上铺 200～250mm 厚熟料，防止烘窑期间热辐射。

（13）逐点检查槽式输送机紧固件及润滑点，确保窑投料后有一定的运转时间。

（14）熟料库进料前要清除施工、安装时遗留杂物，防止出料时堵塞。

（15）生料喂料斜槽要严格检查是否漏气，透气层是否破损。

（16）窑头、窑尾收尘器严格按照《收尘器使用说明书》逐条检查并确认可使用。

（17）检查增湿塔喷水装置，每个喷头均要抽出检查。

（18）窑头燃烧器按照要求进行定位。

（19）生料库内存有不少于 8000t 的生料量。

3. 烘窑点火

目前一般采用回转窑、预热器耐火材料烘干一次完成，并紧接投料的方案，烘窑点火操作步骤如下：

（1）确认各阀门位置。

1）高温风机入口阀门，窑头电收尘器排风机入口阀门全关。

2）篦冷机各风机入口阀门全关。

3）窑头燃烧器各风道手动阀门全开。

（2）在外部条件（水、电、燃料供应）具备，并完成细致的准备工作后可开始烘窑操作。

（3）用 8m 长的钢管一根，端部缠上油棉纱，作为临时点火棒。

（4）将燃烧器调至进窑口 50mm，连接好油枪，关好窑门。确认油枪供油阀门全关，启动临时供油装置。

（5）将临时点火棒点燃后自窑门罩点火孔伸入窑内，全开进油、回油阀门，确认油路畅通后慢慢关小回油阀门调整油压至 1.8～2.5MPa（18～25kg/cm^2）。

（6）开窑头一次风机，调整风机转速至正常值的 10%～20%。

（7）随着喷油量的增加，注意观察窑内火焰形状，调整窑尾大布袋收尘器风机阀门，保持窑头微负压。

（8）用回油阀门控制油量大小，按回转窑升温制度规定的升温速率进行升温。

（9）油煤混烧及撤油时间根据窑头火焰燃烧情况而定，一般在窑尾温度大于 350℃时开始喷煤。烘窑初期窑内温度较低，且没有熟料出窑，二次风温亦低，因此煤粉燃烧不稳定，操作不良时有爆燃回火危险，窑头操作应防止烫伤。

（10）烘干过程应遵循“慢升温，不回头”的原则，为防止尾温剧升，应慢慢加大喷油量或喂煤量。同时注意加强窑传动支承系统的设备维护，仔细检查各润滑点润滑情况和轴承温升，在烘干后期要注意窑体窜动，必要时调整托轮。投入窑筒体扫描仪监视窑体表面温度变化。

（11）烘干过程中不断调整窑头一次风量和大布袋收尘器风机阀门开度，注意火焰形状，保持火焰稳定燃烧，防止窑筒体局部过热，烘干后期应控制内、外风比例，保持较长火焰，按回转窑制度升温。

（12）启动回转窑主减速机稀油站，按转窑制度，现场按慢驱动转窑。启动窑尾气缸密封空压机调整气压，同时启动密封干油泵。

（13）随着燃料量的逐步加大，尾温沿设定趋势上升，当燃烧空气不足或窑头负压较高时，可关闭冷却机人孔门，启动篦冷机一室风机，逐步加大一室风机进口阀门开度。当阀门开至 60%，仍感风量不足时，逐步启动一室的两台固定篦床充气风机，乃至二室风机，增加入窑风量。

（14）烘窑后期可根据窑头负压和窑尾温度、窑筒体温度、窑火焰状况加大排风。

（15）视情况启动窑口密封圈冷却风机。

（16）当尾温升到 600℃时，恒温运行期间做好如下准备工作：

1）预热器各级翻板要人工活动，间隔 1h，以防受热变形卡死。

2）检查预热器烘干状况。

（17）烘干后期仪表调试人员应重新校验系统的温度、压力仪表，确认一、二次仪表回路接线正确，数字显示准确无误。

（18）经检查确认烘干时，如无特殊情况，系统正常运行操作。如果筒体温度局部较高，说明内部衬料出了问题，应灭火、停风、关闭各阀门，使系统自然冷却并注意转窑。窑冷却后要认真检查，如果发现有大面积火砖剥落、炸裂，其厚度在火砖厚度的 1/3 以上时，应考虑将剥落处重换砖。换砖时要注意不要使已经烘干过的内衬再次着水变湿。再点火按正常升温操作。

（19）此处所述烘窑方法仅考虑回转窑、预热器和分解炉的烘干，三次风管和篦冷机的烘干可在试生产期间低产量下完成。

4. 烘干结束标志

（1）检查各级预热器顶部浇注孔有无水汽。

检查方法：用玻璃片放在排气孔部位看是否有水汽凝结。

（2）预热分解系统烘干检查重点是锥体、柱体和分解炉顶部。可分别在上述部位从筒体外壳钻孔 $\phi 6 \sim \phi 8$mm（视测定用水银温度计粗细而定），孔深要穿透隔热保温层达到耐火砖外表面，在烘干后期插 300℃玻璃温度计，如温度计达到 120℃以上时则说明该处烘干已符合要求，检查后用螺钉将检查孔堵上。

2.1.5　系统的投料试运行

1. 第一次点火投料前的准备

（1）生料系统已进行带负荷运转，生料均化库内存有不少于 7000t 生料，其主要技术指标如表 3-2-3所示。

表 3-2-3　生料细度

筛孔尺寸	80μm	200μm
筛余量	<10%～12%	<0.5%

生料率值根据实际情况现场确定调整。

（2）系统煤粉应满足表 3-2-4 技术指标。

表 3-2-4　系统煤粉技术指标

	细度要求		水分	空干基热值	空干基灰分
磨烟煤时	80μm	<7.0%	<1.5%	>21000J/kg	≤26%
磨无烟煤时	80μm	<1.0%	<1.5%	>25000J/kg	≤20%

（3）生料磨和煤磨系统应处于随时启动状态，保证能根据煅烧需要连续供料和煤。

（4）封闭所有人孔门和检查孔，各级翻板阀全部复原，并调好配重保证开启灵活，检查废气处理系统及增湿塔喷水系统。

（5）确定冷却机热端空气炮可以随时投入使用。

（6）确认全系统 PC 正常，各种开、停车及报警信号正确。重点检查窑主传动控制系统、窑尾高温风机控制系统、窑头篦冷机控制系统的内部接线，以及报警信号和报警值的设定、速度调节。

2. 点火投料操作要点

（1）当耐火材料烘干完成后继续升温至窑尾温度 700～800℃时，启动窑主减速机稀油站组，窑的辅助传动改为主传动，在最慢转速下连续转窑，此时液压挡轮已启动。窑连续转时，注意窑速是否平稳，电流是否稳定、正常。不正常时，应调整控制各参数。

（2）加料前应随时注意 C1 筒出口温度，防止入排风机废气超温。

（3）多通道燃烧器燃烧无烟煤特点是冷窑下火焰不稳定，在下料后应适当延长油煤混烧时间，待窑头温度升高，能形成稳定燃烧的火焰时即可减少用油或停止喷油。

（4）点火后应随即开窑尾喂煤风机，其作用如下：

1）防止由于烘干不彻底废气中潮气倒灌入喂煤系统。

2）给预热分解系统掺入冷风可降低出筒废气温度。

（5）窑尾烟室废气温度控制：投料前应以窑尾废气温度为准，按升温制度调整加煤量，投料初期可控制在 1000～1100℃范围内，当尾温超过 1150℃时，窑头加煤必须及时采取措施，并应检查窑尾喂料室和炉下烟道内结皮情况，如发现结皮要及时清理。

（6）窑速控制：点火后开始按升温曲线转窑，当窑尾废气温度达200℃以上时开始间断转窑，窑尾温度达到800℃以上时按电气设备允许最低转速连续转窑，到加料前窑速加快到1.0r/min。当生料进入烧成带即可开始挂窑皮，此期间按窑内温度和窑内情况调整窑速，一般调整范围为1.0～2.0r/min。窑皮挂好后可适当加快窑速到2.0～2.8r/min，并加大喂料、喂煤量，当窑产量达到接近设计指标时，窑速应达到3.2～3.5r/min。

（7）窑筒体表面温度控制：间断转窑时应投入窑筒体红外扫描测温仪，筒体表面温度应控制在350℃以下，最高不得超过400℃。

（8）加煤量的控制：窑尾烟室温度350℃以上时可开始窑头加煤，实现油煤混烧，煤量约为1t/h，不可太小，注意调整窑头一次风机转速和多通道燃烧器内外风比例来保持火焰形状，燃煤初期煤火有爆燃回火现象，窑头看火操作应注意安全。

（9）系统投料初期操作要点

1）投料前通知各岗位各专业人员再次确认系统各设备正常。

2）逐步加大系统排风量，启动窑头风机系统，注意控制窑头负压在－20Pa左右，保持窑头火焰形状。

3）窑尾烟室温度为1000℃以上时，可启动喂料系统准备投料。

4）投料前，预热器应自上而下用压缩空气吹扫一遍。低产量投料生产时，应1h吹扫一次；稳定生产时，2h吹扫一次。

5）窑尾烟室温度达1000℃、分解炉出口温度达800℃以上、窑尾C1筒出口达450℃时，开启生料计量仓下的电动流量阀投料。通过生料固体流量计监控初始投料量在150～280t/h。如C1筒出口温度曲线下滑说明生料已入预热器，此时应注意控制喂煤量以保持窑尾烟室温度为1000～1100℃。通过观察C5筒入窑物料温度确认料已入窑。喂料后生料从C1级预热器到窑尾只需30s左右，在加料最初1h内要严密注意预热器，此时应注意各翻板阀门在温度变化后的闪动情况，发现闪动不灵活或才堵塞征兆要及时处理。初次点火为慎重起见，头一个班各级旋风筒的翻板都应设专人看管，及时调整重锤或定时人工闪动以帮助排料。此后预热器系统如无异常则可按正常巡回检查。旋风筒锥体是最易堵塞部位，应引起重视，加料初期可适当增加旋风筒循环吹堵吹扫密度和吹扫时间，以后逐渐转为正常。一般情况开始加料后约20min，感觉到料粉快到烧成带后段时，可根据实际情况调整窑速，以免生料窜出。此阶段观察窑内要小心，以免返火灼伤。

6）在设定喂料量下进行投料。调整冷风阀开度，使高温风机入口温度不超过400℃。

7）炉煤设定2t/h，启动分解炉喂煤组，C4筒下料管有一个分料阀二点进入分解炉，由于刚开始使用烟煤，初定为下部下料管喂料，由于烟室温度和C4筒下料温度较高，基本能保证煤粉在分解炉内燃烧和物料吸热的分解，随着产量的增加，根据炉本体温度和炉出口温度变化，适当分料进上部下料管，具体分料比例以生产实际情况而定。

（10）当熟料出窑后，二次风温升高，窑头火焰顺畅有力，应注意窑电流变化，可适当减煤，加窑速。

（11）当篦冷机一室篦压力逐渐升高，应加大该室各风机入口阀门开度，当压力超过4500Pa时，可启动篦冷机带料。注意熟料到哪个室，就应加大该室鼓风量，并用窑头排风机入口阀门开度调整窑头罩负压－15～－50Pa范围内。

（12）初次投料时，由于设备处于磨合期，易发生各种设备、电气故障。此时应沉着冷静及时止煤、止料，保护设备和人身安全。

（13）废气处理系统的操作：废气系统可根据窑内排风需要适时启动，关键是入大布袋温度一般应控制在200℃以下，当温度高于200℃时应开泵喷水，投料初期可控制增湿塔出口温度在160～180℃，并以此调节增湿水量，生产正常后在不湿底的情况下逐步增加水量降低出口温度，使得进大布袋收尘气体温度在130～150℃。

（14）窑开始喂料后，大布袋收尘灰斗下窑灰输送系统全部开启。需注意如大布袋灰斗积灰较多时拉链机应断续开动，以免后面的输送设备过载。

（15）增湿塔排灰输送机的转向视出料水分而定，当排灰水分在4%以下时可送至生料系统，水分≥4%时废弃。投产初期因操作经验不足或前后工序配合不当常易造成湿度或排灰水分超标，因而处理窑灰宁可多废弃，也不要回库，以免给输送造成过载、堵塞而影响生产。

（16）当生料磨启动抽用热风时，因入增湿塔废气量将减少，因此要及时调整增湿塔喷水量。

3．系统的故障停车

系统的故障停车有两类：机电故障和工艺故障。

投料试运行阶段，系统连续运转时间短，电气控制系统中的各类整定保护值的设定有待优化，且各厂情况各不相同，故障表现各不尽相同。同时设备初次重载运转，大大增加了机电故障的次数。

（1）紧急停车操作要领

1）巡检人员在车间内发现设备有不正常的运转状况或危害人身安全时，可利用机旁按钮盒或机旁电流箱上的停车按钮进行紧急停车。

2）控制室操作员要进行紧急停车时，可通过计算机键盘操作“紧停”按钮，则连锁组内设备全部一起关机。

（2）故障的判断和处理

当有报警信号时，可按键盘上专程解除钮，解除声响信号，故障的判断可参看电气控制报警系统。在投料运行中出现故障停车时，首先要止料、停分解炉喂煤，然后再根据故障的种类及处理故障所需的时间，及对工艺生产、设备安全影响的大小，完成后续操作。

（3）故障停车后操作处理方法

1）凡影响回转窑运转的事故（如窑头及窑尾大布袋排风机、高温风机、窑主电动机、篦冷机、熟料输送设备等），都必须立即停窑，止煤、停风、停料。窑低速连续运转，或现场辅助转窑。送煤风、一次风不能停，一、二室各风机鼓风量减少。如果突然断电，则应接通窑保安电源及时开窑辅助传动，并对关键性设备采取保护措施。注意人身安全。

2）故障停车要尽量减少对原料磨和煤磨系统的影响，及时调整增湿塔喷水量，及时调整篦冷机用风量和窑头电收尘器排风机的拉风量，以减少对下一步生产的影响。

3）分解炉喂煤系统发生故障时，可按正常停车操作，或维持低负荷生产（投料量<120t/h，适当减少系统排风量），此时应注意各级旋风筒防止堵塞。

4）故障停车后应尽快判断事故的原因及停车检修时间，如短期停车应注意保持窑内温度，即减少系统拉风，窑头小煤量，控制尾温不超过800℃，低速连续转窑，注意高温风机入口温度不超过350℃。

5）如发生预热器堵塞，首先应正确判断堵塞的位置，立即停料、停煤、慢转窑、窑头慢火保温或停煤。抓紧时间捅堵，并注意人身安全。

6）窑喂煤系统停车后，无法烧出合格熟料，应及时止料，慢转窑，止分解炉喂煤，减少拉风，防止C1筒出口温度过高。注意转窑及系统保温。

7）如发现断料应及时停止分解炉喂煤，慢窑操作并迅速查明原因处理故障，及时恢复喂料。慢窑操作时应减少拉风，防止C1出口超温，如短期不能恢复喂料，即可考虑停窑。

8）掉砖红窑：操作中应注意保护好窑皮，观察窑筒体表面温度变化，发现局部蚀薄应采取补挂措施，一旦发现红窑或有掉砖现象，应立即查明具体部位和严重程度，决定紧急停窑或将窑内物料适当转出后停窑，特别是窑体掉砖红窑，不允许拖长运转时间，以免烧坏窑筒体。

4．故障停车后的重新启动

故障停车后的重新启动是指紧急停车将故障排除后，窑内仍保持一定温度时的烧成系统启动。

（1）窑内温度较低时的重新启动

窑内温度较低时如应先翻窑后采用喷油装置点燃，后启动喷煤系统，喷煤量应视窑内情况灵活掌握。

（2）窑内温度较高时的重新启动

窑内温度较高时，煤粉直接喷入即可点燃，喷煤前应先转窑，将底部温度较高的熟料翻至上部，然后吹入煤粉。

（3）分解炉点火

通常情况下由于窑尾废气温度和C4物料温度较高，煤粉在分解炉内可以燃着。

2.1.6 系统的正常生产操作

1．正常启动

烧成系统先后依次启动各组设备：

①窑头一次风机；②煤粉输送系统；③窑传动系统；④窑头密封冷却风机；⑤窑尾大布袋排风机、高温风机；⑥篦冷机各风机组；⑦窑头排风机组、排灰设备。

各风机启动后利用各排风、供风阀门，保持窑头负压－20～－40Pa。

⑧熟料输送组；⑨窑尾各回灰组；⑩生料入窑组；⑪生料喂料组启动前设置喂料量“0”；⑫均化库卸料组；⑬投料前10～30min放下吊起的预热器翻板阀。

2．正常停车

烧成系统的停车，在无意外情况发生时，均应有计划地进行停窑，同时需相关部门配合，做到各部门按烧成要求进行有序操作，特别是煤粉仓是否排空，留多少煤粉供窑降温操作应协调好。因煤磨系统没有热风炉以及点火使用的烟煤，故系统的开停、停窑过程当中系统操作参数的相应调整、煤粉仓库存量与下次开窑时间都要进行周密的考虑与部署。

（1）在预定熄火2h前，减少生料供给，分解炉逐步减煤，再逐步减少生料量，以防预热器系统温度超高。

（2）冷风阀慢慢打开，使高温风机入口温度不超过400℃。

（3）当分解炉出口温度降至600～650℃时，完全止料，同时降低窑速至1.2r/min，控制窑头用煤量。

（4）减少高温风机拉风。

（5）配合减风的同时，减少窑头喂煤，不使生料出窑。

（6）停增湿塔喷水，然后继续减风。

（7）当窑尾温度降至800℃以下时，停窑头喂煤，然后停高温风机，冷风阀完全打开，用窑尾收尘器排风机进口阀门控制用风量。注意窑头停煤后，需保持必要的一次风量，以防燃烧器变形。

（8）视情况停筒体冷却风机组、窑口密封圈冷却风机。

（9）停窑尾收尘，回灰输送系统，生料喂料系统。

（10）当回转窑筒体温度达250℃以下时，改辅传转窑。

（11）窑头熄火后，注意窑头罩负压控制，即减少篦冷机鼓风、窑头排风机排风。

（12）窑头出料很少时，停篦冷机，过一段时间后，从六室到一室各风机逐一停止。

（13）停窑头电收尘器、熟料输送、一次风机、窑头电收尘器排风机，用点火烟囱和窑尾收尘排风机控制窑负压。

（14）视情况停喂煤风机，将燃烧器渐渐拉出。

（15）全线停车。

3. 运行中的调整

（1）随着生料量的增加，窑头用煤减少，分解炉用煤增大，应注意观察分解炉及C5出口的温度。

（2）窑速与生料量的对应关系如表3-2-5所示。

表3-2-5　窑速与生料量的对应关系

喂料量	t/h	250	270	290	310	320	330	340	350	370	390	410
窑速	r/min	2.3	2.5	2.7	2.9	3.0	3.1	3.2	3.3	3.5	3.7	3.9

操作中窑速的调整除参考表3-2-5外，更主要的是要烧出合格熟料。在f-Cao适当的情况下，控制窑内物料结粒。结粒过大，熟料冷不透，热耗高；结粒过细，篦冷机通风不良，篦板易过热。

篦速控制原则是：一段篦速，由二室篦下压力控制，即压力控制在5800～6400Pa；二、三段篦速，由五室篦下压力控制，即压力控制在3000～3700Pa。当然，篦速的控制还需根据具体的熟料结粒等实际情况来进行相应调整。

（3）根据情况启动窑筒体冷却风机组。烧成带窑皮正常时，筒体温度为260～290℃较正常。温度过高（大于350℃），筒体需风冷。

（4）随窑产量提高，注意拉风，最好不要使高温风机入口温度超过320℃。

（5）烧成操作，最主要就是使风、煤、料最佳配合，具体指标是：窑头煤比例40%，烟室O_2含2%～3%，CO含量小于0.3%；分解炉煤比例为60%，分解炉出口温度为880～920℃；窑喂料量为400～420t/h，C1出口O_2含量为3.5%～5%，温度为300～320℃。

（6）初次投料，当投料量为250～280t/h时应稳定窑操作，挂好窑皮，一般情况下，24～48h可挂好窑皮，再逐步加大投料量。

（7）在试生产及正常生产时，若生料磨系统未投入生产，当增湿塔出口温度超过200℃时，增湿塔内即可喷水，喷水量可通过调整回水阀门开度控制。初期产量低时，为稳妥起见，增湿塔出口温度可控制在150～160℃。系统正常后，可逐步控制在130～150℃。若生料磨系统同步生产，增湿塔的喷水量和出口温度的控制必须满足生料磨的烘干要求。依据生料磨的出口温度及生料成品的水分来控制增湿塔的喷水量以使其出口达到一个合适温度。

（8）当窑已稳定，入窑尾大布袋废气 CO 含量小于 0.5 时，应适时投入大布袋，以免增加粉尘排放。

（9）窑头罩负压控制：调整窑头电收尘器排风机进口阀开度控制窑头罩负压－20～－40Pa。

（10）烧成带温度控制：试生产初期，操作员在屏幕上看到的参数还只能作为参考。应多与窑头联系，确认实际情况。烧成带温度高低，主要判断依据有：①烟室温度；②窑电流；③高温工业看火电视。

操作员应能用肉眼熟练观察烧成带温度，同时要依据其他窑况作为辅助，区别特殊情况。例如：当窑内通风不良或黑火头过长时，尾温较高，而烧成带温度不一定高；烧成带温度高，窑电流一般变大，但当窑内物料较多，电流也较高而烧成带温度过高，物料烧流时，窑电流反而下降。

（11）高温风机出口负压控制：用窑尾大布袋排风机入口阀门开度控制高温风机出口负压－200～－300Pa。

（12）窑头电收尘器入口温度控制：增大篦冷机鼓风量，保持窑头罩负压，使该点温度控制在小于 250℃。必要时还可开启入口冷风阀降温。

（13）烟室负压控制：正常值为－100～－200Pa，由于该负压值受三次风、窑内物料、系统拉风等因素的影响，应勤观察，总结其变化规律，掌握好了，能很好地判断窑内煅烧情况。

4. 窑正常情况下的工艺参数

窑正常情况下的工艺参数如表 3-2-6 所示。

表 3-2-6　窑正常情况下的工艺参数

（1）投料量：400～420t/h	（2）窑速：3.8～3.96r/min
（3）窑头罩负压：－20～－50Pa	（4）入窑头电收尘器风温：＜250℃
（5）二室篦下压力：5800～6400Pa	（6）五室篦下压力：3000～3700Pa
（7）三次风温：＞850℃	（8）窑电流：700～850A
（9）烟室温度：1000～1100℃	（10）烟室负压：－200～－500Pa
（11）C5 出口温度：860～880℃	（12）C5 下料温度：860～890℃
（13）C1 出口 O_2 含量：2%～3%　CO＜0.3%	（14）分解炉本体温度：900℃±30℃
（15）分解炉出口温度：880～920℃	（16）C3 出口温度：670～690℃
（17）C4 出口温度：750～780℃	（18）C1 出口温度：320℃±10℃
（19）C1 出口负压：－4500～－5300Pa	（20）高温风出口负压：－200～－300Pa
（21）窑尾大布袋入口温度：110～150℃	（22）出篦冷机熟料温度：65℃＋环境温度
（23）窑筒体最高温度：＜350℃	（24）生料入窑表观分解率：＞90%

2.1.7　挂窑皮操作

为延长烧成带耐火砖的使用寿命，在其表面粘挂多层熟料作为保护层，称为“窑皮”。

窑升温至投料温度后，按操作规程有关程序投料运行，入窑的第一批物料进入烧成带时出现液相，液相量随温度的升高而增加，物料液相有胶黏性，但胶性随温度的升高而降低，因而烧大火温度时，窑皮就挂不上，当火砖表面温度不使液相处于过热状态时，物料黏性量大，火砖被压到物料下面，两者粘在一起，起化学变化，以后随温度的降低而固结，形成第一层窑皮。同样原理，以后形成第二层窑皮、第三层窑皮……，随着挂窑皮时间的增长，窑皮愈粘愈厚，随着窑皮的不断增厚，窑皮表面温度不断升高，表面粘力减少，由于窑皮本身的重力和物料的摩擦及机械振动等作用，窑皮粘粘掉掉，数量几乎相等，形成一定厚度的窑皮。

挂窑皮期间应尽力做到以下几点：

(1) 开始挂窑皮的喂料量为正常的65%～70%，窑速适当减慢，这样可以保持料层由薄到厚，温度由较低到较高，物料在窑内停留时间由较长到较短，以便于保持火力偏中而稳定，粘挂好窑皮和烧好熟料。随着窑皮不断增厚，逐步减少物料在窑内的停留时间，增厚料层，提高烧成带火力，这也是防止窑皮因挂得快而松散的措施。

(2) 随着窑速的加快和料层的增厚，各操作参数要相应及时调整，保持完整和一定长度的火焰、适当的黑影位置、合理的熟料结粒，要防止烧低火和烧大火，严禁烧流和跑黄料。

(3) 控制升重在中线范围，窑的快转率在85%以上，f-Cao小于1.5%。

(4) 下料8h内尽可能不用带有电收尘回灰的生料，如单独用某库已备好的挂窑皮生料。

(5) 挂窑皮期间要配制稍高饱和比和铁含量稍高的生料，以及质量较好的煤粉。这是因为饱和比稍高一些，比较耐火，又能产生足够的液相量，利于粘挂窑皮。尤其初开窑时，火砖、残余剩料块等均留在窑内，再加新料烘窑时的沉降煤灰，所以第一股料的熔点较低，易发粘，因此，中等偏上饱和比，中等硅酸率与铝氧率的配料，能保证挂好第一层窑皮。

(6) 新窑挂窑皮应有三天的操作时间，不能过快，否则窑皮质量不好，窑皮不够致密、平整。判断窑皮是否平整，首先根据筒体温度扫描，看曲线波动是否有峰值出现；其次，根据窑规律曲线，看是否有宽窄的周期性变化；另外，现场在窑头用看火镜也可以看出窑皮颜色微白，前后平整，颜色一至，没有凸凹和明暗现象，则表明窑皮较平整。

发现窑皮状况不良以及正常操作时窑皮的保护措施如下：

(1) 当窑皮局部变薄时，应重点做好内外风及燃烧器位置的调整，以改变火焰形状和位置，将高温点从窑皮薄的地方移开，并将该处筒体冷却风机的风门开大（其他地方可以关小）。当窑皮普遍变薄时，应减小喂料量，减窑速，补挂窑皮，控制好挂窑皮速度，不能急于求成。

(2) 正常操作时，为了使窑皮挂得平整、致密、牢固、厚度适当，应注意做到：

① 结合本厂窑状况，稳定窑的热工制度，保证快转率在85%以上。

② 加强煅烧控制，避免烧大火，烧顶火，严禁烧流及跑黄料，保持热熟料结粒细小均匀。

③ 保持完整火焰形状，窑内火焰应活泼、有力、顺畅，不能有刷窑皮现象。

④ 及时检查窑皮，窑皮不好需及时补挂好。

⑤ 及时处理结前圈及窑内掉窑皮等不正常窑况。避免损伤或砸坏窑皮。

⑥ 密切注意来料质量的变化，及时相应调整好用风、用煤，保持窑功率值的相对稳定。

⑦ 力争减少停窑次数，加强停窑保温工作，防止窑皮垮落。

⑧ 严防窑内产生后结圈而压短火焰，危害窑皮。

烧成带的窑皮必须保证其牢固、平坦和完整。烧成带后面的窑皮主要看其粘结的厚度和长度。当烧成带与过渡带交界处窑皮在增长形成长窑皮甚至结圈时，从操作上要及时处理。处理长窑皮时，先退出燃烧器，使其温度降低，自行脱落，如果长时间不掉，可停窑查看窑皮，如确已结圈，则用冷热法烧掉。当看到翻滚的热料中有20cm左右的扁物料块时，说明该部位老窑皮已脱落，这时需补新的窑皮。

2.1.8 停窑操作

1. 计划停窑操作

（1）接到工艺部停窑通知后，计算煤粉仓内存煤量，确定具体的停窑时间，确保停窑后煤粉仓内无煤粉。

（2）在确定止火前2h，逐步减少喂料量到120t/h，在此期间窑系统和分解炉系统运行不稳定，所以一定要特别注意各点温度、压力的异常变化。

（3）将分料阀倒向分解炉，生料进入低氮分解炉分解。同时停止分解炉喂煤组。

（4）随着生料的减少，逐步减少窑和分解炉的用煤量，避免窑内结大块，烧坏窑内窑皮或衬砖，避免预热器内筒烧坏。

（5）停止生料均化库充气系统组，停止均化库卸料系统组，将喂料皮带秤设定为0t/h，生料输送至喂料仓系统组、窑尾生料喂料组。

（6）停分解炉喂煤组，降低高温风机转速，控制烟室 O_2 含量在1.5%左右。

（7）根据窑内情况，逐渐减煤，直至停煤，逐渐减小窑速至0.60r/min，清空窑内物料。

（8）视情况停止预热器喷水组。

（9）停窑头喂煤系统组，停窑头一次风机组，通知窑巡检岗位人员将燃烧器从窑内退出来。

（10）止火后1h，将窑主传动转换为辅助传动，慢转冷窑，转窑方案如表3-2-7所示。

表3-2-7 转窑方案

时间	旋转量	间歇时间
止火后1h	辅助传动	连续
3h后	120°	15min
6h后	120°	30min
12h后	120°	60min
24h后	120°	120min
36h后	120°	240min

（11）随出窑熟料的减少，相应减少冷却风机的风量及窑头废气排风机风量，注意保证出篦冷机熟料温度低于100℃及窑头呈负压状态。

（12）当窑内物料清空后，停熟料冷却机组，停冷却机一、二、三段传动，停传动电动机冷却风机，停中央润滑油站。

（13）停篦冷机冷却风机组。

（14）停篦冷机废气处理组。

（15）停篦冷机废气粉尘输送组。

（16）停熟料输送组。

（17）停窑后应对预热器，窑，冷却机内部进行检查，确认其运行情况是否需要做适当处理，如果需要处理，一定要在确认安全的条件下方可进行。

2. 紧急停车

在投料运行中出现故障时，首先止料，分解炉停止喂煤。再根据故障种类及处理故障所需时间，完成后续工作。

（1）影响回转窑运转的事故出现（如窑头、窑尾、收尘器排风机、高温风机、窑主传动电动机、篦冷机、熟料链斗输送机设备等），都必须立即停窑、止煤、止料、停风。窑低速连续转，或现场辅助传动转窑。送煤风，一次风不能停，一、二室各风机鼓风量减少。

（2）分解炉喂煤系统发生故障，可按正常停车操作，或者维持系统低负荷生产（投料量小于120t/h，适当减少系统排风量），应注意各级旋风筒防止堵塞。

（3）发生预热器堵塞，立即停料、停煤、慢转窑、窑头小火保温或停煤，抓紧时间捅堵。（4）回转窑筒体局部温度偏高，应止料，判明是掉窑皮还是掉砖。掉窑皮一般表现为局部过热，微微泛红，温度尚不很高。烧成带掉砖一般表现为局部温度大于500℃，高温区边缘清晰。掉砖则应停窑，如是掉窑皮，则进行补挂。严禁压补，以免损伤窑体。

（5）影响窑连续运转的故障，如能短期排除，窑要保温操作。即减小系统拉风，窑头小煤量，控制尾温不超过800℃。低速连续转窑，注意C1出口温度不超过500℃。

3. 停电操作及恢复

（1）系统停电时

1）与电气人员联系，使用备用电源进行窑慢转，慢转时间间隔应比空窑停时略短。

2）可能的情况下，启动事故风机，并视恢复时间长短确定是否将燃烧器抽出。

3）将各调节组值设定到正常停机时的数值。

4）通知现场检查有关设备（预热器等）及时处理存在的问题。

（2）恢复操作

1）电气人员送电后，现场确认主辅设备正常后，即可进行恢复操作。

2）启动一次风机，根据停窑时间长短及窑内温度，确认是否用油及升温速度。

3）启动各润滑装置。

4）启动一、二室风机，熟料输送，尽快送走篦床堆积熟料。

2.1.9　烧成系统止料操作

止料操作相对投料操作较简单，但对窑系统运转率也具有同样重要的意义。止料操作过程中，也容易出现预热器堵塞现象或进高温风机气体过高，对设备不利。因此，止料操作必须做到：先止分解炉喂煤，待分解炉出口温度降到800℃时，止料、逐渐减少窑头喂煤、降低窑速，不要过早打开烟囱帽，保持高温风机拉风，待预热器料全部走完，最后一股料完全进窑后，降高温风机转速，减少拉风，打开烟囱帽。逐步减少窑头喂煤量，降低窑速，待窑内物料适度倒空时，脱开主传连续辅转，止窑头煤。

点火升温、投料、止料在预分解窑的操作中是十分重要的过程。合理的系统预热升温是成功投料的基础，投料的成功与否直接影响着熟料的质量和设备的运转率以及窑衬的使用寿命，因此，一名窑操作员不仅要有过硬的专业技术，同时要有高度的责任心。

2.1.10　窑速操作

窑和分解炉用煤量取决于生料喂料量。系统风量取决于用煤量。窑速与喂料量同步，更取决于窑内物料的煅烧状况。所以风、煤、料和窑速既相互关联，又互相制约。对于一定的喂料量，煤少了，物料预烧不好，烧成带温度提不起来，容易跑生料；煤多了，系统温度太高，物料易被过烧，窑内容易产生结圈、结蛋，预热器系统容易形成结皮和堵塞；风少了，煤粉燃烧不完全，系统温度低。在这种情况下再多加煤，温度还是提不起来，CO含量增加，还原气氛下使Fe_2O_3变成FeO，产生黄心熟料。在风、煤、料一定的情况下，窑速太快，则生料就逼近窑头，易跑生料；窑速太慢，则窑内料层厚，生料预烧不好，容易产生短火急烧，形成黄心熟料，熟料 f-CaO 含量高。

由此可见，风、煤、料和窑速的合理匹配是稳定烧成系统的热工制度、提高窑的快转率和系统的运转率，使窑产量高、熟料质量好及煤粉消耗少的关键。

1. 窑速操作原则

(1) 保持高窑速的效益

这里的高窑速是指接近 4r/min 的窑速。高窑速的必要性及优点如下：

1) 有利于提高熟料质量。

2) 有利于提高台时产量，高窑速能加快物料与热气流之间的热交换，同样产量条件下，减少窑内物料填充率。如果填充率不变，加快窑速则增加台产的重要途径。

3) 有利于保护窑衬。窑速提高后，窑每转一周所用的时间缩短，从 1r/min 的 60s，减少为 1r/min 的 15s，作为窑皮，它与热气流同是物料受热的媒介，可使窑皮、耐火砖受热的周期温差变小。如图 3-2-1 所示，A1/B1 为高窑速与 A2/B2 为低窑速的两种不同填充率的料面，窑旋转慢时“窑皮”在热气流下暴露受热的时间明显长于窑旋转快时，而且向物料传热的时间也明显变长。这就是窑速快时“窑皮”与耐火砖热负荷变化幅度变小的原因。所以，高窑速的预分解窑内能形成较平整的窑皮，从而延长了窑内衬砖寿命。

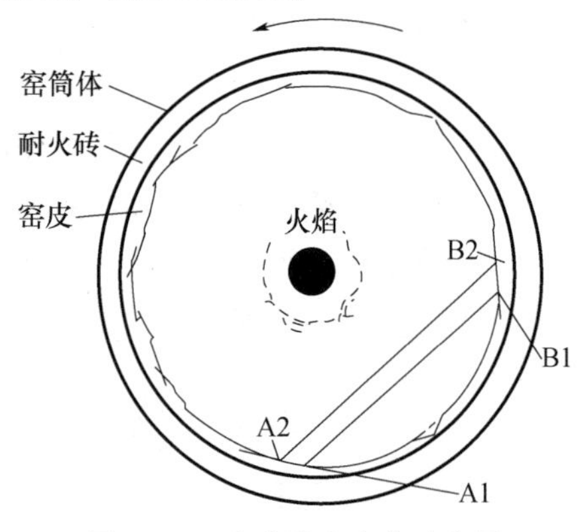

图 3-2-1 窑皮温度变化示意图

(2) 高窑速的选择

高窑速并不是越高越好，这里是指操作者认识到传统慢窑速的不利影响之后，都可摸索出每条窑的合理窑速。这种合理是指能实现高速稳定的窑速，是当系统其他参数相对稳定时，无需调整的稳定转速，绝不是能转多快就转多快，转不动再慢下来的窑速。这是为系统的整体稳定创造的最好条件。目前，一般窑的旋转次数已经从预分解窑最初的 3r/min，提高到接近 4r/min。

有人会担心，物料在窑内停留时间过短，熟料质量会降低，但是，超短窑成功运行的事实已验证了这种担心的多余。理论上证明，它不仅能使熟料质量提高，还有利于节能降耗。

(3) 稳定窑速是稳定操作的前提

高窑速运转已成为大多操作人员的共识，但是稳定在高速下运转，保持数班乃至数日不变，却不是每条生产线都能实现的。不少人习惯调整窑速，以达到控制烧成温度的目的。当发现窑电流降低或者游离氧化钙含量过高时，首当其冲的操作就是打慢窑速，哪怕从 3.8r/min 调整为 3.6r/min 也好，认为这样有助于延长物料在窑内的停留时间，能提高煅烧质量，但实际情况与这种愿望恰恰相反。因为打慢窑速势必加大窑填充率，虽然窑电流增加，但绝不表示窑内温度有所提高，相反，熟料的煅烧传热条件变差了，更不符合煅烧高质量熟料的要求。

2. 调节窑速的具体操作手法

(1) 正常运转时的窑速操作

确认窑内温度变动的原因。以窑温降低为例，如果是喂料量瞬时过大，或煤质质量降低，或生料成分过高，那么这些情况在稳定维持高窑速的前提下，都可以通过对入窑生料量的微量调小解决。随着减少喂料，窑内填充率降低，真正改善了煅烧条件，而这种调节不会使窑的出料量明显波动，有利于窑的稳定。

正常运行中维持高窑速不变不仅是必要的，也是最可行的。要记住，窑内温度变化，是火焰热力不足以满足煅烧热量需要的表现，并不是物料在窑内停留时间不够的结果。

（2）异常状态时的窑速操作

结圈、脱落窑皮、窑内有“大球”，或预热器塌料，或篦冷机堆“雪人”都需要酌情调整窑速，具体的调整手法如下：

1）窑内后圈严重时，物料在圈后积聚较多，会承受更多时间的低温预烧，一旦进入烧成带，生料很易烧成；而且此时火焰由于结圈而不畅，只有长火焰顺烧；虽然这种煅烧制度已不理想，但操作应该以处理后圈为中心，窑速无需减慢，甚至可以尽量提高。

2）窑内有圈掉落时，或有严重塌料时，应迅速大幅度减料，之后的瞬间大幅度降低窑速，且一步到位打慢至 1r/min 左右。

3）窑内有“大球”时，窑速调整可以配合料量的变动，目的是加剧窑皮后面物料量的变化更大，使结球能更快爬上窑皮。即当减小料量时，打快窑速；加大下料量时，减慢窑速。

4）需要处理篦冷机“雪人”时，关键是减小喂料量，方便现场操作，一般无需减慢窑速。只是处理时间需要较长，料量减得较多时，才需要适当减慢窑速。

2.1.11　注意操作安全

在日常操作中，应将安全工作放在第一位，严格执行中控操作规程，保障员工人身安全，保证设备安全高效运转，并要特别注意下列问题。

1. 严禁向筒体上直接喷水降温

在窑筒体出现高温红窑时，有的管理人员、窑操作员喜欢直接对窑筒体喷水降温，此举可能会造成以下后果：①窑筒体急冷收缩，产生很强的机械应力，造成此部位耐火砖迅速垮落，红窑面积扩大；②窑筒体表面氧化速度加快，很快腐蚀变薄，给窑筒体造成不可逆转的伤害。因此，在出现红窑时，严禁向窑筒体喷水降温，只允许使用少量雾化水对筒体进行短时间的降温，如果效果不佳，应立即停窑进行处理。

2. 严禁频繁调整窑头燃烧器

国内的预分解窑主要是在 2002 年后大规模发展的，有的技术人员在管理理念上存在很多误区，如在窑筒体上喷水降温、频繁调整进出窑头燃烧器、对窑托轮瓦喷水降温等，造成了很多事故。窑头燃烧器的位置对窑皮有直接影响，调整燃烧器后窑皮会发生变化，一般需要 2～3 天才能看出，频繁调整燃烧器会造成窑皮频繁挂脱，给过渡带的耐火砖造成致命影响。有的工厂在窑内结圈后，通过调整燃烧器位置来处理，甚至每个班对窑头燃烧器进出调整一次，虽然对处理结圈有一定效果，但会造成耐火材料寿命严重降低。只有在窑内结圈严重、影响熟料的产质量时，才允许对燃烧器位置做适当调整，并要观察窑皮变化，不得每个班都对燃烧器进行推进量调整。

3. 严格遵守操作规程，严禁违章操作

（1）点火应注意调整窑头负压，特别是短时停窑重新点火时，防止窑头向外喷火。

（2）现场打开人孔门时，防止热气烧伤。

（3）任何情况下操作，必须将 CO 含量控制在 0.20%以下，防止燃烧爆炸。

（4）在运行操作中应经常检查大型电机电流及轴承温度，防止设备跳停和烧坏。

（5）注意观察筒体扫描温度变化，保护窑皮和筒体。

(6) 在分解炉未达到煤粉燃烧温度时，严禁给煤，防止发生爆炸。

(7) 操作过程中注意风、煤、料的配合，防止减料过程中出现高温将有关设备烧坏。

(8) 停窑时应尽量将煤粉仓放空，防止煤粉自燃，便于煤粉输送系统的检修和检查。

(9) 保护好燃烧器和窑尾主排风机，排风机入口温度不允许超过 300℃，若有超过趋势，开启喷水系统喷水降温。

(10) 保护好窑尾大布袋收尘器，当生料磨未开时，高温风机入口温度不允许超过 240℃。

(11) 保护好窑头大布袋收尘器，收尘器入口温度不允许超过 180℃。

(12) 防止篦冷机篦板烧坏和压死。

(13) 在热工紊乱时，通知现场注意，防止预热器、窑头罩和篦冷机出现正压。

2.2 回转窑系统主要工艺参数控制

预分解窑具有窑温高、窑速快、产量高、熟料结粒细小、窑皮长、系统工艺结构复杂、自动化程度高等特点，因此预分解窑的操作控制思想应该是：根据预分解窑的工艺特点，装备水平制定相应的操作规程，正确处理预热器、分解炉、回转窑和冷却机之间的关系，稳定热工制度，提高热效率，实现优质、高产、低耗和长期安全运转。

从预分解窑生产的客观规律可以看出，均衡稳定运转是预分解窑生产状态良好的重要标志。调节控制的目的就在于使窑系统经常保持最佳的热工制度，实现持续、均衡、稳定地运转。对全窑系统“前后兼顾”，从热力平衡分布规律出发，综合平衡，力求稳定各项技术参数，做到均衡稳定地运转。

在现代化水泥企业中，窑系统一般是在中央控制室集中控制、自动调节。窑系统各部位装有各种测量、指示、记录、自控仪器仪表，自动调节回路，有的则是用电子计算机监控。指示和可调的工艺参数有几十项，甚至上百项，从各个工艺参数的个别角度观察，这些参数独立存在，各有作用，但是从窑系统整体观察，各个参数又是按热工制度要求，按比例平衡分布，互相联系，互相制约。因此，实际生产中，只要根据工艺规律要求，抓住关键，监控若干主要参数，便可控制生产，满足要求。

2.2.1 预分解窑生产中重点监控的主要工艺参数

窑系统由废气处理系统、生料喂料系统、预热器、分解炉、回转窑、篦冷机系统和喂煤系统等组成，在生产过程中，通过对气体流量、物料流量、燃料量、温度、压力等工艺过程参数的检测和控制，使它们相互协调，成为一个有机的整体，进而对窑系统进行有效的控制。

1. 烧成带物料温度

烧成带温度的高低是关系熟料煅烧质量好坏的重要参数。可以通过红外比色高温仪、窑尾烟室的 NO_x 浓度、窑负荷和熟料的 f-CaO 来判断烧成带的温度。烧成带物料温度一般在1300℃～1450℃～1300℃，由于测量上的困难，往往测出的烧成带物料的温度，仅可作为综合判断的参考。

2. 窑尾烟室 NO_x 的浓度

烧成过程中 NO_x 的生成量除了与燃料中 N_2 含量有关外，还与过剩空气系数和烧成带温度有密切的关系。气流中 O_2 含量较高，燃烧温度越高，NO_x 生成量就越多。在空气过剩系数一定的情况下，NO_x 生成量越多，烧成带的温度就越高。NO_x 浓度控制范围：(1100±300)ppm。

窑系统中对 NO_x 的测量，一方面是为了控制其含量，满足环保要求；另一方面，在窑系统生产情况及过剩空气系数大致固定的情况下，窑尾废气中的 NO_x 浓度同烧成带火焰温度有密切关系，烧成带温度高，NO_x 浓度增加，反之降低，故以 NO_x 浓度作为窑烧成带温度变化的一种控制标志，时间滞后较小，很有参考价值。故可以此连同其他参数，综合判断烧成带情况。

3. 窑转动力矩

由于煅烧温度较高的熟料，被窑壁带动得较高，因而其转动力矩比煅烧得较差的熟料高，故以此结合比色高温计对烧成带温度的测量结果、废气中 $N0_x$ 浓度等参数，可对烧成带物料煅烧情况进行综合判断。但是，由于窑内掉窑皮以及喂料量变化等原因，亦会影响窑转动力矩的测量值，因此，当转动力矩与比色高温计测量值、$N0_x$ 浓度值发生逆向变化时，必须充分考虑掉窑皮等物料变化的影响，综合权衡，做出正确判断。

4. 窑尾烟气温度

窑尾烟气温度可以反映窑内火焰温度、窑内通风量、窑尾下料情况。窑尾烟气温度过高时可能引起窑尾烟室、C5 旋风筒内物料过热结皮堵塞。窑尾烟气温度过低时，说明窑内烧成带温度也偏低，熟料煅烧受到影响，游离氧化钙增多，造成熟料质量不合格。一般控制范围是950～1100℃，可通过调节窑内火焰温度、窑内风量、窑尾下料量等使之在正常范围内变化。

5. 窑尾负压

窑尾负压可以反映窑内流体阻力的大小及窑内通风量。

压力高时，说明窑内流体流动的阻力较大，会降低窑内的通风量，进而影响窑内燃料的燃烧；压力低时，窑内通风量大，会降低分解炉通风量，影响分解炉内燃料的燃烧。

一般控制范围是－200～－300Pa，可通过调节窑尾高温风机阀门开度、三次风管阀门开度使该参数在正常范围内变化，若是因窑内结圈引起的，则要及时处理结圈。

6. 窑内火焰温度

窑内火焰温度可以反映窑内燃料燃烧状况。

窑内火焰温度高有利于熟料的煅烧，但温度过高会导致物料过烧或结大块，甚至烧坏窑皮及衬料；火焰温度低会导致物料生烧，使游离钙含量升高。

一般控制范围是1600～1800℃，可通过调节窑头喂煤量、燃料品质、一次风量、燃烧器位置及角度等使该参数在正常范围内变化。

7. 火焰形状

理想的火焰形状应有适当的长度，高温部分集中，整个火焰应顺畅、完全、不散、不乱、不涮窑皮、活泼而有力。火焰形状合适与否，是煅烧关键，它受煤质、燃烧器、窑型、风煤配合、一次和二次风温、内外风调整、配料成分等因素影响。如造成火焰长的因素有：①排风大；②料少；③煅烧温度低；④窑速慢；⑤煤粉湿粗，灰分大，挥发分低，固定碳多；⑥燃烧器位置高，伸入窑内过多；⑦煤多，一次风小，一次和二次风温低。与上述各项相反时，火焰就短粗，所以新型干法窑内火焰较传统回转窑是短粗的。

8. 窑功率

(1) 正常操作时窑功率上升的原因

1) 窑内温度升高，物料黏度增大，物料成分变成易烧。

2）窑内长了窑口圈，窑内物料层增厚。

3）窑皮变厚，窑皮变长。

4）窑内有后结圈，掉大量窑皮。

5）设备原因：如窑托轮不正常，传动齿轮或轴承有问题，电动机本身有问题及窑有弯曲及筒体变形等。

（2）功率变化时的调整控制

1）功率曲线由平滑而出现少量降低时，说明前温有所降低，应适当加一点喂煤量。

2）功率曲线较大幅度升高，而并没有烧高迹象时，说明窑内掉后圈或掉大量浮窑皮，应加大煤量并适当减低窑速。

3）窑功率突然有较大幅度降低，一种情况是突然断煤，窑内温度陡降所致，另一种情况可能是掉前圈，应适当加煤，降窑速处理。

4）窑功率持续升高，在煤料情况无大变化时，可能由于窑结后圈所致。此时应调整火焰位置，处理掉结圈。

5）窑功率持续下降，可能情况是来料成分变高或煤粉质量下降，此时应调风减料加煤，使窑内煅烧温度升高。

6）窑功率周期性大摆动，除设备原因外，工艺上可能的原因是临时停窑时，未能及时慢转窑，造成熟料在窑的一侧结成过厚窑皮或前后圈垮落时，窑皮掉的程度不均匀，或高或低，有个别大块仍粘在窑上。

9．窑尾出口气体成分

窑尾出口气体成分是通过设置在各相应部位的气体成分自动分析装置检测的，是表示窑内燃料燃烧及通风状况好坏的重要参数。对窑系统燃料燃烧的要求是，既不能使燃料在空气不足的情况下燃烧，而产生一氧化碳；又不能有过多的过剩空气，增大热耗。一般窑尾烟气中 O_2 含量控制在1.0%～1.5%之间。

预分解窑系统的通风状况，则是通过预热器主排风机及装在分解炉入口的三次风管上的调节风门闸板进行平衡和调节。

在窑系统装设有电收尘器时，对分解炉或C5级旋风筒出口及C1预热器出口（或电收尘器入口）的气体中的可燃气体（$CO+H_2$）含量必须严加限制。因为含量过高，不仅表明窑系统燃料的不完全燃烧及热耗增大，更主要的是，在电收尘器内容易引起燃烧和爆炸。因此，当C1预热器出口或电收尘器入口气体中 $CO+H_2$ 含量超过0.2%时，则发生报警，达到允许极限0.6%时，电收尘器高压电源自动跳闸，以防止爆炸事故，保证生产安全。

10．窑速及生料喂料量

调节窑的转速可以调节物料在窑内的停留时间，即物料的煅烧时间。在煅烧正常的情况下，只有在提高产量的情况下，才应该提高窑的转速，反之亦然。

一般情况下，在各种类型的水泥窑系统中，都装有与窑速同步的定量喂料装置，以保证窑内料层厚度的稳定。在预分解窑系统中，对生料喂料量与窑速的同步调节则有两种不同的主张：一种主张认为同步喂料十分必要；另一种主张则认为由于现代化技术装备的采用，基本上能够保证窑系统的稳定运转，因此在窑速稍有变动时，为了不影响预热器和分解炉的正常运行和防止调节控制的一系列变动，生料喂料量可不必随窑速的小范围调节而变动，而在窑速变化较大时，喂料量可以用人工根据需要调节，故不必安装同步调速装置。

11. 窑头罩负压

窑头罩负压表征着窑内通风及篦冷机入窑二次风之间的平衡。调节窑头罩压力的目的在于防止冷空气的侵入和热空气及粉尘的溢出，窑头罩压力是通过调节高温风机、篦冷机冷却风机及窑头废气排风机三者来完成的，其中主要是调节窑头废气排风机。

在正常生产情况下，一般增加预热器主排风机风量，窑头负压增大，反之减小。在鼓风量一定的情况下，调节窑头罩压力时应避免高温风机和排风机使劲拉风的情况，这样将造成系统的电耗增加，同时也不利于生产的控制。正常生产中，窑头负压一般保持在－50～－15Pa，决不允许窑头形成正压，窑头罩正压过高时，热空气及粉尘向外溢出，使热耗增加、污染环境，同时也不利于人身安全。窑头罩负压过大时，易造成系统漏风和窑内缺氧，产生还原气氛。因此，一般采用调节篦冷机剩余空气排风机风量的方法，控制窑头负压在规定范围之内。

12. 窑筒体表面温度

窑筒体温度表征了窑内窑皮、窑衬砖的情况，据此可以监测窑皮粘挂、脱落、窑衬砖侵蚀、掉砖及窑内结圈状况，以便及时粘补窑皮，延长窑衬使用周期，避免红窑事故的发生，提高窑的运转率。

窑筒体表面温度过高时，说明了窑内的温度过高，若不及时处理会烧坏窑内的窑皮及衬料，甚至造成红窑现象。

一般控制范围是低于380℃，可通过调节窑内燃烧状况使该参数在正常范围内变化。

13. 窑尾CO浓度

造成窑尾CO浓度超高的因素很多，归纳起来有如下几点：

①煤粉细度太粗，水分大，造成燃烧速度慢，产生CO，应控制好煤粉质量，保证细度在10%以下，水分小于1.2%；②分解炉火嘴周围有积料结皮而受阻，造成炉内煤不均，产生不完全燃烧，CO浓度升高，严重时应停炉处理；③分解炉风量不足，O_2含量小，应调整好用风量及窑炉用煤比例；④窑温过低或窑内结圈，燃料燃烧不充分，应注意窑况，消除异常情况，尽快提高窑内温度以降低CO含量；⑤一、二次风量调节不当，煤粉在窑内燃烧不完全，此时应调整内、外风比例，加大窑尾排风，但当O_2浓度不低时，不能拉大尾风，风速过大，燃烧速度慢情况下，也易产生CO。

14. 窑头喂煤量

窑中控操作员对喂煤量的控制容易养成不良的操作习惯，即试图只用增加或减少燃料用量的办法来实现煅烧温度的控制，这往往造成负面作用，如使尾温失去正常的控制范围而造成入窑物料的分解率的波动，结果煅烧温度出现频繁波动。操作人员对喂煤量的控制应养成“勤”“少”“配”的习惯。“勤”即操作上要根据窑功率的变化及时地加减煤。“少”是指每次加减煤的幅度不能太大，不能加过量，造成煅烧温度过高，甚至出现烧高烧流情况，也不能减煤减得太多，造成前温低，甚至产生生烧料，跑黄料。“配”是指加减煤要始终与系统用风相匹配，时刻注意尾温的稳定及窑尾废气中的O_2、CO含量的正常。当一、二次风风量充足，而又可以任意地根据需要进行调配时，烧成带的温度高低可以用加减煤量来调整，但在量的掌握上要根据具体窑的特点、窑热工状况及喂煤设备的准确性确定，只有如此，才能保证烧成温度的正常。加减煤过程中还要和一、二次风配比协调起来，因为当其他条件不变时，一、二次风和煤粉的配比决定了火焰形状及燃烧是否完全，热量分布是否合理，风煤配比的一般原则是“料大风大煤也大，料小风小煤也小”。如果配比长期失调，就会造成劣质，低产高耗，运转周期短。

15. 生料喂料量

喂料量和物料前进速度的控制要求操作员必须首先遵循四条基本法则：①在没有物料进窑而主排风机已运行、风门已打开的情况下，窑不能空运行15min以上；②不能让窑尾温度超过最大值；③不能破坏稳定的运行而追求产量；④窑内物料层将要变化时，加减喂料量。

当窑内料层较厚，即使各控制参数合理，煅烧也正常，但窑速也难提上去，还要经常打小慢车（减窑速），且窑内看上去温度不低，提窑速一会儿就会温度降低，慢转一会儿温度又上去了，说明窑内物料已趋饱和，此时应采取如下处理措施：①适当增加分解炉喂煤量，适当增加排风，加强预热分解，提高入窑物料分解率；②提高窑速，使料层变薄，加速物料煅烧速度（相应加煤）；③在不影响窑皮情况下，加大风煤，加强煅烧。

窑的加料操作必须与窑速同步，这样才能提高窑的快转率增加产量，同时也保证了窑内物料的翻动频率及窑的负荷率，使烧成带的物料均匀稳定，有利煅烧。

加料过程中，必须判明窑内来料大小、物料颜色及结粒翻滚提升情况，正常情况下，通过看火镜可以从窑头看火孔看到来料厚薄及前后宽窄情况。当物料由小变大时，料层增厚，前窄后宽，火焰回缩，有物料快速向前涌来的感觉。当物料由大变小时，料层浅薄，火焰伸长，火色发亮。当看到烧成带的熟料和空间火焰的颜色为粉红色时，表明窑内物料颗粒均匀细小，翻滚灵活，既不发粘，也不发散，窑前比较清晰。正常情况下，熟料被提起的高度应稍高于燃烧器。如果熟料中熔融成分高，黏度大，被提起的高度还要高一些。在物料化学成分不变的情况下，烧成温度高，熟料被提起也高。

16. 二次风温度

二次风、三次风温度可以反映篦冷机内熟料与冷却气体热交换的情况。

当二次风温偏高时，火焰缩短并且向上漂移，煤粉燃烧加快，会造成局部高温，极易损伤窑皮和耐火砖，同时不利于熟料的快速冷却，从而影响熟料的强度。当二次风温度偏低时，黑火头较长，火焰变长，热力分散，煅烧温度降低，熟料质量下降。

温度过高时，说明篦冷机内熟料层厚，热交换较好；温度低时，篦冷机内熟料层较薄。一般控制范围是：二次风温为1100～1250℃。在冷却用风量不变的情况下，可通过调节篦速，稳定篦冷机内料层厚度，使参数在正常范围内变化。

17. 三次风温度

三次风温度可以反映篦冷机内熟料与冷却气体热交换的情况。

温度过高时，说明篦冷机内熟料层厚，热交换较好；温度低时，篦冷机内熟料层较薄。一般控制范围是：三次风温为950℃左右。在冷却用风量不变的情况下，可通过调节篦速，稳定篦冷机内料层厚度，使参数在正常范围内变化。

18. 三次风流量

三次风是满足分解炉内燃料燃烧的助燃空气，三次风是来自于篦冷机的预热风，温度一般控制在950℃左右，通过三次风管上的阀门来进行调节。

增加三次风阀门开度将引起：①三次风量增加，同时三次风温也增加；②二次风量减少；③窑尾气体O_2%含量降低；④分解炉出口气体O_2%含量增加；⑤分解炉入口负压减小；⑥烧成带长度变短。

同理，当减小三次风阀门开度时，情况与上述结果相反。

19. 窑头袋收尘器入口气体温度

窑头袋收尘器入口气体温度可以反映篦冷机余风温度的高低。

温度过高会影响窑头袋收尘设备的安全运转。

一般控制范围是：100℃左右。可通过冷风阀掺加冷风使该参数在正常范围内变化。

20. 窑尾高温风机入口气体温度

窑尾高温风机入口气体温度可以反映系统热交换的情况。主要考虑到风机的安全运转。

窑尾高温风机入口气体温度的控制范围要参考风机的使用温度要求。可通过控制一级筒出口气体温度使该参数在正常范围内变化。

21. 窑尾高温风机入口气体压力

窑尾高温风机入口气体压力可以反映系统通风量的多少。

压力高时，说明整个系统的通风量大，阻力较大，会增加高温风机的负荷；压力低时，说明整个系统的通风量小，会影响窑内燃料燃烧及熟料煅烧。

一般控制范围是－7000Pa左右，可通过调节窑尾高温风机阀门开度及转速使该参数在正常范围内变化。通常情况下，阀门开度保持不变，通过调节转速改变该参数。

22. 高温风机流量

通过调节高温风机转速来满足燃料燃烧所需的气体量；高温风机是用来排除分解和燃烧产生的废气并保证物料在预热器内正常运动；通过调节高温风机转速来控制窑尾气体O_2%在正常范围内。

提高高温风机转速，将引起：①系统拉风量增加；②预热器出口废气温度增加；③二次风量和三次风量增加；④过剩空气量增加；⑤系统负压增加；⑥二次风温和三次风温降低；⑦烧成带火焰温度降低；⑧漏风量增加；⑨篦冷机内零压面向下游移动；⑩熟料热耗增加。

当降低高温风机转速时，产生的结果与上述情况相反。

23. 窑主电机电流与窑系统烧成的联系

此参数可以用窑电流表示，是窑速、喂料量、窑皮状况、液相量和烧成温度的综合反应。如其他条件不变，当烧成温度较高时，熟料被窑带起的高度也较高，窑电流也较大。其判断过程如下：

（1）窑电流很平稳，轨迹很平

表明窑系统很平稳，热工制度很稳定。

（2）窑电流轨迹很细

说明窑内窑皮平整或虽不平整但在窑转动过程中所施加给窑的扭矩是平衡的。

（3）窑电流轨迹很粗

说明窑皮不平整，在转动过程中，窑皮所产生的扭矩呈周期性变化。

（4）窑传动电流突然升高后逐渐下降

传动电流（或扭矩）突然升高然后逐渐下降，说明窑内有窑皮或窑圈垮落。升高幅度越大，则垮落的窑皮或窑圈越多，大部分垮落发生在窑口与烧成带之间。发生这种情况时要根据曲线上升的幅度立刻降低窑速（如窑传动电流或扭矩上升20%左右，则窑速要降低30%左右），同时适当减少喂料量及分解炉燃料，然后再根据曲线下滑的速率采取进一步的措施。这时冷却机也要对篦板速度等进行调整。在曲线出现转折后再逐步增加窑速、喂料量、分解炉燃料等，使窑转入正常。如遇这种情况时处理不当，则会出现物料生烧、冷却机过载和温度过高使篦板受损等不良后果。

（5）窑电流居高不下

有四种情况可造成这种结果。一是窑内过热，烧成带长，物料在窑内被带得很高。此时，要减少系统燃料或增加喂料量。二是窑产生了窑口圈，窑内物料填充率高，由此引起物料结粒不好，从冷却机返回窑内的粉尘增加。在这种情况下要适当减少喂料量并采取措施烧掉前圈。三是物料结粒性能差。由于各种原因造成熟料发散，物料由翻滚变为滑动，使窑转动困难。四是窑皮厚、窑皮长。这时要缩短火焰，压短烧成带。

（6）窑电流很低

窑内欠烧严重，近于跑生料。一般发现窑电流低于正常值且有下降趋势时就应采取措施防止进一步下降。

窑内有后结圈，物料在圈后积聚到一定程度后通过结圈冲入烧成带，造成烧成带短、料急烧，易结大块，熟料多黄心，游离钙也高，此时由于烧成带细料少，仪表显示的烧成温度一般很高。遇到这种情况窑减料运行，把后结圈处理掉。

（7）窑电流逐渐增加

窑内向温度高的方向发展。如原来熟料欠烧，则表示窑正在趋于正常；如原来窑内煅烧正常，则表明窑内正在趋于过热，应采取加料或减燃料的措施调整；窑开始长窑口圈，物料填充率在逐步增加，烧成带的粘料在增加；长、厚窑皮正在形成。

（8）窑电流逐渐降低

窑内向温度低的方向发展。加料或减燃料都可产生这种结果。

如前所述，窑皮或前圈垮落之后，卸料量增加也可能出现这种情况。

（9）窑电流突然下降

预热器、分解炉系统塌料，大量未经预热的物料突然涌入窑内造成各带前移、窑前逼烧，甚至跑生料。这时要降低窑速，适当减少喂料，使窑逐步恢复正常。

大量结皮掉在窑尾斜坡上，阻塞物料，积到一定程度后突然大量进入窑内，产生与上面一样的后果。同时大块结皮也阻碍通风，燃料燃烧不好，系统温度低，也会使窑电流低。

24. 窑速控制

操作人员必须首先明确用窑速来调整窑温的操作方法是不可取的，因此在料煤不变情况下，窑速产生变化，造成来料生产变化，料量的频繁变化必然导致热工制度的不稳定。严重时还会出现大量的扰动，影响熟料产质量，非特殊情况下，窑速的快慢总是同加减料相对应的，而一般窑况良好，应尽可能提高窑的快转率。

操作中经常要用的手段是预打小慢车。预打小慢车是指，在来大料前，预防性地提前把窑速降下来，增加物料在窑内的停留，使前面物料烧好，后边物料得到充分预热，化合反应完全，以稳定窑的热工制度，维护好窑皮和确保熟料质量，避免顶烧，使火焰不发憋，不产生局部高温，不涮窑皮。

当发生下列情况时，应预打小慢车：

（1）下料不均，尾温忽高忽低，烧成带物料由少变多时。此时操作上不宜用大煤、大风的强制煅烧手段，否则易造成局部高温而损伤窑皮。

（2）当发现少量掉窑皮时，应预打小慢车，等待窑皮及大量来料，加强通风及煅烧，使烧成温度正常。

（3）当下煤少时，应预打小慢车，防止热量不足，烧成温度大幅度跌落。当下煤过多时，发生不完全燃烧和短火焰急烧，造成黑影前移，烧成温度反而下降，此时在无法控制的情况下，也应预打小慢车，直至下煤正常。

（4）出现窑速大波动和小周期性慢窑的操作情况时，也应预打小慢车，逐渐使来料均匀，热工稳定。

（5）窑皮局部恶化时，也应预打小慢车，以使烧成带火力稳定，火焰顺畅，防止顶烧、结块、难挂窑皮。小慢车相对地可以减少下料，减少烧成带热力负荷，缩小衬料与物料之间的温差给补窑皮创造条件。

2.2.2 预分解窑温度的调节控制

预分解窑温度重中之重是窑内的烧成带温度。它直接影响到熟料的产质量、熟料的热耗和耐火材料的长期安全运转，掌握好烧成温度，稳定热工制度是窑系统工艺操作的主要任务之一。根据生产实践表明和理论分析，烧成带温度的判断和控制主要通过窑电流、窑尾氧化氮（NO_x）浓度和窑头火焰温度三个参数变化来判断，通过调整喂煤、喂料、窑速度等实现控制。

1. 窑电流

由于煅烧温度较高的熟料被窑壁带起得较高，因而其传动电流较煅烧差的熟料为高。故此结合窑头火焰温度的测量和废气中 $N0_x$ 浓度等参数，可对烧成带物料煅烧情况进行综合判断。但是由于窑内掉窑皮以及喂料量变化、入窑生料成分波动等原因亦会影响窑转动电流的测量值，结合生产实践对窑转动电流变化的原因总结如下。

（1）在某一操作状态下窑电流逐渐上升的原因

1）窑内煅烧温度平缓升高，窑况良好，有利于提高熟料煅烧质量。但操作中应防止物料“过烧”，把 f-Ca0 控制在合理范围之内，既保护耐火材料，又降低系统热耗。操作中调节控制如略降低分解炉出口温度的控制或减少窑头用煤量等。

2）生料喂料量与窑速未同步操作或调整。窑速设定控制过慢，或调整生料喂料量时窑速控制未做相应调整，使窑中物料填充率加大，导致负荷过大。

3）熟料煅烧过程中，烧成带温度及 NO_x 浓度变化不大，而窑电流上升，可判断为大量窑皮垮落，使窑转动产生偏心力矩，其电流上升。

4）熟料煅烧过程中，烧成带温度及 NO_x 浓度大幅度下降，可判断为窑中后圈垮落，生料前移至烧成带，电流上升。

5）生料成分发生波动，石灰饱和系数上升，物料易烧性下降，被迫提高窑内煅烧温度，导致液相增加，物料被窑壁带起的高度增加，窑电流上升。

（2）在某一工艺操作状态下窑电流下降的原因

1）窑内燃烧温度较低，熟料被窑壁带起得较低，窑况较差，不利于提高熟料的质量，操作应做相应参数调整。如略提高分解炉出口温度，增加窑头煤粉量，或略减窑喂料量，加强煅烧改善窑况。

2）熟料煅烧过程中，烧成带温度、NO_x 浓度变化不大，篦冷机一段压力上升，可判断为前圈垮落，造成窑电流下降。

3）生料成分发生波动，石灰饱和系数下降，生料易烧性好，所需煅烧温度低，熟料易烧结，产生液相量相对较少，物料被窑壁带起的高度较低，窑电流下降，此情况要注意烧流。

2. 氧化氮（NO_x）浓度

NO_x 的形成与 O_2、N_2 浓度及烧成温度有关。由于窑内 N_2 几乎不存在消耗，故仅与 O_2 浓度及烧成带温度有关。O_2 浓度高及烧成温度高，NO_x 生成量则多，反之减少，故以 NO_x 浓度作为窑内烧成带温反变化的一种间接控制参数，且时间滞后较小，很有参考价值。

在生产实践中 NO_x 浓度除与 O_2 含量及烧成带温度有关外，还与以下因素有关：①分解炉出口温度；②燃料的喂入量；③不完全燃烧等。因此，在工艺操作中结合以上控制参数，对烧成带温度做出正确判断，有利于熟料的产质量稳定和系统耐火材料的保护。窑尾废气中 NO_x 浓度控制范围一般在 500～600ppm。

3. 窑头火焰温度

窑头火焰温度通常以比色高温计测量，作为监控熟料煅烧温度的标志之一。正常熟料煅烧状况下，窑头火焰温度控制在 1650～1750℃。根据生产实践表明，窑烧成带火焰温度仅可作为烧成带温度高低综合判断的参考，且要注意窑头飞砂对其准确性的影响。有些工厂如果没有安装比色高温计，可通过摄像头或现场直接看火来判断。火焰亮且集中，说明烧成带温度较高；火焰发暗且较散，说明温度不够。

2.2.3 预分解窑熟料游离氧化钙的控制

1. 控制熟料游离氧化钙的重要性

熟料游离氧化钙是关系到水泥质量的重要指标，它表示生料煅烧中氧化钙与氧化硅、氧化铝、氧化铁结合后剩余的程度，它的高低直接影响水泥的安定性及熟料强度。但它毕竟不是水泥的最终使用性能，只是为达到产品最终使用性能所应具备的必要条件。

2. 游离氧化钙产生的原因及分类

（1）欠烧游离氧化钙

当由于预热器严重塌料、来料量不稳、掉窑皮、燃料成分变化或火焰形状不好等原因，造成烧成带温度不够，或物料在烧成带停留时间过短时，从窑内卸出的熟料主要为欠烧料，熟料外观无光泽，表面粗糙，升重轻，砸开后端面有明显的起砂现象。这些欠烧料中所含的 f-CaO 遇水消解很快，如果掺入到水泥中，尽管体积发生膨胀，但由于当时水泥尚未凝结，具有一定的塑性，所以它们对水泥安定性危害不大，但会使熟料强度降低。

（2）一次游离氧化钙

一般存在于正常熟料中，形成一次 f-CaO 的原因是配料成分不当，KH 值过高，熔剂矿物太少，或生料太粗，均匀性差或煅烧不良等。它们是配料氧化钙成分过高、生料过粗，熟料中存在的仍未与 SiO_2、Al_2O_3、Fe_2O_3 进行化学反应的 CaO。这些 CaO 经高温煅烧呈“死烧状态”，结构致密，晶体较大（10～20μm），遇水反应很慢，通常需要三天才反应明显，至水泥硬化之后又发生固相体积膨胀，在水泥石的内部形成局部膨胀应力，于是致使水泥石破裂。

（3）二次游离氧化钙

高温分解的 f-CaO，当刚烧成的熟料冷却速度较慢或还原气氛下，C_3S 分解又成为氧化钙及 C_2S，或熟料中碱等取代出 C_3S、C_3A 中氧化钙。由于它们是重新游离出来的，故称为二次游离氧化钙。这类游离氧化钙水化较慢，对水泥强度、安定性均有一定影响。

所以，当生产中出现高游离氧化钙结果时，所采取的对策不能够一概而论。而且在所有造成游离氧化钙高的原因中，只有塌料才是预热器窑所特有的、需要克服而且完全能够克服的环节，其他原因是所有旋窑都会共有的症状。相反，对于窑外分解窑，它有生料的均匀化设施、旋风预热系统、较高的窑转速、四风道燃烧器等技术措施，使控制游离氧化钙的能力远远高于其他窑型，煅烧出低游离氧化钙的熟料正是它的优势。同时，必须明确，中控操作员对游离氧化钙的含量控制手段只有火焰形状及煅烧温度。

3. 推荐对熟料游离氧化钙含量的控制指标

综上所述，合理的游离钙控制范围应当为0.5%～1.5%，加权平均值为1.0%左右。高于1.5%及低于0.5%者均为不合格品。也就是放宽上限指标，增加考核下限。由于各厂的实际情况会千差万别，所以各厂的技术人员可以根据本工艺线的特点，制定出不影响熟料强度及水泥安定性所允许的最高游离氧化钙上限，及最大节约热耗的下限。

如果对操作人员考核该指标，需要说明的是，对于大于1.5%的游离氧化钙，应按照下面分析的偶然与反复两类不同情况分清责任，不要一概而论都由中控操作员负责；对于小于0.5%的游离钙，除了配料过低的情况应由配料人员负责外，其余则要由中控操作员负全责。

4. 控制游离钙的操作方法

（1）偶然出现不合格游离氧化钙时常见的误操作

这多是由于窑尾温度低，或者有塌料、掉窑皮，甚至喂料量的不当增加而造成的，解决问题的责任人只能是中控操作员。但按照前述不够准确的概念，操作上会对应一种司空见惯的误操作：先打慢窑速，然后窑头加煤，应该说，这种从传统回转窑型沿用下来的操作方法对分解窑是很不适宜的。因为：

1）加大窑的烧成热负荷。分解窑是以3r/min以上窑速实现高产的，慢转窑后似乎可以延长物料在窑内的停留时间，增加对游离氧化钙的吸收时间。但是，慢转的代价是加大了料层厚度，所需要的热负荷并没有减少，反而增加了热交换的困难。窑速减得越多，所起的负作用就越大，熟料仍然会以过高的游离氧化钙出窑。

2）增加热耗。有资料证实，分解后的CaO具有很高的活性，但这种活性不会长时间保持。由于窑速的减慢而带来的活性降低，延迟了900～1300℃之间的传热，导致水泥化合物的形成热增高。所以，降低分解窑的窑速绝不是应该轻易采取的措施。

3）缩短耐火砖的使用周期。窑尾段的温度已低，还突然加煤，使窑内火焰严重受挫变形，火焰形状发散，不但煤粉无法燃烧完全，而且严重伤及窑皮。同时，减慢窑速后，物料停留时间增加一倍以上，负荷填充率及热负荷都在增大，这些都成为降低窑内耐火材料使用寿命的因素。

4）窑的运行状态转变为正常所需要的时间长。这种方法至少要0.5h以上。

（2）正确处理偶然出现不合格游离氧化钙的操作方法

1）一旦发现上述异常现象，立即减少喂料，减料多少根据窑内状况异常的程度而定。例如：塌料较大，时间较长，或窑尾温度降低较多时，减料幅度要略大些，但不宜于一次减料过大，要保持一级预热器出口温度不能升得过快过高。

2）紧接着相应减少分解炉的喂煤，维持一级预热器出口温度略高于正常时的50℃以内，同时通知化验室增加入窑分解率的测定，确保不低于85%～90%。

3）略微减少窑尾排风，以使一级出口的温度能较快恢复原有状态。但不可减得过多，否则会造成新的塌料，也影响二、三次风的入窑量，进而影响火焰。

4）如果掉窑皮或塌料量不大，完全可以不减慢窑速，这批料虽以不合格的熟料出窑，但对生产总体损失是最小的。按照这种操作方式，恢复正常运行的时间只需10min。如果是打慢窑，这批料不仅无法煅烧合格，而且如上所述至少耗时0.5h以上，影响熟料的产量及更多熟料的质量。

当然，如果脱落较多窑皮，或窜料严重，不得不大幅度降低窑速至1r/min以内，此时更重要的是投料量要大幅度降低，为正常量的1/3左右。而且也应减料操作在前，打慢窑速的操作在后，避免有大量物料在窑内堆积。如此出来的熟料游离钙含量会合格，但付出的代价却是0.5h以上的正常产量、更多的燃料消耗、长时间的工艺制度不正常，以及类似中空窑煅烧的各种弊病，经济上损失较大。

5）尽快找出窑内温度不正常的原因，对症治疗，防止类似情况再次发生。例如找出塌料的原因、窑尾温度降低的原因等。

上述操作方法还要因具体情况而异，总的原则是：不要纠缠一时一事的得失，要顾全系统稳定的大局。这个大局就是用最短时间恢复窑内火焰的正常、系统温度分布的正常、各项工艺参数的正常，并继续保持它们。

（3）反复出现不合格游离氧化钙的操作

如果窑作为系统已无法正常控制熟料游离氧化钙的含量，则说明此窑已纯属带病运转。此时完全依赖中控操作员的操作已经力不从心。应该由管理人员（如总工）组织力量，对有可能产生的问题针对性地逐项解决。例如：

1）原燃料成分不稳定，需要从原燃料进厂质量控制及提高均匀化能力等措施上解决。

2）生料粉的细度跑粗，尤其是硅质校正原料的细度，需要从生料的配制操作上解决，这方面往往被技术人员所忽略。

3）喂料、喂煤量的波动，需要从计量秤的控制能力上解决。

4）煤、料的热交换不好，需要从设备备件（如管道、撒料板、内筒、翻板阀等）及工艺布置有无变化上解决。

5）生料KH或SM过高，而且波动过大，需要配料人员解决。

6）火焰状态不好，煤粉燃烧不完全，中控操作员按工艺工程师的要求重新调整四风道燃烧器的内外风，综合考虑二、三次风量的变化及风温的改变。

5. 游离氧化钙的检验方法

对熟料中游离氧化钙的检验方法有如下几种：

（1）化学分析法。有甘油乙醇法和乙二醇快速法两种，都很准确，后者以快速而最为常用。

（2）专用的游离氧化钙测定仪。它的原理是利用乙二醇快速萃取的终点产生电位突跃，自动判定并显示终点，消除了目视判断终点产生的主观误差，也减轻了员工的工作量。测定速度较快。但在游离氧化钙含量较高时，测定误差较大。

（3）显微岩相定量分析法。它的准确度不高，但有利于进行游离氧化钙结晶大小、形状、分布以及与其他矿物组成之间关系的观察及研究。

（4）用测定熟料的立升重验证熟料游离氧化钙的含量。

2.3　回转窑系统异常情况处理

2.3.1　窑尾烟室结皮

1. 现象

（1）顶部缩口部位结皮：烟室负压降低，三次风分解炉出口负压增大，且负压波动很大。

（2）底部结皮：三次风、分解炉出口及烟室负压同时增大。窑尾密封圈外部伴随有正压现象。

2. 原因判断

①温度过高；②窑内通风不良；③火焰长，火点后移；④煤质差，硫含量高，煤粉燃烧不好；⑤生料成分波动大，KH 忽高忽低；⑥生料中有害成分（硫、碱）高；⑦烟室斜坡耐火材料磨损不平整，造成拉料；⑧窑尾密封不严，掺入冷风。

3. 处理措施

（1）窑运转时，要定时清理烟室结皮，可用空气炮清除，效果较为理想，如果结皮严重，空气炮难以起作用时，从壁孔人工清除，特别严重时，只能停窑清理。

窑尾烟室结皮捅堵

（2）在操作中应严格执行要求的操作参数，三班统一操作，稳定热工制度，防止还原气氛出现，确保煤粉完全燃烧。当生料和煤粉波动较大时，更要特别注意必要时可适当降低产量。

2.3.2　窑内结球

1. 现象

①窑尾温度降低，负压增高且波动大；②三次风、分解炉出口负压增大；③窑功率高，且波动幅度大；④C5 和分解炉出口温度低；⑤在筒体外面可听到有振动声响；⑥窑内通风不良，窑头火焰粗短，窑头时有正压。

2. 原因判断

①有害成分是造成结球的重要原因；②当窑内结圈或厚料层操作时，也易产生结球；③配料不当，SM 低，IM 低，液相量大，液相黏度低；④生料均化不理想，入窑生料化学成分波动大，导致用煤量不易稳定，热工制度不稳，此时易造成窑皮粘结与脱落，烧成带窑皮不易保持平整牢固，均易造成结大球；⑤煤灰分高，细度粗，煤粉燃烧不完全，煤粉到窑后烧，煤灰不均匀掺入物料；⑥火焰过长，火头后移，窑后局部高温；⑦燃烧器选用和调节操作不当，也易产生结球。

3. 处理措施

（1）可选择合适的配料方案，稳定生料成分。一般采用高石灰饱和系数、高硅率的生料不易发生结球现象，且熟料质量比较好。

（2）发现窑内料球比较小时，操作上应适当增加窑内通风，使火焰顺畅，但必须注意窑尾温度的控制，使其不要过高。可略微减少窑头用煤，但必须保证煤粉的完全燃烧，并适当减少喂料量，稍降低窑速，让窑内的料球滚入烧成带。等料球到烧成带后，再降低一些窑速，用大火在短时间内将其烧垮或烧小，以免进入篦冷机发生堵塞或砸坏篦板，此时应特别注意窑皮的情况。

（3）如果结球较大时，可采用冷热交替法进行处理。当料球在过渡带时不易前行进入烧成带，这时可将燃烧器伸进去，适当降低喂料量，烧 1～2h 后将燃烧器拉出再烧 1～2h，周而复始，直到料球破裂。若实在不能使其破裂，可停窑冷却 1～2h 后点火升温，让料球因温差过大而破裂。

（4）注意在处理过程中，切忌让大料球滚入篦冷机内，否则会对篦冷机造成较大损伤。

2.3.3　窑后结圈

后结圈主要在烧成带与过渡带之间形成，它会影响整个系统的通风、产量及质量。

1. 现象

①火焰短粗，窑前温度升高，火焰伸不进窑内；②窑尾温度降低，三次风和窑尾负压明显上升；③窑头负压降低，并频繁出现正压；④窑功率增加，波动大；⑤来料波动大，一般烧成带料减少；⑥严重时窑尾密封圈漏料。

2. 原因判断

（1）生料化学成分影响

①生料中 SM 偏低，使煅烧中液相量增多，黏度大而易富集在窑尾烟室斜坡处；②入窑生料化学均匀性差，造成窑热工制度容易波动，引起后结圈；③煅烧过程中，生料中有害挥发性组分在系统中循环富集，从而使液相出现温度降低，同时也使液相量增加，造成结圈。

（2）煤的影响

①煤灰中 Al_2O_3 较高，当煤灰集中沉落到烧成带末端的物料上时，会使液相温度明显降低，液相增加，液相发黏，往往易结圈。②煤灰降落量主要与煤灰中灰分含量和煤粉细度有关，煤灰分大，煤粉粗，煤灰沉降量就大。当煤粉粗、灰分高、水分大时，燃烧速度变慢，火焰拉长，高温带后移，窑皮拉长易结后圈。

（3）操作和热工制度的影响

①用煤过多，产生还原气氛，物料中三价铁还原为二价亚铁，易形成低熔点矿物，使液相早出现，易结圈；②一、二次风配合不当，火焰过长，使物料预烧很好，液相出现早，也易结圈；③窑喂料过多，操作参数不合理，导致热工制度不稳定，窑速波动大，也易结圈；④燃烧器长时间不前后移动，后部窑皮生长快，也易结圈。

3. 处理措施

（1）冷烧法：适当降低二次风量或加大燃烧器内风开度，使火焰回缩，同时减料，在不影响快转下保持操作不动，直到圈烧掉。

（2）热烧法：适当增大二次风量或减小燃烧器内风开度，拉长火焰，适当加大窑头喂煤量，在低窑速下烧 4h。若 4h 仍不掉，则改用冷烧。

（3）冷热交替法：先减料或止料（视圈程度），移动燃烧器，提高结圈处温度，烧 4～6h，再移动燃烧器，降低结圈处温度，再烧 4～6h，反复处理。同时加大排风，适当减少用煤，如结圈严重，则要降低窑速，甚至停窑烧圈。

（4）在结圈出现初期，每个班在 0～700mm 范围内进出燃烧器各一次。

2.3.4 窑前结圈

1. 现象

①入窑二次风量减少，影响正常的火焰形状，导致煤粉燃烧不完全；②一般冷却带熟料减少；③窑尾温度降低，窑尾负压明显上升；④窑头负压降低，并频繁出现正压；⑤窑功率增加，波动大；⑥熟料在烧成带内停留时间过长，易结大块，容易磨损和砸伤窑皮，影响窑衬使用寿命。

2. 原因判断

①煤粉过细，前温急烧；②熟料中溶剂矿物含量过高或氧化铝含量过高；③燃烧器在窑口断面的位置不合理，影响煤粉燃烧。

3. 处理措施

①降低煤粉细度；②选择适宜的配料方案，稳定生料成分；③合理放置燃烧器的位置，

提高煅烧操作水平；④适当减小排风，增加一次风量，降低煤粉细度，使火焰高温部分集中到前结圈处，就可以逐步将前结圈烧掉。

2.3.5　红窑

1. 现象

筒体扫描仪显示温度偏高，夜间可发现筒体出现暗红或深红，白天则发现红窑处筒体有“爆皮”现象，用笤帚扫该处可燃烧。

2. 原因判断

①一般是窑内衬砖太薄或脱落；②火焰形状不正常；③垮窑皮；④窑内结大料球；⑤操作不合理；⑥生料化学成分不稳定。

3. 处理措施

红窑应分为两种情况区别对待：

一是窑筒体所出现的红斑为暗红，并出现在有窑皮的区域时，一般为窑皮垮落所致。这种情况不需停窑，但必须做一些调整，如改变火焰的形状，避免温度最高点位于红窑区域，适当加快窑速，并将窑筒体冷却风机集中对准红窑位置吹，使窑筒体温度尽快降低，如窑内温度较高，还应适当减少窑头喂煤量，降低煅烧温度。总之，要采取一切必要的措施将窑皮补挂好，使窑筒体的红斑消除。

二是红斑为亮红，或红斑出现在没有窑皮的区域，这种红窑一般是由于窑衬脱落引起。这种情况必须停窑。但如果立即将窑主传动停止，将会使红斑保持较长的时间，因此，正确的停窑方法是先止煤停烧，并让窑主传动慢转一定时间，同时将窑筒体冷却风机集中对准红窑位置吹，使窑筒体温度尽快下降。待红斑由亮红转为暗红时，再转由辅助传动翻窑，并做好红窑位置的标记，为窑检修做好准备。

可以通过红外扫描温度曲线观察并准确判断红窑的位置，具体的红窑程度还需到现场去观察和落实。一般来说，窑筒体红外扫描的温度与位置的曲线峰值大于350℃时，应多加注意。尽量控制筒体温度在350℃以下。

防止红窑，关键在于保护窑皮，从操作的角度来说，要掌握合理的操作参数，稳定热工制度，加强煅烧控制，避免烧大火、烧顶火，严禁烧流及跑生料。入窑生料成分从难烧料向易烧料转变，当煤粉由于转堆原因导致热值由低变高时，要及时调整有关参数，适当减少喂煤量，避免窑内温度过高，保证热工制度的稳定过渡，另外要尽量减少开停窑的次数，因开停窑对窑皮和衬料的损伤很大，保证窑长期稳定地运转，将会使窑耐火材料的寿命大大提高。

2.3.6　窑尾温度过高

1. 现象

中控画面显示数值偏高。

2. 原因判断

①某级预热器堵塞，来料减少；②窑头用煤过多；③黑火头偏长，煤粉过粗；④窑内通风过大；⑤热电偶损坏，温度单向变化。

3. 处理措施

①止料处理；②窑头减煤；③调整燃烧器内外风比例，降低煤粉细度；④调整三次风阀门开度；⑤更换热电偶。

2.3.7 温度后移

1. 现象

①窑内火焰黑火头长；②窑头温度偏低；③二次风温低于1000℃；④过渡带筒体扫描温度变高；⑤窑尾温度高于1100℃；⑥一级预热器出口温度高于350℃。

2. 原因判断

(1) 窑内火焰燃烧速度慢，燃烧器推力不足，主要是一次风的出口风速不高，或燃烧器具备的调节能力不足，或伸入窑内较多，或轴流风过大，火焰偏长。

(2) 窑、炉用风比例失调，窑内用风过大，相对分解炉用风不足，炉内煤粉燃烧不充分，会伴有炉温与五级出口温度倒挂。

(3) 篦冷机用风不当，“头排”拉风过大或不足，都可能造成二次、三次风温不高。

(4) 煤粉水分含量过高，煤粉燃烧速度慢。

3. 不利影响

窑后部易结皮，甚至结圈；熟料冷却速率变慢，难以提高二次风温度，且熟料强度降低；严重时前窑口易形成前圈。

4. 处理措施

调节燃烧器火焰不要过长，加强旋流风，燃烧器位置应向窑外移，调整燃烧器用风，提高煤粉燃烧速度，让高温区向窑前移。

增大三次风阀门开度，或减小窑尾排风机开度（包括增加煤粉烘干风或发电锅炉用风），使窑内拉风减小；纠正发电用风取自篦冷机高温段的操作。

2.3.8 炉温倒挂

1. 现象

C5级预热器出口温度高于分解炉出口温度，与此同时，分解炉出口温度高于炉中温度。温度差越大，倒挂的程度越大，说明病态越严重。甚至影响窑尾温度升高，窑后形成结圈。

2. 原因判断

根本原因在于分解炉内煤粉的燃烧速度慢，在炉内无法完全燃烧，这其中的关键所在往往不是分解炉容积所限，不是煤粉在分解炉内停留的时间不够，而是如下原因所造成的。

(1) 煤粉量与三次风量相配不好。当煤多风少时，CO含量偏高，部分煤粉在出炉后才有条件燃烧。

(2) 煤粉燃烧条件不好，或三次风温过低，或喷煤口与三次风的进口位置或方向不适宜，使煤、风不能尽快混合。

(3) 分解炉的喷煤点与四级预热器的下料点相关位置很重要，煤粉在未燃烧前被生料混入，煤粉与氧气充分燃烧的空间不足，仍难以燃烧完全。

3. 不利影响

这种状态极易导致五级预热器甚至窑尾温度变高，结皮现象趋于严重；细煤粉将会在上一级预热器燃烧，容易使预热器系列温度变高，增加热耗。

4. 处理措施

(1) 平衡窑与炉的用煤量，尤其是炉用煤量不宜超过总用量的63%，过多容易造成煤粉的不完全燃烧或后部结皮。与此同时，还应关注窑、炉用风量的对应平衡。

（2）检查下料点、给煤点及进风口的位置，应该与煤质的燃烧速度相适应。

（3）只有当煤与风不能尽快混合时，或是煤的燃烧速度慢时，才应该考虑分解炉内使用三风道燃烧器。

2.3.9　跑生料

1. 现象

①看火电视中显示窑头浑浊、喷灰，甚至无图像；②烧成带温度下降；③窑系统阻力增大，负压升高；④篦冷机篦下压力下降；⑤窑主电流下降。

2. 原因判断

①生料率值 KH、SM 高，难烧、易跑生料；②窑头出现瞬间断煤；③窑有后结圈；④喂料量过大或 C5 级预热器堵塞塌料，生料大量涌入烧成带，跑生料；⑤分解率偏低，预烧不好；⑥煤不完全燃烧。

3. 处理措施

①喷灰时应及时减料降窑速，慢慢烧起；②加大窑头喂煤量和窑内的通风；同时适量减少预热器的喂料量，视炉温调解喂煤量，待其逐渐恢复正常生产；③跑生料严重时应止料停窑，但不止窑头煤，每 3～5min 翻窑 1/2，直至重新投料。

2.3.10　飞砂料

飞砂料又称黏散料。这种料不易挂在窑皮上，在烧成带料子发黏，同时烧成温度范围窄，冷却带料子发散，下料口灰尘多，像砂子一样飞扬，立升重比正常低而 *f*-CaO 也不高。

1. 原因判断

①原料配料不当，石灰石中难烧的 f-SiO_2 含量过高，硅率 SM 偏高，液相量不足；②生料中的 Al_2O_3 含量高，煤中灰分大，液相黏度增加；③操作上不合理，尾温升高，物料预烧过度，进入烧成带特别好烧；④石灰石的晶型结构对物料煅烧结粒性的影响。

2. 处理措施

①减少二次风，降低尾温，减弱物料的预烧效果；②适当提窑速，减少物料在烧成带的停留时间；③配料方案应与煅烧温度相适应，尽量使液相量在烧成带形成从而更有效地形成 C_3S；④若有前结圈时，要动燃烧器予以烧掉，不使物料在窑内停留时间过长；⑤严格控制原料中碱含量和燃煤中硫含量。

2.3.11　来料不稳定

在正常生产中，生料喂料量都是有波动的，但波动幅度较小。但当设备出现一些问题时，或者在雨季生料水分不易控制，易出现生料在库顶或库壁结块，而造成下料不畅时，就会出现较大的波动幅度。在这种情况下要求操作员要勤观察、勤调整，还要有一定的预见性。根据某些输送设备的电流变化来判断物料的多少，预先采取应对处理措施，以减少对产量、质量以及设备的不利影响。

（1）当来料较少时，切忌将燃烧器伸进去，开大排风，拉长火焰，这样会使窑尾温度急剧上升，分解炉、旋风筒的温度也会很快升高，从而极易造成旋风筒或下料管道的粘结甚至堵塞，窑尾烟室和分解炉也容易结皮，并使系统阻力增大。物料较少时的正确操作方法是：

适当把燃烧器往外退一些，关小排风，减少分解炉和窑头的喂煤量，控制好窑尾温度和旋风筒的温度，采用短焰急烧，等待物料的到来。

（2）当来料较多时，窑头会有正压出现，旋风筒出口及分解炉温度、窑尾温度会急剧下降，此时应适当降低窑速，减少喂料量，开大排风，伸进燃烧器，这样可提高窑尾温度，加强物料的预烧效果；也可适当加煤，但绝不能过多，否则会造成还原气氛，使窑内温度更低。当窑主传电机电流下降较快时，要降低窑速，退出燃烧器，适当调小排风量，此时可采用短焰急烧，使之恢复正常。当窑内工况正常后，再进行加料，千万不能进料提温，这样会使操作处于被动状态，产量和质量也很难得到保证。

2.3.12 烧成带物料过烧

1. 现象

①熟料颜色白亮，物料发黏，“出汗”成面团状，物料被带起高度比较高；②物料烧熔的部位，窑皮甚至耐火砖磨蚀；③窑电动机电流较高。

2. 处理措施

（1）窑头大幅度减煤并适当提高窑速，使后面温度较低的物料尽快进入烧成带，以缓解过烧。但操作员应在窑头注意观察，以免出现跑生料。

（2）检查生料化学成分，是否 Fe_2O_3 含量太高，KH、SM 值太低。

（3）掌握合适的烧成温度，勤看火，勤调节。

2.3.13 黄心料

为保证实现分解窑优质、高产、低消耗，防止黄心料的产生，在操作中应①做到二平衡：系统发热能力和传热能力的平衡，烧结能力和预热能力的平衡。②做到四个要点：前后兼顾、炉窑平衡、稳定热工、风煤合理，达到长期安全运转的目的。针对产生黄心料的问题，采取下列技术措施。

（1）解决工艺设备中存在的问题，缓解窑尾预热器系统结皮和窑内结蛋现象，为防止窑内和窑尾系统通风不畅。如四风道燃烧器严重变形，三次风总阀门失灵，窑尾密封漏风，篦冷机风室漏风。

（2）调整合理的熟料三率值，加强原燃材料的预均化，提高出磨和入窑生料率值合格率，从工艺上为防止黄心料的产生创造条件。

（3）合理调整燃烧器的位置和内外风的比例。适当地拉长火焰，调整合理的火焰形状和位置，做到不损伤窑皮，不出黄心料。合理调整四风道燃烧器内各个通道的间隙和比例，增强风煤配合，适当加大一次风量可提高煤粉燃烧速度，使火焰发散，缩短黑火头，防止煤粉不完全燃烧，避免还原气氛的出现，从本质上防止黄心料的产生。提高进煤质量，加强用煤均化管理。

（4）提高窑前温度，控制好窑尾温度，稳住窑两端及分解炉内温度，调节好通风、加煤和喂料三个主要方面，实现窑炉协调，使黄心料失去产生的环境。

2.3.14 窑尾或 C5 出口 CO 含量偏高

1. 原因判断

①系统排风不足，控制过剩空气系数偏小；②煤粉细度粗，水分高，燃烧速度慢；③二

次风温或烧成带温度偏低，煤粉燃烧不好；④预热器系统捅灰孔、观察孔打开时间太长，或关闭不严造成系统抽力不够。

2. 处理措施

①加大系统排风，合理控制过剩空气系数；②保证煤粉的质量；③适当提高二次风温或烧成带温度；④预热器系统捅灰孔、观察孔打开时间不要过长，且关闭要严。

2.3.15　入分解炉三次风温异常

1. 现象及原因判断

（1）三次风温过高

物料在煅烧过程中成分发生变化，硅酸率过高，导致熟料结粒细小，篦冷机热交换效率提高，二次风温提高，随之三次风温提高。

由于窑系统阻力增大，如窑尾烟室严重结皮、窑内结大料球等，使窑内通风严重受阻，增大了三次风管的风量，从而提高三次风温。此时伴有窑尾负压增大、三次风负压增大等现象。

（2）三次风温过低

物料在煅烧过程中成分发生变化，硅酸率过低，物料中熔剂矿物过多，物料易结大块，熟料结粒过大，物料表面积减小，篦冷机中热交换效率较低，从而降低二次风温、三次风温。

由于三次风管内阻力发生变化，如管道内衬料脱落，堆积在管道中；管道内因某处风速不够或管道漏风造成管道内严重结料，使三次风管风量减小，从而使三次风温下降。

窑门罩漏风过大，导致二次风不能很好地供给，从而降低三次风温。

篦冷机系统出现问题，使物料的冷却效率大大降低，从而使二次风温、三次风温下降。

2. 处理措施

针对三次风温过高：①合理配料，控制好生料的三大率值，尤其是硅酸率不要过高；②控制好原燃料的质量，提高煅烧操作水平，防止窑尾烟室严重结皮，窑内结大料球等。

针对三次风温过低：①合理配料，控制好生料的三大率值，尤其是硅酸率不要过低；②清除三次风管内脱落的衬料，堵住三次风管漏风；③堵住窑门罩漏风；④排除篦冷机系统故障，使熟料的冷却效率正常，从而使二次风温、三次风温恢复正常。

2.3.16　窑头出现正压

1. 现象

窑门罩压力值为正压。

2. 原因判断

①窑头排风机排走的废气量减少，使得入窑二次风量增大；②窑尾出现塌料；③窑内结圈，系统阻力增加，窑头负压减小甚至出现正压。

3. 处理措施

①对第一种情况处理简单，只要开大窑头排风机动车阀门即可；②对第二种情况则较复杂，需要按塌料情况处理；③根据结圈类型，分别加以处理。

2.3.17　窑尾负压过高

1. 现象

窑尾负压值偏高。

2. 原因判断

①窑内通风量增大；②窑内结圈或料层增厚。

3. 处理措施

先看窑尾风机的阀门开度或转速、三次风管阀门开度有无变化。若无变化，则表示窑内有结圈，气体流动阻力变大。此时需要处理结圈。

2.3.18 预分解窑窑尾负压减小

1. 现象

窑尾负压减小。

2. 原因判断

①窑尾缩口有结皮，发生在取压点的上方，导致窑内风量受阻，使窑尾负压减小；②入炉三次风阀开度增大，入炉风量增大，从而导致入窑风量减小，使窑尾负压减小；③系统风量减小，使窑内的风量也相应减小，从而使窑尾负压减小；④窑尾密封装置严重漏风，使通过窑尾的风量短路，造成窑尾负压减小。

3. 处理措施

①处理窑尾缩口的结皮；②适当关小入炉三次风阀开度；③加大系统排风量；④加强窑尾密封装置，减少窑尾漏风。

2.3.19 烧流

烧流是新型干法窑中较严重的工艺事故。通常是由于烧成温度过高，或生料成分发生变化导致硅酸盐矿物最低共熔点温度降低造成的。烧流时窑前几乎看不到飞砂，火焰呈耀眼的白色，NO_x 异常高，窑电流低。当发现烧流时立即大幅度减煤或止窑头煤一段时间，略减窑速，尽可能降低窑内的温度，如果物料已流入篦冷机内，要密切关注篦冷机的压力、篦板温度。严重时立刻停窑。

2.3.20 窑内出现掉窑皮

1. 现象

①窑电流短时间异常迅速上升；②窑内可见大块暗红色窑皮；③窑筒体出现局部高温。

2. 处理措施

①调整火焰位置，保持火焰顺畅；②减料数分钟后加快篦速，待一室压力上升后减窑速，待窑内恢复正常后缓慢提高窑速；③调整窑筒体冷却风机位置。

2.3.21 窑圈垮落

1. 现象

①观察到烧成带有大的窑皮；②窑尾负压突然下降；③窑头罩压力趋于正常；④窑电流突然改变。

2. 危害

①篦冷机过负荷；②大量的生料涌进烧成带；③损坏篦冷机篦板；④大块的窑皮堵塞篦冷机的破碎机；⑤熟料冷却不好。

3. 处理措施

（1）当烧成带有大量的生料和窑皮时：①马上减少窑速；②减少窑的喂料量。

（2）减少燃料和高温风机的转速，来控制窑尾的温度。

（3）在大量物料进入篦冷机之前，可先提高篦速，然后慢慢减小篦床速度。

（4）增加篦冷机的鼓风量。

（5）注意观察篦冷机和破碎机，以防出现过载、过热或堵塞。

2.3.22　生料喂料突然中断

1. 现象

①生料喂料量显示为0；②各级旋风筒出口温度急剧升高，出口负压减小；③分解炉内无料后，分解炉出口温度急剧升高，出口负压减小；④窑尾废气系统温度升高，负压减小；⑤窑尾烟室温度升高，负压增大；⑥窑头罩内负压增大；⑦窑尾烟室及C1出口 O_2 浓度增大，CO浓度降低；⑧高温风机进口温度升高，增湿塔喷水量自动增加。

2. 原因判断

①生料输送系统故障；②库内生料量不足，料位低；③生料库棚料；④罗茨鼓风机故障跳闸。

3. 处理措施

①停分解炉喷煤；②适当减少窑头喷煤；③降窑速至低速慢转窑；④注意控制增湿塔出口气体温度；⑤调整系统风量，迅速组织人员检查生料输送系统及生料均化库，及时排除故障。若短时间内无法排除故障，则停窑保温待处理。

2.3.23　分解炉断煤

1. 现象

分解炉温度急剧降低。

2. 处理措施

①迅速降低窑速；②迅速降低生料喂料量；③迅速减慢窑尾高温风机转速；④减慢篦冷机篦床速度。

2.3.24　窑主电机停机

1. 现象

窑停止运转。

2. 处理措施

（1）重新启动。

（2）若启动失败，马上执行停窑程序。①停止喂料；②停止分解炉喂煤；③减少窑头喂煤；④减小窑尾高温风机转速；⑤减小篦冷机篦床速度；⑥减少篦冷机鼓风量；⑦调节篦冷机排风量，保持窑头罩负压；⑧启动窑的辅传，防止窑筒体变形。

2.3.25　后续工艺断电

1. 现象

①高温风机、窑尾排风机机械停机；②各级旋风筒出口温度高；③分解炉出口温度急剧

升高，后面窑尾温度升高速度较小；④窑头罩回火严重，二、三次风温升高；⑤窑头收尘器进、出口温度升高；⑥窑尾温度降低；⑦旋风筒、窑头罩负压呈正压。

2. 原因判断

①供电系统故障；②高温风机发生故障；③窑尾排风机故障。

3. 处理措施

①窑尾止煤、止料；②窑头止煤；③窑速逐渐降低，直至停窑；④增湿塔喷水加大，防止布袋收尘器滤袋损坏；⑤及时打开点火烟囱帽，迅速通知有关部门检查配电系统及排风设备。

2.3.26 高温风机停机

1. 现象

①系统压力突然增加；②窑头罩正压；③电流显示为零。

2. 处理措施

①立即停止分解炉喷煤；②立即减少窑头喷煤量；③迅速将生料两路阀打向入库方向；④根据情况降低窑速；⑤退出摄像仪、比色高温计，以免损坏；⑥调节一次风量，保护好燃烧器；⑦调整冷却机篦床速度；⑧根据情况减少冷却机冷却风量，调整窑头排风机转速，保持窑头负压；⑨待高温风机故障排除启动后进行升温，重新投料操作。

若启动失败：①减小篦冷机鼓风量；②增加篦冷机排风机风量，尽量保持窑头罩为负压；③降低窑速；④降低篦冷机篦床速度；⑤通知机修部巡检处理，处理完毕后升温投料。

2.3.27 全线停电

1. 现象

全部设备停止运转。

2. 处理措施

①迅速通知窑头岗位启动窑辅助传动柴油机；②通知窑巡检手动将燃烧器退出；③通知窑巡检将摄像仪、比色高温计退出；④通知篦冷机巡检岗位人员特别注意冷却机篦床的检查；⑤供电正常后，将各调节器设定值、输出值均打至0位；⑥供电后应迅速启动冷却机冷却风机、窑头一次风机、熟料输送设备，重新升温投料。

2.3.28 火焰太长

1. 现象

①燃烧器外流风太大，内流风太小，风煤混合不好；②二次风温偏低；③系统排风过大，火焰被拉长；④煤粉挥发分低、灰分高、热值低；或煤粉细度太粗、水分高，煤粉不易着火燃烧，黑火头长。

2. 处理措施

①合理操作燃烧器，使内外风量适当；②提高二次风温；③减小系统排风；④选用质量合格的煤和加工质量合格的煤。

2.3.29 火焰形状弯曲

1. 现象

①不正常和不规则的火焰形状；②火焰发散，影响窑内耐火砖。

2. 处理措施

①检查燃烧器是否损坏；②送风管路是否存在堵塞现象；③依次短时间地关闭内风、外风或送煤风，检查风压变化情况，判断送风管路是否有串风现象；④检查送煤罗茨鼓风机有无问题，是否风量或风压不够；⑤如果火焰不稳定且严重影响窑内耐火砖，立即按停窑程序停窑后处理。⑥如果火焰只是轻微的弯曲，调节燃烧点的位置、内外风压或燃烧器的位置。

预防措施：每次停窑定期检查和维修燃烧器；在燃烧器使用前检查送风管路是否工作正常。

2.3.30 窑内火焰温度过高

1. 现象

窑筒体表面温度过高，有时会伴随窑尾温度偏高的现象。

2. 原因判断

窑头喂煤量偏大，或窑内来料量减少。

3. 处理措施

对于第一种情况，通常只需减少窑头喂煤即可；对于第二种情况，需结合其他参数的变化准确判断处理。

2.3.31 窑内火焰形状过粗

1. 现象

通过看火电视看见窑内火焰形状过粗。

2. 原因判断

①一次风量过大；②内外风配合不良。

3. 处理措施

对于第一种原因，采取的对策是适当减少一次风量；对于第二种原因，采取的措施是调节内外风比例。

2.3.32 窑内火焰出现分叉

1. 现象

通过看火电视看见窑内火焰出现分叉。

2. 原因判断

①燃烧器管口变形；②燃烧器端部或内部间隙有杂物。

3. 处理措施

对于第一种原因，采取的对策是更换燃烧器；对于第二种原因，采取的措施是清理燃烧器。

2.3.33 窑体表面温度过高

1. 现象

窑体表面温度超过正常（350℃左右）。

2. 原因判断

①窑内火焰温度过高；②窑内窑皮甚至耐火砖变薄。

3. 处理措施

对于第一种原因，采取的措施是迅速减煤，降低火焰温度；对于第二种原因，采取的措施是补挂窑皮，若确认出现红窑则需停窑，更换耐火砖。

2.3.34 窑体托轮瓦温过高

1. 现象

一个或多个托轮温度偏高。

2. 原因判断

①托轮瓦缺油或冷却水；②润滑油杂质过多或瓦内进异物；③托轮受力不均。

3. 处理措施

对于第一种原因，采取的措施是补充润滑油，清理水管；对于第二种原因，采取的措施是更换润滑油，清理异物；对于第三种原因，应及时通知机修人员调整。

2.3.35 高温风机跳闸

1. 现象

①高温风机跳闸后，窑尾预热器系统会很快出现正压，紧接着窑头会正压返火，进入窑头收尘器的气体温度急剧升高，严重危及现场巡检人员的人身安全和设备安全；②此时如不采取及时有效的措施，会造成预热器堵塞、烧坏窑头电收尘器、烧伤巡检人员等事故。

2. 处理措施

①通知现场巡检人员紧急避险；②停止分解炉喂煤和入窑生料喂料，防止预热器堵塞；③打开点火烟囱帽，关小篦冷机低温段风机入口阀，加大窑头风机入口阀；④通知余热发电操作员，让其做相应调整；⑤适当降低窑速，防止跑生料；⑥减小窑头用煤量，必要时止煤；⑦适当打开收尘设备入口管道上的冷风阀；⑧查清跳闸原因并联系相关人员，关闭高温风机入口阀门，做好启动准备。

2.3.36 烧成带与窑尾温度同时低

1. 现象

窑皮和物料温度都比正常低，窑内为暗红色，窑尾废气温度也低，火焰被逼向窑头，熟料颗粒细小而发散，在窑内被带起的高度低，熟料进入篦冷机后部分粉尘随二次风扬起，使窑内浑浊不清，熟料的表面疏松无光泽，游离氧化钙高，窑速提不起来，熟料产质量降低。

2. 原因判断

①喂料不均匀，喂料量突然增加，或掉大量窑皮，造成物料预烧差，烧成带热负荷增大；②系统漏风严重，排风量不足；③长时间给煤量少，煤粉的灰分大，细度粗；④生料成分发生变化，饱和比和硅率过高，物料煅烧困难。

3. 处理措施

应加大窑头煤粉喂入量，同时加大二次风，由于旋流风和轴流风喷速增大，一、二次风的混合，强化火焰温度，增大了烧成带的热力强度，使窑内温度转向正常，等到两端温度正常后恢复正常操作。

2.3.37　烧成带温度低，窑尾温度高

1. 现象

①黑火头长，火焰较长，在烧成带相当长距离放出热量，因此火力不集中，窑皮与物料温度都低于正常温度；②烧成带物料被带起的高度低；③二次风温低，熟料结粒小，结构疏松，游离氧化钙高。

2. 原因判断

①窑内风速大，把火焰拉长，使火焰的高温部分远离窑头；②煤粉的灰分大，细度粗，水分大，燃烧速度慢，使黑火头长，火焰也拉长；③入窑生料成分波动大，烧成带物料饱和比和硅率过高，物料煅烧困难，而窑尾的物料饱和比和硅率过低。

3. 处理措施

①降低窑内风速，适当减少排风，缩短火焰，降低窑尾温度，增加旋流风，并适当增加轴流风，加强风煤混合，缩短黑火头；②提高二次风温度，适当控制煤粉的细度和水分，加快火焰的传播速度，加速燃烧，提高烧成带的温度，以控制窑系统转向正常。

2.3.38　烧成带温度高，窑尾温度低

1. 现象

煤粉喷出后立即燃烧，几乎没有黑火头，火焰短，火焰和窑皮以及物料温度均高，整个烧成带白亮耀眼，窑电流偏低，窑尾温度低，烧成带前移，熟料结粒粗大，物料被窑带起的高度高，熟料立升重高而游离氧化钙也高。

2. 原因判断

①拉风小，火焰拉不长。火焰高温部分集中：窑内有结圈或者结大球，影响窑内通风，使火焰短，窑尾温度降低；②煤粉质量好，风煤混和好，煤粉燃烧速度快，热量释放快，使烧成带温度迅速提高；③入窑生料成分波动大，烧成带物料饱和比和硅率过低，物料煅烧困难，而窑尾的物料饱和比和硅率过高。

3. 处理措施

①加大拉风，减小旋流风，适当增加轴流风，减慢煤粉燃烧速度，拉长火焰，降低烧成带温度，提高窑尾温度；②入窑生料成分波动大，烧成带物料饱和比和硅率过低，而窑尾的物料饱和比和硅率过高的现象一般在生料均化库仓存不足时易出现，在生产过程中要保持生料均化库的合理仓存。

2.3.39　烧成带温度和窑尾温度同时高

1. 现象

烧成带物料发黏，物料被窑壁带起很高，窑尾废气温度高，烧成带温度也高。

2. 原因判断

喂煤量大，煤质好，物料饱和比和硅率偏低，液相量过高，不耐火，物料预烧好。

3. 处理措施

应当减少窑头喂煤量，同时减少旋流风，适当加大轴流风，控制火焰温度，缓解烧成带温度和窑尾温度。

2.3.40 筒体局部温度过高与掉窑皮

1. 现象

窑内大量掉窑皮或窑筒体局部温度高。

2. 原因判断

①烧成带温度过高，火焰形状不好，火焰发散不集中，火焰直接冲击窑皮和耐火砖，使得窑皮和耐火砖剥裂；②窑内温度波动大，造成窑皮受到热负荷的冲击而掉落，使得局部筒体温度很高。

3. 处理措施

①应当减小旋流风，减小喂煤量，加大轴流风，拉长火焰，调整火焰为缓慢型火焰；②改变火点位置，尽快使窑皮重新挂好，恢复正常操作；③当大块窑皮塌落时，要先打慢车，以免砸伤窑皮，同时适当增加煤量，结合筒体温度观察，判断垮窑皮的部位，一般窑的转矩也能马上反应出垮大窑皮。

任务小结

本任务比较详细地介绍了回转窑系统正常操作、回转窑系统主要工艺参数的控制和回转窑系统异常情况的处理等内容。通过本任务学习，使学生对烘窑、点火、挂窑皮、投料等回转窑正常操作有所了解，熟悉回转窑系统主要工艺参数的控制，掌握回转窑系统主要异常情况的处理等。

思考题

1. 回转窑的操作控制原则是什么?
2. 预分解窑系统需要重点控制哪些参数?
3. 在预分解窑中，入窑物料的分解率越高越好吗? 为什么?
4. 影响回转窑火焰形状的因素有哪些?
5. 简述窑尾负压过高的判断与处理。
6. 回转窑内结圈应如何判断? 处理方法是什么?
7. 简述窑尾烟室结皮的原因及处理。
8. 简述火焰太长的原因及处理。
9. 简述回转窑烧成带温度高，而窑尾温度低的原因及处理。
10. 简述窑头出现正压的原因及处理。
11. 怎样处理火焰形状弯曲?
12. 炉温倒挂的原因是什么?
13. 窑内结球的主要原因是什么?
14. 出现全线停电应如何处理?
15. 烧成带物料过烧是怎么回事? 怎样解决?
16. 什么是“红窑”? 产生的原因是什么? 如何解决?
17. 窑尾 CO 含量偏高原因是什么? 如何处理?

18. 如何处理烧成带温度和窑尾温度同时高?
19. 如何处理窑内掉窑皮?
20. 简述烧成带温度低，窑尾温度高的原因及处理办法。

任务3　篦冷机（第四代）中控操作

任务简介　本任务主要介绍了篦冷机系统正常操作和篦冷机系统异常情况的处理。

知识目标　掌握依据常用参数对篦冷机操作；熟悉篦冷机异常情况的分析及处理；了解篦冷机操作原则。

能力目标　具备依据参数对篦冷机操作的能力；能对篦冷机异常情况进行分析和处理。

3.1　篦冷机系统正常操作

1. 判断篦冷机运行状态是正确调节的前提

（1）准确反映篦冷机高热交换效率的最好标准：入窑、炉的二次、三次风温度最高，出篦冷机熟料温度与窑头废气排出温度同时最低。

（2）观察并掌握进入篦冷机后的熟料运动状态。为了使操作员能清楚地看到料层厚度的同时，掌握高温段的熟料运动状态，摄像头安装位置十分讲究，应将摄像头安装在篦冷机侧板的开孔处，这是较为理想的位置，不但便于观察，还利于维护。

篦板上熟料的料层厚度受篦下压力冷却用风吹动后，运动状态大致分为三类。如果有如烟火放花形状的气流穿透，说明相对用风的风压，此处的料层过薄；如果熟料表面看不到有明显风量穿过，说明相对用风的风压，料层过厚；只有当看到熟料表面以如开锅似地沸腾状态向前运动时，才是冷却风量与料层厚度匹配合理的象征。

（3）准确判断熟料在篦板上的料层厚度。熟料料层厚度关系到冷却鼓风的风压和风量大小，也关系到篦速的调节量，管理到位的篦冷机应该装有料层厚度监测仪，通过监控画面看到熟料表面与篦冷机高温段墙壁一侧安装的高度指示标记，以此判断料层厚度。此项工作不难，只要摄像头安装位置恰当，且在篦冷机侧壁上固定由耐高温、耐磨材料制成的顶针即可。

如果没有料层厚度监测装置，操作员往往要通过篦下各室的压力、篦冷机主电流及液压缸油压等参数的变化，再加上对影响熟料量变动的因素，综合分析判断料层厚度的改变。但是还要考虑熟料粒径变化对它的影响程度，判断准确确实有一定的难度。

（4）准确了解熟料粒径变化。影响出窑熟料粒径变化的因素主要是配料成分及火焰形状的改变。如果两方面能够稳定，又没有塌料与垮下的窑皮，熟料粒径不会有大的变化。操作员通过窑头摄像头观测出窑熟料粒径大致情况，有益于篦速的主动调节。

2. 篦冷机调节操作顺序

在篦冷机单元中的操作手段相对比较多，调整的内容也多，似乎难以分辨调节的主次与程度。然而，操作水平较高者应当区分众多操作手段的先后与轻重缓急。

首先是合理平衡篦冷机的进出风量，这是篦冷机调节中最重要的环节，也是最难做好的环节。为此，第一步是确定窑、炉燃烧所需要的二次、三次风量；第二步是确定高温风段的冷却用风；第三步是确定煤磨所用热风；第四步是窑头排风（即锅炉用风量）；第五步是中低温段的冷却用风。这种调节的思路是以用风量确定进风量，以此得到合理的冷却风量开度或风机转数。由此可知，篦冷机的正确调节只能是在窑、磨等系统基本稳定之后进行。

在篦冷机系统用风合理后，立即进行篦速调节，调整料层厚度以适应恒等的气室压力。调节的方法是，料层过厚时提高篦速，料层过薄时降低篦速，调节幅度不能过大，每次调节后 10min 左右观察效果，调节频次不可过快，因为篦速对料层的影响会有一定的滞后时间。

3. 篦冷机操作控制

（1）主要操作控制参数

篦冷机运行中有两个非常重要的目的：一是把熟料冷却到不会给后面输送设备带来危害的温度；二是最大限度地利用余热并提高窑系统热效率。

正常生产时，主要通过调整篦速及篦冷机的用风量来控制合理的篦下压力及料层厚度，尽量提高入窑二次风和入炉三次风，其主要控制参数如下：熟料产量 240～260t/h，二次风温 1150～1300℃，三次风温 800～900℃，废气温度 190～290℃，出篦冷机熟料温度 100～150℃，一室篦下压力控制在 5～5.5kPa，熟料层厚度 700～750mm，液压泵供油压力控制在 170～180Pa。

八台风机的风阀开度如表 3-3-1 所示。

表 3-3-1　八台风机的风阀开度　（%）

固定篦床	一室	一室	二室	三室	四室	五室	六室
92～97	92～97	92～97	85～90	85～90	75～80	65～70	65～70

（2）主要参数的确定与选择

1）篦床负荷的确定：篦床单位面积的产量称为篦床负荷，篦床负荷大，由料层厚，产量高，反之料层薄，产量低。篦床负荷一般根据液压缸驱动压力确定，为 100～120bar。

2）料层厚度的确定：料层厚度取决于篦床负荷和熟料在冷却机内的停留时间，通常停留时间为 15～30min。在冷却机的高温区，为了提高冷却机的热交换效率和冷却效率，目前我国已推广厚料层技术，其厚度达到 500～700mm。在冷却机低温区篦床上，料层厚度控制在 200～300mm，高温区料层厚比低温区提高了 2～3 倍。在高温区采用厚料层技术，热效率可提高 10%左右，冷却效率提高 15%左右，同时厚料层技术还起到保护篦床的作用。

3）篦板温度的确定：（环境温度）30℃。

为了保证篦冷机的安全运行，通常在篦冷机高温区热端，还设有 6 个的测温点，用于检测篦板温度。通过篦板温度的高低变化来反映篦床上料层厚度、熟料结粒和所用冷却风量的大小及波动情况。篦冷机正常工作时，该温度基本稳定在 30～60℃之间，中控操作员应注重对该温度的监控，特别是遇到系统工况异常时更应增加监控的频次。当遇到该温度报警时，应立即降低窑速，减少篦冷机进料量，然后通过篦冷机料层厚度监控电视检查是否因料层过薄或物料离析出现冷却风吹穿现象，并根据供风风机电流值、风门开度、篦下压力和运行情况判断是否风量过小或篦下风室集料，然后做出相应调整，必要时应停窑，对冷却风机和篦床进行检查。避免篦板因受热过度而产生热变形。

4）油箱（液压油）温度：小于 50℃。

5）风压与风量的选择：风机风量与风压的确定视各空气室上方篦床的料层厚度及熟料温度而定，即风压根据篦床阻力（含篦床阻力和料层阻力）确定，风量以各室被冷却的熟料量及温度确定。

冷风量在使用中容易产生两个误区：一是认为越大越好，可以充分利用熟料余热，同时又最大限度地降低了出篦冷机熟料温度；二是认为冷风量少一点比多一点好，这样做可以最大限度地提高二、三次风温，有利于窑和分解炉内煤粉的燃烧。特别是对于篦床头排能力不足或者系统漏风量大，窑头正压突出时，这种倾向更加严重。实际上冷却空气量分布是否合适，可通过观察篦床上熟料的冷却状况来确定，当熟料到达第一段篦床末端，料层上表面不能全黑，也不能红料过多，而是绝大部分呈墨绿色，极少部分呈暗红色。表明冷却空气分布基本合理，否则应调整各风机风门开度，调节时应稳且慢，切忌大起大落，要综合兼顾。在操作中，应在篦冷机料层厚度相对稳定的情况下，加大篦冷机高温区风量，适度使用中高温区风量，在保证熟料温度低于65℃＋环境温度下，尽可能减少低温区风量。

6）篦床速度的控制：若篦速快，出篦冷机的熟料温度则偏高，热利用率将偏低；若篦速慢，料层厚，因冷风透过量少，则篦上熟料将容易结块，故控制适宜的篦床速度对篦冷机的安全运转和热利用率极为重要。而合适的篦床速度取决于熟料产量和篦床上的料层厚度。产量高，料层厚，篦速宜快；产量低，料层薄，篦速应慢。其次还应考虑驱动篦床行走机构液压缸的实际行程长度的变化。

（3）日常操作

篦冷机的操作以稳定一室篦下压力为主，保证篦下压力的恒定是篦冷机用风合理的前提，调整篦速是实现篦下压力恒定的手段。篦速的调整应遵循以下原则：二、三段篦速与一段比值以1：1.5：2.5为宜，另可结合实际料层厚度和出料温度来调节篦速。

用风应遵循以下原则：熟料在篦冷机一、二室必须得到最大程度的急冷；三室风量可适当减少，但三室风量调节需达到经一、二、三室冷却后，总冷却效果达90%以上，不能让四、五室承受过大的冷却负荷；四、五室风量能少则少，以保证熟料冷却效果和窑头负压为宜；还应根据料层的变化情况适当增减各风机进口阀门的开度，以保证各风机出风量。

1）料风配合

操作的关键在于预见性的调整，注意料层与冷却风量相匹配，料越多，用风量越大，应增加低温段的用风量，窑头引风机拉风也相应越大。操作时，可根据篦速大致比例调整篦床运行速度，保持篦板上料层厚度，合理调整篦式冷却机的高压、中压风机的风量，利于提高二、三次风温度。从保证窑头收尘、熟料冷却、输送系统安全运行来讲，当料层较厚，一室篦下压力上升时，加快篦速，开大高压风机的风门，同样还会引起窑头排风机入口温度和熟料输送设备负荷上升，并且篦下压力短时间内又会下降，所以在操作中提高篦速后只要一室篦下压力有下降趋势就可以降低篦速，因为窑内不可能有无限多的料冲出来，这样就可以使窑头收尘入口温度和熟料输送设备负荷不至于上涨得太高。如果窑内出料太多，就必须降窑速。当料层较薄时，较低的风压就能克服料层阻力而吹透熟料层形成短路现象，熟料冷却效果差，为避免“供风短路”，应适当降低篦床运行速度，关小高压风机风门，适当开大中压风机风门，以利于提高冷却效率。同时应根据窑头引风机的特点（入口温度越高，气体膨胀导致风机抽风能力越弱），对窑内可能产生冲料时，应提前加快篦速，增加低温段冷却风机用风量，同时增加窑头引风机风量，保证熟料冷却效果，如果等到料层已增厚才增大窑头拉风量，会因窑头排风机进口温度高，抽风能力减弱，而导致窑头负压无法控制。

2）风量平衡

在篦冷机内冷却用风量与二、三次风量、煤磨用热风量、窑头风机抽风量必须达到平衡，以保证窑头微负压。在窑头排风机、高温风机、煤磨引风机的抽力的共同作用下，篦冷机内存在相对的“零”压区。如果加大窑头排风机抽力或增厚料层使高温段冷却风机出风量减小，“零”压区将会前移（向窑头方向），就会导致二、三次风量下降，窑头负压增大；减小窑头排风机抽力或料层减薄使高温段冷却风机风量增大，“零”压区将会后移，则二、三次风温下降风量增大，窑头负压减小。所以在操作中如何稳定“零”压区对于保证足够的高温的二、三次风是非常关键的，窑头负压相对稳定不仅可以回收热量，并且对燃料的助燃和燃尽以及全窑系统的热力分布有好的作用。

加风原则：由前往后，保持窑头负压。

减风原则：由后往前，保持窑头负压，通常先开抽风机挡板或速度，再开冷却机风机或开挡板。

3）弧形阀操作

作为篦冷机的重要组成部件，弧形阀的操作也不能忽视。一般情况下操作员往往只关注弧形阀上部风室不能堆料过多，影响篦下压力和液压传动，却忽略了物料卸得过空将产生漏风，直接影响熟料冷却并严重冲刷集灰斗和弧形阀。弧形阀由时间控制或料位开关控制都有缺陷，前者不会自动跟踪产量及结粒变化，后者电气部件易损坏，所以中控操作员应根据窑况和熟料结粒的变化加强与现场巡检的沟通，及时采用手动干预弧形阀的自动控制是相当重要的。

3.2　篦冷机系统异常情况处理

1. 篦冷机内偏料、积料过多时的处理

此篦冷机的最大特点是：四列篦床分别由四台液压泵控制每段篦床的开、停及篦速的调节。在正常生产中由于出窑熟料落点的影响，篦冷机左侧料层要高于右侧料层，造成篦冷机两侧料层分布不均匀或某一侧有大块的现象时，可以采取料层高一侧篦速稍快于料层低一侧篦速的办法来调整，即把左侧的一段、二段篦速稍微调快一些，右侧三段、四段篦速比左侧调低一些（2～3r/min），保证左侧和右侧具有比较均匀的料层厚度。一般篦压控制在（5±0.5）MPa，此时篦冷机内料层厚度在700mm左右。另外应特别注意液压泵供油压力不要超过180Pa，防止料层过厚造成篦床压死的现象发生。

正常生产时，一室篦下压力控制在5～5.5kPa，熟料层厚度为700～750mm，液压泵供油压力控制在170～180Pa。如果篦床上熟料层过厚，篦冷机负荷过大，液压泵油压达到200Pa，可能会发生篦床被压死的现象。这时就要采取大幅度降低窑速、减料，同时四段篦床要分别开启，即一次只能开启其中的一段或两段，等篦冷机内熟料被推走一部分后，再开启其他段篦床。

某公司曾出现一次因篦冷机破碎机轴承温度高而频繁跳停现象，造成篦床跳停，由于采取的措施不果断导致篦床上熟料过多，液压站油压偏高（200Pa左右），篦冷机负荷过大，最后采取四段篦床单开（即一次只开其中一段或两段），等篦冷机内熟料被推走一部分后才把其他开启。操作中遇到类似情况应采取大幅度降低窑速、减料处理，必要时停窑止料，以免造成不必要的麻烦。

2. 出篦冷机熟料温度高、废气温度高和拉链机冲料的处理

由于窑内结粒较差出现料涌，在篦冷机内熟料细小颗粒被漂浮太高蓄积到一定程度而顺

流而下，造成冲料现象发生。进而引起出篦冷机熟料温度和废气温度超高，严重时拉链机内料子较多，造成料子到爬坡处向下涌料，使拉链机电流较高。针对这种现象应采取如下措施：

（1）改善配料方案，提高熟料易烧性。调整后熟料结粒均匀，细颗粒明显减少。而且喂料量最高可加至 440t/h，f-CaO 合格率在 90%以上。

（2）优化工艺操作参数，改善熟料结粒。根据操作参数曲线跟踪情况和实际生产状况，制定了合理的温度、压力参数；并结合对窑尾多次气体分析情况，确定了窑炉用风比例。由于生产线三次风管设计是平行于窑的，在正常生产时三次风管内积料较多，在窑尾三次风管斜坡处增设放料口，及时清理三次风管内积料，使分解炉保持良好的通风效果。三次风阀开度由原 50%调整到 80%；并根据窑内煅烧状况及熟料结粒情况，确定好窑炉用煤比例（窑头用煤由原 12.8t/h 调整到 14t/h）。

（3）在条件允许的情况下尽量提高篦冷机用风量，并通过篦下压力调整好篦板速度以确保熟料厚度均匀，应尽量把熟料温度降下来。另应注意观察篦冷机后三室风机电流的变化。如遇冲料时，后三室风机电流有明显的依次下滑然后上升现象，此时应及时调整篦板速度，必要时可把后两室的风机风门关闭，避免有大股料涌入拉链机，以确保拉链机安全。

（4）出篦冷机废气温度高。采取措施是掺冷风和向篦冷机内自动喷入水的方法，使出篦冷机废气温度降下来（目前有些企业增有余热发电系统，窑头自动喷水系统已停止使用）。

3. 出篦冷机熟料温度高及废气温度高的处理

由于出窑熟料的结粒状况较差，含有大量的细粉，它们在篦冷机内被风吹拂，漂浮在篦冷机料层上空，当它们积聚、积蓄到一定程度会顺流而下，形成冲料现象，严重时还会危及拉链机的安全运转。针对发生的这种现象，采取如下技术处理措施：

1）改善配料方案，适当降低熟料的 KH 值，提高熟料易烧性，改善熟料的结粒状况，减少熟料中的细粉含量。

2）优化窑及分解炉的风、煤、料等操作参数，稳定窑及分解炉的热工制度，改善熟料的结粒状况，减少熟料中的细粉含量。

3）在条件允许的情况下，尽量提高篦冷机的用风量。通过调整篦板速度控制熟料层的厚度，保证冷却风均匀通过熟料层，降低出篦冷机熟料的温度。

4）注意观察篦冷机后三室风机电流的变化，如发现后三室风机电流有明显的依次下滑然后上升现象，表明已经发生冲料现象，这时就要及时调整篦板速度，关闭后两室的风机风门，避免有大股料涌入拉链机，避免拉链机发生事故。

5）如果出篦冷机的废气温度高，采取掺冷风的方法。

4. 篦冷机堆“雪人”的处理和防治

（1）原因及判断

1）高效模块（固定段）篦下压力比较高时，就可能存在堆“雪人”现象，同时还可以通过篦冷机摄像头及现场观察孔进行观察。

2）“雪人”情况一般出现在配料发生变化，煤料不对口，实际操作中窑头用煤量偏多时，出现煤粉燃烧不完全，还原气氛，从而导致出窑熟料结粒较差、粘散料较多。粘散料堆积固定端容易结块，加之空气炮使用不合理，最终会导致篦冷机堆“雪人”。

3）设备运行不受控；如下游设备出现小故障需进行在线处理时，篦冷机一、二段篦床短时停机，慢窑速操作，由于一段不能单独运行，会造成高效模块（固定端）熟料堆积多，加上料层太厚，风无法吹透熟料层，熟料得不到及时冷却，容易结块易形成“雪人”。

（2）篦冷机堆“雪人”的处理方法

1）定期检查篦冷机前端的空气炮，循环时间设定由原来的每 30min 左右循环一周改为 20min。

2）空压机压力必须得到保证，将其控制在 0.9MPa 以上，并要定时对所有空气炮的工作状态进行检查。

3）在篦冷机前端开设三个点检孔，要求每班两次定时检查、清扫积料情况。

4）如发现篦冷机有“雪人”形成，必须马上调整篦速、降低料层厚度、减少窑头用煤量。如“雪人”持续长大，必须进行人工清理，清理过程中一定要做好安全防护工作，避免发生工艺及安全事故。

5）同时生料配料和操作上要保证稳定，这样有利于篦冷机长期安全稳定运行。

5.“红河”现象的操作和防治

（1）出现“红河”的主要原因为熟料结粒差，料层控制偏厚，篦冷机操作模式不合理。

（2）该冷却机共设有 4 种操作模式。有“红河”时可根据情况对操作模式进行调整，从篦冷机操作模式上可采用有“红河”的一边减少输送行程，增加无“红河”的输送行程，从而可延长“红河”在篦冷机上的停留时间，因此“红河”区域的熟料有更多的冷却时间，也可根据需要对输送行程进行程序调整。

（3）在前期运行中出现“红河”情况比较多，后通过调整硅率（控制在 2.5～2.6）与液湘量（控制在 24～25）保证熟料结粒良好，“红河”现象得到明显改善。

（4）当出现“红河”时采用薄料层控制，一般在 550～650mm，“红河”情况有所好转，同时还能保证出篦冷机熟料温度不高。

6.当窑内垮窑皮或“雪人”倒塌时安全操作

（1）根据篦床压力情况和辊破上堆料多少来判断回转窑是否需减产运行，并提前调整一、二段篦床速度，待大块熟料进入破碎机后，再降低一段篦速（减少入辊破熟料量）。

（2）当篦床推动压力较高，辊破上大块太多，辊破压力较高，破碎能力不足时，为保证篦冷机安全运行，回转窑必须做减产处理。

（3）中控与现场加强联系，关注破碎机堆料程度，中控要经常对破碎模式进行切换。切换主要就是为了保证：①对大块的破碎；②破碎机的输送能力。

7.风室漏料及防治

（1）漏料主要从垂直穿通的滑块交接处和密封板大缝等直接漏入风室。

（2）通过调整滑块的间隙和在间隙里注入耐高温密封胶可减轻漏料。

（3）同时调整配料，保证熟料的结粒从而可减轻漏料量。

（4）在操作上可加大漏料风室的风量，对减轻漏料有一定的作用。

8.“烧流”的操作处理

烧流是新型干法窑中较严重的工艺事故。通常是由于烧成温度过高，或生料成分发生变化导致硅酸盐矿物最低共熔点温度降低造成的。众所周知，熟料的最终形成是通过液相反应得到的。其烧结范围是 1300～1450℃。正常操作时的液相量约为 25%～30%，随着烧成温度的提高，矿物中的液相量会不断增加，当温度到一定程度时，硅酸盐矿物会全部转化为液相。研究表明，当温度超过 1600℃时，液相量的增加呈直线上升。SM 的高低反应硅酸盐矿物或熔剂矿物的多少，而 IM 的高低则反应液相黏度的大小或者可以说是形成液相温度的高低。当生料的 SM 和 IM 都偏低时，不仅液相量增多，更重要的是矿物的最低共熔点温度降低。在这种情况下如果还按照正常时的操作，则熟料中的液相量会大大增加，表现为窑内结圈或结大蛋，当烧成温度继续提高，就会形成液相更多，发展严重时就会造成烧流事故。烧流对篦冷机的危害是相当严重的。液态的熟料流入篦冷机，会造成篦孔的堵塞，导致冷却空气完全不能通过，造成篦板烧损，高温液相流入空气室，烧坏大梁。这样的损坏对篦冷机几乎是致命的。因此在操作中，应严禁杜绝烧高温。烧流时窑前几乎看不到飞砂，火焰呈耀眼的白色。NO_x 异常高。由于熟料像水一样流出，窑电流会很低，与跑生料时的电流接近。当发现烧流时立即大幅度减煤或止窑头煤一段时间，略减窑速，尽可能降低窑内的温度，如果物料已流入篦冷机内，要密切关注冷却机的压力、篦板温度。严重时立刻停窑。

任务小结

本任务主要介绍了篦冷机系统正常操作和篦冷机系统异常情况的处理。

思考题

1. 篦式冷却机操作时控制的主要参数有哪些?
2. 增大篦冷机篦床速度将引起哪些变化?
3. 篦冷机驱动电动机停机时怎样处理?
4. 造成出篦冷机余风温度高的原因是什么? 怎样处理?
5. 篦冷机出口熟料温度总是偏高，试分析产生的原因并提出处理建议。
6. 篦冷机堆“雪人”的处理和防止如何?
7. 如何防止篦冷机的“红河”现象出现?
8. 篦冷机内偏料、积料过多时如何处理?
9. “烧流”应如何处理?
10. 如何防治风室漏料?

任务4　四风道燃烧器中控操作

任务简介　本任务主要介绍了燃烧器正常操作和异常情况的处理。

知识目标　明确四风道燃烧器操作原则；熟悉四风道燃烧器开机准备和检查；掌握四风道燃烧器的特点及操作；掌握四风道燃烧器异常情况及处理。

能力目标　具备四风道燃烧器操作能力；能够判断异常情况及正确处理。

4.1　燃烧器正常操作

窑头燃烧器对窑内熟料的煅烧有着举足轻重的作用，其性能好坏及调整是否合理直接影响窑内的煅烧情况以及窑衬的使用寿命。合理调整燃烧器的外风、内风和中心风的蝶阀开度，提高煤粉着火前区域局部煤粉浓度，加强燃烧器高温气体的内、外，回流，强化一次风充分混合，达到完全燃烧，从而满足窑内熟料煅烧的温度要求。

4.1.1 火焰形状的调整

1. 燃烧器的定位

(1) 燃烧器中心在窑口截面的坐标位置

根据窑型的不同、火焰的长短、燃烧情况等确定燃烧器的最佳位置。生产实践一般以窑中心点为基点，建立直角坐标系，如图3-4-1所示。一般2500t/d以下熟料的窑，燃烧器A（x，y）点位置距中心基点70～90mm，与x轴线向下（窑口）40～60mm较为理想。2500t/d以上熟料的窑，燃烧器A点位置处于中心位置。

燃烧器的定位最好采用位置标尺在窑头截面上定位，一般控制在窑头截面x轴稍偏右位置或稍偏第四象限的位置效果较好。在特殊工艺情况下可做少许微调。

(2) 燃烧器端部伸到窑口的距离

燃烧器端部伸入窑口的距离的最佳值与燃烧器的种类、煤粉的性质、物料的质量、冷却机的形式和窑情变化有关。

对预分解窑来说，燃烧器前端伸入窑口200～400mm的位置（热态）较为适宜。燃烧器与窑的轴线平行，如图3-4-2所示。

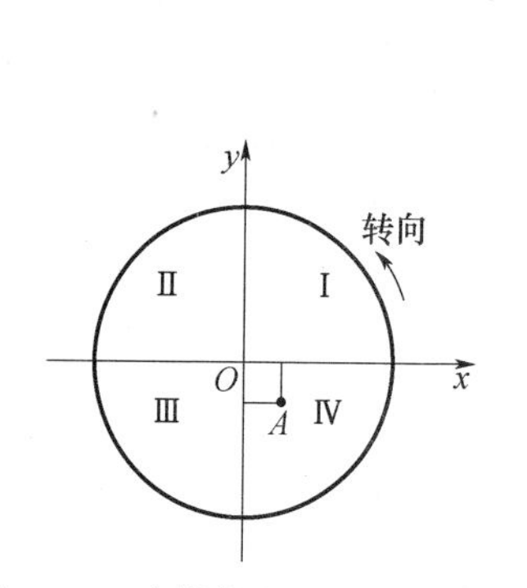

图3-4-1 喷煤管中心点的坐标位置

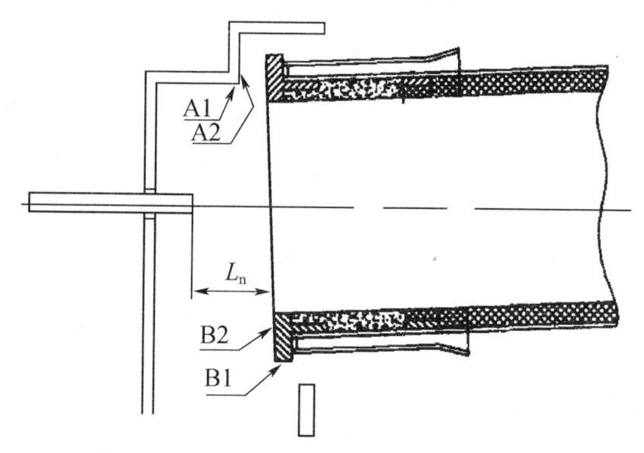

图3-4-2 燃烧器插入深度位置

2. 火焰形状对煅烧的影响

燃烧器设计的最佳火焰形状是轴流风和旋流风在（0.0）位置，这时的火焰形状完整而有力。调整火焰的形状是通过调整各风道的通风截面积来实现的。在（0.0）位置时，轴流风和旋流风的通风截面积达到最大。火焰形状是通过旋流风和轴流风的相互影响、相互制约而得到的，火焰形状的稳定是通过中心风来实现的，中心风的风量不能过大，也不能过小。一般中心风的压力应该控制在6～8kPa之间比较理想，旋流风在24～26kPa，轴流风在23～25kPa，各风道的通风截面积不小于90%的情况下，对各参数进行调整。要想得到火焰形状的改变需要有稳定的一次风出口压力来维持，通过稳定燃烧器上的压力，改变各支管道的通风截面积来达到改变火焰形状的目的。

燃烧器的调整必须根据窑况，系统调整协调进行，事先定好方案，有目的进行，每当调整一次必须观察一段时间，切忌频繁操作，大幅度调整。

改变外风和内风的大小，对于窑内温度和窑皮状况有很显著的影响。外风增大，内风减小，可以使高温带后移，主窑皮区后移且延长。内风增大，外风减小，窑内的变化则相反，根据回转窑煅烧工况不同，其燃烧器的外风、内风也要做相应的调整，对每一种工况下都有一个优化值，这需要在实际生产中不断探索，不断优化。

调整蝶阀的开度大小和调整风道间截面的大小可配合进行。

提高火焰温度的措施主要有：①提高二次风温；②少用一次风，尽可能用预热较好的二次风；③多用内流风，少用外流风，使煤粉与空气能迅速混合；④保持窑内氧含量适当。

烧成控制的重点是掌握好火焰的形状和长度，在燃烧器的操作中，应结合系统的煅烧情况，与窑内物料的负荷量及窑速相配合，根据熟料质量、窑衬和窑皮情况，合理使用内流风、外流风及煤风，寻求一种最佳火焰。

火焰长度决定了烧成带的长度，对火焰形状和长度影响最大的是烧成带内的燃烧空气和内风、外风的比例，外风的作用是调整火焰形状，内风的作用是提高风煤混合程度。操作中采取调整内、外风蝶阀开度的方法来调整火焰，比全用内风（或外风）的效果好。

调整窑内火焰的粗细，必须与窑有效断面相适应，要求充满断面，近料、不触料，一般应在不易烧坏窑皮和窑衬的前提下，尽可能使火焰接近料层。

正常情况下，窑内火焰白亮，活泼有力且形状完整，长度适宜，不冲撞窑皮，不触及料层，火焰顺畅，不顶烧，确保物料翻滚灵活。

当用蝶阀调整仍达不到理想的火焰时，可用改变内风旋流器位置和外风喷嘴轴向位移改变出口截面的方法，改变火焰的刚度。

整个调整幅度要小，当采用调整截面方法时，每次调整应在 5mm 以内，不要大起大落，要前后兼顾有预见性。

3. 煤质变化对火焰形状的影响

（1）当煤灰分变高时，煤粉的燃烧速度变慢，火焰变长，火焰燃烧带变长，此时应该做如下操作：①提高二次风温度或利用更多的二次风，加强一次风和二次风与煤粉的混合程度；②降低煤粉的细度和水分；③改变轴流风和旋流风的用风比例；④增加一次风风量，减小煤粉在一、二次风中的浓度。

（2）当煤的挥发分变高时，煤粉着火快，焦炭颗粒周围的氧气浓度降低，易形成距窑头近、稳定偏低、高温部分变长的火焰，此时应该做如下操作：①增加火焰周围的氧气浓度；②增加轴流风的风量及风速（在原有火焰的状态下）；③增加一次风风量。

（3）当煤的水分增加时，其外在水分可以通过提高出磨气体温度来降低，而内在水需要在 110℃左右才能蒸发，煤磨降低内在水分的含量是很困难的。内在水高的煤粉入窑后火焰将会变长，燃烧速度变慢，火焰温度低，黑火头变长，这时应该适当加大二次风对火焰的助燃作用，增加二次风与一次风的风量混合，提高二次风温度，适当把燃烧器退出一些，利用二次风提高火焰的燃烧速度，达到提高火焰温度的目的。

4.1.2　燃烧器的位置对窑况的影响

安装时，燃烧器在水平位置时中心点与窑的截面中心点处于同一个点上，每次检修结束前对燃烧器的位置再进行一次校正和核对，正常生产时，判断燃烧器的位置正确与否以及调整燃烧器的方法是：

（1）从窑上看，火焰的形状应该完整有力、活泼，不冲刷窑皮，也不能顶料煅烧，火焰的外焰与窑内带起的物料相接触，如果燃烧器的位置太偏上，火焰会冲刷到窑皮，窑筒体局部温度偏高，降低窑衬使用寿命，且烧成带的窑皮会向后延伸，窑内的热工制度紊乱，严重时，投料不久就红窑。此时应该适当地调整燃烧器向物料方向靠近，使火焰的外焰与物料接触。如果燃烧器的位置离料太近，火焰会顶住物料，造成顶火逼烧，未完全燃烧的煤粉被翻滚的物料包裹在内，烧成带还原气氛严重，降低熟料的质量。还原气氛严重的气体被带入预热器系统，降低物料液相出现的温度，使预热器系统结皮，甚至堵塞，影响窑的正常煅烧，此时应该适当调整燃烧器离料子远一些，使火焰顺畅有力。

（2）在中控筒体扫描图像上看，更直观、简便。

1）烧成带的窑皮应在20～25m之间，通体温度分布均匀，没有高温点，温度在300～350℃，过渡带通体温度在350℃左右，此时火焰完整、活泼、顺畅。燃烧器的位置比较合适，烧成的熟料也是理想状态。

2）前面的温度较高，而烧成带后面部分温度正常，说明燃烧器的位置离料远了，或者火焰已经分叉、变散，火力不集中，此时做如下处理：①在窑头罩侧部开设捅料孔，每班用人工或有条件的用气枪定期清理，发现问题要及时处理，否则会影响熟料的产量和质量；②调整火焰形状在火焰根部保留少许黑火头，避免火焰温度过高。操作体会是：结焦和分叉很难避免，但是通过管理可以大大减少。如果烧成带后部分温度较低，烧出来的熟料大小不一样、结粒不均匀，说明燃烧器在 y 轴所处的位置偏低。

（3）烧成带后温度偏高，特别是 2 号轮带以后，甚至在 380℃以上，说明燃烧器在 y 轴所处的位置偏高。

（4）烧成带的温度较低，过渡带的温度也不高，说明烧成带的窑皮较厚，燃烧器靠物料太近，火焰不顺畅，往物料中扎。熟料经破碎后有黄心料。

4.1.3 点火

（1）冷窑点火：用油燃烧器点燃煤粉，一般用轻柴油，首先将油燃烧器点燃。油燃烧器火焰稳定后并且窑内温度升到一定程度，即可向窑内喷煤粉，煤粉量由少逐步增加，同时输入适当的一次风（以内风为主）直到煤粉被点燃，进行油煤混烧。煤粉火焰稳定一段时间后，相应增加煤粉量，无问题时逐步减少供油量，直到停止供油。停油后应将油燃烧器及时向后拉出 1～2m 或全部后出来。然后按窑的正常操作供给煤粉和一次风。

（2）热窑点火：当窑衬温度≥800℃时，可直接向窑内喷煤粉，即可形成火焰，若窑内温度过低，直接喷煤不能点燃，仍需要使用油燃烧器点火。

4.1.4 检查与保养

为使煤粉燃烧器处于最佳运转状态，要定期检查，但不排除平时经常注意运转状态的检查，发现不好的部分要立刻更换或修理。

1. 检查项目和检查方法

（1）煤粉输送管有无磨损，除外观检查输送管有无磨损外，在停转时检查软管内部的损耗程度。

（2）煤燃烧器有无磨损，在停转时检查煤粉入口处附近的冲刷部位有无损伤及损伤程度。

（3）燃烧器头部有无因受热辐射等作用发生变形。

（4）燃烧器保护用的耐火浇注料有无损坏，耐火浇注料的损坏和脱落会引起金属的损伤，特别是头部更要仔细检查。

2. 更换及修理

（1）保护燃烧器的耐火浇注料的消耗，应定期进行部分或全部修补或更换。

① 进行修补或更换部分的耐火浇注料要完全清除掉。

② 耐火浇注料用的紧固件脱落时要恢复正常状态，在与残存耐火浇注料的相接部，根据需要追加附件。

③ 将模板固定在浇注耐火浇注料的地方，原存耐火浇注料喷上水，然后将再搅拌好的耐火浇注料进行浇灌。

④ 耐火浇注料在规定的养护时间结束后，脱去模板。

（2）燃烧器的喷头部受到火焰辐射及煤粉磨损时间长了以后要进行修理和更换。

（3）在回转窑长期运转后的停产期，如果有操作失误或预测在不远的将来，可能产生严重的损坏，为避免在该燃烧器维护和修理期导致停产，建议应备用一个整套的燃烧器。

4.1.5　燃烧器的操作

燃烧器的操作原则："五个稳定"（风、煤、料、窑速、温度稳定）、"三配合"（内、外净风，煤风与煤的匹配）。

（1）位置调整

根据窑型的不同、火焰的长短、燃烧情况等确定燃烧器在窑内空间的最佳位置。按如前所述方法确定好燃烧器的位置后，生产中可根据实际情况适当调整。位置的调整可通过燃烧器行走小车上的调节机构来完成。

（2）火焰形状调节

调节方法：燃烧器可利用净风（外净风和内净风）管道上的蝶阀的开度大小来调整火焰，亦可通过改变风道的轴向位移改变喷嘴出口端截面积大小来调整火焰形状。加大内风时，火焰短而粗，加大外风时，火焰细而长。

调节依据：在燃烧器的操作中，应结合系统的煅烧情况，与窑内物料的负荷量及窑速相配合，根据窑内温度、熟料质量、窑衬和窑皮情况，合理使用内流风、外流风及煤风，寻求一种最佳火焰。

4.1.6　燃烧器的调整

（1）调整位置，变动高温点

燃烧器喷嘴在窑截面的位置对窑内物料的烧成、窑皮和筒体安全有很大影响。实践要求燃烧器宜略偏向物料层，使火焰平直，不要使物料翻滚时压住火焰，并且要求火焰不扫窑皮。火焰高温点对尾温、筒体温度敏感，一般认为燃烧器喷嘴伸入窑口 100～200mm 为宜。若尾温低，排除其他因素，可将燃烧器伸入窑内，火焰高温点后移，尾温增高；反之，燃烧器前移，冷却带缩短，出窑熟料温度很高，使窑头罩温度增高，使燃烧器端部温度升高，使用寿命缩短。若窑皮厚度（一般要求在 200～300mm 左右）不正常，由主机电流曲线和筒体温度值反映窑皮是否过厚、过薄或结圈、垮圈，这时可用移动燃烧器位置处理；在生产过程中，为防止筒体温度过高和保护窑皮，每班至少要前后移动喷嘴 1～2 次。

（2）调节内、外风比例，改变火焰形状

预分解窑采用多通道燃烧器，使改变火焰形状变得容易。当煤风量一定时，内风决定火焰形状，外风控制火焰长度。影响火焰形状的因素很多，除煤燃烧性能、颗粒大小外，最敏感的是烧成带燃烧空气量和内外风的比例。对窑外分解窑来说，如改变排风量会使全系统流场发生变化，影响面大，故在生产操作中不宜用传统改变窑尾排风量的操作法来控制火焰形状。当内风比例增大时，旋流强度也提高了（试验研究资料介绍，内外风比例由30%提高到60%～70%，其旋流强度依次为0.07、0.26、0.348），致使火焰底部仍有微弱外部回流，有助于煤粉后期燃烧速率的提高。一般多通道燃烧器内、外风由一台风机供给，当总量调定后，增大内风，外风减少，内风旋流强度增加，火焰变短变粗，增大强化火焰对熟料的热辐射，烧成带升温；加大外风使火焰变细变长。通过改变多通道燃烧器上旋流叶片的结构或调整内外风比例（操作时采用的方式主要是依靠调节各风管上阀门的开度或调节燃烧器上的拉丝，改变喷口截面积来实现）或一次风量，形成合理的火焰形状。

（3）根据窑况操作燃烧器

1）烧成带温度偏低

当烧成带温度偏低，尾温又低时，应开大内风蝶阀开度，关小外风蝶阀开度，采取加大内风、减少外风的操作法，使火焰变短，尽快提高烧成带温度；若此时窑尾温度高，除关小外风，增加内旋流风，以提高烧成带温度外，还可将燃烧器推进窑内，缩短火焰。

2）烧成带温度偏高

当熟料发黏结块，窑皮脱落或升重偏高时，表明窑头温度过高，应适当减少煤量，采用增大外风、减少内风的操作法，使烧成带适当拉长，降低烧成带温度，此时若尾温高，宜将燃烧器拉出，若尾温低，宜将燃烧器推进窑内。

4.1.7 燃烧器使用时的注意事项

为保持燃烧器的使用寿命和火焰形状，要求如下：

（1）确定好燃烧器在窑口的最佳位置。在正常情况下，燃烧器在窑口0～300mm的位置，进行煅烧。

（2）燃烧器每班移动1～2次，前后移动，这样对保护好窑皮有好处，防止结圈。

（3）要经常观察各风道上的压力表显示情况，根据压力表上的参数进行操作。

（4）各风道的间隙（截面积）调整是主要调节方式，没有特殊情况，调节好，不允许再做任何调节，可根据各风道上的蝶阀进行调节，蝶阀是微调。

（5）煤粉燃烧器上的设备应保持完好无损，发现问题及时处理。否则会影响到火焰的性能。

（6）生产中发现燃烧器变形或浇注料受损，出现不正常的火焰形状时，必须及时更换燃烧器。

（7）在燃烧器浇注料施工中，要注意保护各通道不被浇注料堵塞，使之畅通。

（8）当燃烧器外部浇注料严重剥落时要更换燃烧器。

（9）若净风机出现故障，燃烧器应停止使用，退出冷却。这时供煤风机应将其内部煤粉吹净且等待燃烧器冷却后才可停止供风。

（10）每次停窑时，要退出燃烧器，而且一次风机还得继续运行，避免燃烧器头部件烧坏或变形。

4.2 燃烧器异常情况处理

1. 燃烧器常见设备故障

（1）燃烧器弯曲变形。

（2）耐火浇注料损坏。

（3）外风喷出口环形间隙的变形。

（4）喷出口堵塞。

（5）喷出口表面的磨损。

（6）内风管前端内支架磨损严重。

2. 根据窑况操作燃烧器

（1）回转窑的烧成带与窑尾温度均比较低

操作中发现回转窑的烧成带与窑尾温度均比较低时，窑内表现火焰长且温度低，窑皮及物料温度比正常温度低，窑内为暗红色，并且熟料被带起的高度低，颗粒细而发散，还有粉尘扬起，窑内浑浊不清，出窑熟料表面疏松、无光泽。此时，可适当增大喂煤量，可采取加大内风、减少外风的操作方法，使火焰变短，尽快提高烧成带温度，适当增加一、二次风的风量，加强风煤混合，集中提高煅烧温度，待窑内火焰明亮清晰、温度正常后，恢复正常操作。

（2）烧成带温度偏高

当熟料发粘结块，窑皮脱落或升重偏高时，表明窑头温度过高，应适当减少煤量，采用增大外风、减少内风的操作方法，使烧成带适当拉长，降低燃烧带温度，此时若窑尾温高，宜将燃烧器拉出，若窑尾温低，宜将燃烧器推进窑内。

（3）回转窑的烧成带温度低，窑尾温度高

当操作中发现回转窑的烧成带温度低，窑尾温度高时，窑内火焰表现黑火头长，火焰亦长，窑尾温度长时间高达 1200℃以上，窑皮与物料温度都低于正常温度，烧成带物料被窑壁带起的高度低，窑况波动性较大，熟料结粒较小，质量差。此时应该关小系统排风，将火焰缩短，降低窑尾温度，同时关小燃烧器的外轴流风，增加内旋流风，提高煤粉的质量，加快煤粉燃烧速度，提高烧成带的温度，必要时加大旋流风旋流叶片角度，增加风煤的配合，将燃烧器伸进窑内，提高煤粉的燃烧速度，缩短黑火头。

（4）回转窑的烧成带温度高，窑尾温度低

当操作中发现回转窑的烧成带温度高，窑尾温度低时，应当增大排风，拉长火焰，提高窑尾温度，同时适当减煤，关小内旋流风，开大外轴流风或者调整风翅角度，削弱风煤混合，以减慢煤粉的燃烧速度，降低烧成带温度，还可将燃烧器推进窑内，改变风煤混合速度，减慢煤粉燃烧速度，拉长火焰提高尾温。

（5）回转窑的前面的温度高，而烧成带后面部分温度正常

当操作中发现回转窑的前面的温度高，而烧成带后面部分温度正常，说明燃烧器的位置离物料远了，或者火焰可能分叉、发散，火力不集中，如果烧成带后面部分温度较低，烧出来的熟料大小不一，结粒不均齐，说明燃烧器此时相对于 Y 轴处于低位置。如果烧成带后面部分温度较高，特别是Ⅱ轮带左右及其以后筒体温度高达 390℃以上，说明燃烧器此时相对于 Y 轴处于高位置。

（6）回转窑的烧成带窑皮脱落或窑头温度高

当操作中发现回转窑的烧成带窑皮脱落或窑头温度高时，窑工况其他正常时，若入窑生料成分低，窑头煤逐渐减少，保证正常的煅烧，一次风机压力可适当控制低于正常值一个压力，窑电流适当减少，但保持平稳，防止烧过窑皮大幅度垮落。若入窑生料成分高，飞砂大，窑头煤可适当加大，窑电流可控制高点，出窑熟料质量 f-CaO 不能太高，一次风机压力可适当提高，窑头烧亮，窑皮挂上即可。

(7) 窑内有厚窑皮或结圈

如果发现窑内有厚窑皮或结圈时，应及时处理掉，否则会影响到熟料的产量和质量，将燃烧器全部送入窑内，外风蝶阀全开，内风蝶阀少开，中心风蝶阀也要开大，使火焰变长，烧成带后移，提高圈体温度，如果发现烧成带有扁块物料，证明后圈已掉，将燃烧器全部退到窑口位置，外风蝶阀关小开度，内风蝶阀开大，中心风蝶阀也要关小，缩短火焰，提高窑速，控制好熟料结粒温度，保护好烧成带窑皮。

3. 火焰扫窑皮

(1) 燃烧器的位置是相当重要的，如安装不合适，将直接影响到回转窑内的煅烧情况和耐火材料的使用寿命，甚至影响到回转窑筒体的使用安全。要调整安装好位置。

(2) 火焰的形状不好。内风过大，火焰发散造成扫窑皮现象。如果结构设计没问题，则通过内外风的调节和配合改变其工作状态，可减少因火焰形状造成的扫窑皮现象。

(3) 燃烧器喷头处有异物。如由煤粉带入的泡沫、塑料袋、碎布等杂物夹在喷口处，造成火焰变形或分叉，发现后应及时清理。

(4) 燃烧器喷头处有结焦或窑衬脱落，导致燃烧器喷头变形等，发现后应及时处理或更换。

4. 燃烧器位置与窑皮的对应关系

(1) 燃烧器位置适中

从筒体扫描上看，从窑头到烧成带筒体温度均匀分布在250～300℃左右。过渡带筒体温度在350～370℃左右，且烧成带的坚固窑皮长度占窑长的40%，过渡带没有较低的筒体温度，表明燃烧器位置合适。此时的火焰形状顺畅有力，分解窑处在最佳的煅烧状态，烧成带窑皮形状平整，厚度适中，熟料颗粒均匀，质量佳。

(2) 燃烧器位置离物料远且下偏

当筒体扫描反映出窑头筒体温度高，烧成带筒体温度慢慢降低，说明燃烧器位置离窑内物料远，并且偏下，使窑头窑皮薄，烧成带窑皮越来越厚。此时的熟料颗粒细小，没有大块。但是熟料中f-CaO容易偏高，窑内生烧料多。应将燃烧器稍向料靠，并适当抬高一点儿。也存在另外一种情况，即此时燃烧器的位置是合适的，但风、煤、料发生了变化，这时也应该把燃烧器先移到适当的位置，待风、煤、料调整过来后，再把燃烧器调回到原来的位置。

(3) 燃烧器位置离物料远且上偏

如果窑头温度过高，接近或超过400℃，而烧成带筒体温度低，过渡带筒体温度也较高，形状类似“哑铃”，说明火焰扫窑头窑皮，使其窑皮太薄，耐火砖磨损大，烧成带的窑皮厚，火焰不顺畅，易形成短焰急烧，可以断定燃烧器位置离窑内物料远，且偏上。此时应将燃烧器往窑内料靠，并稍降低一点儿，以使火焰顺畅，避免短焰急烧。

(4) 燃烧器位置离物料太近且低

从窑头到烧成带的筒体温度均很低，而且过渡带筒体温度也不高时，说明窑内窑皮太厚，这种状态下火焰往料里扎，熟料易结大块，f-CaO高。因此可判断燃烧器位置离料太近，并且低，火焰不能顺进窑内。此时应将燃烧器稍抬高一点儿，并离窑内物料远一点儿。这样才能使火焰顺畅，烧出熟料质量好。

上述几种情况不是绝对不变的，当入窑生料或煤粉的化学成分突然发生变化，上述几种情况中不合适的燃烧器位置就可能变成合适的位置。但是，当生料或煤粉的成分正常后，燃烧器位置不合适的仍然不合适。因此，应随时掌握风、煤、料的变化情况以及来自篦冷机的二次风的情况，根据筒体扫描温度随时调整燃烧器的位置。

燃烧器常见故障、产生原因及主要处理方法如表3-4-1所示。

表3-4-1　燃烧器常见故障、产生原因及主要处理方法

常见故障	可能的原因或现象	主要操作处理
黑火头长不着火	1. 煤粉太粗	降低煤粉细度
	2. 煤粉水分大	降低煤粉水分
	3. 二次风温低或窑头温度低	调整火焰提高窑头温度或调整冷却机操作或油煤混烧加大
	4. 内风太小或外风太大	调整内风和外风比例
火焰分叉	1. 燃烧器头部有杂物	清除
	2. 燃烧器出口变形	更换
	3. 管道内有杂物造成送煤粉空气量不足	清除或加风量
火焰形状不佳	1. 径、轴风向比例不佳	调节相应手动阀
	2. 一次风过小或过大	适当调节一次风机进口阀门开度
	3. 燃烧器出口风速低	减少管道及阀门的压力损失
窑尾温度偏低	1. 窑炉用风配合不当	调总排风或适当关小三次风阀
	2. 窑尾负压过大	清理系统结皮堵料
	3. 系统排风量不够，窑内燃烧不充分	调窑尾主排风机转速或阀门开度
	4. 二次风温偏低	适当关小冷却风机阀门开度
一次风机停车	1. 润滑不良	1. 启动事故风机并打开出口阀； 2. 现场全开燃烧器外流风阀，酌情考虑是否拉出燃烧器； 3. 窑尾主排风机慢转，系统保温冷却； 4. 窑连续或间隔慢转
	2. 轴承温度超限	
	3. 电气故障	
窑头喷煤系统停车	1. 旋转喂料机卡死	1. 停窑、停料、停分解炉喂煤、停篦床，否则会出现生料，还会使窑温降低快，重新启动困难。调整系统风量，慢转窑； 2. 查明故障，尽快处理
	2. 预喂料螺旋机积料卡死	
	3. 风机故障	
	4. 电气故障	

任务小结

本任务主要介绍了回转窑用四风道燃烧器位置的确定、焰形状的调整、保养和维护等正常操作，以及出现故障及其处理等。

思考题

1. 火焰形状对煅烧产生哪些影响？
2. 为保持燃烧器的使用寿命和火焰形状，应注意哪些事项？
3. 燃烧器主要工艺参数有哪几个？
4. 火焰扫窑皮是由哪些因素引起的？
5. 烧成带温度偏高，怎样调节燃烧器使其正常？

7. 窑的烧成带温度低，窑尾温度高，怎样调节燃烧器使其正常？
8. 窑内有厚窑皮或结圈，怎样调节燃烧器使其正常？
9. 窑尾温度偏低的原因是什么？如何处理？
10. 燃烧器位置与窑皮的对应关系如何？

任务5　废气处理系统中控操作

任务简介　本任务主要介绍了窑尾废气处理系统操作原则、主要工艺参数的调节方法及其常见生产故障的处理。

知识目标　了解窑尾废气处理系统操作原则；掌握主要工艺参数的调节方法；熟悉常见生产故障的处理步骤。

能力目标　能通过调节参数变化，维持废气处理系统正常工况；针对系统出现的故障，会查找原因，并及时处理。

5.1　废气处理系统正常操作

窑磨同时运行时，出预热器的废气一部分进入生料粉磨系统作为烘干热源，一部分经增湿塔喷水降温后进入窑尾收尘设备，净化后废气由窑尾排风机排入大气。增湿塔及袋收尘器收下的窑灰由螺旋输送机、链式输送机，送往入库提升机，与出原料磨合格生料一起送至生料均化库；在开窑停磨时，窑灰也可经电动闸门和入窑提升机直接转送至生料入窑。

窑尾收尘设备可以采用电收尘器、袋收尘器两种形式。若采用电收尘器，为提高收尘效率，需要通过增湿塔对废气进行增湿、降温，将粉尘的比电阻降至合适的范围；若采用袋收尘器，增湿塔主要起降温作用。另外，由于大、中型新型干法水泥生产线多采用立式原料磨，则可以借助增湿塔根据入磨原料的综合水分，灵活调节入磨气体温度。

5.2　废气处理系统主要工艺参数控制

窑尾收尘器入口气体温度对设备安全运转、提高收尘效率及防止气体冷凝结露有重大影响，一般可通过排风机冷风阀门开度及增湿塔喷水量进行调节。

增湿塔的关键问题是喷水的雾化程度和喷水量的有效控制。雾化程度通过增湿塔内的喷雾系统来实现，喷水量则可借助于增湿塔出口气体温度的高低进行调节。调节增湿塔喷水量有两种方式，一是调节回水流量，二是采用水泵电机的变频调速来调节水压，进而调节喷水量。不同生产规模、布置方式和原料烘干要求的新型干法窑，其喷水量是不同的。

5.3　废气处理系统异常情况处理

1. 根据增湿塔物料与出口温度判断增湿塔喷水情况

(1) 假设增湿塔出口温度正常，物料正常说明雾化好，一切正常。

(2) 假设出口温度高而物料湿并结块，说明雾化不好，出口压力低，喷枪喷嘴损坏，雾化片孔大，回水阀门过大。

(3) 假设水流量大而出口温度高，说明喷枪外漏水。

(4) 假设出口温度低，物料温度低并湿底，则说明喷水过量，喷嘴损坏，各阀门位置不当。

2. 增湿塔出口气体温度高的原因与处理

(1) 原因

1) 窑尾废气温度高。

2) 喷水量少。

(2) 处理

1) 稳定烧成系统工况，调整一级筒出口气体温度在正常范围内。

2) 调节回水阀门或水泵电机频率控制喷水量。

3. 增湿塔雾化不好，窑灰水分过高的原因与处理

(1) 原因

1) 喷枪排放不合理。

2) 喷嘴内结垢堵塞或喷嘴接缝处漏水。

3) 压力不足，管路漏水。

4) 水泵故障。

(2) 处理

1) 停窑检修时重新调整。

2) 停窑检修时清洗或更换。

3) 堵漏管路，调整水泵工作压力。

4) 启动备用水泵，查明原因，尽快检修更换部件。

5) 增湿塔下窑灰立刻从旁路排出。

4. 增湿塔出口温度不低，而收下来的物料却湿的原因

(1) 因为喷枪不均，或喷的位置不对，水集中，所以温度降不下来而料湿。

(2) 雾化片坏，雾化效果不好，水不均造成。

(3) 喷枪有的地方漏水，不雾化造成。

(4) 水泵压力不够，雾化效果不好。

(5) 外部水管漏水，影响压力，影响雾化。

5. 电收尘 CO 含量超限报警的原因与处理

(1) 由于废气 CO 含量高则加强窑的操作。

(2) 由于电收尘内有积灰着火，且 CO 含量持续上升时应使电收尘器断电，关闭电收尘前后阀门，系统急停喷入 CO_2 处理。

6. 窑尾高温风机停车的原因与处理

(1) 原因

1) 叶轮变形、磨损，振动过大，轴承温度超限。

2) 风机润滑不良。

3) 烧成系统漏风大造成电机超负荷。

4) 叶片上结皮严重造成较大振动。

(2) 处理

1) 防止风机过长时间处于超高温状态，严重时停窑检修。

2) 疏通管路，修堵漏油，补加润滑油。

3) 停窑检修。

4) 检查风机叶片是否结皮，及时处理。

7. 分析窑尾高温风机振动值持续偏高的原因

(1) 高温风机基础地脚松动。

(2) 高温风机叶片不平衡。

(3) 高温风机入口挡板失灵。

(4) 高温风机转速过高。

8. 废气排风机停车的原因与处理

(1) 原因

1) 叶轮变形、磨损，振动过大。

2) 轴承温度超限。

(2) 处理

1) 停机检修，相应地停窑、停磨。

2) 清扫灰尘，疏通管路，修复渗漏，补加润滑油，保证冷却水畅通。

任务小结

烧成系统操作中需要兼顾废气处理系统的工况，尤其是当窑尾废气还要作为生料粉磨系统的烘干热源时，该系统的操作更为重要。该系统主要设备包括增湿塔、电收尘或袋收尘，增湿塔的关键问题是喷水的雾化程度和喷水量的有效控制，而收尘设备的关键问题是入口温度及气体成分，尤其是CO含量。

废气处理系统操作中常遇到的问题主要包括出口温度过高或过低、增湿塔湿底、CO含量高等，操作员应准确查找原因并及时处理。

思考题

1. 废气处理系统的主要控制参数有哪些?
2. 增湿塔出口气体温度过高如何调节?
3. 增湿塔出口气体温度过低如何调节?
4. 哪些因素会导致窑尾高温风机突然停车?
5. 哪些因素会导致窑尾高温风机振动值偏高?

任务6　三次风阀调节

任务简介　三次风在烧成系统中对于平衡窑、炉用风起着非常重要的作用，本任务主要介绍三次风及三次风阀的调节，重点介绍了三次风阀调节的操作原则及具体操作手法。

知识目标 了解三次风以及三次风阀的作用；了解三次风阀不正确的调节方法；掌握影响三次风阀调节的因素；掌握三次风阀调节原则和具体操作手法。

能力目标 能利用正确的方法进行三次风阀的调节控制。

6.1 三次风阀正常操作

6.1.1 三次风及三次风阀的作用

三次风是指来自篦冷机提供给分解炉的高温新鲜空气，其温度常介于 800～1000℃之间。用来调节三次风量的阀门称为三次风阀。在总排风量不变的条件下，利用三次风阀可以平衡窑、炉用风，与系统用煤量相适应，以获取理想的最高烧成温度。

1. 三次风的作用

（1）为分解炉煤粉燃烧提供足够的氧气。对于目前大多数企业使用的在线型分解炉而言，三次风中的氧含量要比来自窑尾废气中的氧含量高很多，为分解炉内加快煤粉燃烧速度及充分燃烧创造条件，为炉内碳酸盐分解提供足够的热量。

（2）高温的三次风可以给分解炉内带入更多的热量。分解炉内碳酸盐的分解是个强吸热过程，三次风带入的热量可以加速分解炉内碳酸盐的分解，是分解炉节约用煤的重要手段。

（3）合理利用三次风进入分解炉的方向，可以加大三次风与煤粉的混合力度，加快燃烧速度。

2. 三次风阀的作用

三次风风速和风量的大小首先取决于窑尾高温风机的性能，其次是通过三次风阀控制它与窑内用风的平衡。如果窑、炉用煤量调节比例合理，就必须调节三次风阀，使窑、炉用风量比例合理，以满足各自煤量的燃烧。如果窑风过大，三次风不足，会使窑内高温后移，而炉内煤粉燃烧不完全，易形成下级预热器与分解炉温度倒挂；如果三次风过量，窑风不足，熟料煅烧为还原气氛，一级出口温度高。两种情况都会造成能耗的巨大浪费。

能准确控制三次风用量，就能够验证窑、炉用煤量的比例是否适宜。可以这样认为，当前很多操作之所以窑、炉用煤比例比较随意，正是因为多数三次风阀不易操作，使得用风比例难以控制，不仅窑、炉煤粉不完全燃烧的现象普遍存在，温度布局也极不合理；反之，如果窑、炉的风、煤配合都能到位，窑尾及分解炉出口的 CO 含量就会较低，两处的温度绝不可能轻易调整窑、炉用煤量比例。因此，三次风阀的准确调节，是正确用煤比例的保证，也是降低窑炉煤耗、实现较大效益的基础。

6.1.2 影响三次风阀调节的因素

1. 窑、炉用煤比例的变化

在用煤量调节中，强调了窑用煤量与炉用煤量要符合正确比例，这一点将从根本上影响三次风阀的调节。但是需要提醒的是，在未彻底解决正确用煤量之前，即使能正确调节三次风量也是枉然。只关注窑内烧成温度与分解炉内温度的变化，并不足以掌握窑与分解炉内燃料燃烧状态的变化，还需要结合现场情况，才能决定窑炉用煤量的比例。一旦改变用煤比例，就应该调节三次风阀，以改变用风比例。

2. 窑、炉用风量的稳定程度

调节窑与分解炉用煤量时，不仅要考虑所需热量的匹配，更要考虑两处用风量的匹配。例如当分解炉或窑内的煤粉过量时，也可以认为该处的用风不足。因此可以这样理解：在总风量不变的情况下，三次风阀的相互牵制和平衡，实际是造就了用煤合理与用风合理成为一对“孪生兄弟”，这就是正确调节三次风阀的重要性所在。

然而，事物还有另外一面，尽管系统总排风不变，即便三次风阀也不动，仍然会因为如下因素造成阻力的重新分配，打破窑、炉的用风平衡。完全可以认为，窑内与三次风管内的风阻不是恒定值，只要其中一方的阻力变化，都会引起另一方的用风随之波动。运转越不稳定的窑系统，这种波动会越大。

（1）影响窑内通风阻力的因素有：窑皮、结圈状态；后窑口的结皮；窑内物料填充率；前、后窑口漏风情况；窑砖的存留厚度。这些导致增加窑内阻力的因素，就是造成窑内通风量减少的因素，换句话说，也就是增加分解炉用风比例的因素。

（2）影响三次风管阻力的因素有：三次风管内沉积料层；闸板位置及损坏情况；闸板处漏风量；三次风管内衬料磨损，特别是进入分解炉的弯头磨损等。它们对窑、炉用风平衡的影响与上相反。在内径偏大的三次风管中，沉积料层的变化是不利于窑、炉用风平衡的重要因素。

调节三次风阀需要随时观察，适应这些阻力的变化，实现窑、炉用风平衡的合理性。

3. 窑尾缩口结构与阻力

窑尾的缩口部位包括分解炉底部缩口、烟室、斜坡及进料托板（俗称“舌头”）等部位，是连接窑、分解炉及预热器的咽喉。如果不注意其结构及尺寸，就会影响窑炉用风量之间的平衡，或增加窑的飞灰循环，或加大窑尾阻力和缩口结皮等。

（1）入窑生料与出窑废气间的阻力损失。窑内的废气要经过窑尾烟室进入分解炉，同时，分解后的生料需要经五级预热器过烟室斜坡入窑。废气走上空间，料流顺斜坡走下空间，应当清楚分流。但如果斜坡与拱顶间断面过小，或斜坡角度不足，就会造成物料流动不畅；如果下料管角度不符合要求，势必使部分生料被废气扬起，并携带返回分解炉，不仅降低系统热效率，而且增加窑内阻力，增大窑尾负压。

为此，应严格控制斜坡和拱顶耐火材料衬厚，使之通风断面尽可能扩大；整体浇灌斜坡及其进料“舌头”的浇注料，保证表面光滑；确保拱顶到斜坡垂直距离尽可能增大，将约1m长的斜坡分为2～3个倾角（55°～30°）平缓过渡；拱顶与烟室上沿之间为50°倒角，与下部斜坡平行。

（2）缩口断面积的确定依据。新建的窑尾缩口尺寸通常固定，正确设计窑尾缩口面积是发挥三次风阀作用的前提。确定缩口截面面积的三项依据是：按窑的设计能力110%左右为产能基准，实际风速≥25m/s，核算窑尾工况气体流量；当三次风阀全开时，窑内通风阻力将大于炉内，即窑内风量不足，说明风阀具有调节余地；当三次风调节阀关至50%以下时，炉内用风会明显不足。符合这些依据，就能保证三次风阀在50%～100%之间调节有效，完成窑、炉平衡用风的任务。

（3）窑与烟室的衔接原则。回转窑是转动设备，而烟室为静止装置，两者连接既要考虑不漏料，又要考虑为窑上下窜动、变形摆动留有空间。如进料托板与窑筒体缩口之间的动态间隙较大或不均匀时，必然有部分生料会在窑的转动中从间隙漏入密封圈，因此回转窑旋动周边与进料托板下侧的间隙应控制在50～100mm，并且适当控制进料托板端面伸入窑内的长度，如伸入过多，易产生堆料；伸入过少，生料就会溢出密封圈。一般控制回转窑位于下限时，窑尾端面与斜坡端面平齐即可。

解决窑尾漏风影响窑炉用风平衡问题，除上述结构杜绝漏料外，还应该采取较为可靠的密封装置。

4. 不同三次风取风口位置的影响

为了避免耐火材料寿命过短，现在又有恢复小窑门罩方案设计，将三次风取风口改在篦冷机高温段上方，此时三次风温度比在窑门罩取风要低100℃以上。这就意味着分解炉要相应增加用煤量及用风量；相反，也有既保留窑门罩抽取三次风，又取高温段热风的设计，使三次风温提高100℃左右，与二次风温接近，这种情况使分解炉用煤比例减少至57%，窑用煤量为43%。对比这两种设计，说明二、三次风温度的差距将直接影响窑炉用煤比例，也决定用风比例。窑门罩还可保留窑径向空间，缩小轴向空间，只从窑门罩抽取三次风为宜。

5. 三次风管的直径与斜度

生产中，常常发现三次风管内积存有大量细粉，成为三次风入炉阻力变化的主要原因，导致窑、炉用风的平衡成为动态。说明三次风管直径过大，使夹带的熟料细粉因风速过低而沉降，直到沉降使断面变小后，管内风速又提高，才使沉降终止。

有的三次风管出入风口的标高相差过大，斜度较大，会形成阵发性管内积存熟料向下窜料的现象，破坏了篦冷机系统的稳定。

6. 三次风阀自身的使用寿命及调节的灵活程度

自预分解窑工艺问世以来，三次风阀的类型已经几度变迁改型，但始终没有满意的解决效果，尤其是随着窑规格的大型化，三次风阀的使用寿命都不足半年，而且调节笨重困难，成为准确控制窑炉用风比例的重大障碍。

面对这种困难，不少生产线被迫通过三次风管人孔门，向管内投入或取出废砖头，调节通风面积。还有人推荐在三次风管内砌筑缩口，取消可调节的阀门并封住闸阀口，再利用废砖做小量调节。所有这些做法都是无奈之举，不可能及时、准确控制窑炉用风的平衡。

在大多数生产者应付的同时，仍有不少有志者在摸索不同材质、不同结构的三次风阀，大胆试验。现在由高温陶瓷制作的三次风阀试用已经初见成效。

7. 三次风管自身质量与布置

(1) 管径确保风速与阻力稳定。有些5000t/d以上生产线的分解炉设计，进入分解炉的管道布置变得较为复杂，由总管道分支为两条。其目的是使入炉的三次风更匀称地接近喂入的煤粉，但是分支之间阻力难以平衡，管道内熟料细粉的沉降量并不能按每个分支上的三次风阀调节。当然，设计向上的第三通道是为降低NO_x考虑。但随着支管数量的增加，与窑用风均衡的难度也会增加。

(2) 三次风管需要有效的内保温及不漏风，使三次风温降低越少越好。

(3) 应该修改三次风管进入分解炉前的大弯头设计为小角度入炉。实践证明，大弯头的外侧面受风内细粉的磨损异常严重，成为千疮百孔、常修常漏之处。

6.1.3 调节三次风阀的操作原则

(1) 确保窑与分解炉用煤同时完全燃烧，而过剩空气量不多。在高温风机总风量不变的条件下，如果需要增加窑的用煤量比例，三次风阀就应当略有降低，以保证窑内用风量适当增加，但这要以分解炉用煤量没有不完全燃烧为前提，或以分解炉用煤量可以减少为前提。换句话说，在增加窑用煤量之前，应该判断窑与分解炉的煤粉燃烧是否有过剩空气。不论是窑内存在过剩空气，还是分解炉内不存在过剩空气，此时都不必或不能对三次风阀进行调节。即应当在用煤比例合理的条件下，才能考虑用风平衡。

（2）减少硫在窑内的挥发量。硫在熟料中残存量与挥发量的平衡与窑内煅烧气氛、烧成温度及物料在窑内的停留时间有关。其窑内的气氛在总风量不变的前提下，显然受三次风阀的调节影响，所以，它是防止窑尾结皮的操作要求之一。

（3）三次风阀的调节频率无需过于频繁。系统稳定的窑，窑炉用煤量的比例不需要频繁改变，因此三次风阀更不需要频繁操作。

6.1.4 调节三次风阀的具体操作手法

1. 正确判断窑、炉用风是否平衡的方法

调节三次风阀的前提是要判断窑、炉用煤已经合理，才能准确判别窑、炉用风的合理性。

（1）判断窑、炉的功能是否胜任。首先要判断窑、炉用煤量的情况，再看它们的功能是否完成。窑的功能除了凭经验观察火焰力度外，还可通过游离氧化钙的数值及稳定程度判断。分解炉的功能要看分解率的高低，建议分解率的测定方法将烧失量法改为CO_2体积法测试。

导致分解率测试结果偏差的因素有：窑灰的加入量不稳定；生料中的含水量；二价铁的氧化；其他碳酸盐的含量；取样点位于五级闪动阀之后；分解温度与时间滞后于分解炉的实际情况；有害元素富集的影响等。

（2）判断窑、炉用煤比例合理的标志

① 分解率应在90%～95%之间。

② 窑尾温度最低时的状况，说明窑炉用煤比例较为合理，因为不论窑头，还是分解炉，它们之中的任何一处有煤粉不完全燃烧都会导致窑尾温度升高。

③ 分解炉内煤粉完全燃烧的表现是：五级预热器出口温度比分解炉出口温度低，窑尾结皮不严重，窑内后窑口没有结圈与结皮，一级出口温度低于320℃。

（3）在用煤量合理的情况下，检查用风量是否正确。在窑尾及分解炉出口同时设置废气分析仪是检查窑、炉的煤、风配比正确与否的重要手段。有了该仪表，正确调节三次风阀就有了可靠依据。

2. 正常运行的操作

正常运行中，发现窑尾负压及三次风管负压不平衡时，或窑内温度与分解炉温度需要改变用煤比例时，应该适时调节三次风阀。每次的调节幅度一般以10mm为宜，调整后应观察窑尾负压及温度的变化情况，及分解炉的燃烧情况与温度变化是否符合要求。

3. 三班操作交底

目前三次风阀易调节者少，而且中控室也不易观察具体位置，因此三班操作应当相互交底，不能各行其是而不沟通。有些企业硬性规定，操作员无权自行调整，显然也不利于风与煤的正确配合，尤其是不稳定的系统。

4. 开、停窑的操作

在开、停窑过程中，可以借助三次风阀的位置，调整窑内负压的大小以及升温或冷窑速度。

5. 重视三次风管中存料影响

对于内径偏大的三次风管，应利用检修期间增加保温层厚度的方式，减小管道有效直径。未改造之前，数天一次大幅度调整三次风阀，目的是通过改变风速，保持管道内积落的熟料粉量不要过厚，也避免三次风阀与墙壁产生粘结。为不影响与窑的平衡，每次起落时间间隔要控制在1～2min。

6.2　三次风阀调节的不正确习惯

（1）窑、炉用风比例调节不妥

当系统总风量合理时，在用煤量合理的情况下，如果三次风阀未根据窑炉阻力变化及时调整，窑内或炉内就会产生一方不完全燃烧，另一方空气过剩的可能。两种情况都会导致热耗居高不下。

（2）长期不调节三次风阀开度

且不说窑、炉内阻力不可能运行中长期不变，若长期不动三次风阀，熟料粉沉落积聚在闸阀及沿途管道内，尤其在转弯和断面改变处，会在高温下粘结，一旦调节闸阀便愈加困难，致使三次风量、风速越发变小，甚至在三次风管进风口处被熟料粉堵塞。

（3）三次风用量过大

大多情况是由于分解炉用煤过大引起的。此时窑内用风减小，导致窑尾烟道风速严重不足，无法将四级来料全部托起到分解炉，造成部分生料直接落入窑内，而形成夹心熟料。

总之，上述操作不当的关键并不在于三次风阀操作的频次，而是在于应该知道在什么条件下必须调整三次风阀，以及如何调整。

任务小结

本任务介绍了三次风及三次风阀的调节，通过学习，使学生了解三次风在窑炉系统中的重要作用，学会分析影响三次风阀调节的因素，并能够利用正确的方法进行三次风阀的调节控制。

思考题

1. 什么是三次风？三次风的作用是什么？
2. 影响三次风阀调节的因素是什么？
3. 调节三次风阀的原则是什么？
4. 调节三次风阀的操作手法有哪些？
5. 三次风阀调节的不正确习惯有哪些？

任务7　窑速调节

任务简介　影响窑速调节的主要矛盾是为获得高质量熟料，在高温带已经达到理想的最高煅烧温度的条件下，解决物料在窑内的停留时间与受热均匀程度之间的平衡。围绕解决这个矛盾，本任务主要介绍正确控制窑速的意义、影响窑速调节的因素、窑速调节的原则及具体操作手法。

知识目标 了解窑速控制的重要意义；了解窑速调节的不正确习惯；掌握影响窑速调节的因素；掌握窑速调节的操作原则及具体操作手法。

能力目标 能按要求正确进行窑速的调节。

7.1 窑速正常操作

7.1.1 正确控制窑速的重要意义

(1) 目前存在对窑速的模糊认识。

中控操作员对窑速的概念应该是再熟悉不过了，但仍难免有如下几种观点：

1) 窑速快会使物料在窑内停留时间缩短，不利于熟料质量提高，因此经常将窑速控制在3r/min以下。如果熟料游离氧化钙高，则更要降低窑速。

2) 将窑的转速调节作为改变窑内热工制度和保证熟料质量的主要手段，经常一个班内调整5～10次窑速。特别是窑内温度较低时，就将窑速减慢；一旦窑有塌料或窜料时，不论料量大小，均迅速减慢窑速。

3) 认为窑速快会加大窑传动装置的磨损，电耗高。

(2) 正确认识窑的喂料量、窑的负荷填充率和窑的转速之间的关系。

应该有一个共识：高质量的熟料不是靠延长物料在窑内的停留时间获得，而是取决于合理的煅烧温度及物料受热煅烧的均匀程度。这不是否定必要的停留时间，而是强调过长的停留时间不仅影响产量、消耗，也不利于质量的提高。可以分三种情况进行讨论：

1) 在窑喂料量不变时，窑速加快，使窑的填充率降低。此时窑的产量虽未增加，但由于薄料快转，有利于熟料煅烧均匀，质量提高；窑内传热效果好，热耗降低；窑内窑皮、耐火砖受热波动小，窑的安全运转周期长。

2) 在窑的填充率不变时，让窑速和喂料量同步增加或减少，即窑的产量高低时刻伴随着窑速的快慢调节。但由于窑的热负荷要相应改变，窑皮、窑内衬料的负荷也时刻在变化，势必影响窑的安全运转周期。此种措施只有在入窑生料分解率保持恒定在90%以上的情况下才能采用。很多水泥企业就是利用提高分解炉容积，加大对生料的分解能力，然后加快窑速的改造，大幅度提高了系统产量。

3) 在窑速不变时，若要增加喂料量，必将导致窑填充率的加大。而在填充率已经达到上限时，仍继续这样增加产量必会使熟料质量下降、热耗升高及窑的安全运转周期缩短。

在上述三种情况中，显然应该提倡第一种操作方式，谨慎使用第三种操作方式。

7.1.2 影响窑速调节的因素

1. 生料喂料量

传统回转窑中，生料喂料量与窑的转速保持同步，可以保证窑内物料填充率不变，有利于熟料煅烧的均匀。但是预分解窑中，生料入窑已经基本分解，无论生料喂入量多少，均可按高窑速控制，以有利于增加物料的翻转次数，提高热交换效果。而且，如果还要增加喂料量，必须进一步提高窑速，以保持填充率，否则，熟料质量会下降。而不是为延长物料在窑内停留时间而打慢窑速。

2. 原燃料喂入量的稳定程度

如果生料或煤粉喂入量难以控制，入窑量或大或小，就会使窑内煅烧温度严重波动，对于习惯用窑速调节窑内温度的操作者，就要频繁调节窑速；即便操作者预见性较强，能够减少窑内温度的变动幅度，系统的热工制度仍难以稳定。对于稳定窑速的操作者，此种工况的窑速也不便定在高位。

3. 原燃料成分的稳定程度

生料或煤粉的成分变动，同样影响窑内烧成温度，为窑速的稳定增加了难度。但成分没有过大变动时，不一定要调整窑速，更好的手段往往是调节喂料量。

上述各因素的稳定程度越高，就越有可能使窑速在更高水平上稳定。

4. 工艺状态是否异常

当窑内形成结圈、脱落窑皮，或窑内有“大球”，或预热器塌料，或篦冷机结“雪人”时，窑速不能维持不变。其中，脱落大量窑皮、塌料，都会要求伴随大幅度减料操作，同时，将窑速降至1r/min以内；当篦冷机内有“雪人”或下游设备发生不停窑就可以处理的故障时，也要在大幅度减料的同时，将窑速降低至1r/min以下。

5. 窑机械运行的允许程度

窑的机械元件中，托轮、轮带、挡轮、大小传动齿圈都会随着窑速的提高而增加其受力变化的频次，需要提高其抗疲劳强度。但是，随着转速的提高，平整的窑皮、填充率的降低都有利于受力变化的幅度减小。最近的设计者将窑速最高上限提高到4.5r/min以上，并选用变频电机，这是设计理念上的进步，为操作者留下更大提高窑速的空间。

不言而喻，窑的转速大小与窑的斜度有关，斜度大的窑，提高窑速的空间就小。如果从物料在窑内受热均匀及有利于熟料煅烧的角度考虑，窑的斜度应当取低值，窑的转速则应取高值。值得一提的是，这种参数的选取还有利于窑挡轮的受力及窑上下窜动的调整。

托轮的轴瓦曾是窑机械中最易出故障的环节，经过新型材质锌基合金瓦的多年普及，使用寿命大大提高，制造厂商许诺：不会拉丝、不抱轴、不翻瓦。近年来，国内旋窑的轮带、托轮、大齿圈等部件，恶性故障频出的原因，是不顾质量的廉价化所为，并非是稳定高窑速的结果。

7.1.3　窑速的操作原则

1. 保持高窑速的效益

这里的高窑速指的是4r/min左右的窑速。高窑速的优点如下：

（1）有利于提高熟料质量。窑的转速增加以后，单位时间内物料在窑内的翻转次数成比例增加，物料与窑皮、窑内衬料的热交换频次增加，物料自身的翻转次数也增多。总之，提高了热交换的质量，在保证物料在窑内必要停留时间的条件下，有利于熟料质量的提高。

（2）有利于提高台产。高窑速能加快物料与热气流之间的热交换，同样产量条件下，减少窑内物料填充率。如果填充率不变，加快窑速则是增加台产的重要途径，对此操作俗称为“薄料快转”。

（3）有利于保护窑衬。窑速提高以后，窑每转一周所用的时间缩短，从1r/min的60s，缩短为4r/min的15s，作为窑皮，它与热气流同是物料受热的媒介，可使窑皮、耐火砖受热的周期温差变小，热负荷变化幅度变小。因此，高窑速的预分解窑内能形成较为平整的窑皮，从而延长窑内衬砖使用寿命。

（4）对窑传动等机械设施及电耗不会有负面影响。相反，随着窑的负荷率的降低，减少了窑的偏心程度，反而改善了机械负荷，同时单位电耗还可能降低。

总之，窑速高不一定使物料在窑内停留的时间短，相反，有利于窑内热交换，有利于窑的热工制度的稳定，也有利于窑的机械传动稳定，是真正能使窑高产、优质、低耗的正确操作方法。

2. 高窑速的选择

高窑速并不是毫无节制，越高越好，因为不同原料、不同的预热和分解情况，烧制熟料所需最短时间毕竟不同，当操作者都意识到传统慢窑速的不利影响后，都可以摸索出每条窑的合理窑速。这种合理指的是能实现高度稳定的窑速，是当系统其他参数相对稳定时，无需调整的稳定转速，绝不是能转多快就转多快，转不动再慢下来的窑速。这是为系统的整体稳定创造的最好条件。当然，还要注意，不能让窑速快到物料粘在窑皮上随窑旋转不能滑下的地步，这种情况还会与窑温控制有关。目前，一般窑的旋转次数已经从预分解窑最初的3r/min，提高到目前的4r/min，有的窑在改造后，甚至已经向5r/min靠近。

有人总担心，高窑速后，物料在窑内停留时间会缩短，熟料质量会降低，但是，超短窑成功运行的事实已经印证了这种担心的多余。理论证明，碳酸盐分解后的生料在过渡带长时间的停留，只能使新生成的CaO、SiO_2的结晶长大，失去活性，形成C_3S时反而需要提高煅烧温度；而且，窑筒体长增加了筒体表面散热损失，超短窑缩短了这段距离，所以，高窑速不仅可以使熟料质量提高，还有利于节能降耗。

3. 稳定窑速是稳定操作的前提

高窑速运转已经成为多数操作人员的共识，但是稳定在高窑速下运转，保持数班、数日不变，却不是每条生产线都能实现的。不少操作者习惯微量调整窑速，以达到控制烧成温度的目的，当发现窑电流降低或者游离氧化钙含量过高时，首当其冲的操作就是打慢窑速，哪怕从3.8r/min调整为3.6r/min也好，认为这有助于延长物料在窑内的停留时间，能提高煅烧质量。实际情况与这种愿望恰恰相反，不但对熟料质量没有任何积极意义，反而导致系统难以稳定。因为打慢窑速势必加大窑填充率，虽然窑电流增加，但绝不表示窑内温度有所提高，相反，熟料的煅烧传热条件变差了，更不符合煅烧高质量熟料“一高三快”的要求，即：烧成带的煅烧温度要高；分解后的生料进入烧成带的速度要快；进入烧成带后通过烧成带的速度要快；熟料冷却的速度要快。

再反过来分析频繁调窑速之不利，窑速变化将改变窑填充率，并立即使出窑熟料量变动，继而改变二、三次风温，又进而影响煤粉燃烧速度，使烧成温度变化，所有这些都会造成窑的台产更大波动。这种恶性循环对熟料质量及热耗有很大的影响，一些企业在认识到这种不利之后，强行规定不轻易调整窑速，无论对操作者，还是对窑的运行，都会受益。

7.1.4 调节窑速的具体操作手法

1. 正常运转的窑速操作

首先确定影响窑内温度变动的原因。以窑温降低为例，如果确属喂料量瞬时过大，或煤质质量降低，或生料成分过高，这些情况在稳定维持高窑速的前提下，都可以通过对入窑生料量的微量调小实现。随着减少喂料，窑内填充率降低，真正改善了煅烧条件，而这种调节不会使窑的出料量明显波动，有利于窑的稳定。

总之，正常运行中维持高窑速不变不仅是必要的，也是可行的。要记住，窑内温度变低，是火焰热力不足以满足煅烧热量需要的表现，并不是物料在窑内停留时间不够的结果。

2. 异常状态时的窑速操作

如前所述，结圈、脱落窑皮、窑内有“大球”、预热器塌料、篦冷机“堆雪人”等都需要酌情调整窑速，具体的调整手法如下：

(1) 窑内后圈严重时，物料在圈后集聚较多，会承受更多时间的低温预烧，一旦进入烧成带，生料很难烧成；而且此时火焰由于结圈而不畅，只有长火焰顺烧；虽然这种煅烧制度已不理想，但操作应该以处理后圈为中心，窑速无需减慢，甚至可以尽量提高。

(2) 窑内有圈掉落时，或有严重塌料时，应迅速大幅度减料，之后瞬间大幅度降低窑速，且一步到位打慢至 1r/min 左右。

(3) 窑内有“大球”时，窑速调整可以配合料量的变动，目的是加剧窑皮后面物料量的变化更大，使结球能更快爬上窑皮。即当减小下料量时，打快窑速；当加大下料量时，减慢窑速。

(4) 需要处理篦冷机“雪人”时，关键是减小喂料量，方便现场操作，一般无需减慢窑速。只是处理时间需要较长，料量减得较多时，才需要适当减慢窑速。

7.2　窑速调节的不正确习惯

(1) 不能稳定窑速。频繁调节窑速、较小范围地变化窑速，将窑速调节作为控制窑内温度的常用手段，这是最不良、最无效、最顽固的习惯。

(2) 以慢窑速当作稳定操作的方法。过分担心窑速快会引发生料窜出，这不仅是“杞人忧天”，而且是因循守旧。掌握火焰温度和工艺制度稳定才是保障熟料质量的关键。燃烧器不会调节，原燃料又无法稳定，当然只好打慢窑速。

(3) 当篦冷机料量较高时打慢窑速，以减缓篦冷机压力。这种操作不但破坏窑内煅烧条件，而且无法改善篦冷机的冷却效率。

任 务 小 结

本任务分析了影响窑速调节的因素，介绍了窑速调节的原则和具体操作手法，通过学习，使学生掌握窑速调节的正确方法和思路，养成良好的窑速调节习惯。

思　考　题

1. 正确控制窑速的重要意义是什么？
2. 影响窑速调节的因素有哪些？
3. 使用高窑速的优点有哪些？
4. 调节窑速的具体操作手法是什么？
5. 窑速调节的不正确习惯有哪几种？

附录 1　国际制、工程制单位换算表

量的名称	工程制单位		国际制单位			换算关系
	名称	符号	名称	符号	因次式	
长度	米	m	米	m	L	
质量	$\frac{千克力 \cdot 秒^2}{米}$	$\frac{kgf \cdot s^2}{m}$	千克	kg	M	$1kg \cdot s^2/m=9.80665kg$ $1kg=0.101972kgf \cdot s^2/m$
力	千克力	kgf	牛顿	N	LMT^{-2}	1kgf=9.80665N 1N=0.101972kgf
时间	秒	s	秒	s	T	
压力（压强）	千克力/米^2 千克力/厘米^2 标准大气压 毫米水柱 毫米汞柱	kgf/m^2 kgf/cm^2 atm mmH_2O mmHg	帕斯卡	Pa	$L^{-1}MT^{-2}$	$1kgf/m^2=1mmH_2O=9.80665Pa$ $1kgf/cm^2$（工程大气压）=98.0665kPa 1atm=101.325kPa 1mmHg=133.332Pa
密度	$\frac{千克力 \cdot 秒^2}{米^4}$	$\frac{kgf \cdot s^2}{m^4}$	千克/米^3	kg/m^3	$L^{-3}M$	$1kgf \cdot s^2/m^4=9.80665Pa \cdot s$ $1kg/m^3=0.101972kgf \cdot s/m^4$
速度	米/秒	m/s	米/秒	m/s	LT^{-1}	
动力黏度	$\frac{千克力 \cdot 秒}{米^2}$	$\frac{kgf \cdot s^2}{m^4}$	帕·秒	Pa·s	L^2M^{-2}	$1kgf \cdot s/m^2=9.80665Pa \cdot s$ $1Pa \cdot s=0.101972kgf \cdot s/m^2$
运动黏度	二次方米/秒	m^2/s	二次方米/秒	m^2/s	LT^{-1}	
工、能、热	千克力·米 千卡 千瓦·小时	kgf·m kcal kW·h	焦耳	J	L^2MT^{-2}	1kgf·m=9.80665J 1kcal=4186.8J=4.1868kJ 1kW·h=3600kJ
功率热流	千克力·米/秒 千卡/时 马力	kgf·m/s kcal/h HP	瓦	W	L^2MT^{-3}	1kgf·m/s=9.80665W 1W=0.101972kgf·m/s 1kW=1.341hp 1hp=745.700W 1kcal/h=1.163W
温度	摄氏度	℃	开尔文	K	θ	t（℃）$=T+273.15$（K）
比热	千卡/（千克力·摄氏度）	kcal/（kgf·℃）	焦/（千克·开）	J/（kg·K）	$L^2T^{-2}\theta^{-1}$	1kcal/(kgf·℃）=4.1868kJ/(kg·K） 1J/(kg·K）=0.239kcal/(kgf·℃）
导热系数	千卡/（米·时·摄氏度）	kcal/（m·h·℃）	瓦/（米·开）	W/（m·K）	$LMT^{-3}\theta^{-1}$	1kcal/(m·h·K）=1.163W/(m·K） 1W/(m·K）=0.8598kcal/(m·h·℃）
传热系数	千卡/（米^2·时·摄氏度）	kcal/（m^2·h·℃）	瓦/（米^2·开）	W/（m^2·K）	$MT^{-3}\theta^{-1}$	1kcal/(m^2·h·K）=1.163W/(m^2·K） 1W/(m^2·K）=0.8598kcal/(m^2·h·℃）

注：将 m、kg、s、K 代入因次式中的 L、M、T、θ 就是国际单位制用基本量表示的关系式。

附录 2　常用材料物理参数

(一) 耐火材料的物理参数

材料名称	密度 ρ (kg/m^3)	最高使用温度 (℃)	平均比热容 c_p [kJ/(kg·℃)]	导热系数 λ [W/(m·℃)]
黏土砖	2070	1300～1400	$0.84+0.26\times10^{-3}t$	$0.835+0.58\times10^{-3}t$
硅砖	1600～1900	1850～1950	$0.79+0.29\times10^{-3}t$	$0.92+0.7\times10^{-3}t$
高铝砖	2200～2500	1500～1600	$0.84+0.23\times10^{-3}t$	$1.52+0.18\times10^{-3}t$
镁砖	2800	2000	$0.94+0.25\times10^{-3}t$	$4.3-0.51\times10^{-3}t$
滑石砖	2100～2200	—	1.25 (300℃时)	$0.69+0.63\times10^{-3}t$
莫来石砖 (烧结)	2200～2400	1600～1700	$0.84+0.25\times10^{-3}t$	$1.68+0.23\times10^{-3}t$
铁矾土砖	2000～2350	1550～1800		1.3 (1200℃时)
刚玉砖 (烧结)	2600～2900	1650～1800	$0.79+0.42\times10^{-3}t$	$2.1+1.85\times10^{-3}t$
莫来石砖 (电融)	2850	1600		$2.33+0.163\times10^{-3}t$
煅烧白云石砖	2600	1700	1.07 (20～760℃)	3.23 (2000℃时)
镁橄榄石砖	2700	1600～1700	1.13	8.7 (400℃时)
熔融镁砖	2700～2800	—		$4.63+5.75\times10^{-3}t$
铬砖	3000～3200	—	$1.05+0.29\times10^{-3}t$	$1.2+0.41\times10^{-3}t$
铬镁砖	2800	1750	$0.71+0.39\times10^{-3}t$	1.97
碳化硅砖 甲 乙	>2650 >2500	1700～1800	$0.96+0.146\times10^{-3}t$	9～10 (1000℃时) 7～8 (1000℃时)
碳素砖	1350～1500	2000	0.837	$23+34.7\times10^{-3}t$
石墨砖	1600	2000	0.837	$162-40.5\times10^{-3}t$
锆英石砖	3300	1900	$0.54+0.125\times10^{-3}t$	$1.3+0.64\times10^{-3}t$

(二) 隔热材料的物理参数

材料名称	密度 ρ (kg/m^3)	允许使用温度 (℃)	平均比热容 c_p [kJ/(kg·℃)]	导热系数 λ [W/(m·℃)]
轻质黏土砖	1300 1000 800 400	1400 1300 1250 1150	$0.84+0.26\times10^{-3}t$	$0.41+0.35\times10^{-3}t$ $0.29+0.26\times10^{-3}t$ $0.26+0.23\times10^{-3}t$ $0.092+0.16\times10^{-3}t$
轻质高铝砖	770 1020 1330 1500	1250 1400 1450 1500	$0.84+0.26\times10^{-3}t$	$0.66+0.08\times10^{-3}t$
轻质硅砖	1200	1500	$0.22+0.93\times10^{-3}t$	$0.58+0.43\times10^{-3}t$

续表

材料名称	密度 ρ (kg/m^3)	允许使用温度 (℃)	平均比热容 c_p [kJ/(kg·℃)]	导热系数 λ [W/(m·℃)]
硅藻土砖	450 650	900	$0.113+0.23\times10^{-3}t$	$0.063+0.14\times10^{-3}t$ $0.10+0.228\times10^{-3}t$
膨胀蛭石 水玻璃蛭石	60～280 400～450	1100 800	0.66	$0.058+0.256\times10^{-3}t$ $0.093+0.256\times10^{-3}t$
硅藻土石棉粉 石棉绳 石棉板	450 800 1150	300 600	0.82	$0.07+0.31\times10^{-3}t$ $0.073+0.31\times10^{-3}t$ $0.16+0.17\times10^{-3}t$
矿渣棉 矿渣棉砖	150～180 350～450	400～500 750～800	0.75	$0.058+0.16\times10^{-3}t$ $0.07+0.51\times10^{-3}t$
红砖	1750～2100	500～700	$0.80+0.31\times10^{-3}t$	$0.47+0.51\times10^{-3}t$
珍珠岩制品	220	1000		$0.052+0.029\times10^{-3}t$
粉煤灰泡沫混凝土 水泥泡沫混凝土	500 450	300 250		$0.099+0.198\times10^{-3}t$ $0.10+0.198\times10^{-3}t$

(三) 建筑材料的物理参数

材料名称	密度 ρ (kg/m^3)	比热容 c_p [kJ/(kg·℃)]	导热系数 λ [W/(m·℃)]
干土	1500	—	0.138
湿土	1700	2.01	0.69
鹅卵石	1840	—	0.36
干砂	1500	0.795	0.32
湿砂	1650	2.05	1.13
混凝土	2300	0.88	1.28
轻质混凝土	800～1000	0.75	0.41
钢筋混凝土	2200～2500	0.837	$1.55+2.9\times10^{-3}t$
块石砌体	1800～7000	0.88	1.28
地沥青	2110	2.09	0.7
石膏	1650	—	0.29
玻璃	2500	—	0.7～1.04
干木板	250	—	0.06～0.21

注：表中除钢筋混凝土的热导率是温度的函数外，其他均为20℃时的参数。

附录3　干空气的物理参数

($p=1.01\times10^{5}$Pa)

t (℃)	ρ (kg/m)	c_p [kJ/(kg·℃)]	λ [W/(m·℃)]	α (m^2/s)	μ (Pa·s)	v (m^2/s)	Pr
−50	1.584	1.013	2.04×10^{-2}	12.7×10^{-6}	14.6×10^{-6}	9.24×10^{-4}	0.728
−40	1.515	1.013	2.12×10^{-2}	13.8×10^{-6}	15.2×10^{-6}	10.04×10^{-4}	0.728
−30	1.453	1.013	2.20×10^{-2}	14.9×10^{-6}	15.7×10^{-6}	10.80×10^{-4}	0.723
−20	1.395	1.009	2.28×10^{-2}	16.2×10^{-6}	16.2×10^{-6}	11.61×10^{-4}	0.716
−10	1.342	1.009	2.36×10^{-2}	17.4×10^{-6}	16.7×10^{-6}	12.43×10^{-4}	0.712
0	1.293	1.005	2.44×10^{-2}	18.8×10^{-6}	17.2×10^{-6}	13.28×10^{-4}	0.707
10	1.247	1.005	2.51×10^{-2}	20.0×10^{-6}	17.6×10^{-6}	14.16×10^{-4}	0.705
20	1.250	1.005	2.59×10^{-2}	21.4×10^{-6}	18.1×10^{-6}	15.06×10^{-4}	0.703
30	1.165	1.005	2.67×10^{-2}	22.9×10^{-6}	18.6×10^{-6}	16.00×10^{-4}	0.701
40	1.128	1.005	2.76×10^{-2}	24.3×10^{-6}	19.1×10^{-6}	16.96×10^{-4}	0.699
50	1.003	1.005	2.83×10^{-2}	25.7×10^{-6}	19.6×10^{-6}	17.95×10^{-4}	0.698
60	1.060	1.005	2.90×10^{-2}	26.2×10^{-6}	20.1×10^{-6}	18.97×10^{-4}	0.696
70	1.029	1.009	2.96×10^{-2}	28.6×10^{-6}	20.6×10^{-6}	20.02×10^{-4}	0.694
80	1.000	1.009	3.05×10^{-2}	30.2×10^{-6}	21.1×10^{-6}	21.09×10^{-4}	0.692
90	0.972	1.009	3.13×10^{-2}	31.9×10^{-6}	21.5×10^{-6}	22.10×10^{-4}	0.690
100	0.946	1.009	3.21×10^{-2}	33.6×10^{-6}	21.9×10^{-6}	23.13×10^{-4}	0.688
120	0.898	1.009	3.34×10^{-2}	36.8×10^{-6}	22.8×10^{-6}	25.45×10^{-4}	0.686
140	0.854	1.013	3.49×10^{-2}	40.3×10^{-6}	23.7×10^{-6}	27.80×10^{-4}	0.684
160	0.815	1.017	3.64×10^{-2}	43.9×10^{-6}	24.5×10^{-6}	30.09×10^{-4}	0.682
180	0.779	1.022	3.78×10^{-2}	47.5×10^{-6}	25.3×10^{-6}	32.49×10^{-4}	0.681
200	0.746	1.026	3.93×10^{-2}	51.4×10^{-6}	26.0×10^{-6}	34.85×10^{-4}	0.680
250	0.674	1.038	4.27×10^{-2}	61.0×10^{-6}	27.4×10^{-6}	40.61×10^{-4}	0.677
300	0.615	1.047	4.60×10^{-2}	71.6×10^{-6}	29.7×10^{-6}	48.33×10^{-4}	0.674
350	0.566	1.059	4.91×10^{-2}	81.9×10^{-6}	31.4×10^{-6}	55.46×10^{-4}	0.676
400	0.524	1.068	5.21×10^{-2}	93.1×10^{-6}	33.0×10^{-6}	63.09×10^{-4}	0.678
500	0.456	1.093	5.74×10^{-2}	115.3×10^{-6}	36.2×10^{-6}	79.38×10^{-4}	0.687
600	0.404	1.114	6.22×10^{-2}	138.3×10^{-6}	39.1×10^{-6}	96.89×10^{-4}	0.699
700	0.362	1.135	6.71×10^{-2}	163.4×10^{-6}	41.8×10^{-6}	115.4×10^{-4}	0.700
800	0.329	1.156	7.18×10^{-2}	188.8×10^{-6}	44.3×10^{-6}	134.8×10^{-4}	0.713
900	0.301	1.172	7.63×10^{-2}	216.2×10^{-6}	46.7×10^{-6}	155.1×10^{-4}	0.717
1000	0.277	1.185	8.07×10^{-2}	245.9×10^{-6}	49.0×10^{-6}	177.1×10^{-4}	0.719
1100	0.257	1.197	8.50×10^{-2}	276.2×10^{-6}	51.2×10^{-6}	199.3×10^{-4}	0.722
1200	0.239	1.210	9.15×10^{-2}	316.5×10^{-6}	53.5×10^{-6}	233.7×10^{-4}	0.724

附录4 烟气的物理参数

t (℃)	ρ (kg/m³)	c_p [kJ/(kg·℃)]	$\lambda\times10^3$ [W/(m·℃)]	$a\times10^{-6}$ (m²/s)	$\mu\times10^{-6}$ (Pa·s)	$v\times10^{-4}$ (m²/s)	Pr
0	1.295	1.042	2.28	16.9	15.8	12.20	0.72
100	0.950	1.068	3.13	30.8	20.4	21.54	0.69
200	0.748	1.097	4.01	48.9	24.5	32.80	0.67
300	0.617	1.112	4.84	59.9	28.2	45.81	0.65
400	0.525	1.151	5.70	94.3	31.7	60.38	0.64
500	0.457	1.185	6.55	121.1	34.8	76.30	0.63
600	0.405	1.214	7.42	160.9	37.9	93.61	0.62
700	0.363	1.293	8.27	183.8	40.7	112.1	0.61
800	0.330	1.264	9.15	219.7	43.4	131.8	0.60
900	0.301	1.290	10.00	258.0	45.9	152.5	0.59
1000	0.275	1.306	10.00	303.4	48.4	174.3	0.58
1100	0.257	1.323	11.75	345.5	50.7	197.1	0.57
1200	0.240	1.340	12.62	392.4	53.0	221.0	0.56

注：本表是指烟气在压力等于101325Pa（760mmHg）时的物性参数。烟气中各气体的体积成分为：$V_{CO_2}=13\%$，$V_{H_2O}=11\%$，$V_{N_2}=76\%$。

附录 5　各种气体的常数

名称	分子式	分子的相对质量 M	密度 ρ（kg/m^3）		气体热值			
					kJ/m^3（$kcal/Nm^3$）		kJ/kg（kcal/kg）	
					Q_{gr}	Q_{net}	Q_{gr}	Q_{net}
空气	—	29	1.2922	1.2928				
氧气	O_2	32	1.4267	1.42895				
氢气	H_2	2	0.08994	0.08994	12755.1 (3050)	10789.6 (2580)	141719.6 (33888)	119897.9 (28670)
氮气	N_2	28	1.2499	1.2505				
一氧化碳	CO	28	1.2459	1.2500	12629.6 (3020)	12629.6 (3020)	10099.5 (2415)	10099.5 (2415)
二氧化碳	CO_2	44	1.9634	1.9768				
二氧化硫	SO_2	64	2.8581	2.9265				
三氧化硫	SO_3	80	—	(3.575)				
硫化氢	H_2S	34	—	1.5392	25108.7 (6004)	23143.2 (5534)	16075.6 3844	15205.8 (3636)
一氧化氮	NO	30	1.3388	1.3402				
氧化二氮	N_2O	44	1.9637	1.9878				
水蒸气	H_2O	18	—	0.804				
甲烷	CH_4	16	0.7152	0.7163	39729.0 (9500)	35802.1 (8561)	55474.2 (13265)	49991.6 (11954)
乙烷	C_2H_6	30	1.3406	1.3560	69605.2 (16644)	63712.8 (15235)	51852.6 (12399)	47465.7 (11350)
丙烷	C_3H_8	44	—	2.0037	99063.2 (23688)	91205.2 (21809)	50326.2 (12034)	46332.4 (11079)
丁烷	C_4H_{10}	58	—	2.703	128441.8 (30713)	118250.2 (28276)	49385.2 (11809)	45600.5 (10904)
戊烷	C_5H_{12}	72	—	3.457	157786.9 (37730)	146006.2 (34913)	48992.1 (11715)	45332.9 (10840)
乙炔	C_2H_2	26	1.1607	1.1709	57991.8 (13867)	56026.3 (13397)	49891.3 (11930)	48201.7 (11526)

续表

名称	分子式	分子的相对质量 M	密度 ρ（kg/m³）		气体热值			
					kJ/m³（kcal/Nm³）		kJ/kg（kcal/kg）	
					Q_{gr}	Q_{net}	Q_{gr}	Q_{net}
乙烯	C_2H_4	28	1.2506	1.2604	62960.0 (15055)	59033.1 (14116)	50276.0 (12022)	47139.5 (11272)
丙烯	C_3H_6	42	—	1.915	91853.4 (21964)	85961.0 (20555)	48895.9 (11692)	45759.4 (10942)
丁烯	C_4H_8	56	—	2.50	121307.3 (29007)	113453.5 (27129)	48431.7 (11581)	45295.2 (10831)
戊烯	C_5H_{10}	70			150635.6 (36020)	140816.3 (33672)	48113.9 (11505)	44977.4 (10755)
苯	C_6H_6	78		3.3	147311.0 (35225)	141426.9 (33818)	42246.6 (10102)	40557.0 (9698)
碳	C	12	2.26（固）				33874.2 (8100)	33874 (8100)
硫	S	32	1.96（单斜） 2.07（斜方）				10455.0 (2500)	10455.0 (2500)

附录 6　热工设备不同温差、不同风速的散热系数

(一) 转动设备

散热系数 α [kJ/(m² · h · ℃)]　风速 (m/s) 温差 Δt (℃)	0	0.24	0.48	0.69	0.90	1.20	1.50	1.75	2.0
40	45.16	50.60	56.03	61.47	66.92	75.69	84.47	93.25	102.03
50	47.67	53.11	58.54	63.98	69.42	78.61	87.40	96.18	104.54
60	50.18	56.03	61.47	66.91	71.92	81.42	89.90	98.69	107.47
70	52.69	58.54	64.40	69.83	74.85	84.05	92.83	101.61	110.39
80	54.78	61.05	66.91	72.34	77.36	86.56	95.34	104.12	112.90
90	57.29	63.56	69.83	74.85	79.87	89.07	97.85	106.63	115.83
100	59.80	66.07	72.34	77.78	82.80	92.00	100.78	109.56	118.34
110	62.31	68.58	74.85	80.29	85.31	94.50	103.29	112.07	120.85
120	64.82	71.09	77.36	82.80	88.23	97.43	106.21	114.69	123.30
130	67.32	74.01	80.29	85.70	90.74	99.94	109.14	117.50	124.19
140	70.25	76.52	82.80	88.23	93.25	102.45	111.23	120.01	124.61
150	72.34	79.03	85.72	91.16	96.18	105.38	114.58	120.85	125.45
160	74.85	81.54	88.23	93.67	99.10	108.30	115.83	121.27	125.87
170	76.94	84.05	91.16	96.60	101.61	110.81	116.25	121.69	126.28
180	79.45	86.56	93.67	99.10	104.54	111.23	116.67	122.10	126.70
190	82.00	89.07	96.18	101.61	106.63	112.07	117.09	122.52	127.12
200	84.47	92.00	99.10	104.12	107.05	112.90	117.92	122.94	127.54
210	86.98	94.50	101.61	104.54	107.89	113.32	118.34	123.36	127.90
220	89.49	97.01	102.03	105.38	108.72	114.16	118.76	123.78	128.30
230	92.00	97.85	102.49	105.79	109.14	114.58	119.18	124.19	128.79
240	94.50	98.69	102.37	106.21	109.56	114.99	119.56	124.61	129.63

(二) 不转动设备

散热系数 α [kJ/(m^2·h·℃)] 风速 (m/s) / 温差 Δt (℃)	0	2.0	4.0	6.0	8.0
40	35.13	75.27	96.18	113.74	129.67
50	37.63	78.20	99.10	116.67	132.98
60	40.14	81.12	102.03	119.18	135.48
70	42.65	83.63	104.96	122.52	138.83
80	45.16	86.14	108.30	125.45	142.17
90	47.67	89.49	111.23	128.79	145.10
100	50.18	92.00	111.58	132.14	148.03
110	52.69	94.92	117.92	135.07	151.79
120	55.20	97.85	120.85	138.41	155.14
130	57.71	100.78	124.19	141.34	158.06
140	60.22	103.70	127.12	144.68	160.99
150	62.72	105.79	130.47	148.03	164.76
160	65.23	109.56	133.81		
170	67.74	112.49	136.74		
180	70.25	115.41	140.08		
190	72.76	117.92	143.01		
200	75.27	120.85	146.36		
210	77.78				
220	80.29				
230	82.80				
240	85.31				
250	87.81				

附录 7　湿空气的相对湿度 ϕ（%）

干球温度（℃）	干湿球温度计的温度差（℃）																					
	0.6	1.1	1.7	2.2	2.8	3.3	3.9	4.4	5.0	6.1	6.7	7.2	7.8	8.3	8.9	9.4	10.0	10.6	11.1	11.7	12.2	12.8
23.9	96	91	87	82	78	74	70	66	63	59	55	51	48	44	41	34	31	28	25	22	—	—
24.4	96	91	87	83	78	74	70	67	63	59	55	52	48	45	42	35	32	29	26	23	—	—
25.0	96	91	87	83	79	75	71	67	63	60	56	52	49	46	42	36	33	30	27	24	—	—
25.6	96	91	87	83	89	75	71	67	64	60	57	53	49	46	43	37	34	31	28	25	—	—
26.1	96	91	87	83	79	75	71	68	64	60	57	54	50	47	44	37	34	31	29	26	—	—
27.7	96	91	87	83	79	76	72	68	64	61	57	54	51	47	44	38	35	32	29	27	24	21
27.8	96	92	88	84	80	76	72	69	65	62	58	55	52	49	46	40	37	34	31	28	25	23
28.9	96	92	88	84	80	77	73	70	66	63	59	56	53	50	47	41	38	35	32	30	27	23
30.0	96	92	88	85	81	77	73	70	66	63	60	57	54	51	48	42	39	37	34	31	29	23
31.1	96	92	88	85	81	78	74	71	69	64	61	58	55	52	48	43	41	38	35	32	39	23
32.2	96	92	89	85	81	78	75	71	68	65	62	59	56	53	50	44	42	39	37	34	32	29
33.3	96	92	89	85	82	78	75	72	69	65	62	59	57	54	51	45	43	40	38	35	33	30
34.4	96	93	89	86	82	79	75	72	60	66	63	60	57	54	52	40	44	41	39	36	34	32
35.6	96	93	89	86	82	79	76	73	70	67	64	61	58	55	53	47	45	42	49	37	35	33
36.7	96	93	89	86	83	79	76	73	70	67	64	61	59	56	53	48	46	43	41	39	36	34
37.8	96	93	90	86	83	80	77	74	71	68	65	62	59	57	54	59	47	44	42	40	37	35
38.9	96	93	90	86	83	80	77	74	71	68	66	63	60	57	55	50	47	45	43	41	38	36
40.1	96	93	90	86	84	80	77	74	72	69	66	63	61	58	56	51	48	46	44	41	39	37
41.1	96	93	90	87	84	81	78	75	72	69	66	64	61	59	56	51	49	47	45	42	40	38
42.2	96	93	90	87	84	81	78	75	72	70	67	64	62	59	57	52	50	47	45	43	41	39
43.3	97	94	90	87	84	81	78	76	73	70	67	65	62	60	57	52	50	43	46	44	42	40
44.4	97	94	90	87	84	82	79	76	73	70	68	66	63	60	58	53	51	49	47	45	43	41
45.6	97	94	91	88	85	82	79	76	74	71	68	66	63	61	59	54	52	50	48	45	43	41
46.7	97	94	91	88	85	82	79	77	74	71	69	66	64	61	59	55	52	50	48	46	44	42
47.8	97	94	91	88	85	82	79	77	74	72	69	67	64	61	60	55	53	51	49	47	47	43
48.9	97	94	91	88	85	82	80	77	74	72	69	67	65	62	60	56	54	51	49	47	47	44
50.0	97	94	91	88	85	83	80	77	75	72	70	67	65	63	61	56	54	52	50	48	48	44
51.1	97	94	91	88	86	83	80	78	75	73	70	68	65	63	61	57	55	53	51	49	48	45
52.2	97	94	91	89	86	85	81	78	75	73	71	68	66	64	62	57	55	53	51	49	47	46
53.3	97	94	91	89	86	86	81	78	76	73	71	69	66	64	62	58	56	54	52	50	48	46
54.3	97	94	92	89	86	84	81	78	76	74	71	69	67	65	63	58	56	54	52	50	49	47
55.6	97	94	92	89	86	84	81	79	76	74	72	69	67	65	63	59	57	55	53	51	49	47
56.7	97	94	92	89	86	84	81	79	76	74	72	70	67	66	63	59	57	55	53	51	50	48
57.8	97	94	92	89	87	84	82	79	77	74	73	70	68	66	64	59	58	56	54	52	50	49
58.9	97	94	92	89	87	84	82	79	77	75	73	70	68	66	64	60	58	56	55	52	51	49
60.0	97	94	92	89	87	84	82	79	77	75	73	70	68	66	64	60	58	56	55	52	51	49

附录 8　湿空气的 I—x 图

（p=99.3kPa，t=－10～200℃）

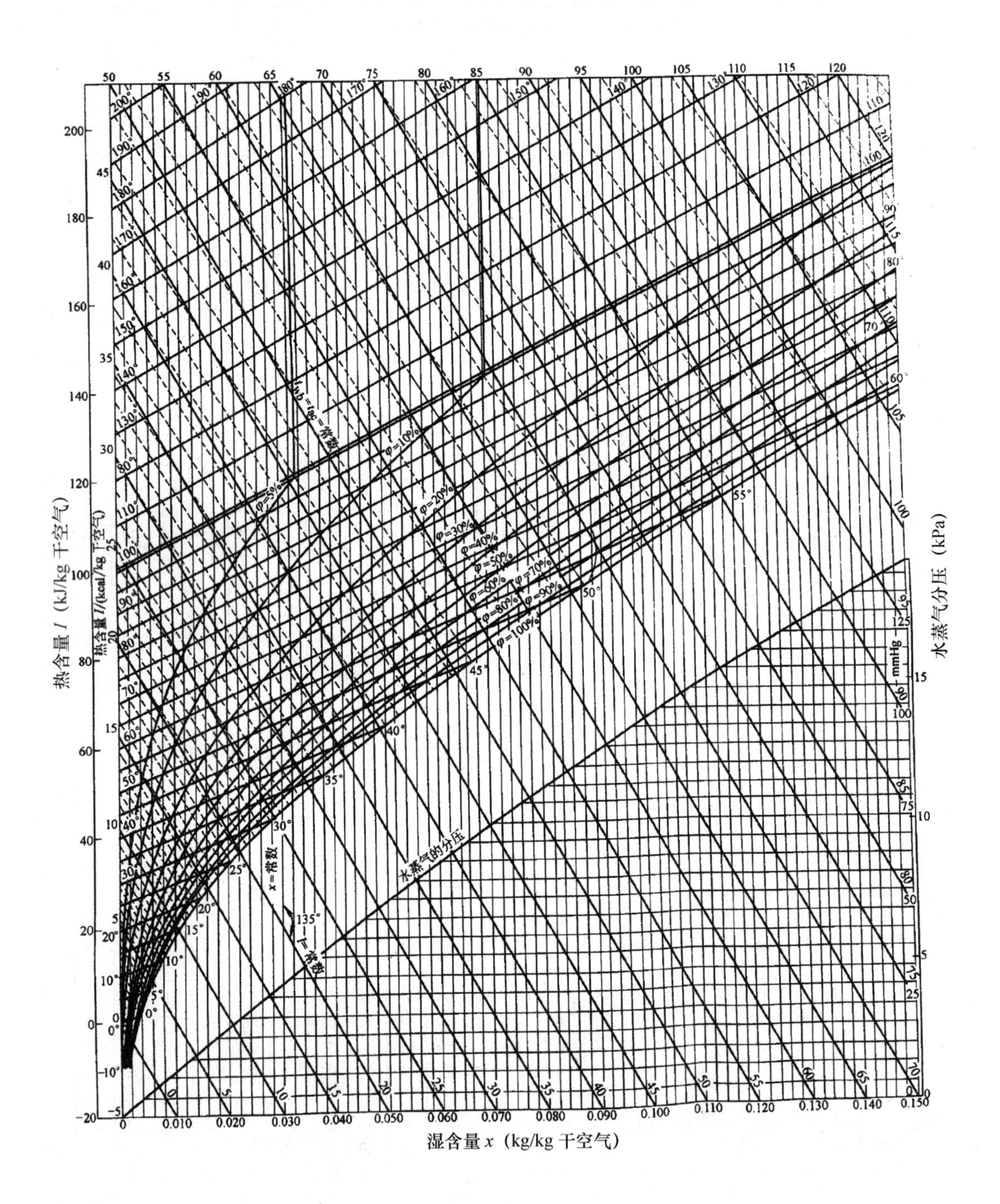

附录9　湿空气的 I—x 图

（p=99.3kPa，t=0～1450℃）

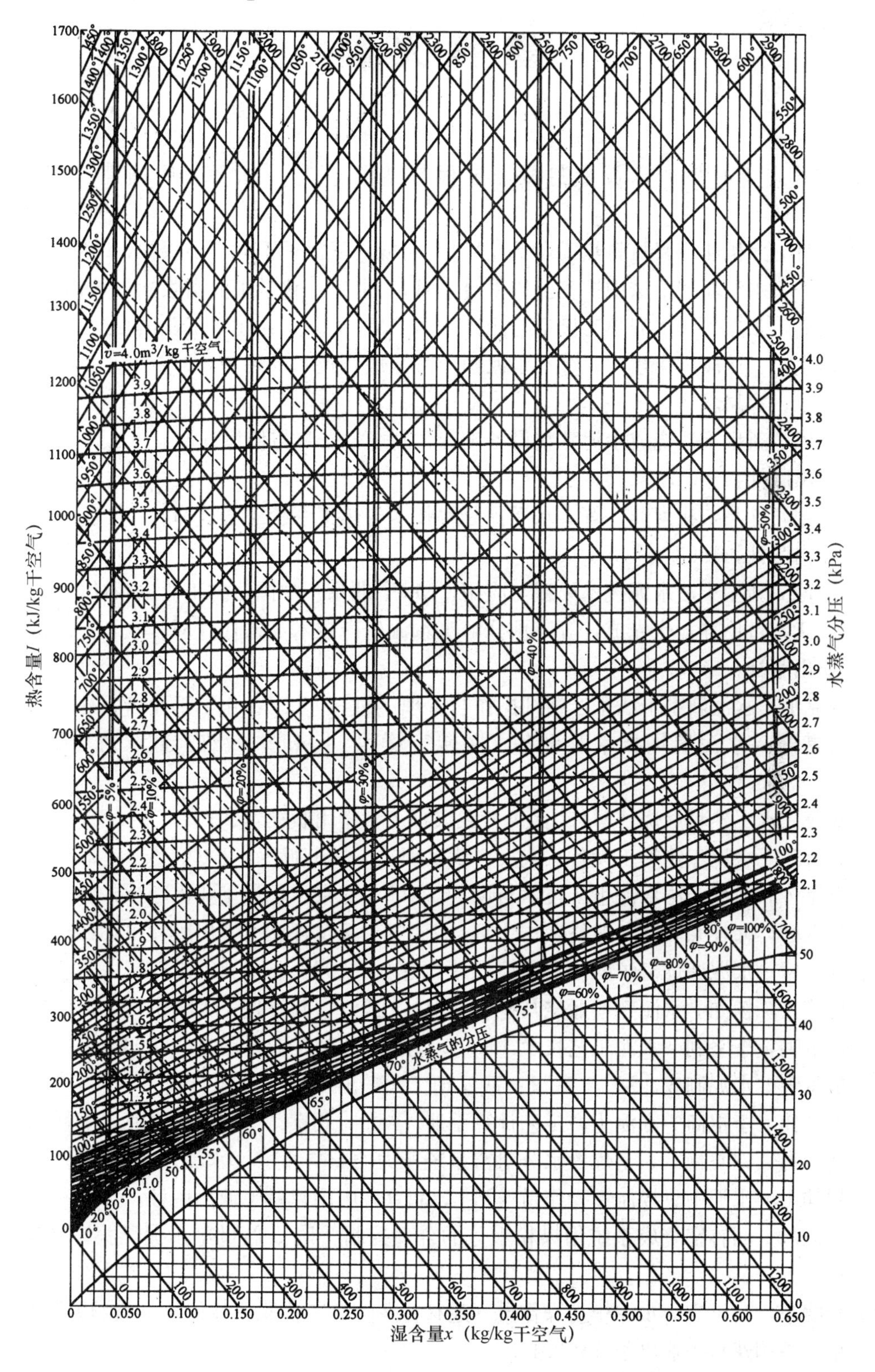

参考文献

［1］田文富，李丽霞．水泥熟料煅烧过程与操作［M］．北京：中国建材工业出版社，2015.

［2］姜洪舟．无机非金属材料热工设备［M］．武汉：武汉理工大学出版社，2005.

［3］谢克平．水泥新型干法中控室操作手册［M］．北京：化学工业出版社，2012.

［4］王汉立，张振平．水泥热工设备与测试技术［M］．北京：化学工业出版社，2014.

［5］丁奇生，王亚丽，崔素萍，等．水泥预分解窑煅烧技术及装备［M］．北京：化学工业出版社，2014.

［6］熊会思．新型干法烧成水泥熟料设备设计、制造、安装与使用［M］．北京：中国建材工业出版社，2004.

［7］陈全德，陈晶，崔素萍，等．水泥预分解技术与热工系统工程［M］．北京：中国建材工业出版社，1998.

［8］陈全德．新型干法水泥技术原理与应用［M］．北京：中国建材工业出版社，2004.

［9］赵应武，过伦祥，张先成，等．预分解窑水泥生产技术与操作［M］．北京：中国建材工业出版社，2008.

［10］谢克平．水泥新型干法生产精细操作与管理［M］．北京：化学工业出版社，2015.

［11］周惠群．水泥煅烧技术及设备（回转窑篇）［M］．武汉：武汉理工大学出版社，2006.

［12］刘成．水泥熟料煅烧［M］．武汉：武汉理工大学出版社，2011.

［13］胡道和．水泥工业热工设备．武汉：武汉理工大学出版社，2003.

［14］李海涛．新型干法水泥生产技术与设备［M］．北京：化学工业出版社，2006.

［15］周惠群，韩长菊．熟料煅烧操作［M］．武汉：武汉理工大学出版社，2010.

［16］杨克球．水泥煅烧窑炉的演变［J］．中国建材，1981（6）：42-43.

［17］吴芜，陈杨如．水泥熟料煅烧与控制［M］．武汉：武汉理工大学出版社，2012.

［18］肖争鸣，李坚利．水泥工艺技术［M］．北京：化学工业出版社，2006.

［19］牟思蓉．水泥制成［M］．武汉：武汉理工大学出版社，2011.

［20］王君伟，李祖尚．水泥生产工艺计算手册［M］．北京：中国建材工业出版社，2001.

［21］钱景春，许晓艳．入窑煤粉水分对窑系统压力的影响［J］．水泥，2010（8）：33-34.

［22］胡佳山．水泥中央控制室操作员［M］．北京：中国建材工业出版社，2006.

［23］江旭昌．回转窑烧成系统用煤粉水分的合理控制［J］．新世纪水泥导报，2014（4）：31-35.

［24］赵晓东，乌洪杰．水泥中控操作员（建材行业特有工程职业技能培训教材）［M］．北京：中国建材工业出版社，2014.

[25] 琚瑞喜．新型干法水泥熟料生产线中控操作案例［J］．新世纪水泥导报，2012（5）．
[26] 刘元．新型干法水泥熟料生产线中控操作的实践探讨［J］．工业B，2017（1）：343-344.
[27] 丁奇生，王亚丽，崔素萍，等．水泥熟料烧成工艺与装备［M］．北京：化学工业出版社，2008.
[28] 李斌怀．预分解窑水泥生产技术与操作［M］．武汉：武汉理工大学出版社，2011.
[29] 胡佳山．水泥生产工［M］．北京：中国建材工业出版社，2006.
[30] 谢克平．新型干法水泥生产问答千例［M］．北京：化学工业出版社，2009.